Teubner Studienbücher zur Statistik

Statistik-Praktikum mit dem PC
Von Dr. rer. nat. L. Afflerbach, Technische Hochschule Darmstadt
198 Seiten mit zahlreichen Abbildungen. Kart. DM 24,80

Grundkurs Stochastik
Eine integrierte Einführung in Wahrscheinlichkeitstheorie und Mathematische Statistik
Von Dr. rer. nat. K. Behnen, Prof. an der Universität Hamburg
und Dr. rer. nat. G. Neuhaus, Prof. an der Universität Hamburg
376 Seiten mit 33 Bildern, 253 Aufgaben und zahlreichen Beispielen. Kart. DM 38,–

Optimale Wareneingangskontrolle
Das Minimax-Regret-Prinzip für Stichprobenpläne beim Ziehen ohne Zurücklegen
Von Dr. rer. nat. habil. E. v. Collani, Priv.-Doz. an der Universität Würzburg
150 Seiten mit 3 Bildern und 18 Tabellen. Kart. DM 29,80

Prinzipien der Stochastik
Von Dr. rer. nat. H. Dinges, Prof. an der Universität Frankfurt
und Dr. rer. nat. H. Rost, Prof. an der Universität Heidelberg
294 Seiten mit 34 Bildern, 98 Aufgaben und zahlreichen Beispielen. Kart. DM 36,–

Maß- und Integrationstheorie
Eine Einführung
Von Dr. rer. nat. K. Floret, Prof. an der Universität Oldenburg
360 Seiten mit 302 Übungen. Kart. DM 38,–

Stochastische Methoden des Operations Research
Von Dr. phil. J. Kohlas, Prof. an der Universität Freiburg i. Ue./Schweiz
192 Seiten mit 107 Beispielen. Kart. DM 26,80

Einführung in die Statistik
Von Dr. rer. nat. J. Lehn, Prof. an der Technischen Hochschule Darmstadt
und Dr. rer. nat. H. Wegmann, Prof. an der Technischen Hochschule Darmstadt
220 Seiten mit zahlreichen Bildern und Beispielen. Kart. DM 24,80

Spieltheorie
Eine Einführung in die mathematische Theorie strategischer Spiele
Von Dr. rer. nat. B. Rauhut, Prof. an der Technischen Hochschule Aachen, Dr. rer. nat.
N. Schmitz, Prof. an der Universität Münster und Dr. rer. nat. E.-W. Zachow, Hamburg
400 Seiten mit 35 Bildern, 50 Aufgaben und zahlreichen Beispielen. Kart. DM 38,–

Informationstheorie
Eine Einführung
Von Dr. phil. F. Topsøe, Universität Kopenhagen
88 Seiten mit 22 Bildern und 21 Tabellen. Kart. DM 18,80

Statistische Qualitätskontrolle
Eine Einführung
Von Dr. rer. nat. W. Uhlmann, Prof. an der Universität Würzburg
2. Aufl. 292 Seiten mit 35 Bildern, 10 Tabellen und 93 Aufgaben. Kart. DM 39,–

Mathematische Statistik
Eine Einführung in Theorie und Methoden
Von Dr. rer. nat. H. Witting, Prof. an der Universität Freiburg
3. Aufl. 223 Seiten mit 7 Bildern, 126 Aufgaben, 82 Beispielen und einem Tabellenanhang.
Kart. DM 28,80

Versicherungsmathematik
Von Priv.-Doz. Dr. rer. nat. K. Wolfsdorf, Bundesaufsichtsamt für das Versicherungswesen
Berlin und Technische Universität Berlin

Teil 1 **Personenversicherung**
491 Seiten mit zahlreichen Bildern, Tabellen und Aufgaben. Kart. DM 42,–

Teil 2 **Theoretische Grundlagen, Risikotheorie, Sachversicherung**
407 Seiten mit zahlreichen Bildern, Tabellen und Aufgaben. Kart. DM 38,–

Preisänderungen vorbehalten

Teubner Skripten zur
Mathematischen Stochastik

Ludger Rüschendorf
Asymptotische Statistik

Teubner Skripten zur Mathematischen Stochastik

Herausgegeben von
Prof. Dr. rer. nat. Jürgen Lehn, Technische Hochschule Darmstadt
Prof. Dr. rer nat. Norbert Schmitz, Universität Münster
Prof. Dr. phil. nat. Wolfgang Weil, Universität Karlsruhe

Die Texte dieser Reihe wenden sich an fortgeschrittene Studenten, junge Wissenschaftler und Dozenten der Mathematischen Stochastik. Sie dienen einerseits der Orientierung über neue Teilgebiete und ermöglichen die rasche Einarbeitung in neuartige Methoden und Denkweisen; insbesondere werden Überblicke über Gebiete gegeben, für die umfassende Lehrbücher noch ausstehen. Andererseits werden auch klassische Themen unter speziellen Gesichtspunkten behandelt. Ihr Charakter als Skripten, die nicht auf Vollständigkeit bedacht sein müssen, erlaubt es, bei der Stoffauswahl und Darstellung die Lebendigkeit und Originalität von Vorlesungen und Seminaren beizubehalten und so weitergehende Studien anzuregen und zu erleichtern.

Asymptotische Statistik

Von Prof. Dr. rer. nat. Ludger Rüschendorf
Universität Münster

B. G. Teubner Stuttgart 1988

Professor Dr. rer. nat. Ludger Rüschendorf

Geboren 1948 in Rüschendorf. Von 1966 bis 1972 Studium der Mathematik, Physik und Betriebswirtschaftslehre an der Universität Münster, 1974 Promotion an der Universität Hamburg und 1979 Habilitation an der RWTH Aachen. Wiss. Assistent (bzw. Verwalter einer solchen Stelle) an der Universität Hamburg von 1972 bis 1975 und an der RWTH Aachen von 1975 bis 1981. Von 1981 bis 1985 Professor an der Universität Freiburg, seit 1985 Professor an der Universität Münster

CIP-Titelaufnahme der Deutschen Bibliothek

Rüschendorf, Ludger:
Asymptotische Statistik / von Ludger Rüschendorf. – Stuttgart :
Teubner, 1988
  (Teubner-Skripten zur mathematischen Stochastik)
  ISBN 978-3-519-02725-6   **ISBN 978-3-322-82975-7** (eBook)
  DOI 10.1007/978-3-322-82975-7

Das Werk einschließlich aller seiner Teile ist urheberrechtlich geschützt. Jede Verwertung außerhalb der engen Grenzen des Urheberrechtsgesetzes ist ohne Zustimmung des Verlages unzulässig und strafbar. Das gilt besonders für Vervielfältigungen, Übersetzungen, Mikroverfilmungen und die Einspeicherung und Verarbeitung in elektronischen Systemen.

© B. G. Teubner, Stuttgart 1988

Umschlaggestaltung: M. Koch, Reutlingen

Der vorliegende Text ist eine Ausarbeitung einer zweimalig gehaltenen
Vorlesung über "Asymptotische Statistik" im WS 1983/84 in Freiburg und
im WS 1986/87 in Münster. Aufbauend auf einer Vorlesung über finite
Methoden der Statistik soll ein Einblick in wesentliche Fragestellungen
und Methoden der asymptotischen Statistik gegeben werden.

Das Manuskript setzt die Kenntnis der Wahrscheinlichkeitstheorie und
finiten Statistik voraus in dem Umfang, wie sie in den üblichen Grund-
vorlesungen dargestellt wird. Der Inhalt und die Darstellung sind so
gehalten, daß sie im wesentlichen in einer vierstündigen Vorlesung im
Wintersemester behandelt werden können. Im Sinne der Intention dieser
Schriftenreihe des Teubner Verlages handelt es sich nicht um ein Vollständigkeit in der Darstellung anstrebendes Lehrbuch der asymptotischen
Statistik, sondern um einen einführenden Vorlesungstext. Die Darstellung selbst ist stark formelmäßig und nicht "episch" gehalten und entspricht in dieser Form ebenfalls eher der Darstellung in einer Vorlesung mit ausführlichen Beweisen und technischen Details. Das Ziel ist
die Vermittlung und Erläuterung einiger zentraler Ideen und Methoden
der asymptotischen Statistik.

Einen natürlichen Einstieg in die asymptotische Statistik bilden die
klassischen Grenzwertsätze der Wahrscheinlichkeitstheorie. Ihre Bedeutung für statistische Fragestellungen wird im einführenden Kapitel
behandelt. Auf dieser Stufe lassen sich dann bereits einige wichtige
Probleme der asymptotischen Statistik, wie z. B. Dichteschätzungen,
Schätzungen des Lokationsparameters, Fragen der Robustheit, behandeln
und das Problem des asymptotischen Vergleichs unterschiedlicher statistischer Verfahren (Begriff der asymptotischen relativen Effizienz)
darstellen.

Ein zweiter Themenkreis entstammt den metrischen Methoden und ihren
Anwendungen auf die Konstruktion von konsistenten Tests und Schätzern

und die Charakterisierung von optimalen Konvergenzraten. Mit Hilfe dieser Methoden wurden für einige schwierige Fragestellungen der Statistik, wie z. B. Bestimmung optimaler Minimax-Raten für Dichteschätzer, in jüngerer Zeit wesentliche Fortschritte erzielt.

Das dritte Kapitel enthält eine Darstellung einiger grundlegender Ergebnisse aus der nichtlokalen Theorie, die auf den Wahrscheinlichkeiten großer Abweichungen basiert. Zwei statistische Verfahren werden dabei durch die Konvergenzgeschwindigkeit der Risiken in Abhängigkeit vom Stichprobenumfang miteinander verglichen. Dieser Ansatz liefert wesentliche Erkenntnisse über den Informationsgewinn durch zusätzliche Beobachtungen bei statistischen Experimenten. Die in diesem Abschnitt entwickelten Methoden sind auch für andere Bereiche der Asymptotik von Bedeutung.

Der abschließende Teil dieses Skriptes gibt eine Darstellung wesentlicher Ideen und Ergebnisse der lokalen asymptotischen Theorie. Es wird hauptsächlich der mehr klassische Weg der Approximation von Experimenten durch einfachere Limesexperimente, basierend auf Entwicklungen der Likelihoodfunktionen dargestellt; zum anderen aber wird auch an verschiedenen Stellen die fundamentale Idee der asymptotischen Entscheidungstheorie, nämlich die Übertragung der Analyse des Limesexperimentes auf die asymptotische Statistik des Experimentes in geeigneter lokaler Parametrisierung, dargestellt. Beide Wege scheinen dem Autor von Bedeutung und auch eng zusammenhängend zu sein. Der zweite Weg hat die ästhetisch und auch inhaltlich äußerst befriedigende Konsequenz, daß die lokale asymptotische Statistik in zwei Schritte zerlegt werden kann; nämlich einmal in den Nachweis der Konvergenz von Experimenten (Grenzwertsätze) und in die Analyse des Limesexperimentes. Auf diese Weise ist also die finite Statistik ganz direkt von Bedeutung für die asymptotische Statistik und umgekehrt. Das Verständnis dieser wichtigen Entwicklung der lokalen asymptotischen Statistik wurde wesentlich gefördert durch das 1985 erschienene Buch von H. Strasser, das eine umfassende Darstellung dieses entscheidungstheoretischen Weges gibt. Es hat auch die Tendenz dieses Skriptes wesentlich beeinflußt.

Von den Standardgebieten der asymptotischen Statistik haben insbesondere die folgenden keine oder nur eine geringe Berücksichtigung gefunden:

1. Die asymptotische Verteilungstheorie, insbesondere auch die asymptotische Verteilungstheorie von Funktionalen des empirischen Pro-
   zesses, von Rang- und Ordnungsstatistiken von Dichteschätzern und
   Bootstrapapproximationen;

2. die allgemeine asymptotische Entscheidungstheorie;

3. die Diskussion von praktisch relevanten Beispielklasssen (nuisance
   Parameter $(C(\alpha)$-Tests), Regressionsmodelle, nichtparametrische
   Transformationsmodelle etc.) und insbesondere auch die Darstel-
   lung von Modellen mit komplexer Struktur (multivariate Modelle,
   Verteilungen auf Mannigfaltigkeiten und stochastische Prozesse);

4. Methoden zur Konstruktion optimaler Verfahren höherer Ordnung, die
   auf Edgeworth-Entwicklungen basieren;

5. robuste asymptotische Methoden.

Den Studenten und betreuenden Assistenen der Vorlesungen, insbesondere
Herrn Dipl.-Math. J. Lübbert, verdanke ich viel anregende Kritik. Die
Vorlesungen wurden durch Übungen begleitet, in denen z. B. auch die in
den Text eingefügten Simulationen entstanden sind. Diese Simulationen
erwiesen sich als hilfreich für das Verständnis der Bedeutung der dargestellten Theorie. So wurde z. B. auf diesem Wege in den Übungen das
Phänomen "entdeckt", daß die Newton-Raphson-Approximation (die asymptotisch effizient ist) bei einem robusten Ausgangsschätzer für kleine
Stichprobenumfänge sehr "unrobust" sein kann. Dieses Phänomen führte
in der neueren Literatur zu der (noch nicht abgeschlossenen) Untersuchung von robusten optimalen Konstruktionsverfahren.

Der Text selbst ist der unveränderte Nachdruck von dem Skript Nr. 13
zur Mathematischen Statistik, herausgegeben von der Gesellschaft zur
Förderung der mathematischen Statistik in Münster.

Dem Teubner Verlag und den Herausgebern der Teubner Skripten zur
mathematischen Stochastik danke ich für die Publikation in dieser
neuen Reihe. Der verdienstvollen Intention dieser Reihe wünsche ich
den besten Erfolg.

Besonders möchte ich Herrn Professor Dr. N. Schmitz für die Anregungen
zur Erstellung des Vorlesungsskriptes danken. Für das sorgfältige
Schreiben dieses mit vielen Formeln versehenen, mühsamen Textes schulde
ich Frau A. Kollwitz den besten Dank.

Münster, im Sommer 1988   L. Rüschendorf

INHALTSVERZEICHNIS

I. EINFÜHRUNG IN DIE ASYMPTOTISCHE STATISTIK

Es wird zunächst die statistische Bedeutung von einigen klassischen
Grenzwertsätzen der Wahrscheinlichkeitstheorie erläutert. Die dabei
verwendeten wahrscheinlichkeitstheoretischen Aussagen (SLLN, CLT,
Glivenko-Cantelli, ...) werden als bekannt vorausgesetzt. Dieser
Abschnitt dient insbesondere auch dazu, mit der im weiteren verwen-
deten Terminologie vertraut zu werden. Danach soll an Hand von einem
Beispiel, nämlich dem Schätzen des Lageparameters in einer Lokations-
familie, eine typische Vorgehensweise der angewandten asymptotischen
Statistik demonstriert werden. Die an einigen Stellen des Textes in
Klammern formulierten Fragen werden später wieder aufgegriffen.

In § 3 untersuchen wir dann eingehender ein weiteres Beispiel der
asymptotischen Statistik - nämlich Dichteschätzungen - für das es
keine zufriedenstellende finite Schätztheorie gibt. Wir erläutern das
typische asymptotische Verhalten von Kern-Dichteschätzern, Fragen
nach der optimalen Wahl von Bandweite und Kern und die Bestimmung von
minimax-Schranken in einer Beispielklasse.

In § 4 behandeln wir den Martingalkonvergenzsatz und seine Anwendungen
auf die Frage der Existenz von konsistenten Test- und Schätzfolgen
(Sätze von Kakutani, Kraft, Stein) sowie auf die Frage nach der Bestimmung von Dichtequotienten.

§ 1 Grenzwertsätze in der Statistik

Die Grenzwertsätze aus der Wahrscheinlichkeitstheorie liefern die Möglichkeit, aus einer großen Anzahl von Beobachtungen auf die Verteilung zu schließen. Die klassischen Grenzwertsätze betreffen die Situation von unabhängigen Versuchswiederholungen.

A. Starkes Gesetz der großen Zahlen von Kolmogorov (SLLN)

Seien $(X_n)_{n \in \mathbb{N}}$ reelle, stochastisch unabhängige, identisch verteilte Zufallsvariable (iid), so daß EX_1 existiert. Dann gilt:

$$(1) \qquad \overline{X}_n := \frac{1}{n} \sum_{i=1}^{n} X_i \to EX_1 \quad [P] \ .$$

Nach (1) ist also $\overline{X}_n$ ein Schätzer für den Erwartungswert, der bei genügend großer Anzahl von Beobachtungen den Erwartungswert beliebig genau trifft.

Ist $EX_1^2 < \infty$ und $\sigma^2 := V(X_1) = EX_1^2 - (EX_1)^2$, dann ist ein Maß für den Fehler der Schätzung

$$(2) \qquad E(\overline{X}_n - EX_1)^2 = V(\overline{X}_n) = \frac{\sigma^2}{n} \ .$$

Ist die Varianz σ^2 unbekannt, so kann man nach dem SLLN σ^2 konsistent schätzen:

$$(3) \qquad S_n^2 := \frac{1}{n} \sum_{i=1}^{n} (X_i - \overline{X}_n)^2 \to \sigma^2 \quad [P]$$

denn $\frac{1}{n} \sum_{i=1}^{n} (X_i - \overline{X}_n)^2 = \frac{1}{n} \sum_{i=1}^{n} X_i^2 - \frac{2}{n} \sum X_i \overline{X}_n + \overline{X}_n^2 =$

$= \frac{1}{n} \sum X_i^2 - (\overline{X}_n)^2 \to EX_1^2 - (EX_1)^2 = \sigma^2 \quad [P]$. Damit erhält man einen Schätzer für den Fehler von $\overline{X}_n$:

$$(4) \qquad V(\overline{X}_n) \simeq \frac{S_n^2}{n} \ .$$

(Frage: Welche Größenordnung hat der Fehler von $\frac{S_n^2}{n}$?)

Sei nun (X_n) eine iid Folge mit Werten in $(\mathfrak{X}, \mathfrak{B})$. Wenn keine Kenntnis über die Verteilung von X_i vorhanden ist, dann ist ein naheliegender Schätzer für die Verteilung $P^{X_1}(B) = P(X_1 \in B)$, $B \in \mathfrak{B}$, gegeben durch das _empirische Maß_

$$(5) \qquad P_n(B) := \frac{1}{n} \sum_{i=1}^{n} 1_B(X_i), \quad B \in \mathfrak{B} \ .$$

Nach dem SLLN gilt:

$$(6) \qquad P_n(B) \to P^{X_1}(B) \quad [P] \ .$$

Der Fehler dieses Schätzers ist gleich:

$$(7) \qquad E(P_n(B) - P^{X_1}(B))^2 = V(P_n(B)) = \frac{1}{n} P^{X_1}(B)(1 - P^{X_1}(B)) \leq \frac{1}{4n} \ .$$

Er ist: $= \frac{1}{4n} \longleftrightarrow P^{X_1}(B) = \frac{1}{2}$. Die Wahrscheinlichkeit von Mengen kleiner oder großer Wahrscheinlichkeit kann man also genauer schätzen.

Hat man eine genauere Kenntnis über die zugrunde liegende Verteilung, so gibt es bessere Schätzer. Ist z. B. die Modellannahme so, daß $P^{X_1} \in \mathfrak{P} := \{N(\mu, \sigma^2); (\mu, \sigma^2) \in \Theta := \mathbb{R}^1 \times \mathbb{R}_+\}$, dann ist ein besserer Schätzer für $P^{X_1}(B)$ gegeben durch:

$$(8) \qquad T_n := N(\overline{X}_n, S_n^2)(B) \ .$$

(Frage: Wie kann man diese Aussage begründen?)

Die Genauigkeit eines Schätzers kann man oft durch eine Version des Zentralen Grenzwertsatzes besser beschreiben.

B. Zentraler Grenzwertsatz

Seien (X_n) reelle ZV'e, iid, mit $0 < EX_1^2 < \infty$ und $0 < V(X_1) =: \sigma^2$, $\mu := EX_1$. Dann gilt:

$$(9) \qquad \frac{1}{\sqrt{n\sigma^2}} \sum_{i=1}^{n} (X_i - \mu) \xrightarrow{\;D\;} N(0,1)$$

oder, äquivalent hierzu:

$$(10) \qquad \frac{\sqrt{n}}{\sigma} (\overline{X}_n - \mu) \xrightarrow{\;D\;} N(0,1).$$

Mit $N(0,1)$ bezeichnen wir eine $N(0,1)$-verteilte ZV'e. Der Fehler von $\overline{X}_n$ hat also die Größenordnung $\frac{\sigma}{\sqrt{n}}$ in Übereinstimmung mit (2). Bei mehreren Versuchsreihen erwarten wir Schwankungen des wie in (10) normierten Fehlers, etwa im Intervall $[-3,3]$, dem 3σ Bereich von $N(0,1)$.

Als Konsequenz von (10) erhalten wir ein <u>approximatives</u> <u>Konfidenzintervall</u> für μ zum Niveau $1-\alpha$. Sei

$$(11) \qquad C_n := [\,\overline{X}_n - \frac{\sigma}{\sqrt{n}}\, u_{\alpha/2},\; \overline{X}_n + \frac{\sigma}{\sqrt{n}}\, u_{\alpha/2}\,]$$

ein Konfidenzinvervall mit $u_{\alpha/2}$ als $\alpha/2$-Fraktil von $N(0,1)$, d. h. $\phi(u_{\alpha/2}) = 1-\alpha/2$. Dann gilt:

$$(12) \qquad \lim_{n\to\infty} P(\mu \in C_n) = 1-\alpha\,.$$

Ist σ^2 unbekannt, dann gilt nach dem Lemma von Slutsky

$$(13) \qquad \frac{\sqrt{n}}{S_n} (\overline{X}_n - \mu) \xrightarrow{\;D\;} N(0,1),$$

also ist $\tilde{C}_n := [\,\overline{X}_n - \frac{S_n}{\sqrt{n}}\, u_{\alpha/2},\; \overline{X}_n + \frac{S_n}{\sqrt{n}}\, u_{\alpha/2}\,]$ ein approximatives Konfidenzintervall für μ zum Niveau $1-\alpha$.

Die Frage nach der Genauigkeit der Normalapproximation in (10) wird beantwortet durch den Satz

C. <u>Berry-Esseen</u>

Sei (X_n) reell, iid, mit $0 < m_3 := E|X_1 - EX_1|^3 < \infty$, dann gilt mit

$$Z_n := \sum_{i=1}^{n} X_i : \sup_{t \in \mathbb{R}^1} \left| P\left(\frac{Z_n - EZ_n}{\sqrt{V(Z_n)}} \leq t \right) - \phi(t) \right| \leq \frac{c}{\sqrt{n}}\; \frac{m_3}{(V(X_1))^{3/2}} \quad \text{mit einer}$$

Konstanten $c \leq 1$ unabhängig von der Verteilung.

D. <u>Glivenko-Cantelli</u>

Seien (X_n) reelle ZV'e mit der Verteilungsfunktion (Vf) $F(t) := P(X_1 \leq t)$, $t \in \mathbb{R}^1$. Sei $F_n(t) := \frac{1}{n} \sum_{i=1}^{n} 1_{(-\infty, t]}(X_i)$ die <u>empirische Verteilungsfunktion</u>, dann gilt für den <u>Kolmogorov-Abstand</u> $V_n = D(F_n, F)$:

a) $V_n := \sup_{t \in \mathbb{R}^1} |F_n(t) - F(t)| \to 0$ [P]

b) Es existiert eine Konstante C (unabhängig von F), so daß

(14) $P(V_n > r) \leq C \exp(-2\,n\,r^2)$ für alle $n \in \mathbb{N}$, $r > 0$.

Die Aussage b) von Dvoretzky, Kiefer und Wolfowitz (DKW) besagt also, daß die Wahrscheinlichkeit für Abweichungen größer als r exponentiell schnell gegen 0 geht, gleichmäßig für alle Verteilungsfunktionen F. Insbesondere erhält man aus b):

(15) $\sum_{n=1}^{\infty} P(V_n > (\frac{\log n}{n})^{1/2}) \leq C \sum_{n=1}^{\infty} \exp(-2 \log n) < \infty$.

Also gilt nach Borel-Cantelli:

(16) $\overline{\lim} \, (\frac{n}{\log n})^{1/2} \, V_n \leq 1$ P f.s.

Man kann aus b) sogar das Gesetz vom iterierten Logarithmus für V_n herleiten.

Sei $\mathcal{D}$ eine Menge von Vfkten, die alle endlich diskreten Vfkten und F enthält und $H: \mathcal{D} \to \mathbb{R}^1$ sei stetig bzgl. des Kolmogorovabstandes D. Dann folgt nach a) die Konsistenzaussage:

(17) $H(F_n) \to H(F)$ P f.s.

Ist $\ell: \mathbb{R}^1 \to \mathbb{R}^1$ meßbar von beschränkter Total-Variation v und $\ell(x) \to 0$ für $|x| \to \infty$

(18) $\Rightarrow H(F) := \int \ell \, dF$ ist stetig bzgl. D

denn: $H(F) = \ell \cdot F|_{-\infty}^{\infty} - \int F \, d\ell$ (partielle Integration)

$\qquad = - \int F \, d\ell$

also $|H(G) - H(F)| = |\int (F - G) d\ell| \leq D(F,G) \cdot v$

Nach (17) folgt dann:

$$(19) \qquad H(F_n) = \frac{1}{n} \sum_{i=1}^{n} \ell(X_i) \to \int \ell \, dF = E\ell(X_1) \qquad [P]$$

was in allgemeiner Form in (1) durch das SLLN schon bewiesen wurde.

Ist allgemeiner H: $\mathbb{D} \to \mathbb{R}^1$ Frechet-differenzierbar bzgl. D mit einer Ableitung ℓ_F von beschränkter Total-Variation v, d. h.:

$$(20) \qquad H(G) - H(F) = \int \ell_F(x) d(G - F)(x) + o(D(G,F))$$

$\overline{\lim}_{|x| \to \infty} |\ell_F(x)| < \infty$, dann folgt aus (14): Für alle $\varepsilon > 0$ gilt: $\exists n_0 : \forall n \geq n_0$:

$$(21) \qquad P(|H(F_n) - H(F)| > r) \leq C \, e^{-2n(\frac{r}{v} - \varepsilon)^2}.$$

Denn es gilt:

$$P(|H(F_n) - H(F)| > r) = P(| \int \ell_F(x) d(F_n - F)(x) | + o(D(F_n,F)) > r)$$

$$\leq P(D(F_n,F) + o(D(F_n,F)) > \frac{r}{v})$$

$$\leq P(D(F_n,F) > \frac{r}{v} - \varepsilon) \underset{DKW}{\leq} C \, e^{-2n(\frac{r}{v} - \varepsilon)^2}$$

Man erhält also insbesondere exponentielle Konvergenzraten im SLLN (19). Den in (20), (21) demonstrierten Beweisgang kann man für eine wesentlich größere Klasse von Funktionalen H - entprechend schwächeren Differenzierbarkeitsbegriffen und auch höheren Ableitungen - modifizieren. Von besonderem statistischem Interesse sind solche Approximationen bei Simulationen von Verteilungen (Bootstrap-Approximation). Eine einfache Folgerung aus der Frechet - Differenzierbarkeit von H: $\mathbb{D} \to \mathbb{R}^1$ mit Ableitung $\ell_F \in L^2(P_F)$ ist der CLT:

$$(22) \qquad \sqrt{n}(H(F_n) - H(F)) \xrightarrow{D} N(0, \, V_F(\ell_F))$$

Beweis. $\sqrt{n}(H(F_n) - H(F)) = \sqrt{n} \int \ell_F \, d(F_n - F) + \sqrt{n} \, o(D(F_n,F))$.

Nach dem CLT folgt:

$$\sqrt{n} \int \ell_F \, d(F_n - F) = \sqrt{n}(\frac{1}{n} \sum_{i=1}^{n} \ell_F(X_i) - \int \ell_F \, dP_F)$$

$$= \frac{1}{\sqrt{n}} \sum_{i=1}^{n} (\ell_F(X_i) - \int \ell_F \, dP_F) \xrightarrow{D} N(0, \, V_F(\ell_F)).$$

Weiter ist die Folge: $(\sqrt{n} \, D(F_n,F))$ straff (vgl. (23)) und daher ist $o(\sqrt{n} \, D(F_n,F)) = o_{P_F}(1)$ nach dem Lemma von Slutsky.

Für (V_n) kennt man auch die Grenzverteilung. Sei $(W_t)_{0 \leq t \leq 1}$ eine Brownsche Brücke, d. h. ein Gaußscher Prozess mit stetigen Pfaden,

$EW_t = 0$, $\forall t \in [0,1]$ und $EW_s W_t = s \wedge t - st$, $s,t \in [0,1]$. Ist (X_t) ein Wiener Prozeß, dann ist $W_t := X_t - tX_1$ eine Brownsche Brücke. Sei K die (explizit bekannte) Verteilung von $\sup_{t \in [0,1]} |W_t|$. K heißt <u>Kolmogorov-Smirnov</u> Verteilung. Dann gilt:

(23)   Ist F stetig, dann ist P^{V_n} unabhängig von F und $P^{\sqrt{n}\, V_n} \xrightarrow{D} K$.

Sei $u_{\alpha/2} = u_{\alpha/2}(K)$ das $\alpha/2$-Fraktil von K und $C_n := \{G \text{ Vfkt.}; F_n(t) - u_{\alpha/2} \leq G(t) \leq F_n(t) + u_{\alpha/2},\ \forall t \in \mathbb{R}^1\}$, dann folgt aus (23):

(24) $\lim_{n \to \infty} P\{F \in C_n\} = 1 - \alpha$

für alle stetigen Vfkt. F, d. h. C_n ist ein approximativer Konfidenzbereich für die zugrunde liegende Vfkt. Ist F nicht stetig, dann gilt:

(25) $\underline{\lim}\, P(F \in C_n) \geq 1 - \alpha$, d. h. (C_n) ist 'konservativ'.

Unter der Modellannahme, daß $P^{X_1} \in \{N(\mu,\sigma^2);\ \theta = (\mu,\sigma^2) \in \mathbb{R}^1 \times \mathbb{R}_+\}$ kann man einen besseren approximativen Konfidenzbereich konstruieren (vgl. auch (8)), nämlich:

(26) $\tilde{C}_n := \{G \text{ Vfkt.};\ \phi\left(\dfrac{t - \overline{X}_n}{S_n}\right) - \tilde{u}_{\alpha/2} \leq G(t) \leq \phi\left(\dfrac{t - \overline{X}_n}{S_n}\right) + \tilde{u}_{\alpha/2},\ \forall t \in \mathbb{R}^1\}$

mit $\tilde{u}_{\alpha/2}$ als $\alpha/2$-Fraktil der von $\theta = (\mu,\sigma^2)$ unabhängigen Limesverteilung von

(27) $\sup_t \left| \phi\left(\dfrac{t - \overline{X}_n}{S_n}\right) - \phi\left(\dfrac{t - \mu}{\sigma}\right) \right|$.

§ 2 Auswahl statistischer Verfahren am Beispiel von Median und arithmetischem Mittel

Sei (X_n) eine reelle, iid-Folge mit $P^{X_1} \in \mathbb{P} := \{\varepsilon_{\{\theta\}} * Q; \ \theta \in \Theta = \mathbb{R}^1\}$ mit $Q \in M^1(\mathbb{R}^1, \mathbb{B}^1)$, d. h. Q ein W-maß auf $\mathbb{R}^1$ und $\mathbb{P}$ ist eine Lokationsfamilie. Das Ziel ist es, den Lokationsparameter θ zu schätzen. Sei Q Lebesgue-stetig, $Q = f \lambda^1$, mit einer um 0 symmetrischen Dichte $f(x) = f(-x)$, $x \in \mathbb{R}^1$. In Lokationsfamilien gibt es nur in ganz wenigen Ausnahmefällen gleich- mäßig beste erwartungstreue Schätzer bei endlichem Stichprobenumfang (z. B. Normalverteilungen und Rechteckverteilungen). Deshalb eignet sich dieses Beispiel gut für eine asymptotische Untersuchung.

Zwei naheliegende Schätzer für θ bei n Beobachtungen sind das arithmetische Mittel $\overline{X}_n$ und $m_n := \mathrm{med}(X_1,\ldots,X_n)$ der Median. Seien $X_{(1)} \leq \cdots \leq X_{(n)}$ die Ordnungsstatistiken, dann ist m_n definiert durch:

$$(1) \qquad m_n := \begin{cases} X_{(m)} & \text{falls } n = 2m - 1 \\ \frac{1}{2}(X_{(m)} + X_{(m+1)}) & \text{falls } n = 2m \end{cases}$$

m_n und $\overline{X}_n$ sollen für drei Lokationsfamilien definiert durch $P_i^{X_1} = Q_i = f_i \lambda^1$, $i = 1,2,3$ verglichen werden mit:

$$f_1(t) := \frac{1}{\sqrt{2\pi}} \, e^{-t^2/2}, \ t \in \mathbb{R}^1 \sim \text{normal } N(0,1)$$

$$(2) \qquad f_2(t) := \frac{e^{-t}}{(1 + e^{-t})^2}, \ t \in \mathbb{R}^1 \sim \text{logistisch } L(0,1)$$

$$f_3(t) := \frac{1}{\pi} \, \frac{1}{1 + t^2}, \ t \in \mathbb{R}^1 \sim \text{Cauchy } C(1)$$

Die drei Dichten sehen einander optisch recht ähnlich. Sie unterscheiden sich insbesondere in den Tail-Wahrscheinlichkeiten. Für die Vfkt. $F_i \sim Q_i$ gilt:

$$(3) \qquad \begin{cases} 1 - (F_1(x) - F_1(-x)) = 0(e^{-x^2/2}), \ x \to \infty \\ 1 - (F_2(x) - F_2(-x)) = 0(e^{-x}), \ x \to \infty \\ 1 - (F_3(x) - F_3(-x)) = 0(\frac{1}{x}), \ x \to \infty \end{cases}$$

Aus (3) folgt insbesondere, daß $E_3 |X_1| = E_3 X_1^2 = \infty$ und daher das CLT nicht anwendbar ist auf Q_3. Für das arithmetische Mittel gilt darüber hinaus:

$$(4) \qquad P_3^{\overline{X}_n} = P_3^{X_1} = \varepsilon_\theta * C(1).$$

Dies bedeutet, daß in einem Cauchy-Lokationsexperiment $\overline{X}_n$ nicht besser den Lageparameter θ schätzt als eine Beobachtung X_1. An diesem Beispiel sieht man, daß die Güte eines Schätzers intuitiv nur schwer zu beurteilen ist.

Die Verteilung des Medians m_n ist in der folgenden Proposition gegeben.

<u>PROPOSITION</u> 2.1. Sei F Vfkt. von X_1 und $P^{X_1} = f \, \lambda^1$

$$(5) \qquad \Rightarrow P^{X_{(k)}} = f_k \, \lambda^1 \text{ mit } f_k(x) := n \binom{n-1}{k-1} F^{k-1}(x)(1 - F(x))^{n-k} f(x).$$

<u>Beweis.</u> $F_k(x) := P(X_{(k)} \leq x) = P(\exists j, \; k \leq j \leq n, \exists \, T \subset \{1,\ldots,n\}, \; |T| = j,$

$X_r \leq x, \; r \in T, \; X_r > x, \; r \in T^c) = P(\bigcup_{\substack{j=k}}^{n} \bigcup_{\substack{T \subset \{1,\ldots,n\} \\ |T| = j}} \bigcap_{r \in T} \{X_r \leq x\} \cap_{r \in T^c} \{X_r > x\})$

$= \sum_{j=k}^{n} \sum_{|T|=j} \prod_{r \in T} F(x) \prod_{r \in T^c} (1 - F(x)) = \sum_{j=k}^{n} \binom{n}{j} F(x)^j (1 - F(x))^{n-j} .$

Da für $F(x) = \int_{(-\infty,x]} f(y)dy$ folgt: $F'(x) = f(x) \; [\lambda^1]$ und

$\dfrac{d}{dt} \sum_{j=k}^{n} \binom{n}{j} t^j (1 - t)^{n-j} = n\binom{n-1}{k-1} t^{j-1}(1 - t)^{n-k} \Rightarrow \dfrac{d}{dx} F_k(x) = f_k(x) \; [\lambda^1]$

also $P^{X_{(k)}} = f_k \, \lambda^1$. $\quad \square$

<u>Bemerkung.</u> Mit Hilfe der Formel $EY = \int_0^\infty P(Y \geq t)dt$ für $Y \geq 0$ folgt aus 2.1:

$E_3(m_n)^2 < \infty \iff n \geq 5$.

2.1 ist jedoch nicht leicht zu benutzen für einen Vergleich der Verteilungen von $X_{(k)}$ und $\overline{X}_n$. Ein klareres Bild ergibt sich durch den zentralen Grenzwertsatz. Für $0 < \sigma^2 := V(X_1) < \infty$ gilt nach § 1, (10): $\sqrt{n} \, (\overline{X}_n - \theta) \xrightarrow{D} N(0,\sigma^2)$. Die entsprechende Aussage für den Median gibt der folgende Satz.

<u>SATZ</u> 2.2. Sei f stetig in 0, $f(0) > 0$ und $F(0) = \frac{1}{2}$. Bezüglich $P^{X_1} = \varepsilon_\theta * Q, \; Q = f \, \lambda^1$ gilt:

$$(6) \qquad \sqrt{n} \, (m_n - \theta) \xrightarrow{D} N(0, \frac{1}{4f^2(0)}) \; .$$

<u>Beweis.</u> Sei $n = 2m - 1$. o. E. sei $\theta = 0$, da der Median äquivariant ist, med $(X_1 - \theta,\ldots,X_n - \theta) = $ med $(X_1,\ldots,X_n) - \theta$ und $X_i \sim \varepsilon_{\{\theta\}} * Q \iff X_i - \theta \sim Q$.

Zu zeigen ist:

$$(7) \qquad P(\sqrt{n}\, m_n \leq x) = P\left(X_{(m)} \leq \frac{x}{\sqrt{n}}\right) \to \phi(2x\, f(0)).$$

Sei dazu: $I_n : = |\{i : X_i > \frac{x}{\sqrt{n}}\}| = \sum_{i=1}^{n} 1_{(\frac{x}{\sqrt{n}}, \infty)}(X_i)$. Dann gilt:

$P(X_{(m)} \leq \frac{x}{\sqrt{n}}) = P(I_n \leq m-1) = P(I_n \leq \frac{n-1}{2})$. Mit $\theta_n : = P(X_i > \frac{x}{\sqrt{n}}) = 1 - F(\frac{x}{\sqrt{n}})$

ist $I_n \sim \mathcal{B}(n, \theta_n)$ und daher gilt:

$$(8) \qquad P(X_{(m)} \leq \frac{x}{\sqrt{n}}) = P\left(\underbrace{\frac{I_n - n\theta_n}{\sqrt{n\theta_n(1-\theta_n)}}}_{=: Z_n} \leq \underbrace{\frac{1/2(n-1) - n\theta_n}{\sqrt{n\theta_n(1-\theta_n)}}}_{=: x_n} \right)$$

Für (Y_i) iid, $Y_i \sim \mathcal{B}(1, \theta_n)$, $1 \leq i \leq n$, gilt $\sum_{i=1}^{n} Y_i \sim I_n \sim \mathcal{B}(n, \theta_n)$. Weiter ist

$0 < E|Y_1 - EY_1|^3 = m_3 \leq 1$ und da $\theta_n = 1 - F(\frac{x}{\sqrt{n}}) \to 1 - F(0) = \frac{1}{2}$, gilt:

$V(Y_1) = \theta_n(1 - \theta_n) \xrightarrow[n \to \infty]{} \frac{1}{4}$. Nach dem Satz von Berry-Esseen, § 1, (10) gilt:

$$(9) \qquad |P(X_{(m)} \leq \frac{x}{\sqrt{n}}) - \phi(x_n)| = |P(Z_n \leq x_n) - \phi(x_n)| \leq \frac{c}{\sqrt{n}} \frac{m_3}{(V(Y_1))^{3/2}} \to 0$$

(Hier reicht der zentrale Grenzwertsatz nicht aus!)

Wegen $x_n = \dfrac{\sqrt{n}\,(1/2 - \theta_n) - \frac{1}{2\sqrt{n}}}{\sqrt{\theta_n(1 - \theta_n)}}$ gilt: $\lim x_n = 2 \lim \sqrt{n}\,(\frac{1}{2} - \theta_n) =$

$2x \lim \dfrac{F(\frac{x}{\sqrt{n}}) - F(0)}{x/\sqrt{n}} = 2x\, f(0)$, da f stetig in 0. Nach (9) folgt:

$$(10) \qquad P(X_{(m)} \leq \frac{x}{\sqrt{n}}) \xrightarrow[m \to \infty]{} \phi(2x\, f(0)).$$

Sei <u>nun $n = 2m$.</u>.

Der Beweis für (10) liefert etwas allgemeiner für Folgen $m = m_n$ mit

$\frac{m_n}{n} = \frac{1}{2} + r_n$, $\sqrt{n}\, r_n \to 0$ die Aussage (10). Speziell gilt also für $n = 2m$

$P(\sqrt{n}\, X_{(m)} \leq x) \to \phi(2x\, f(0))$ und $P(\sqrt{n}\, X_{(m+1)} \leq x) \to \phi(2x\, f(0))$. Wegen

$P(\sqrt{n}\, X_{(m+1)} \leq x) \leq P(\sqrt{n}\, m_n \leq x) \leq P(\sqrt{n}\, X_{(m)} \leq x)$ folgt nun die Behauptung. $\square$

<u>Bemerkung.</u> Der obige Beweis zeigt auch, daß die Berry-Esseen Rate $-\frac{1}{\sqrt{n}}-$ auch für m_n gültig ist.

- 11 -

Die Grenzverteilung des Medians hängt also nicht von den Tails, sondern nur von $f(0)$ ab. Für $0 < \sigma^2 := V(X_1) < \infty$ gilt also: $\sqrt{n}\,(\overline{X}_n - \theta) \xrightarrow{D} N(0, \sigma^2)$ und $\sqrt{n}\,(m_n - \theta) \xrightarrow{D} N(0, \dfrac{1}{4f^2(0)})$. Wir vergleichen beide Schätzer durch den Quotienten der Limesvarianzen:

$$(11) \qquad e := e(m_n, \overline{X}_n) := \sigma^2 / \frac{1}{4f^2(0)} = 4f^2(0)\,\sigma^2$$

heißt <u>asymptotisch</u> <u>relative</u> <u>Effizienz</u> (ARE) (von (m_n) zu $(\overline{X}_n)$).

Da beide Schätzer translations- und skalenäquivariant sind, ist die ARE generell unabhängig von θ und von σ^2.

<u>BEISPIEL</u> 2.1.

a) Im <u>normalverteilten</u> <u>Fall</u>: $X_i \sim N(\theta, \sigma^2)$ ist

$$(12) \qquad e = 4f^2(0)\sigma^2 = \frac{4}{2\pi} = \frac{2}{\pi} \approx 0{,}637 \ .$$

b) Im <u>logistischen</u> <u>Fall</u>: $X_i \sim L(0,1)$ ist $f(0) = \frac{1}{4}$, $\sigma^2 = \frac{\pi^2}{3}$ also

$$(13) \qquad e = \frac{\pi^2}{12} \approx 0{,}82 .$$

Dieses entspricht auch der Anschauung, daß im Fall von größeren Tails der Median besser wird. Es gilt in beiden Fällen auch:

$$(14) \qquad e = \lim_{n \to \infty} \frac{V(\overline{X}_n)}{V(m_n)} \quad \text{und } V(\overline{X}_n) \sim \frac{\sigma^2}{n}, \ V(m_n) \sim \frac{1}{4nf^2(0)} \ .$$

c) Im <u>Cauchy Fall</u>: $X_i \sim C(1)$ versagt $\overline{X}_n$ völlig, während für m_n gilt:

$$(15) \qquad 4f^2(0) = \frac{4}{\pi^2} \text{ und } V(m_n) \sim \frac{\pi^2}{4n} \ .$$

Man kann also in Cauchy Fall θ genau so gut schätzen wie im Fall $N(\theta, \sigma^2)$ mit $\sigma^2 = \frac{\pi^2}{4}$.

d) Ist $X_i \sim R(-\frac{1}{2}, \frac{1}{2})$ <u>rechteck-verteilt</u> auf $(-\frac{1}{2}, \frac{1}{2})$ also $f(x) = 1_{(-\frac{1}{2}, \frac{1}{2})}(x)$, dann ist $\sigma^2 = \frac{1}{12}$ und damit $e = e(m_n, \overline{X}_n) = 4f^2(0)\sigma^2 = \frac{1}{3}$. $\square$

Die $R(-\frac{1}{2}, \frac{1}{2})$-Verteilung ist in folgendem Sinn für den Median die ungünstigste Situation.

<u>SATZ</u> 2.3. Ist $\int x f(x)dx = 0$, $F(0) = \frac{1}{2}$, f stetig in 0, $f(0) \geq f(x)$, $\forall x$ und $\int x^2 f(x)dx < \infty$

$$(16) \qquad \Rightarrow e(m_n, \overline{X}_n) = 4f^2(0)\sigma^2 \geq \frac{1}{3} \ .$$

__Beweis.__ Wenn $X \sim f \, \chi^1$ und $c > 0$ ein Skalenfaktor $\Rightarrow c \, X \sim f_c \, \chi^1$ mit
$f_c(x) = \frac{1}{c} \, f(\frac{x}{c})$ und $\sigma_c^2 := V(cX) = c^2 V(X) = c^2 \sigma^2 \Rightarrow 4 \, f_c^2(0) \sigma_c^2 = 4f^2(0)\sigma^2$
ist unabhängig von c. Mit $c = f(0)$ kann man also o. E. annehmen, daß
$f(0) = 1$ ist.

Die Behauptung (16) ergibt sich aus dem Nachweis, daß $\sigma^2 = \frac{1}{12}$ eine
Lösung des folgenden Optimierungsproblems (P) ist:

$$
(17) \qquad (P) \quad \left|
\begin{array}{l}
\sigma^2 = \int x^2 f(x)dx = \min! \\[4pt]
\text{unter den Nebenbedingungen:} \\[4pt]
0 \leq f(x) \leq f(0) = 1, \int f(x)dx = 1
\end{array}
\right|
$$

Äquivalent zu (P) ist für beliebiges λ das Problem

$$
(18) \qquad (P') \quad \left|
\begin{array}{l}
\int (x^2 - \lambda^2) f(x)dx = \min! \\[4pt]
\text{NB: } 0 \leq f \leq 1, \int f(x)dx = 1, f(0) = 1.
\end{array}
\right|
$$

Die Zielfunktion wird minimal für

$$
f(x) := \begin{cases} 1, & |x| < \lambda \\ 0, & |x| > \lambda \end{cases} \qquad \text{Die NB } \int f(x)dx = 1
$$

impliziert dann $\lambda = \frac{1}{2}$. $\square$

__Bemerkung.__ Der Beweis zu 2.3 zeigt, daß die Rechteckverteilung die (bis
auf Skalen- und Translationsfaktoren) eindeutig ungünstigste Situation
für den Median ist.

__BEISPIEL__ 2.2. __Das Tukey-Modell für 'gross errors'__
Für $\tau > 1$, $0 < \varepsilon < 1$ habe die Vfkt. F von Q die folgende Form:

$$
(19) \qquad F(x) = F_{\varepsilon,\tau}(x) = (1 - \varepsilon)\phi(x) + \varepsilon \phi\left(\frac{x}{\tau}\right) .
$$

Man beobachtet also eine Mischung aus einer N(0,1)-Verteilung (mit großer
Wahrscheinlichkeit $1 - \varepsilon$) und einer mit großem Fehler ('Ausreißer') behaf-
teten Verteilung $N(0,\tau^2)$ (mit kleiner Wahrscheinlichkeit ε). Für solche
und ähnliche robusten Modelle, die also Abweichungen von der idealen Situation durch Fehler mit einschließen, wurde in einer großen Feldstudie
von Andrews, Bickel, Hampel, Huber, Rogers, Tukey das Verhalten von verschiedenen Schätzern untersucht.

$F_{\varepsilon,\tau}$ hat die χ^1-Dichte, $f_{\varepsilon,\tau}(x) = (1 - \varepsilon)\varphi(x) + \varepsilon \frac{1}{\tau}\varphi\left(\frac{x}{\tau}\right)$, mit $\varphi \sim N(0,1)$.
Es ist

(20) $\qquad \sigma_{\varepsilon\tau}^2 = 1 - \varepsilon + \varepsilon\tau^2, \quad f_{\varepsilon\tau}(0) = \frac{1}{\sqrt{2\pi}}(1 - \varepsilon + \frac{\varepsilon}{\tau}),$

also

(21) $\qquad e(m_n, \overline{X}_n) = 4f_{\varepsilon\tau}^2(0)\sigma_{\varepsilon\tau}^2 = \frac{4}{2\pi}(1 - \varepsilon + \frac{\varepsilon}{\tau})(1 - \varepsilon + \varepsilon\tau^2).$

In Lehmann ist z. B. die folgende Tabelle der ARE $e(m_n, \overline{X}_n)$ für das Tukey-Modell enthalten:

$\tau \backslash \varepsilon$	0,01	0,05	0,1
2	0,65	0,70	0,75
3	0,68	0,83	1,00
4	0,72	1,03	1,36

Für $\varepsilon = 0,1$, $\tau = 4$ (jede 10te Beobachtung ist ein gross error) erweist sich in diesem Modell die Eigenschaft des Medians, das gar nicht zu bemerken als Vorteil gegenüber dem Mittel $\overline{X}_n$.

Es hatte sich bisher herausgestellt, daß m_n gegenüber dem Mittel $\overline{X}_n$ starke Vorteile besitzt bei Verteilungen mit 'heavy tails' oder großen Abweichungen, während das Mittel deutlich besser ist bei stark abfallenden tails. Man kann nun bessere Kompromisse in weniger extremen Fällen durch die <u>getrimmten Mittel</u> erzielen. Man definiert für $\alpha \in [0, \frac{1}{2}]$ das getrimmte Mittel:

(22) $\qquad \overline{X}_\alpha: = \frac{1}{n - 2k}(X_{(k+1)} + \ldots + X_{(n-k)}), \quad k: = [n\alpha].$

In der Klasse der getrimmten Mittel als Schätzer für den Lageparameter sind arithmetisches Mittel und Median als Extremfälle enthalten. In Analogie zu den Sätzen 2.2 und 2.3 gilt:

<u>SATZ</u> 2.4. Sei $f(x) = f(-x)$ stetig und es existiere $0 < c \leq \infty$ mit $\{f > 0\} = [(-c,c)]$ (offen oder abgeschlossen). Sei u_α das α-Fraktil der zugehörigen Vfkt. F und $\alpha \in (0, \frac{1}{2})$. Dann gilt:

a) $\sqrt{n}(\overline{X}_\alpha - \theta) \xrightarrow{D} \mathcal{N}(0,\sigma_\alpha^2)$, mit

(23) $\qquad \sigma_\alpha^2: = \frac{2}{(1 - 2\alpha)^2}\left\{ \int_0^{u_\alpha} t^2 f(t)dt + \alpha\, u_\alpha \right\}$

b) Es gilt:

$$e(\overline{X}_\alpha, \overline{X}_n) \begin{cases} \geq (1 - 2\alpha)^2 \\ \geq \frac{1}{1 + 4\alpha} & \text{falls } f(0) > f(x)\ \forall x. \end{cases}$$

(Ohne Beweis; vgl. z. B. das Buch von Lehmann über Point Estimation.) $\square$

Ein informatives Bild über das Verhalten der ARE $e(\overline{X}_\alpha, \overline{X}_n)$ im Tukey-Modell mit $\tau = 3$ gibt die folgende Tabelle (vgl. Lehmann; Andrews,...)

ϵ \ α	0,05	0,1	0,125	0,25	0,375	0,5
0,25	1,40	1,62	1,66	1,67	1,53	1,33
0,05	1,20	1,21	1,19	1,09	0,97	0,83
0,01	1,04	1,03	0,98	0,89	0,79	0,68
0,00	0,99	0,97	0,94	0,84	0,74	0,64

Für jeden Grad der 'Kontamination' gibt es einen optimalen Grad α des Trimmens. Ist F bekannt, dann erhält man den optimalen Schätzer in der Klasse der getrimmten Mittel durch

$$(24) \qquad X_\alpha* \text{ mit } \alpha* \text{ als Minimumstelle von } \sigma_\alpha^2 .$$

In dem nichtparametrischen Lokationsmodell (in der neueren Terminologie auch semiparametrisches Modell genannt) mit

$$(25) \qquad P^{X_1} \in \mathbf{P} = \{\epsilon_\theta * Q; \ \theta \in \Theta = \mathbb{R}^1, \ Q = f \lambda^1 \text{ und } f \text{ symmetrisch}\}$$

kann man folgendermaßen vorgehen: Ersetze σ_α^2 durch einen Schätzer für σ_α^2, nämlich mit $k: = [n\alpha]$ durch

$$(26) \qquad S^2_{\frac{k}{n}}: = \frac{1}{(1 - 2\frac{k}{n})^2} \left\{ \frac{1}{2} \sum_{i=k+1}^{n-k} (X_{(i)} - \overline{X}_{\frac{k}{n}})^2 \right.$$

$$\left. + \frac{k}{n} \left([X_{(k+1)} - \overline{X}_{\frac{k}{n}}]^2 + [X_{(n-k)} - \overline{X}_{\frac{k}{n}}]^2\right)\right\}$$

und bestimme dann eine Minimumstelle $\hat{k}$ von $S^2_{\frac{k}{n}}$. Als Schätzer für θ in dem Modell $\mathbf{P}$ wird dann der Jaeckel-Schätzer $\overline{X}_{\frac{\hat{k}}{n}}$, wobei der optimale Grad α des Trimmens geschätzt wird, vorgeschlagen. Man kann für einige Verteilungen Q zeigen, daß der Jaeckel-Schätzer $\overline{X}_{\frac{\hat{k}}{n}}$ asymptotisch genau so gut ist wie der optimale Schätzer $\overline{X}_\alpha*$ in dieser Klasse, wenn F bekannt ist. Diese Eigenschaft nennt man Adaptivität.

BEISPIEL 2.3. Im Fall $Q = R(-\frac{1}{2}, \frac{1}{2})$ gibt es wesentlich bessere Schätzer als die getrimmten Mittel. Sei z. B. $d_n: = \frac{1}{2}(X_{(1)} + X_{(n)})$, dann gilt:

$$(27) \qquad E_\theta d_n = \theta \text{ und } V_\theta(d_n) = \frac{1}{2(n+1)(n+2)} .$$

Der Fehler ist für d_n also nur $O(n^{-2})$, während für Mittel und Median die Größenordnung $O(n^{-1})$ gilt. □

Der nächste Schritt in dem Programm der Schätzung eines Lokationsparameters ist es, die Klasse der betrachteten Schätzer weiter zu vergrößern - L-Schätzer, M-Schätzer, R-Schätzer - und in diesen größeren Klassen wiederum as. optimale Schätzer zu bestimmen.

Im Hintergrund bleibt dann die große Frage: Wie groß muß die untersuchte Klasse von Schätzern sein, damit in ihr ein unter allen Schätzern optimaler sich befindet? Gibt es überhaupt optimale Schätzer, und wie findet man sie?

<u>Simulation von Schätzern für den Mittelwert der N(o,1)-Verteilung.</u>

k = 200 Simulationen vom Stichprobenumfang n = 20

Schätzer: $T_1 = \bar{x}_n$, $T_2 = \bar{x}_\alpha$, $\alpha = 0,05$, $T_3 = m_n$, $T_4 = \frac{1}{2}(x_{(1)} + x_{(n)})$

$$\bar{T}_i : = \frac{1}{k} \sum_{j=1}^{k} T_i(x_j) \text{ mittlerer Schätzwert,}$$

$$\sigma_i^2 : = \frac{1}{k} \sum_{j=1}^{k} (T_i(x_j) - \bar{T}_i)^2 \text{ Streuung von } T_i.$$

	T_1	T_2	T_3	T_4
$\bar{T}_i$	0,007	0,001	-0,02	0,04
σ_i^2	0,043	0,052	0,067	0,138

Die Quotienten der σ_i^2 entsprechen angenähert den ARE's.

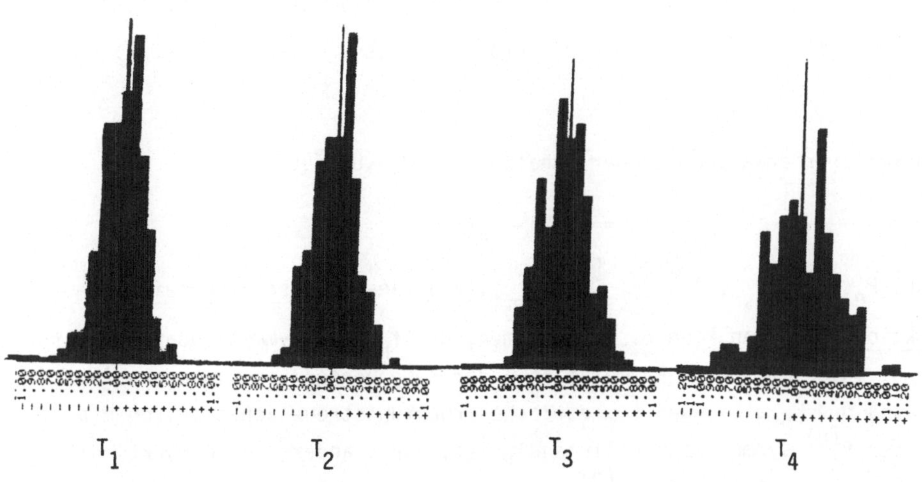

$$T_1 \qquad T_2 \qquad T_3 \qquad T_4$$

§ 3 Dichteschätzungen

Sei $\mathbb{P}: = \{P \in M^1(\mathbb{R}^1, \mathbb{B}^1); P = f \lambda^1\}$ die Klasse aller λ^1-stetigen W-maße
und $\mathbb{P}_c: = \{P \in \mathbb{P}; f \text{ stetig}\}$. Unser Ziel ist es, für die Dichte f einen
'guten' Schätzer zu finden nach n unabhängigen Versuchswiederholungen,
d. h. das zugrunde liegende Modell ist $\mathbb{P}^{(n)}: = \{P^{(n)}; P \in \mathbb{P}\}$ bzw. $\mathbb{P}_c^{(n)}$.
Wir werden später auch andere große (nichtparametrische) Teilklassen
von $\mathbb{P}^{(n)}$ betrachten.

Ein Schätzer für f(t) ist dabei eine (nichtnegative) produktmeßbare
Funktion $f_n(x,t)$, $x = (x_1,\ldots,x_n) \in \mathbb{R}^n$, $t \in \mathbb{R}^1$, so daß $f_n(x,\cdot) \in L^1(\lambda^1)$
$\forall x \in \mathbb{R}^n$. Es gibt in $\mathbb{P}_c^{(n)}$ keine erwartungstreue Dichteschätzungen für
$f(t)$, $t \in \mathbb{R}^1$. Wir schreiben im folgenden $f_n(t): = f_n(x,t)$ und $E_f f_n(t) = E_{P_f^{(n)}} f_n(\cdot,t)$.

SATZ 3.1. Es gibt keinen Dichteschätzer $f_n \geq 0$ mit

$$(1) \qquad E_f f_n(t) = f(t) \text{ für } \lambda^1\text{-fast alle t, für alle}$$

$$f \in \mathcal{F}_c: = \{f; f \text{ ist eine stetige } \lambda^1\text{-Dichte}\}.$$

Beweis. Sei $E_f f_n(t) = f(t)$, $\forall t \in \mathbb{R}^1$, $\forall f \in \mathcal{F}_c$

$$(2) \qquad \Rightarrow H_n(a,b): = \int_a^b f_n(t)dt$$

ist erwartungstreuer Schätzer für $E_f H_n(a,b) = \int(\int_a^b f_n(x,t)dt)dP_f^{(n)}(x) =$
$= \int_a^b E_f f_n(t)dt = \int_a^b f(t)dt = F(b) - F(a) = :H(a,b)$, wobei F die Vfkt. von
P_f ist.

Ein weiterer erwartungstreuer Schätzer von H(a,b) ist

$$(3) \qquad \tilde{H}_n(a,b): = F_n(b) - F_n(a),$$

wobei $F_n(t) = F_{n,x}(t) = \frac{1}{n} \sum_{i=1}^{n} 1_{(-\infty, t]}(x_i)$ die empirische Verteilungsfunktion ist. Man kann o. E. annehmen, daß $f_n(x,t)$ symmetrisch in x ist
(d. h. invariant bzgl. Permutationen der Komponenten von x). Dann sind
$H_n(a,b)$ und $\tilde{H}_n(a,b)$ zwei symmetrische erwartungstreue Schätzer von H(a,b).
Da aber $\mathbb{P}_c^{(n)}$ symmetrisch vollständig ist, oder, anders ausgedrückt, da
die Ordnungsstatistik für $\mathbb{P}_c^{(n)}$ vollständig ist, folgt, daß $\tilde{H}_n(a,b) =$
$H_n(a,b) \lambda^1$ f.s. Damit ergibt sich ein Widerspruch, denn $H_n(a,b)$ ist nicht
absolut stetig. $\square$

__Bemerkung.__ Der Beweis von 3.1 funktioniert allgemeiner für Teilklassen von $\mathfrak{p}^{(n)}$, für die die Ordnungsstatistik vollständig ist. Die Nichtnegativität von f_n wurde nur für die Anwendung von Fubini benutzt. □

Man kann jedoch as. erwartungstreue Schätzer finden.

__DEFINITION__ 3.2. (__Kern-Dichte Schätzer__)

Sei $K: \mathbb{R}^1 \to \mathbb{R}^1$, $\int_{-\infty}^{\infty} K(t)dt = 1$, $\int |K(t)| dt < \infty$ und $(h_n) \subset \mathbb{R}^1$, $h_n \downarrow 0$. Dann heißt:

$$(4) \qquad f_n(x,t): = \frac{1}{n\,h_n} \sum_{j=1}^{n} K(\frac{t - x_j}{h_n})$$

ein __Kern-Dichte Schätzer__ und (h_n) die Bandbreite von f_n. □

__BEISPIEL__ 3.1.

a) Sei $K(t): = \frac{1}{2} 1_{(-1,1]}(t)$; der zugehörige Kern-Dichte-Schätzer

$f_n^1(t): = \frac{1}{2\,h_n} (F_n(t + h_n) - F_n(t - h_n))$ heißt '__empirische Dichte__'.

b) Ein häufig verwendeter Kern ist der __Gauß-Kern__:

$K(t): = \frac{1}{\sqrt{2\pi}} e^{-t^2/2}$. Der zugehörige Kern-Dichte Schätzer $f_n^2(x,t)$ ist in t sehr glatt $(f_n(x,\cdot) \in C^{\infty})$.

c) __Histogramm__

Eine andere Art, Dichten zu schätzen, ist das Histogramm.

$$f_n^3(x,t): = \frac{1}{n\,h_n} \sum_{i=1}^{n} 1_{(k\cdot h_n,(k+1)h_n)}(x_i) \text{ für } t \in [kh_n,(k+1)h_n), k \in \mathbb{Z},$$

$h_n \to 0$.

__Beispiel.__ Für $f(x): = 3x^2$, $x \in [0,1]$ wurden n = 1000 und n = 500 Beobachtungen zufällig erzeugt und die folgenden Dichte-Schätzer f_n^i erhalten. Es lassen sich verschiedene Probleme der Dichteschätzung sehr gut an diesen Bildern studieren.

Um am Rand x = 1 nicht zuviel zu glätten, muß hier die Bandbreite klein gewählt werden; allgemein sollte also die Bandbreite h_n in Abhängigkeit von einem ersten Dichteschätzer, z. B. Histrogramm, gewählt werden. Für die Schätzung der Ableitung der Dichte f ist die größere Bandbreite h_n = o,1 beim Gaußkern deutlich besser.

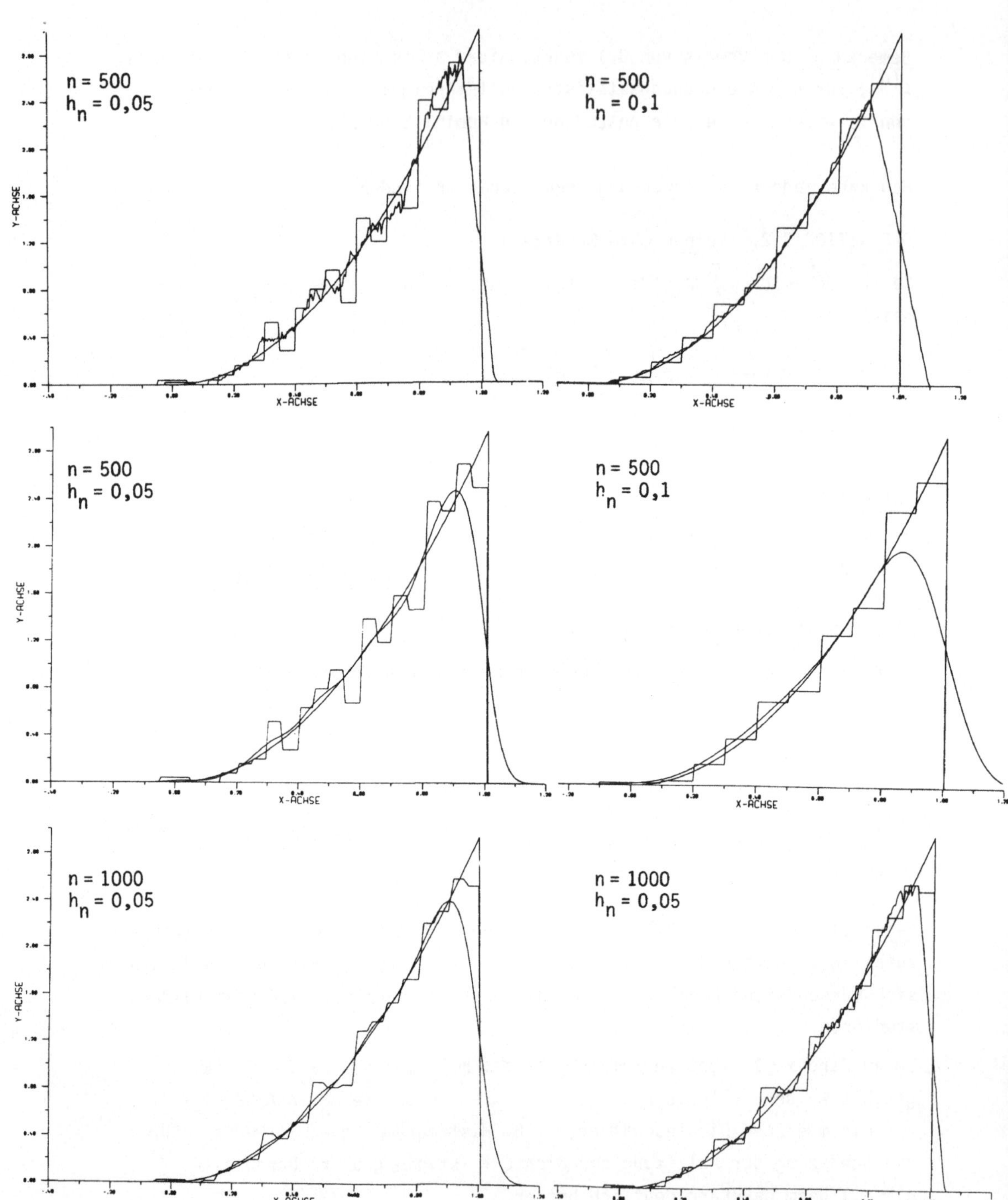

Empirische Dichte und Histogramm auf Bild 1, 2, 6;
Gaußkern und Histogramm auf Bild 3, 4, 5.

Die folgenden Beziehungen folgen unmittelbar aus der Definition.

<u>LEMMA</u> 3.3.

a) $E_f\, f_n(t) = \dfrac{1}{h_n}\ \int K\left(\dfrac{t-u}{h_n}\right)\, f(u)du = \int K(v)f(t-h_n v)dv$.

b) $V_f(f_n(t)) = \dfrac{1}{n\, h_n^2}\left\{ \int K^2\left(\dfrac{t-u}{h_n}\right)f(u)du - \left[E_f K\left(\dfrac{t-x_1}{h_n}\right)\right]^2 \right\}$.

c) $E_f(f_n(t) - f(t))^2 = V_f(f_n(t)) + (E_f f_n(t) - f(t))^2$. □

Unter verschiedenen Bedingungen ist $f_n(t)$ asymptotisch erwartungstreu
für $f(t)$.

<u>PROPOSITION</u> 3.4. Sei $|f(t)| \le M$ für alle $t \in \mathbb{R}^1$.

a) Für alle $\varepsilon > 0$ und $t \in \mathbb{R}^1$ gilt:

$$(5) \qquad |E_f f_n(t) - f(t)| \le 2M \int\limits_{\{h_n|u|\ge \varepsilon\}} |K(u)|\, du + w_f(\varepsilon,t)\int |K(u)|\, du$$

mit $w_f(\varepsilon,t) := \sup\{|f(t+u) - f(t)|;\ |u| \le \varepsilon\}$

b) Ist f stetig in $t \Rightarrow |E\, f_n(t) - f(t)| \to 0$.

c)

$$(6) \qquad V_f(f_n(t)) \le \dfrac{M}{n\, h_n} \int K^2(u)du \ .$$

d) Ist f stetig in t, $n \cdot h_n \to \infty$

$$(7) \qquad \Rightarrow E_f(f_n(t) - f(t))^2 \to 0 \ .$$

e) Gilt $n\, h_n \to \infty$ und ist f gleichmäßig stetig, dann gilt:

$$\sup_t E_f(f_n(t) - f(t))^2 \xrightarrow[n\to\infty]{} 0 \ .$$

<u>Beweis.</u>

a) $|E_f\, f_n(t) - f(t)| = |\int K(v)[f(t-h_n v) - f(t)]dv \le |\int\limits_{\{h_n|v|\le\varepsilon\}} \ldots | + |\int\limits_{\{h_n|v|\ge\varepsilon\}} \ldots |$

$\le w_f(\varepsilon,t) \cdot \int |K(u)|du + 2M \int\limits_{\{|h_n u|\ge\varepsilon\}} |K(u)|du$.

b) folgt aus a.

c) Nach 3.3.b gilt:

$$V_f(f_n(t)) \le \dfrac{1}{n} E_f\left(\dfrac{1}{h_n} K\left(\dfrac{t-x_1}{h_n}\right)\right)^2 = \dfrac{1}{n\, h_n} \int \dfrac{1}{h_n} K^2\left(\dfrac{t-u}{h_n}\right)f(u)du \le \dfrac{M}{n h_n} \int K^2(v)dv$$

$$\text{(Substitution: } v = \dfrac{t-u}{h_n}) \ .$$

d) Nach a) gilt: $\lim\limits_{n\to\infty} |E_f f_n(t) - f(t)| \le w_f(\varepsilon,t) \cdot \int |K(u)|\, du$, $\forall\, \varepsilon > 0$. Ist f

stetig in t, dann folgt: $\lim\limits_{\varepsilon\to 0} w_f(\varepsilon,t) = 0$. Nach b), c) folgt dann die Behauptung.

e) folgt aus den in a), b), c) angegebenen Abschätzungen. □

Es gibt also viele L^2-konsistente Schätzfolgen und damit insbesondere as. erwartungstreue Schätzfolgen.

Für Kerne K von beschränkter Totalvariation gilt:

<u>PROPOSITION</u> 3.5. Sei K von beschränkter Totalvariation v

$$(8) \qquad \Rightarrow P_f\{\sup_t |f_n(t) - Ef_n(t)| > \varepsilon\} \le C \cdot e^{-\frac{2\varepsilon^2}{v}\, n\, h_n^2}$$

$$\forall\, n \in \mathbb{N},\ o < C,\ C \text{ unabhängig von } f.$$

<u>Beweis.</u> $d_n := \sup\limits_t |f_n(t) - Ef_n(t)| = \sup\limits_t |\frac{1}{h_n} \int K(\frac{t-u}{h_n})dF_n(u) - \frac{1}{h_n}\int K(\frac{t-u}{h_n})dF(u)|$

$$(F_n = \text{emp. Vfkt, } F = \text{Vfkt. zu } f)$$

$= \sup\limits_t |\frac{1}{h_n}\int K(\frac{t-u}{h_n})d(F_n(u) - F(u))| \le \sup\limits_t |F_n(t) - F(t)| \cdot \frac{1}{h_n}\, v$ (partielle Integration)

$= V_n \cdot \frac{v}{h_n}$. Nach dem Satz von DKW (§ 1, (14)) folgt:

$$P_f(d_n > \varepsilon) \le P_f(V_n > \frac{\varepsilon\, h_n}{v}) \le C \cdot \exp\left(-\frac{2\varepsilon^2 n\, h_n^2}{v}\right).\ \square$$

<u>Bemerkung.</u>

a) Wenn $\forall\, \gamma > 0$: $\Sigma\, e^{-2\gamma n h_n^2} < \infty$, dann folgt nach Borel-Cantelli $d_n \to 0$ $[P_f]$.

b) Es läßt sich zeigen, daß: $\sup\limits_t |Ef_n(t) - f(t)| \to 0$ äquivalent mit der gleichmäßigen Stetigkeit von f ist. In Teil d von Proposition 3.4 gilt also eine Umkehrung. In der Zerlegung $f_n - f = (f_n - E_f f_n) + (E_f f_n - f)$ beschreibt der Fehler in dem ersten Term im wesentlichen die stochastische Schwankung, der Fehler in dem zweiten Term den Grad von Glattheit (Regularität) von f. □

Die Beschränktheit von f in Proposition 3.4 kann ersetzt werden durch die Annahme, daß $u \cdot K(u) \to 0$, $|u| \to \infty$.

<u>PROPOSITION</u> 3.6. Wenn $|u\, K(u)| \to 0$ für $|u| \to \infty$ und f stetig in t $\Rightarrow E_f f_n(t) \to f(t)$.

<u>Beweis.</u> $|E_f f_n(t) - f(t)| \le A_n + B_n$ mit $A_n := |\int\limits_{\{|h_n u| \le \varepsilon\}} K(u)(f(t - h_n u) - f(t))du|$

$\le w_f(\varepsilon,t) \int |K(u)|\, du$ und $B_n := |\int\limits_{\{|h_n u| > \varepsilon\}} K(u)(f(t - h_n u) - f(t))du|$

$$\leq \left| \int_{\{|t-v|>\epsilon\}} \frac{1}{h_n} K(\frac{t-v}{h_n}) f(v) dv \right| + f(t) \left| \int_{\{|h_n u|>\epsilon\}} K(u) du \right|$$

$$\leq \int_{\{\frac{|t-v|}{h_n} > \frac{\epsilon}{h_n}\}} \frac{1}{\epsilon} \frac{|t-v|}{h_n} |K(\frac{t-v}{h_n})| f(v) dv + f(t) \left| \int_{\{|h_n u|>\epsilon\}} K(u) du \right|$$

$$\leq \frac{1}{\epsilon} \sup_{|z| > \frac{\epsilon}{h_n}} |z||K(z)| \int f(v) dv + f(t) \int_{\{|h_n u|>\epsilon\}} K(u) du \xrightarrow[n \to \infty]{} 0. \quad \square$$

Ohne Regularitätsannahmen läßt sich folgendes zeigen:

<u>PROPOSITION</u> 3.7. Ist $f \in L^1(\lambda^1)$

$$(9) \qquad \Rightarrow \lim_{n \to \infty} \int | \frac{1}{h_n} \int f(u) K(\frac{t-u}{h_n}) du - f(t)| dt \to 0 .$$

<u>Bemerkung.</u> Für eine λ^1-Dichte f gilt also: $\int |E_f f_n(t) - f(t)| dt \to 0$.

<u>Beweis.</u> 1. Allgemein gilt für $f, g \in L^1(\lambda^1)$:

$$(10) \qquad \|f * g\|_1 := \int |f * g| d\lambda^1 \leq \|f\|_1 \|g\|_1$$

$$\text{mit } f * g(t) := \int f(u) g(t-u) du .$$

<u>Beweis.</u> Nach Fubini gilt:

$$\int |f * g(t)| dt = \int |\int f(u) g(t-u) du| dt \leq \int\int |f(u)||g(t-u)| du\, dt =$$

$$= \int |f(u)| \{ \int |g(t-u)| dt\} du = \|f\|_1 \|g\|_1 .$$

2. Beh. (9) gilt für $f \in C_K := \{g \in C(\mathbb{R}^1); g$ hat kompakten Träger$\}$.

<u>Beweis.</u> Sei $K_1(t) := K(t) 1_{[-M,M]}(t)$ und $K_2(t) := K(t) 1_{[-M,M]}\mathbb{C}(t)$. Dann folgt: $\int |\int f(u) \frac{1}{h_n} K(\frac{t-u}{h_n}) du - f(t)| dt \leq \int |\int f(u) \frac{1}{h_n} K_1(\frac{t-u}{h_n}) du -$

$- f(t) \int K_1(v) dv| dt + \int |\int f(u) \frac{1}{h_n} K_2(\frac{t-u}{h_n}) du| dt + \int |f(t)| dt \int |K_2(v)| dv$

$=: A_n + B_n + C_n.$

$$(11) \qquad \text{Nach 1. ist } B_n \leq \|f\|_1 \cdot \|K_2\|_1 \text{ also } B_n + C_n \leq 2 \|f\|_1 \cdot \|K_2\|_1$$

$$\text{und } A_n \leq \int\int | f(t-u) - f(t)| |\frac{1}{h_n} K_1(\frac{u}{h_n})| du\, dt$$

$$= \int_{[-A,A]} \int_{\{|\frac{u}{h_n}| \leq M\}} |f(t-u) - f(t)| |\frac{1}{h_n} K_1(\frac{u}{h_n})| du\, dt \quad \text{(für A genügend groß)}$$

$$\leq w_f(M h_n)\, 2A \cdot \int |\frac{1}{h_n} K_1(\frac{u}{h_n})| du = w_f(M h_n)\, 2A \int |K_1(u)| du$$

- 22 -

(12) $\qquad$ mit $w_f(\varepsilon): = \sup_t w_f(\varepsilon,t)$.

Zu $\delta > 0$ existiert M, so daß $B_n + C_n \leq \delta$, $\forall n$. Für $n \geq n_0$ ist nach (12) auch $A_n \leq \delta$.

3. Sei nun $f \in L^1(\lambda^1)$, dann gibt es ein $g \in C_K$ mit $\|f - g\|_1 \leq \delta$. Daraus folgt:

$$\int |\int f(u) \frac{1}{h_n} K(\frac{t-u}{h_n})du - f(t)|dt \leq \int |\int |(f-g)(u) \frac{1}{h_n} K(\frac{t-u}{h_n})du|dt +$$

$$\int |(f-g)(u)|du + \int |\int g(u) \frac{1}{h_n} K(\frac{t-u}{h_n})du - g(t)|dt \leq \|f-g\|_1(\int |K(u)|du+1) + o(1). \quad \square$$

Für Dichteschätzer gilt eine Variante des Satzes von Scheffé.

<u>PROPOSITION</u> 3.8. Sei $f_n \geq 0$ Dichteschätzer mit $\int f_n(t)dt = 1$. Dann gilt:

a) $f_n(t) \xrightarrow[P_f]{} f(t)$ (stoch. Konvergenz) für λ^1 fast alle t

(13) $\qquad \Rightarrow E_f \int |f_n(t) - f(t)|dt \rightarrow 0$.

b) $f_n(t) \rightarrow f(t)$ $[P_f]$ für λ^1 fast alle t

(14) $\qquad \Rightarrow \int |f_n(t) - f(t)|dt \rightarrow 0$ $[P_f]$

<u>Beweis.</u> a) Es gilt: $(f(t) - f_n(t))_+ \xrightarrow[P_f]{} 0$ f.s. und $(f(t) - f_n(t))_+ \leq f(t)$.
Nach dem Satz über majorisierte Konvergenz folgt: $E_f(f(t) - f_n(t))_+ \rightarrow 0$ für λ^1 f.a. t.

$$\Rightarrow E_f(\int |f_n(t) - f(t)|dt) = E_f \; 2 \cdot \int (f(t) - f_n(t))_+dt = 2 \int \underbrace{E_f(f(t) - f_n(t))_+}_{\leq f(t)}dt \rightarrow 0$$

b) Nach Voraussetzung und Fubini gilt: (P_f wird hier synonym für $P_f^{(\infty)}$ verwendet)
$P_f \otimes \lambda^1 \{(x,t) \in \mathbb{R}^\infty \times \mathbb{R}^1 ; f_n(x,t) \nrightarrow f(t)\}$
$= \int P_f \{\lim f_n(t) \neq f(t)\}d\lambda^1(t) = 0 = \int \lambda^1 \{t; \lim f_n(x,t) \neq f(t)\}dP_f(x)$
$\Rightarrow \lim f_n(x,t) = f(t)$ $[\lambda^1]$ für P_f fast alle x.

Nach dem Satz über majorisierte Konvergenz folgt: $\int |f_n(t) - f(t)|dt \rightarrow 0$ $[P_f]$. $\quad \square$

Unter Regularitätsvoraussetzungen bekommt man Raten für die Konvergenz an einer festen Stelle t.

PROPOSITION 3.9. Sei $f \in C^{(2)}$, d. h. f zweimal stetig differenzierbar, seien f, f', f'' beschränkt, $n\,h_n \to \infty$ und $\int u^2 |K(u)| du < \infty$

$\Rightarrow$ a) Wenn $\int u\,K(u)du = 0$, dann folgt:

$$(15) \qquad E_f f_n(t) - f(t) = \frac{1}{2} h_n^2 \, f''(t) \int u^2 K(u)du + o(h_n^2)$$

b)

$$(16) \qquad V_f(f_n(t)) = \frac{f(t)}{n\,h_n} \int K^2(u)du + o(\frac{1}{n\,h_n}) \ .$$

Beweis. a) Mit einer Taylorentwicklung von f gilt:

$$E_f f_n(t) = \int K(v)f(t - h_n v)dv = \int K(v) \, [\, f(t) - h_n v \, f'(t) + \frac{1}{2} h_n^2 v^2 f''(t)$$

$$+ \frac{1}{2} h_n^2 v^2 (f''(\xi_v) - f''(t))\,]dv \quad \text{mit } \xi_v \in |t, t - h_n v| \quad \text{(Zwischenstelle)}$$

$$= f(t) - h_n f'(t) \int v K(v)dv + \frac{1}{2} h_n^2 \, f''(t) \int v^2 K(v)dv +$$

$$+ \frac{1}{2} h_n^2 \int v^2 K(v)(f''(\xi_v) - f''(t))dv \ .$$

Durch Aufspaltung des Integrationsbereiches sieht man, daß das dritte Integral $o(1)$ ist.

$$\int v^2 K(v)(f''(\xi_v) - f''(t))dv = \int_{\{|h_n v| \leq \varepsilon\}} \ldots + \int_{\{|h_n v| > \varepsilon\}} \ldots$$

$$\leq \underbrace{w_{f''}(\varepsilon, t) \int |v^2 K(v)|dv}_{\leq \delta \text{ für } \varepsilon \leq \varepsilon_0} + \underbrace{M \int_{\{|h_n v| > \varepsilon\}} v^2 K(v)|dv}_{\leq \delta, \text{ für } n \geq n_0 = n_0(\varepsilon)}$$

b) $V_f(f_n(t)) = \frac{1}{n\,h_n} \int K^2(v)f(t - h_n v)dv - \frac{1}{n} (\int K(v)f(t - h_n v)dv)^2$

$$= \frac{1}{n\,h_n} \, [f(t) \int K^2(v)dv - h_n \, f'(t) \int v K^2(v)dv + o(h_n)]$$

$$- \frac{1}{n} \, [f(t) - h_n \, f'(t) \int v K(v)dv + o(h_n)]^2 = \frac{1}{n\,h_n} \, f(t) \int K^2(v)dv + o(\frac{1}{n\,h_n}) \cdot \square$$

Unter stärkeren Annahmen erhält man für spezielle Kerne bessere Raten. Der Beweis der folgenden Aussage ist analog zu dem Beweis von 3.9.

PROPOSITION 3.10. Sei $f \in C^{(4)}$ und $|f^{(i)}| \leq M$, $0 \leq i \leq 4$. Sei K ein Kern, so daß $\int u^i K(u)du = 0$, $1 \leq i \leq 3$ und $\int u^4 |K(u)|du < \infty$. Dann gilt:

$$(18) \ a) \qquad E_f f_n(t) - f(t) = \frac{1}{4!} h_n^4 \, f^{(4)}(t) \int K(u)u^4 du + o(h_n^4)$$

und

$$(19) \ b) \qquad E_f(f_n(t) - f(t))^2 = \frac{f(t)}{n\,h_n} \int K^2(v)dv$$

$$+ \frac{1}{4} h_n^4 (f''(t))^2 (\int K(u)u^2 du)^2 + o(\frac{1}{n\,h_n} + h_n^4) \ . \ \square$$

Bemerkung.

a) Ein Beispiel für einen Kern mit obigen Regularitätsvoraussetzungen ist:
$K(u): = \frac{3}{2}(1 - \frac{u^2}{3})e^{-1/2\ u^2}$. Wegen $\int u^2 K(u)du = 0$ ist K nicht ein positiver Kern.

b) Die Entwicklung in (19) gilt auch, wenn $\int u^2 K(u)du \neq 0$. Man erhält dann eine optimale Konvergenzrate für $E(f_n(t) - f(t))^2$ durch die Wahl

$h_n = \frac{M^*}{n^{1/5}} = : h_n^*$ (so daß die ersten beiden Fehlerterme gleich groß werden). Dann ist:

$$(20) \qquad E(f_n(t) - f(t))^2$$
$$= 2^{3/5}(f(t)\int K^2(v)dv)^{4/5}[f''(t)\int K(v)v^2 dv]^{2/5}\ n^{-4/5} + o(n^{-4/5}).$$

Die Skalierung M^* hängt von den unbekannten Größen $f(t)$, $f''(t)$ ab und muß daher aus den Beobachtungen geschätzt werden. □

Betrachtet man nun ein globales Fehlermaß, den IMSE (<u>integrated</u> <u>mean</u> <u>square</u> <u>error</u>)

$$(21) \qquad I(f_n,f): = \int E(f_n(t) - f(t))^2 dt$$

als Kriterium, dann ergibt sich die folgende Aussage.

<u>PROPOSITION</u> 3.11. Sei $f \in C^{(2)}$, f, f'' beschränkt und $f,f'' \in L^2(\mathbb{R}^1)$, $K \geq 0$ beschränkt, symmetrisch und $\int u^2 K(u)du < \infty$. Dann gilt:

$$(22)\ a) \qquad I(f_n,f) = \frac{1}{n\ h_n}\int K^2(v)dv + \frac{1}{4}\ h_n^4\int(f''(t))^2 dt(\int K(u)u^2 du)^2 +$$
$$o(\frac{1}{n\ h_n} + h_n^4)$$

b) Die 'optimale' Wahl von h_n ist $h_n^*: = \frac{A}{n^{1/5}}$ mit

$$A = \frac{2^{2/5}(\int K^2(v)dv)^{1/5}}{(\int(f''(t))^2 dt)^{1/5}(\int K(u)u^2 du)^{2/5}}\quad \text{und mit } h_n^* \text{ ist}$$

$$(23) \qquad I(f_n,f)$$
$$= 2^{3/5}(\int K^2(v)dv)^{4/5}[\int(f''(t))^2 dt(\int K(v)v^2 dv)^2]^{1/5}\ n^{-4/5} + o(n^{-4/5}).$$

<u>Beweis.</u> $I(f_n,f) = \int E_f(f_n(t) - f(t))^2 dt = \int V_f(f_n(t))dt + \int(E_f f_n(t) - f(t))^2 dt$

$= \int \frac{1}{n}[\frac{1}{h_n}\int K^2(v)f(t - h_n v)dv - (\int K(v)f(t - h_n v)dv)^2]dt + \int(\int K(u)[f(t - h_n u) -$

$- f(t)]du)^2 dt$. Mit der Taylorentwicklung

$$f(t - h_n v) - f(t) = -h_n v f'(t) + \frac{1}{2} h_n^2 v^2 f''(t - \theta h_n v) \quad |\theta| \leq 1, \text{ folgt:}$$

$$H_n(t): = [\int K(v)(f(t - h_n v) - f(t))dv]^2 = [\int K(v) \frac{1}{2} h_n^2 v^2 f''(t - \theta h_n v)dv]^2$$

$$\text{(da } \int v\, K(v)dv = 0)$$

$$= \frac{1}{4} h_n^4 [f''(t) (\int K(v)v^2 dv) + \{\int K(v)v^2(f''(t) - f''(t - \theta h_n v))dv\}]^2$$

$$\Rightarrow \int H_n(t)dt = \frac{1}{4} h_n^4 \int (f''(t))^2 dt (\int K(v)v^2 dv)^2 + o(h_n^4) \quad \text{(durch Aufspaltung des}$$

Integrationsbereichs). Mit der Abschätzung:

$$\int [\int K(v)f(t - h_n v)dv]^2 dt = \int\int K(v)K(v')\{\int f(t - h_n v)f(t - h_n v')dt\}dv\, dv'$$

$\leq (\int K(v)dv)^2 \int f(t)^2 dt$ (Cauchy-Schwarz) ist der zweite Summand $O(\frac{1}{n})$. Der

erste Summand hat die Entwicklung: $\frac{1}{n\, h_n} \int K^2(v)dv + o(\frac{1}{n\, h_n})$. Daraus

folgt a).

b) folgt aus a) durch Gleichsetzen der beiden Fehlerterme. $\square$

<u>Bemerkung.</u> a) <u>(optimaler Kern)</u>

Hat man die optimale Bandweite h_n^* gewählt, so ist der nächste Schritt nun

die optimale Wahl des Kerns unter den Bedingungen von Proposition 3.11, d. h.

$$(24) \qquad \int K^2(v)dv = \text{min!} \qquad \text{unter den Nebenbedingungen}$$

1) $\int K(v)dv = 1$

2) $K(v) = K(-v)$

3) $\int v^2 K(v)dv = 1$

(Die Bedingung 3) ist eine Normierungsbedingung, die durch Skalierung

$\tilde{K}(v): = K(cv)$ o.E. angenommen werden kann).

Mit Lagrangeschen Multiplikatoren erhält man als Lösung:

$$(25) \qquad K(v): = \frac{3}{4\sqrt{5}} (1 - \frac{v^2}{5}) 1_{[-\sqrt{5},\sqrt{5}]}(v) .$$

Der Gaußsche Kern $K_0(v): = \frac{1}{\sqrt{2\pi}} e^{-v^2/2}$ ist jedoch fast genauso gut wie K.

Es gilt:

$$(26) \qquad \frac{\int K_0^2(v)dv}{\int K^2(v)dv} = 1,051.$$

b) Auch beim IMSE muß die optimale Bandweite h_n^* geschätzt werden. $\square$

Die allgemeine Frage ist nun: Sei $\mathcal{F}$ eine Klasse von stetigen Dichten. Wie
groß ist bei optimaler Wahl des Dichteschätzers die schlechteste Konvergenzrate in $\mathcal{F}$? Diese Frage nach gleichmäßigen Konvergenzraten auf $\mathcal{F}$ hängt
natürlich noch von der Wahl des Fehlermaßes ab. Wir zitieren ein paar

Ergebnisse zu dieser Frage, um einen Eindruck von den zu erwartenden Resultaten zu bekommen und untersuchen dann eine Situation genauer.

Beispiele.

a) <u>Farrell</u>: Sei $\mathcal{F}: = \{f \in C^{(1)}; \ f \ \lambda^1\text{-Dichte}, \ |f| < \alpha\}$, dann folgt für <u>jede</u> Schätzfolge (f_n):

$$(27) \qquad \overline{\lim} \ \sup_{f \in \mathcal{F}} \ E_f(f_n(o) - f(o))^2 \geq \frac{1}{16} \ .$$

Insbesondere gibt es also an einer festen Stelle keinen erwartungstreuen Schätzer. Die Klasse $\mathcal{F}$ ist 'zu groß'. Der Beweis von Farrell beruht auf einer Betrachtung einer ungünstigen Teilfamilie von Cauchytyp Dichten und dann auf einer Anwendung der Cramer-Rao Ungleichung.

b) <u>Boyd und Steele</u>: Sei $\mathcal{F}: = \{\varphi_{\mu,\sigma^2}; \ \mu \in \mathbb{R}^1, \ \sigma^2 > o\}$

$\varphi_{\mu,\sigma^2}(x): = \frac{1}{\sigma} \varphi(\frac{x-\mu}{\sigma})$, $\varphi(x): = \frac{1}{\sqrt{2\pi}} e^{-x^2/2}$. Dann gilt: Für jede Schätzfolge (f_n) (nicht nur für Kern-Dichteschätzer!) existiert ein $f \in \mathcal{F}$ und ein $c_f > o$, so daß:

$$(28) \qquad \overline{\lim}_{n \to \infty} \ n \ E_f \int (f_n(t) - f(t))^2 dt = \overline{\lim} \ n \ I(f_n,f) \geq c_f > o.$$

Für $f_n^*(t): = \frac{1}{\sqrt{s_n}} \varphi(\frac{t - \overline{x}_n}{\sqrt{s_n}})$, $s_n(x): = \frac{1}{n} \Sigma \ (x_i - \overline{x}_n)^2$ gilt:

$$(29) \qquad 16 \sqrt{\pi} \ n \cdot s_n \int (f_n^*(t) - f(t))^2 dt \xrightarrow{D} 4V + 3U$$

mit U,V unabhängig, $U \sim \chi_1^2$, $V \sim \chi_1^2$. Damit ist (28) ein scharfes Ergebnis.

c) <u>Devroye</u>: Sei $\mathcal{F}: = \{f; \ f \text{ ist Dichte mit Träger in } [0,1], \ |f(t)| \leq 2, \ \forall t\}$

$$(30) \qquad \Rightarrow \inf_{n} \sup_{f \in \mathcal{F}} \ \frac{\int E_f |f_n(t) - f(t)|^p dt}{\int f^p(t) dt} \geq \frac{1}{2^{p-1}} \ , \ \forall p \geq 1 \ .$$

d) <u>Bretagnolle, Huber</u>: Sei $r > o$ und $\mathcal{F}: = \{f; \ f \ s\text{-mal differenzierbar},$ $f^{(s)} \in L^p(\lambda^1), \ D_{s,p}(f) \leq r\} = \mathcal{F}_{s,p}$ mit $s \geq 1$, $p > 1$ und $D_{s,p}(f): =$ $(\int |f^{(s)}(t)|^p dt)^{\frac{1}{2s+1}} \ (\int f^{p/2}(t) dt)^{\frac{2s}{2s+1}} \}$. Dann gilt: $\exists$ eine Konstante $C_{s,p} > 0$:

$$(31) \qquad \lim_{n \to \infty} n^{\frac{sp}{2s+1}} \sup_{f \in \mathcal{F}_{s,p}} \int E_f |f_n(t) - f(t)|^p dt \geq r \cdot C_{s,p}.$$

Für $p = 2$ und $s \to \infty$ erhält man also im Limes die optimale Rate der Normalverteilungen. Für $p = 1$ ist die optimale Rate im Limes nur $n^{1/2}$! Das L^1-Fehlermaß konvergiert also langsamer als das L^2-Fehlermaß.

Wir wollen nun glm. Raten für die maximale Abweichung am Beispiel von Lipschitz-stetigen Dichten untersuchen. Sei

$$(32) \qquad \Sigma(1,L): = \{f\ \lambda^1\text{-Dichte};\ |f(x) - f(y)| < L|x-y|,\ \forall x \neq y\}\ \text{und}$$
$$\Sigma_M(1,L): = \{f \in \Sigma(1,L);\ |f| \leq M\}.$$

Diese Untersuchungen gehen auf Arbeiten von Cencov, Farrell, Samarov und Ibragimov und Hasminskii zurück.

<u>SATZ</u> 3.12. Sei $\int K^2(t)dt < \infty$, $\int |t\ K(t)|dt < \infty$ und $h_n: = n^{-1/3}$. Dann existiert ein $c < \infty$, so daß:

$$(33) \qquad \sup_{f \in \Sigma_M(1,L)}\ \sup_{t \in \mathbb{R}^1}\ E_f(f_n(t) - f(t))^2 \leq \frac{c}{n^{2/3}}\ ,\quad \forall n \in \mathbb{N}.$$

<u>Beweis.</u> 1) $E_f f_n(t) - f(t) = \dfrac{1}{h_n}\ \int K(\dfrac{t-v}{h_n})(f(v) - f(t))dv$

$= \int K(u)(f(t-h_n u) - f(t))du \leq L \cdot h_n \int |K(u) \cdot u| du.$

Ebenso gilt:

2) $E_f(f_n(t) - E_f f_n(t))^2 = \dfrac{1}{n\ h_n^2}\ \{\int K^2(\dfrac{t-v}{h_n})f(v)dv - (E_f\ K(\dfrac{t-x_1}{h_n}))^2\}$

$\leq \dfrac{1}{n\ h_n}\ \int K^2(u)f(t-h_n u)du \leq \dfrac{c}{n\ h_n}\quad \text{mit}\ c = M \cdot \int K^2(u)du.$

Durch die Wahl $h_n = n^{-1/3}$ (oder auch $\dfrac{c}{n^{1/3}}$) folgt:

$E_f(f_n(t) - f(t))^2 \leq C \cdot n^{-2/3},\ \forall t,\ \forall f.\ \square$

Sei nun etwas allgemeiner $\beta = k + \alpha$, $o < \alpha \leq 1$, $k \in \mathbb{N}_0$

$$(34) \qquad \Sigma_M(\beta,L): = \{f\ \lambda^1\text{-Dichte};\ |f| \leq M,$$
$$|f^{(k)}(x) - f^{(k)}(y)| < L|x-y|^{\alpha},\ x \neq y\}\ .$$

<u>SATZ</u> 3.13. Sei $h_n: = n^{-1/(2\beta+1)}$, $\int K^2(t)dt < \infty$, $\int t^j K(t)dt = 0$, $1 \leq j \leq k$,

$\int |t^\beta K(t)| dt < \infty$

$$(35) \qquad \Rightarrow \forall L > o:\ \sup_{n}\ \sup_{f \in \Sigma_M(\beta,L)}\ \sup_{t \in \mathbb{R}^1}\ n^{\frac{2\beta}{2\beta+1}}\ E_f(f_n(t) - f(t))^2 < \infty\ .$$

<u>Beweis.</u> $E_f f_n(t) - f(t) = \int K(v)(f(t-h_n v) - f(t))dt$

$= \dfrac{h_n^k}{k!}\ \int v^k K(v)f^{(k)}(t-\theta h_n v)dv,\ o < \theta < 1,\ \theta = \theta(v)$

$$= \frac{h_n^k}{k!} \int v^k K(v)(f^k(t - \theta h_n v) - f^{(k)}(t)dt \le \frac{h_n^\beta}{k!} \cdot L \int |v|^\beta |K(v)| dv = c \cdot h_n^\beta .$$

Ebenso erhält man (vgl. auch den Beweis von 3.12):

$$E_f(f_n(t) - E_f f_n(t))^2 \le \frac{1}{n h_n} \int K^2(u) f(t - h_n u) du \le \frac{1}{n h_n} M \int K^2(u) du.$$

Durch Gleichsetzen der Fehlerraten ergibt sich:

$$h_n^{2\beta} = \frac{1}{n h_n} \quad \text{also} \quad h_n = n^{-1/(1+2\beta)} \quad \text{und damit dann die Behauptung.} \quad \Box$$

Cencov und Farrell haben gezeigt, daß die in 3.12 konstruierten Kern-
Dichteschätzer unter <u>allen</u> Dichteschätzern für die Klasse $\Sigma_M(\beta,L)$ die
optimale Konvergenzrate haben. Wir werden in Kapitel II noch auf diese
Frage zurückkommen, wie man die Größe von F messen kann, um aus ihr
die optimale Konvergenzrate abzulesen.

Zum Schluß soll noch ein CLT für Kern-Dichteschätzer bewiesen werden.
Sei

$$(36) \qquad H_n(a,t): = \left| P_f \left(\frac{f_n(t) - E_f f_n(t)}{\sqrt{V_f(f_n(t))}} \le a \right) - \phi(a) \right| .$$

Für Dichten f, die in t stetig sind, wurde in 3.4, 3.6 unter den
dortigen Voraussetzungen gezeigt: $V_f(f_n(t)) \sim \frac{1}{n h_n} f(t) \int K^2(u) du$
$E_f f_n(t) \sim f(t)$.

<u>SATZ</u> 3.14. Sei K beschränkt, $\lim_{n \to \infty} u K(u) = 0$, $\int |K(u)|^{2+\delta} du < \infty$ für ein $\delta > 0$,
und sei f stetig in t und $n h_n \to \infty$. Dann folgt:

$$(37) \quad a) \quad \lim_{n \to \infty} H_n(a,t) = o, \quad \forall a \in \mathbb{R}^1$$

$$\quad b) \quad \text{Ist } f(t) > o, \int |K(u)|^3 du < \infty , \quad V_n(x_1): = \frac{1}{h_n} K(\frac{t - x_1}{h_n})$$

$$\Rightarrow \sup_a H_n(a,t) \le C \frac{E_f |V_n|^3}{\sqrt{n}(V_f(V_n))^{3/2}}$$

$$(38) \qquad \sim \frac{1}{(n h_n f(t))^{1/2}} \frac{\int |K(u)|^3 du}{(\int K^2(u) du)^{3/2}}$$

<u>Beweis.</u> a) $f_n(t) = \frac{1}{n} \sum_{k=1}^{n} V_n(x_k)$ ist bzgl. $P_f^{(n)}$ eine Summe von iid
ZV'en (Dreieckschema). Nach einer Charakterisierung für den CLT (vgl.
Loeve, S. 316) ist (37) äquivalent damit, daß für alle $\varepsilon > o$

$$(39) \qquad n\, P_f \left\{ \left| \frac{V_n - E_f V_n}{\sqrt{V_f(V_n)}} \right| \geq \sqrt{n}\,\varepsilon \right\} \xrightarrow[n\to\infty]{} 0 \; .$$

Hinreichend für (39) ist die <u>Lyapounov-Bedingung</u>: $\exists\,\delta > 0$, so daß:

$$(40) \qquad A_\delta := \frac{E_f |V_n - E_f V_n|^{2+\delta}}{n^{\delta/2}(V_f(V_n))^{(2+\delta)/2}} \to 0 \; .$$

Nach Proposition 3.14 (mit dem Kern $|K(u)|^{2+\delta}$) gilt:

$$(41) \qquad E_f |V_n|^{2+\delta} = \int \left| \frac{1}{h_n} K\!\left(\frac{t-u}{h_n}\right) \right|^{2+\delta} f(u)\,du$$

$$\sim \frac{1}{h_n^{1+\delta}} f(t) \int |K(u)|^{2+\delta}\,du. \text{ Also ist:}$$

$$A_\delta = \frac{h_n^{1+\delta} E_f |V_n - E_f V_n|^{2+\delta}}{(nh_n)^{\delta/2}\, h_n^{1+\delta/2}\,(V_f(V_n))^{(2+\delta)/2}} \; .$$

Für $r > 0$ gilt $E|X+Y|^r \leq 2^r\, E\max\{|X|^r, |Y|^r\} \leq 2^r(E|X|^r + E|Y|^r)$

$$\Rightarrow E_f |V_n - E_f V_n|^{2+\delta} \leq 2^{2+\delta}(E_f |V_n|^{2+\delta} + |E_f V_n|^{2+\delta}) \leq \frac{c}{h_n^{1+\delta}} \quad \text{für } n \geq n_0$$

$$\Rightarrow A_\delta \leq \frac{K}{(n\,h_n)^{\delta/2}} \to 0 \text{ mit } K = K_f < \infty$$

b) folgt aus der Berry Esseen Schranke in § 1. $\quad\square$

§ 4   Martingale und Dichtequotienten

Das wichtigste Mittel zum Nachweis von f.s. Konvergenz und Verteilungskonvergenz ist die Martingaltheorie.

<u>DEFINITION</u> 4.1. Sei (M,A,P) ein Wahrscheinlichkeitsraum, $A_n \subset A$, eine
Folge von Unter σ-Algebren mit $A_n \subset A_{n+1}$, $\forall n \in \mathbb{N}$ $((A_n)$ heißt dann eine
<u>Filtration</u>) und sei $X_n \in L^1(A_n,P)$ für $n \in \mathbb{N}$. Dann heißt

(1) $\qquad (X_n,A_n)$ <u>Martingal</u> $\Longleftrightarrow \forall m < n:\ E(X_n|A_m) = X_m$
$$\Longleftrightarrow E(X_{n+1}|A_n) = X_n,\ \forall n \in \mathbb{N}$$

(2) $\qquad (X_n,A_n)$ <u>Sub-Martingal</u> $\Longleftrightarrow E(X_{n+1}|A_n) \geqq X_n,\ \forall n \in \mathbb{N}$

(3) $\qquad (X_n,A_n)$ <u>Super-Martingal</u> $\Longleftrightarrow E(X_{n+1}|A_n) \leqq X_n,\ \forall n \in \mathbb{N}$. $\square$

<u>Bemerkung.</u> In obiger Definition reicht es, die Quasiintegrierbarkeit
der X_n zu verlangen. Ein wichtiges Beispiel behandelt der folgende
Satz von Levy.

<u>SATZ</u> 4.2. (<u>Levy</u>)
Sei $A_n \subset A$, $A_n \uparrow$ und $A_\infty := A(\bigcup\limits_{n=1}^{\infty} A_n) = \bigvee\limits_{n=1}^{\infty} A_n$. Sei $X \in L^1(A,P)$ und
$X_n := E(X|A_n)$. Dann folgt:

(4) a) (X_n,A_n) ist ein Martingal,

  b) $\lim X_n =: X_\infty$ existiert P f.s. und $X_\infty = E(X|A_\infty)$ f.s.

<u>Beweis.</u> a) $E(X_{n+1}|A_n) = E(E(X|A_{n+1})|A_n) = E(X|A_n) = X_n$ nach der
Glättungsregel.

b) Sei $X \in \mathcal{L}(A_\infty)$, d. h. A_∞-meßbar.

<u>BEHAUPTUNG</u> 1. $\forall \varepsilon > o, \forall X \in L^1(A_\infty,P):\ \exists n_o \in \mathbb{N}$ und ein $Z_{n_o} \in L^1(A_{n_o},P)$ mit

(5) $\qquad\qquad \|X - Z_{n_o}\|_1 < \delta := \dfrac{\varepsilon^2}{2}$.

<u>Beweis.</u> $\mathcal{F} := \bigcup\limits_{n=1}^{\infty} A_n$ ist eine Algebra, die A_∞ erzeugt. Sei
$D := \{D \in A_\infty;\ \exists A \in \mathcal{F},\ P(A \triangle D) < \delta\}$, dann ist D eine σ-Algebra, also $D = A_\infty$.

Wegen $P(A \triangle D) = \int |1_A - 1_D|\,dP = \|1_A - 1_D\|_1$ gilt die Behauptung für
Indikatorfunktionen. Daraus folgt die allgemeine Behauptung durch die

übliche algebraische Induktion über den Aufbau integrabler Funktionen.

Seien $Y := |X - Z_{n_0}|$, $\tau := \inf\{n \in \mathbb{N}; n \geq n_0, E(Y|A_n) > \varepsilon\}$

τ ist eine __Markovzeit__. Es gilt:

__BEHAUPTUNG 2.__

(6) $\qquad P(\sup_{n \geq n_0} E(Y|A_n) > \varepsilon) \leq \frac{\varepsilon}{2}$.

__Beweis.__ $P(\bigcup_{n \geq n_0} \{E(Y|A_n) > \varepsilon\}) = P(\tau \geq n_0) = \sum_{n=n_0}^{\infty} P(\underbrace{\tau = n}_{\in A_n})$

$\leq \sum_{n=n_0}^{\infty} \frac{1}{\varepsilon} \int_{\{\tau=n\}} E(Y|A_n) dP = \sum_{n \geq n_0} \frac{1}{\varepsilon} \int_{\{\tau=n\}} Y \, dP$ $\qquad$ (Def. bedingter Erwartungs-

$\qquad\qquad\qquad\qquad\qquad\qquad\qquad\qquad\qquad\qquad\qquad\qquad\qquad$ werte)

$\leq \frac{1}{\varepsilon} \int Y \, dP < \frac{\varepsilon}{2}$ $\quad$ nach Behauptung 1.

__BEHAUPTUNG 3.__

(7) $\qquad X_n \to X \ [P]$.

__Beweis.__ $|E(X|A_n) - X| \leq |E(X|A_n) - E(Z_{n_0}|A_n)| + |Z_{n_0} - X|$ $\quad$ für $n \geq n_0$

$\leq E(Y|A_n) + Y$. Daraus folgt:

$P(\sup_{n \geq n_0} |E(X|A_n) - X| > 2\varepsilon) \leq P(\sup_{n \geq n_0} E(Y|A_n) > \varepsilon) + P(Y > \varepsilon)$

$\leq \frac{\varepsilon}{2} + \frac{EY}{\varepsilon} < \varepsilon$ $\qquad$ nach Behauptung 2.

Im allgemeinen Fall Sei $\tilde{X} := E(X|A_\infty)$, dann folgt:

$X_n = E(X|A_n) = E(\tilde{X}|A_n) \to \tilde{X} = E(X|A_\infty)$ nach Behauptung 3. $\square$

Die allgemeine Form des Martingalkonvergenzsatzes geben wir ohne Beweis an (vgl. z. B. Neveu oder Chow, Robbins, Siegmund).

__SATZ 4.3.__ (Martingalkonvergenzsatz)

a) Sei (X_n, A_n) ein Sub-Martingal mit $\sup_n EX_n^+ < \infty$

$\quad \Rightarrow \lim X_n = X_\infty$ existiert P f.s.

b) Sei (X_n) gleichgradig integrabel wie in a)

$\quad \Rightarrow X_n \xrightarrow[L^1(P)]{} X_\infty$

c) Sei (X_n) gleichgradig integrables Martingal mit sup $EX_n^+ < \infty \Rightarrow X_n = E(X_\infty | A_n)$ falls $A_n = A(X_1, \ldots, X_n)$, $n \in \mathbb{N}$.

d) Ist (X_n, A_n) ein Martingal oder ein nichtnegatives Sub-Martingal, $p \in (1, \infty)$ und sup $\|X_n\|_p < \infty$, $\Rightarrow X_n \xrightarrow[L^1(P)]{} X_\infty$.

Eine Anwendung auf Dichtequotienten gibt der folgende Satz.

$\underline{\text{SATZ}}$ 4.4. Seien $A_n \uparrow \subset A$, $A_\infty := V A_n = A$ $P, Q \in M^1(M, A)$, $P_n := P | A_n$, $Q_n := Q | A_n$ und sei $L_n := \dfrac{dQ_n}{dP_n}$ der verallgemeinerte Dichtequotient. Dann gilt:

a) $\lim L_n =: L_\infty$ existiert $P + Q$ f.s. und L_∞ ist die verallgemeinerte Dichte von Q bzgl. P,

$$(8) \qquad Q(A) = Q(A \cap \{L_\infty = \infty\}) + \int_A L_\infty \, dP, \quad \forall A \in A, \quad P\{L_\infty = \infty\} = 0 \ .$$

b) $Q \ll P \iff Q\{L_\infty = \infty\} = 0 \iff E_P L_\infty = 1$.

c) $Q \perp P$ (d. h. $\exists A \in A$ mit $P(A) = 0$, $Q(A) = 1$)
$\iff Q(L_\infty = \infty) = 1 \iff E_P L_\infty = 0$.

$\underline{\text{Beweis.}}$
a) Sei $\mu_n := \dfrac{1}{2}(P_n + Q_n)$, $\mu := \dfrac{1}{2}(P + Q)$ und $g_n := \dfrac{dQ_n}{dP_n}$. Dann folgt:

$$(9) \qquad \underline{(g_n, A_n) \text{ ist ein Martingal}}; \text{ denn mit } g := \frac{dQ}{d\mu} \text{ gilt für}$$

$$A_n \in A_n: \quad Q_n(A_n) = Q(A_n) = \int_{A_n} g \, d\mu = \int_{A_n} E_\mu(g | A_n) \, d\mu_n$$
$$= \int_{A_n} g_n \, d\mu_n,$$

also folgt $g_n = E_\mu(g | A_n)$. Nach dem Satz von Levy ist also (g_n, A_n) ein Martingal und

$$(10) \qquad \lim g_n = g \ [\mu].$$

Mit $f_n := \dfrac{dP_n}{d\mu_n}$ gilt analog:

$$(11) \qquad \lim f_n = f := \frac{dP}{d\mu} \ [\mu].$$

Wegen $\mu\{f = 0, \ g = 0\} = 0$ folgt hieraus:

$$(12) \qquad L_n = \frac{g_n}{f_n} \to \frac{g}{f} =: L_\infty \ [\mu] \quad (\text{def. } \tfrac{0}{0} = 0) \ .$$

Weiter gilt $P\{L_\infty = \infty\} = P\{g > 0, \ f = 0\} = 0$ und $Q(A \cap \{L_\infty < \infty\}) = \int_{A \cap \{L_\infty < \infty\}} g \, d\mu$
$= \int_{A \cap \{L_\infty < \infty\}} \frac{g}{f} \, f \, d\mu = \int_A \frac{g}{f} \, dP = \int_A L_\infty \, dP$, also $Q(A) = Q(A \cap \{L_\infty = \infty\}) + \int_A L_\infty \, dP$, $A \in A$,

d. h. die <u>Lebesgue-Zerlegung</u> gilt.

b) und c) folgen unmittelbar nach Definition.   □

<u>DEFINITION</u> 4.5. Sei $P = f\mu$, $Q = g\,\mu$, dann heißen

(13) $\rho(P,Q): = \int \sqrt{fg}\; d\mu$ die <u>Affinität</u> von P,Q,

$H(P,Q): = \frac{1}{2} \int (\sqrt{f} - \sqrt{g})^2 d\mu = 1 - \rho(P,Q)$ der <u>Hellingerabstand</u>
von P,Q. □

<u>Bemerkung.</u> H und ρ sind unabhängig vom dominierenden Maß μ definiert.
$H^{1/2}$ ist eine Metrik auf der Menge aller W.maße, $o \leq H(P,Q) \leq 1$ und

(14) $H(P,Q) = o \Longleftrightarrow P = Q$, $H(P,Q) = 1 \Longleftrightarrow P \perp Q$.   □

<u>SATZ</u> 4.6. (<u>Kraft</u>) Es gelten die Voraussetzungen von 4.4.

a) $\lim \rho(P_n,Q_n) = \rho(P,Q)$

b) $P \perp Q \Longleftrightarrow \rho(P_n,Q_n) \to o$

(15) $\Longleftrightarrow \exists$ stark konsistenter Test $\varphi = (\varphi_n)$ für $(\{P\},\{Q\})$,
d. h. $\exists\, \varphi_n \in \phi(A_n)$ mit: $E_P\, \varphi_n \to o$ und $E_Q\, \varphi_n \to 1$.

<u>Beweis.</u> Sei $f_n = \dfrac{dP_n}{d\mu_n}$, $g_n = \dfrac{dQ_n}{d\mu_n}$, $f = \dfrac{dP}{d\mu}$, $g = \dfrac{dQ}{d\mu}$ mit μ, μ_n wie in
Satz 4.4.

a) $\lim f_n = f$ $[\mu]$, $\lim g_n = g$ $[\mu]$, also $\lim \sqrt{\dfrac{f_n}{g_n}} = \sqrt{\dfrac{f}{g}}$ $[\mu]$.

<u>BEHAUPTUNG</u> 1.

(16) $\left(\sqrt{\dfrac{f_n}{g_n}} \right)$ ist gleichgradig integrierbar bzgl. Q.

<u>Beweis.</u> $\sup_n \int_A \sqrt{\dfrac{f_n}{g_n}}\; dQ \leq \sup_n Q(A)^{1/2} (\int \dfrac{f_n}{g_n}\, dQ)^{1/2} \leq Q(A)^{1/2} \to o$ wenn

$Q(A) \to o \Rightarrow$ Behauptung.

Also gilt: $\sqrt{\dfrac{f_n}{g_n}} \xrightarrow[L^1(Q)]{} \sqrt{\dfrac{f}{g}} \Rightarrow \lim \rho(P_n,Q_n) = \lim \int \sqrt{f_n g_n}\; d\mu$

$= \lim \int_{\{g_n > o\}} \sqrt{f_n g_n}\; d\mu = \lim \int \sqrt{\dfrac{f_n}{g_n}}\; dQ = \int \sqrt{\dfrac{f}{g}}\; dQ = \int \sqrt{f \cdot g}\; d\mu = \rho(P,Q)$.

b) $P \perp Q \underset{a)}{\Longleftrightarrow} \rho(P,Q) = \lim \rho(P_n,Q_n) = o$.

<u>BEHAUPTUNG</u> 2. $\rho(P_n,Q_n) \to o \Rightarrow \exists$ stark kons. Test.

Beweis.

(17) $\qquad$ Definiere $\varphi_n := 1_{\{\sqrt{g_n} > k_n \sqrt{f_n}\}} \in \Phi(A_n)$

φ_n ist ein LQ-Test für $(\{P_n\}, \{Q_n\})$. Es gilt:

$$E_P \varphi_n = \int\limits_{\{\sqrt{g_n} > k_n \sqrt{f_n}\}} f_n \, d\mu$$

(18) $\qquad$ $\displaystyle \leq \frac{1}{k_n} \int\limits_{\{\sqrt{g_n} > k_n \sqrt{f_n}\}} \sqrt{f_n} \, \sqrt{g_n} \, d\mu \quad$ (da $f_n = \sqrt{f_n} \, \sqrt{f_n} < \frac{1}{k_n} \sqrt{f_n} \, \sqrt{g_n}$)

$$\leq \frac{1}{k_n} \int \sqrt{f_n} \, \sqrt{g_n} \, d\mu = \frac{1}{k_n} \, \rho(P_n, Q_n)$$

(19) $\qquad$ $\displaystyle E_Q(1 - \varphi_n) = \int\limits_{\{\sqrt{g_n} \leq k_n \sqrt{f_n}\}} g_n \, d\mu \leq k_n \, \rho(P_n, Q_n).$

Wählen wir z. B. $k_n = 1$, dann folgt die Behauptung 2.

BEHAUPTUNG 3. Die Existenz eines stark konsistenten Tests impliziert, daß $P \perp Q$.

Beweis. Sei (φ_n) stark konsistent, seien $\varepsilon_k > 0$, $\Sigma \, \varepsilon_k < \infty$, dann existiert $(n_k) \subset \mathbb{N} : E_P \varphi_{n_k} < \varepsilon_k$, $E_Q \varphi_{n_k} > 1 - \varepsilon_k$. Definiert man: $\varphi := \lim \varphi_{n_k}$, dann gilt:

$$E_P \varphi = \lim_{j \to \infty} E_P \sup_{k \geq j} \varphi_{n_k} \leq \lim_{j \to \infty} \sum_{k \geq j} E_P \varphi_{n_k} = \lim_{j \to \infty} \sum_{k \geq j} \varepsilon_k = 0.$$

Wegen $0 \leq \varphi \leq 1$ folgt: $P\{\varphi = 0\} = 1$. Ebenso sieht man: $Q\{\varphi = 0\} = 0$ also $P \perp Q$. $\quad\square$

Sei nun speziell: $(M, A) = \bigotimes\limits_{i=1}^{\infty} (M_i, A_i)$, $P := \bigotimes\limits_{i=1}^{\infty} P_i$, $Q := \bigotimes\limits_{i=1}^{\infty} Q_i$ und $A_{(n)} := A(\pi_1, \ldots, \pi_n)$, die von den ersten n Projektionen erzeugte Unter-σ-Algebra. Seien $\mu_i := \frac{1}{2}(P_i + Q_i)$, $\mu = \bigotimes\limits_{i=1}^{\infty} \mu_i$ und $P_{(n)}, Q_{(n)}, \mu_{(n)}$ die Restriktionen auf $A_{(n)}$. Dann gilt:

$$f_{(n)}(x) := \frac{dP_{(n)}}{d\mu_{(n)}}(x) = \prod_{i=1}^{n} f_i(x_i), \quad f_i := \frac{dP_i}{d\mu_i}$$

$$g_{(n)}(x) := \frac{dQ_{(n)}}{d\mu_{(n)}}(x) = \prod_{i=1}^{n} g_i(x_i), \quad g_i := \frac{dQ_i}{d\mu_i} \quad \text{und}$$

(20) $\qquad$ $\displaystyle \rho(P_{(n)}, Q_{(n)}) = \prod_{i=1}^{n} \rho(P_i, Q_i) \quad$ (nach Fubini).

KOROLLAR 4.7. (Kakutani)

Seien $(M_1, A_1) = (M_2, A_2) = \ldots$ und $P_1 = P_2 = \ldots, Q_1 = Q_2 = \ldots$. Ist $P_1 \neq Q_1$ $\Rightarrow P \perp Q$ und es existiert ein stark konsistenter Test für $(\{P\}, \{Q\})$.

<u>Beweis.</u> Wegen $\rho(P_1,Q_1) < 1$ gilt nach (20): $\rho(P_{(n)},Q_{(n)}) = \rho(P_1,Q_1)^n \to o$. Nach 4.6 folgt die Behauptung.

<u>PROPOSITION</u> 4.8. (<u>Kakutani-Dichotomiesatz</u>)

Sei $P = \otimes P_i$, $Q = \otimes Q_i$ und seien $P_i \sim Q_i$. Dann gilt:

(21) $\qquad$ Entweder ist $P \perp Q$ oder $P \sim Q$ ($P \sim Q$ bedeutet: $P \ll Q$ und $Q \ll P$).

<u>Beweis.</u> Im Beweis von 4.4 wurde gezeigt:

$$f_{(n)}(x) = \frac{dP_{(n)}}{d\mu_{(n)}}(x) \to f(x) = \frac{dP}{d\mu}(x) \ [\mu] \ . \ \text{Also gilt nach dem}$$

Kolmogorovschen $o-1$ Gesetz: $Q\{f > o\} = Q \{ \sum_{i=1}^{\infty} \ell n \ f_i(x_i) > -\infty \} \in \{0,1\}$;

also gilt: $Q \perp P$ oder $Q \ll P$. Ebenso gilt: $P \perp Q$ oder $P \ll Q$. Zusammengenommen folgt die Behauptung. $\square$

<u>Bemerkung.</u> Analoge Dichotomiegesetze gelten auch für Gaußsche Prozesse und Poissonprozesse. $\square$

In der Situation von Korollar 4.7 läßt sich die Konsistenzaussage verschärfen. Nach den Abschätzungen (18) und (19) folgt mit dem dort definierten LQ-Test:

<u>KOROLLAR</u> 4.9. Sei $P = \otimes P_1 =: P_1^{(\infty)}$, $Q = \otimes Q_1 = : Q_1^{(\infty)}$, $\rho: = \rho(P_1,Q_1) < 1$ und $(k_n) \subset \mathbb{N}$. Dann gilt: $\exists \ \varphi_n = \varphi_n(x_1,\ldots,x_n) \in \phi(A_{(n)})$ mit

(22) $\qquad E_P \ \varphi_n \leq \frac{1}{k_n} \ \rho^n, \ E_Q(1 - \varphi_n) \leq k_n \rho^n.$ $\square$

Speziell für $k_n: = \frac{\rho^n}{\alpha}$ erhält man also

(23) $\qquad E_Q(1 - \varphi_n) \leq \frac{1}{\alpha} \rho^{2n}.$

Es lassen sich in diesem Fall auch die optimalen Konvergenzraten ermitteln. Sei $f_1: = \frac{dP_1}{d\mu_1}$, $g_1: = \frac{dQ_1}{d\mu_1}$ und $P_1 \sim Q_1$.

<u>DEFINITION</u> 4.10. $I(P_1,Q_1): = \int \ell n \ \frac{f_1}{g_1} \ dP_1$ heißt <u>Kullback-Leibler-Abstand</u> von Q_1 zu P_1. $\square$

Nach der Jensen-Ungleichung gilt:

(24) $\qquad o \leq I(P_1,Q_1)$

(25) $\qquad$ Sei $\varphi_n^*(x): = \begin{cases} 1 \\ v_n \\ 0 \end{cases} \quad \prod_{i=1}^{n} \frac{g_1(x_i)}{f_1(x_i)} \quad \begin{matrix} > \\ = \ c_n \\ < \end{matrix}$

$$= \left\{ \begin{matrix} 1 \\ v_n \\ 0 \end{matrix} \quad I_n(x) \begin{matrix} > \\ = \\ < \end{matrix} k_n, \quad k_n := \frac{1}{n} \ell n \; c_n \right.$$

mit $I_n(x) := \frac{1}{n} \sum\limits_{i=1}^{n} \ell n \; \frac{g_1(x_i)}{f_1(x_i)}$ ein LQ-Test für $(\{P_{(n)}\}, \{Q_{(n)}\})$. Nach dem SLLN gilt: $I_n \to -I(P_1,Q_1)$ [P].

Seien $0 < \alpha < 1$, und

$$(26) \qquad \left\{ \begin{aligned} \phi_{n,\alpha} &:= \{\varphi_n \in \phi(A_n); \; E_P \, \varphi_n \le \alpha\} \\ \gamma_n(\varphi_n) &:= 1 - E_Q \, \varphi_n \\ \gamma_n &:= \gamma_n(\alpha) := \inf \{\gamma_n(\varphi_n); \; \varphi_n \in \phi_{\alpha,n}\} \,. \end{aligned} \right.$$

<u>SATZ 4.11.</u> (<u>Stein</u>)

Sei $P_1 \ne Q_1$, $\alpha \in (0,1)$ und $I(P_1,Q_1) < \infty$. Dann folgt:

$$(27) \qquad \lim_{n \to \infty} \frac{1}{n} \ell n \; \gamma_n = -I(P_1,Q_1).$$

<u>Beweis.</u>

<u>BEHAUPTUNG 1.</u> $\underline{\lim} \; \frac{1}{n} \ell n \; \gamma_n \ge -I(P_1,Q_1)$.

<u>Beweis.</u> Wähle v_n in der Definition von φ_n^* so, daß $E_{P_{(n)}} \varphi_n^* = \alpha$. Sei $\delta > 0$, $\eta > 0$, dann ist nach dem Neyman-Pearson-Lemma:

$$\gamma_n = \gamma_n(\varphi_n^*) = E_Q(1 - \varphi_n^*) = E_P(1 - \varphi_n^*) \frac{dQ_{(n)}}{dP_{(n)}} = E_P(1 - \varphi_n^*)\exp(n \, I_n)$$

$$\ge E_P(1 - \varphi_n^*)1_{A_n} \exp(n \, I_n) \; \text{mit} \; A_n := \{|I_n + I(P_1,Q_1)| \le \eta\}$$

$$\ge \exp(-n \, I(P_1,Q_1) - n\eta)(1 - \alpha - \delta) \; \text{für} \; n \ge n_0, \; \text{denn} \; P(A_n) \xrightarrow[n \to \infty]{} 1 \; \text{also}$$

$$E_P(1 - \varphi_n^*)1_{A_n} \xrightarrow[n \to \infty]{} 1 - \alpha \Rightarrow \frac{1}{n} \ell n \; \gamma_n \ge \frac{1}{n} \ell n \; (1 - \alpha - \delta) - I(P_1,Q_1) - \eta, \; \text{für} \; n \ge n_0$$

und daher: $\underline{\lim} \; \frac{1}{n} \ell n \; \gamma_n \ge -I(P_1,Q_1)$.

<u>BEHAUPTUNG 2.</u> $\overline{\lim} \; \frac{1}{n} \ell n \; \gamma_n \le -I(P_1,Q_1)$.

<u>Beweis.</u> $\gamma_n = E_Q(1 - \varphi_n^*) = E_P(1 - \varphi_n^*)\exp(n \, I_n)$, aber $1 - \varphi_n^* > 0$ impliziert:

$I_n \le k_n$ und daher $\gamma_n \le \exp(n \, k_n)E_P(1 - \varphi_n^*) = (1 - \alpha)\exp(n \, k_n)$. Wegen

$I_n \to -I(P_1,Q_1)$ [P] folgt, daß die Quantile mit konvergierten, d. h.

$k_n \to -I(P_1,Q_1) \Rightarrow \overline{\lim} \; \frac{1}{n} \ell n \; \gamma_n \le \overline{\lim} \; \frac{1}{n} \ell n \; (1 - \alpha) + \overline{\lim} \; k_n = -I(P_1,Q_1).$ □

<u>Bemerkung.</u>

a) Die optimale Fehlerrate bei einfachen Hypothesen z. N. α ist also (unabhängig von α) $\gamma_n \sim e^{-n \, I \, (P_1,Q_1)}$.

b) Durch Modifikation des obigen Beweises folgt:

(28) $\qquad I(P_1,Q_1) = \infty \Rightarrow \lim \frac{1}{n} \ell n \; \gamma_n = -\infty ,$

d. h. man erhält eine größere Konvergenzrate. (28) läßt sich leicht nachweisen für den Fall, daß P_1 und Q_1 nicht äquivalent sind.

c) Eine Folgerung aus dem Satz von Stein ist:

(29) $\qquad$ Sei $A_n \in \mathcal{A}_{(n)}$ mit $\overline{\lim} \; P(A_n) > o$

$\qquad \Rightarrow \overline{\lim} \; \frac{1}{n} \ell n \; Q(A_n) \geq -I(P_1,Q_1).$

d) Analoge Aussagen zu Satz 4.11 wurden von Chernoff und Salihov auch für das Minimax-Risiko von zwei einfachen Hypothesen bewiesen. Wir kommen auf Verallgemeinerungen in Kapitel III zurück.

Für festes $n \in \mathbb{N}$ erhält man eine Schranke für die Fehlersumme

$$1- \int \varphi_n d(Q_1^{(n)} - P_1^{(n)}) \; \text{aus dem folgenden Lemma.}$$

LEMMA 4.12. Wenn $P_1 \sim Q_1$ und $I(P_1,Q_1) < \infty$, dann ist

(30) $\qquad (\frac{1}{2} D(P_1,Q_1))^2 \leq 1 - \exp(-I(P_1,Q_1)).$

Beweis. Es ist $(\frac{1}{2} D(P_1,Q_1))^2 = (\frac{1}{2} \int |f_1 - g_1| d\mu)^2 = (\frac{1}{2} \int |\sqrt{f_1} - \sqrt{g_1}| |\sqrt{f_1} + \sqrt{g_1}| d\mu)^2$

$\leq (\frac{1}{2} \int |\sqrt{f_1} - \sqrt{g_1}|^2 d\mu)(\frac{1}{2} \int (\sqrt{f_1} + \sqrt{g_1})^2 d\mu) = (1 - \int \sqrt{f_1} \sqrt{g_1} d\mu)(1 + \int \sqrt{f_1} \sqrt{g_1} d\mu)$

$= 1 - (\int \sqrt{f_1} \sqrt{g_1} d\mu)^2.$

Nach der Jensenschen Ungleichung folgt:

$\int \sqrt{f_1} \sqrt{g_1} d\mu = \int \sqrt{\frac{g_1}{f_1}} \; dP_1 \geq \exp \int \ell n \sqrt{\frac{g_1}{f_1}} \; dP_1 = \exp (- \frac{1}{2} \int \ell n \frac{f_1}{g_1} \; dP_1)$

$= \exp (- \frac{1}{2} I(P_1,Q_1)). \quad \square$

KOROLLAR 4.13. Ist $P_1 \sim Q_1$ und $I(P_1,Q_1) < \infty$, dann gilt für jeden Test φ_n:

(31) $\qquad 1 - \int \varphi_n d(Q_1^{(n)} - P_1^{(n)}) \geq 1 - (1 - e^{-nI(P_1,Q_1)})^{1/2}. \quad \square$

Für den Hellingerabstand gilt die zu 4.12 analoge Ungleichung:

LEMMA 4.14. $1 - \exp\{- \sum\limits_{i=1}^{n} H(P_i,Q_i)\} \leq H(\otimes P_i, \otimes Q_i) \leq \sum\limits_{i=1}^{n} H(P_i,Q_i).$

Beweis. $1 - \exp(-\Sigma H(P_i,Q_i)) = 1 - \prod\limits_{i=1}^{n} \exp(-H(P_i,Q_i))$

$= 1 - \prod\limits_{i=1}^{n} \exp(\rho(P_i,Q_i) - 1) \leq 1 - \Pi \rho(P_i,Q_i) = H(\otimes P_i, \otimes Q_i) =$

$= 1 - \Pi(1 - H(P_i,Q_i)) \leq 1 - (1 - \Sigma H(P_i,Q_i)). \quad \square$

II.   KONSISTENZ UND KONVERGENZ

Untersucht wird das Konvergenz- und Konsistenzverhalten von Tests und
Schätzern. Die Begriffe Konvergenz und Konsistenz lassen sich dabei im
asymptotischen Modell formulieren.

DEFINITION. Ein allgemeines (diskretes) asymptotisches Modell ist eine
Folge $\mathcal{E}_n = (M_{(n)}, A_{(n)}, \mathcal{P}_n)$, $n \in \mathbb{N}$, von Experimenten mit

$$\mathcal{P}_n = \{P_{n,\theta};\ \theta \in \Theta\} \subset M^1(M_{(n)}, A_{(n)}). \quad \square$$

Insbesondere wird der iid-Fall untersucht, mit $(M_{(n)}, A_{(n)}) = (M,A)^{(n)}$
(Produktfall), $P_{n,\theta} = \overset{n}{\underset{i=1}{\otimes}} P_\theta$. Allgemeiner werden Restriktionsmodelle
behandelt. Sei $(M,A,\mathcal{P})$ ein Experiment, $\mathcal{P} = \{P_\theta;\ \theta \in \Theta\}$ und $A_{(n)} \subset A$ eine
isotone Folge von Unter σ-Algebren, $A_{(n)} \uparrow A$. Mit $P_{n,\theta} := P_\theta / A_{(n)}$,
$\mathcal{P}_n := \{P_{n,\theta};\ \theta \in \Theta\}$ heißt $(M, A_{(n)}, \mathcal{P}_n)$ Restriktionsmodell. Der iid-Fall
ist im Restriktionsmodell enthalten mit $(M,A) = \overset{\infty}{\underset{i=1}{\otimes}} (X,B)$,
$\mathcal{P} = \{Q_\theta^{(\infty)};\ \theta \in \Theta\} = \mathcal{Q}^{(\infty)}$ und $A_{(n)} = A(\pi_1, \ldots, \pi_n) = A\ (A \times X^\infty;\ A \in B^{(n)})$.

Wir benutzen die Schreibweisen: $T_n \in \mathcal{L}(M_{(n)}, A_{(n)})$ im allgemeinen Modell,
$T_n \in \mathcal{L}(M, A_{(n)})$ im Restriktionsmodell und $T_n \in \mathcal{L}(M^n, A^n)$ im Produktfall.
Es werden zunächst verschiedene Möglichkeiten diskutiert, Schätzfolgen
asymptotisch zu vergleichen und deren Güte zu messen. Neben asymptotisch
relativer Effizienz (ARE), die auf dem Vergleich der Limes-Verteilungen
basiert, werden Schätzer anhand der asymptotischen Entwicklung des Risikos (LRE und LRD) verglichen. Durch die Cramer-Rao-Schranke wird für
reguläre Verteilungsklassen die Definition von asymptotisch effizienten
Schätzfolgen nahegelegt.

Im zweiten Abschnitt werden notwendige und hinreichende Bedingungen
für die Existenz von konsistenten Tests und Schätzern diskutiert. Es
werden die im wesentlichen auf Wald, Bahadur und Le Cam zurückgehenden
Konsistenzaussagen für ML-Schätzer und LQ-Tests bewiesen. ML-Schätzer
sind unter Regularitätsannahmen auch asymptotisch effizient.

Unter Regularitätsannahmen läßt sich die optimale Konvergenzrate
('schnelle Konsistenz') von Schätzern ermitteln. Diese optimale Rate

wird von M-Schätzern, von Minimum-Distanzschätzern, von approximativen
ML-Schätzern und Bayes-Schätzern angenommen. Die approximativen ML-Schätzer
bieten darüber hinaus eine einfache Lösung für das Problem der Konstruktion von asymptotisch effizienten Schätzfolgen.

Von Le Cam stammt eine Methode der Konstruktion von Schätzern, die auf
einer Familie von Minimax-Tests basiert. Die derart konstruierten Schätzer
haben die optimale (gleichmäßige) Konvergenzrate. Diese Methode wurde von
Birge modifiziert und auf Dichteschätzer angewendet. Auf diese Weise erhält man für viele Klassen von Dichten die optimalen gleichmäßigen Konvergenzraten. Wir folgen in diesem Abschnitt weitgehend einer von
Groeneboom gegebenen Darstellung.

§ 1 Asymptotisches Verhalten von Schätzern

DEFINITION 1.1. Sei $g: \Theta \to \mathbb{R}^1$.

a) $(T_n) \subset \mathcal{L}(M_{(n)}, A_{(n)})$ heißt **konsistent** für g

(1) $\qquad \Longleftrightarrow \forall \theta \in \Theta: T_n \xrightarrow[P_{n,\theta}]{} g(\theta) \quad$ (stochastische Konvergenz)

b) $(T_n) \subset \mathcal{L}(M, A_{(n)})$ heißt **stark konsistent** für g, falls

$\quad \lim T_n = g(\theta) \quad [P_\theta], \ \forall \theta \in \Theta.$ □

Einige einfache Beziehungen sind in folgender Proposition gesammelt.

PROPOSITION 1.2. Sei $(T_n) \subset L^2(M_{(n)}, A_{(n)}, P_n)$.

a) $R(\theta, T_n): = E_\theta(T_n - g(\theta))^2 \xrightarrow[n \to \infty]{} 0, \ \forall \theta \in \Theta \ \Rightarrow \ (T_n)$ konsistent für g.

b) $E_\theta T_n \to g(\theta), \ V_\theta(T_n) \to 0, \ \forall \theta \in \Theta$

(2) $\qquad \Rightarrow (T_n)$ konsistent für g.

c) (T_n) konsistent für g, $h: \mathbb{R}^1 \to \mathbb{R}^1$ stetig $\Rightarrow (h \circ T_n)$ konsistent für $h \circ g$.

d) Starke Konsistenz impliziert Konsistenz.

Beweis.

a) Nach Cauchy-Schwarz gilt für $\varepsilon > 0$, $\theta \in \Theta$

$$P_{n,\theta}(|T_n - g(\theta)| \geq \varepsilon) \leq \frac{1}{\varepsilon^2} R(\theta, T_n) \xrightarrow[n \to \infty]{} 0$$

b) $R(\theta, T_n) = E_\theta(T_n - g(\theta))^2 = V_\theta(T_n) + (E_\theta T_n - g(\theta))^2 \to 0$; nach a) folgt daher die Behauptung.

c), d) sind wohlbekannt. □

BEISPIEL 1.1. Sei $(M_{(n)}, A_{(n)}): = (\mathbb{R}^n, \mathbb{B}^n)$, $\Theta: = \mathbb{R} \times \mathbb{R}_+$,

$P_{n,\theta}: = N(\mu, \sigma^2)^{(n)}$ für $\theta = (\mu, \sigma^2) \in \Theta$. Sei $T_n(x): = \frac{1}{n} \sum_{i=1}^{n} x_i = \bar{x}_n$ und

$h \in C^{(2)} \Rightarrow h \circ T_n(x) = h(\bar{x}_n) = h(\mu) + h'(\mu)(\bar{x}_n - \mu)$

$+ \frac{1}{2} h''(\mu)(\bar{x}_n - \mu)^2 + \int_0^1 (1 - t)[h''(\mu + t(\bar{x}_n - \mu)) - h''(\mu)]dt(\bar{x}_n - \mu)^2$

(3) $\qquad \Rightarrow E_\theta h(\bar{x}_n) = h(\mu) + \frac{1}{2} h''(\mu) \frac{\sigma^2}{n} + R_n$

mit $R_n = \int_0^1 (1 - t)E_\theta[h''(\mu + t(\bar{x}_n - \mu)) - h''(\mu)](\bar{x}_n - \mu)^2 dt$. Ist h'' eine

Lipschitzfunktion, dann ist $|R_n| \leq L\, E|\overline{X}_n - \mu|^3 = O(n^{-3/2})$. Ebenso gilt:

$$(4) \qquad E_\theta(h(\overline{x}_n) - h(\mu))^2 = \frac{\sigma^2}{n}\,(h'(\mu))^2 + O(n^{-2}).$$

Insbesondere ist also $h(\overline{x}_n)$ ein konsistenter Schätzer für $h(\mu)$. Die Konvergenzordnung des L^2-Fehlers ist $\sim \frac{1}{n}$. Wählt man als Fehlermaß den L^1-Abstand, so gilt:

$$(5) \qquad E_\theta|h(\overline{x}_n) - h(\mu)| = |h'(\mu)|\,E_\theta|\overline{X}_n - \mu| + R_n$$

mit $R_n = O(\frac{1}{n})$. Der Fehler hat bzgl. dieses Maßes also nur eine Rate $\sim \frac{1}{\sqrt{n}}$. Analog zu (3), (4), (5) erhält man Entwicklungen für $h(S_n(x))$ als Schätzer für $h(\sigma^2)$ und $\frac{1}{S_n(x)}\,\varphi(\frac{t - \overline{x}_n}{S_n(x)})$ als Schätzer für $\varphi_{\mu,\sigma^2}(t) = \frac{1}{\sigma}\,\varphi(\frac{t - \mu}{\sigma})$. Die Aussagen sind von der Normalverteilungsannahme weitgehend unabhängig. $\square$

Für Verteilungskonvergenz beschreibt der folgende Satz eine analoge Konvergenzaussage wie in Beispiel 1.1.

<u>SATZ</u> 1.3. Sei $\Theta \subset \mathbb{R}^1$ offen, $\theta \in \Theta$, f: $\mathbb{R}^1 \to \mathbb{R}^1$ differenzierbar in θ und
$$\sqrt{n}(T_n - \theta) \xrightarrow{\ D\ } N(o,\sigma^2)$$
$$(6) \qquad \Rightarrow \sqrt{n}(f(T_n) - f(\theta)) \xrightarrow{\ D\ } N(o,\sigma^2(f'(\theta))^2).$$

<u>Beweis.</u> Sei $\varepsilon > o$ und $K > o$, so daß $1 - (\phi(K) - \phi(-K)) \leq \delta$, dann folgt für
$$n \geq \frac{K^2}{\varepsilon^2}:\ P_\theta(|T_n - \theta| \geq \varepsilon) = P_\theta(\sqrt{n}|T_n - \theta| \geq \varepsilon\sqrt{n}) \leq P_\theta(\sqrt{n}|T_n - \theta| \geq K) \xrightarrow[n\to\infty]{}$$
$1 - (\phi(K) - \phi(-K)) \leq \delta$. Also konvergiert T_n stochastisch gegen θ.

Zu $\varepsilon > o$: $\exists \delta > o$: $|u - \theta| < \delta \Rightarrow f(u) - f(\theta) = (u - \theta)f'(\theta) + (u - \theta)r$ mit $|r| < \varepsilon$. Also gilt: $f(T_n) - f(\theta) = (T_n - \theta)f'(\theta) + (T_n - \theta)R_n$ und
$$P_\theta(|R_n| < \varepsilon) \geq P_\theta(|T_n - \theta| < \delta) \xrightarrow[n\to\infty]{} 1,\ \text{d. h. } R_n \xrightarrow{P_\theta} o.\ \text{Daraus folgt nun nach dem}$$
Lemma von Slutsky:
$$\sqrt{n}(f(T_n) - f(\theta)) = \sqrt{n}(T_n - \theta)f'(\theta) + \sqrt{n}(T_n - \theta)R_n \longrightarrow f'(\theta)N(o,\sigma^2) \sim N(o,\sigma^2(f'(\theta))^2).\ \square$$

Den Vergleich von zwei Schätzfolgen (S_n), (T_n) kann man auf den Vergleich der asymptotischen Verteilungen wie in Satz 1.3 basieren (ARE) oder aber auf den Vergleich von asymptotischen Entwicklungen der Risikofunktionen wie in Beispiel 1.1 (LRE und LRD).

<u>DEFINITION</u> 1.4. (<u>ARE</u>)
Seien S_n, $T_n \in \mathcal{L}(M,\mathfrak{A}_{(n)})$ und es gelte:

a) $\sqrt{n}(T_n - g(\theta)) \xrightarrow{D} N(o,\tau^2)$, $\tau^2 = \tau^2(\theta)$.

b) $\exists (k_n) \subset \mathbb{N}$, $k_n = k_n(\theta) \to \infty$: $\sqrt{n}(S_{k_n} - g(\theta)) \xrightarrow{D} N(o,\tau^2)$ (bzgl. P_θ)

c) $e_{T,S}(\theta): = \lim_{n \to \infty} \dfrac{k_n}{n}$ existiert unabhängig von den Folgen (k_n), die b)

   erfüllen. Dann heißt $e_{T,S}(\theta)$ <u>asymptotisch relative Effizienz</u> (ARE)

   von (T_n) bzgl. (S_n) in θ. $\square$

Ist z. B. $e_{T,S}(\theta) = \dfrac{1}{2}$, dann werden im zweiten Schätzverfahren nur etwa
$\dfrac{1}{2}$ n Beobachtungen benötigt, um dieselbe Genauigkeit zu erzielen wie im
ersten Verfahren bei n Beobachtungen.

<u>SATZ</u> 1.5. Es gelte: $\sqrt{n}(T_n - g(\theta)) \xrightarrow{D} N(o,\tau^2)$ und $\sqrt{n}(S_n - g(\theta)) \xrightarrow{D} N(o,\sigma^2)$
$\Rightarrow$ die ARE von (T_n) bzgl. (S_n) existiert und

$$(7) \qquad e_{T,S}(\theta) = \frac{\sigma^2}{\tau^2} .$$

<u>Beweis.</u> Sei $Z_n: = \sqrt{n}(S_{k_n} - g(\theta)) = \sqrt{\dfrac{n}{k_n}} \underbrace{\sqrt{k_n}(S_{k_n} - g(\theta))}_{\xrightarrow{D} N(o,\sigma^2)}$

Dann folgt:

$$Z_n \xrightarrow{D} N(o,\tau^2) \iff \sqrt{\frac{n}{k_n}} \to \frac{\tau}{\sigma} \iff \frac{k_n}{n} \to \frac{\sigma^2}{\tau^2} . \text{ Also existiert die ARE und}$$

$$e_{T,S}(\theta) = \frac{\sigma^2}{\tau^2} . \square$$

<u>Bemerkung.</u> a) <u>Verallgemeinerung der ARE</u>

Es gelte für $\alpha > o$

1. $n^\alpha(T_n - g(\theta)) \xrightarrow{D} H$, H habe eine stetige, streng isotone Vfkt. mit Träger
   $[A,B]$, $-\infty \leq A < B \leq \infty$.

2.

$$(8) \qquad n^\alpha(S_{k_n} - g(\theta)) \xrightarrow{D} H$$

   für eine Folge $k_n = k_n(\theta) \to \infty$.

3. $\lim \dfrac{k_n}{n} = :e_{T,S}$ existiert unabhängig von den Folgen (k_n), die 2 erfüllen.
   Dann heißt $e_{T,S}$ ARE von (T_n) bzgl. (S_n). In Analogie zu 1.5 gilt:
   $n^\alpha(T_n - g(\theta)) \xrightarrow{D} \tau H$, $n^\alpha(S_n - g(\theta)) \xrightarrow{D} \sigma H$

$$(9) \qquad \Rightarrow e_{T,S} = \left(\frac{\sigma}{\tau}\right)^{1/\alpha} .$$

b) Seien H, H' Zufallsvariable wie in (8) und $k_n(T_n - g(\theta)) \xrightarrow{D} H$,
   $k_n'(T_n - g(\theta)) \xrightarrow{D} H'$

$$(10) \qquad \Rightarrow \exists c: F_{H'}(x) = F_H\left(\frac{x}{c}\right), \forall x \text{ und } \frac{k_n'}{k_n} \to c. \; e_{T,S} \text{ ist also wohldefiniert;}$$

die möglichen Limesverteilungen unterscheiden sich nur durch einen Skalenfaktor. (10) impliziert die Eindeutigkeit der Definition der ARE für beliebige Normierungsfolgen (k_n). □

DEFINITION 1.6. (<u>LRE</u>)

Seien S_n, $T_n \in \mathcal{L}(M,A_{(n)})$ Schätzer für $g(\theta)$ mit den Risiken $R(\theta,S_n)$, $R(\theta,T_n)$ (z. B. quadratischer Verlust). Es gelte für $\alpha > o$:

1. $\lim n^{\alpha}R(\theta,T_n) = \tau^2 > o,$

2. $\lim n^{\alpha}R(\theta,S_{k_n}) = \tau^2$ für eine Folge $k_n = k_n(\theta) \to \infty$,

3. $\lim \dfrac{k_n}{n} = :\ell_{T,S}$ existiert unabhängig von Folgen (k_n) mit 2.

(11)   Dann heißt $\ell_{T,S} = \ell_{T,S}(\theta)$ <u>Limes-Risiko-Effizienz</u> (LRE) von (T_n) bzgl. (S_n) in θ. □

<u>SATZ</u> 1.7. Sei $\lim n^{\alpha}R(\theta,T_n) = \tau^2 > o$ und $\lim n^{\alpha}R(\theta,S_n) = \sigma^2 > o$

$\Rightarrow$ Die LRE von (T_n) bzgl. (S_n) existiert und

(12) $\ell_{T,S} = \left(\dfrac{\sigma^2}{\tau^2} \right)^{1/\alpha} .$

<u>Beweis.</u> Analog zu 1.5. □

Ist die LRE gleich eins, dann kann man Schätzer durch das feinere Maß der LRD unterscheiden. Sei $R_{1,n} := R(\theta,T_n)$, $R_{2,n} := R(\theta,S_n)$.

DEFINITION 1.8. Es existiere ein $\beta \in (o,\infty)$, so daß

$\beta := \sup \{\gamma > o; \lim\limits_{n\to\infty} n^{\gamma}R_{i,n} = o\} = \beta(\theta)$. Dann heißt

$d(\theta): = \sup \{k \in \mathbb{Z};\ R_{1,n} \leq R_{2,n+k} + o\left(\dfrac{1}{n^{\beta+1}}\right)\}$

(13)   <u>untere Limes-Risiko-Defizienz</u> und $D(\theta): = \inf \{k \in \mathbb{Z};$

$R_{1,n} \geq R_{2,n+k} + o\left(\dfrac{1}{n^{\beta+1}}\right)\}$ (inf $\phi = \infty$, sup $\phi = -\infty$) <u>obere Limes-Risiko-</u>

<u>Defizienz.</u> Ist $d(\theta) = D(\theta)$, dann heißt $d(\theta)$LRD. □

Bei quadratischer Verlustfunktion gilt unter Regularitätsannahmen (vgl. Beispiel 1.1. (4)) die folgende Entwicklung:

(14) $R_{i,n} = \dfrac{a_i}{n^r} + \dfrac{b_i}{n^{r+1}} + o\left(\dfrac{1}{n^{r+1}} \right),\ i = 1,2.$

Sind $a_1 \neq o$, $a_2 \neq o$, dann ist $\ell_{T,S}(\theta) = 1$ genau dann, wenn $a_1 = a_2 = :a > o$ ist.

<u>SATZ</u> 1.9. Für ein $\theta \in \Theta$ seien $b_i \in \mathbb{R}$, $i = 1,2$, $a > o$, $r,s \in (o,\infty)$, $r < s$, so daß $R_{i,n} = \dfrac{a}{n^r} + \dfrac{b_i}{n^s} + o(\dfrac{1}{n^t})$ mit $t: = \max\{r+1, s\}$. Dann gilt:

a) $d(\theta) = \left[\dfrac{b_2 - b_1}{ar}\right]$, $D(\theta) = \left[\dfrac{b_2 - b_1}{ar}\right]_+$ falls $s = r + 1$ mit $[x]_+$ = kleinste

   ganze Zahl größer oder gleich x und $[x]$ = Gaußklammer von x.

b) $d = D = o$, falls $s > r + 1$.

c) $|d| = |D| = \infty$, falls $b_1 \neq b_2$ und $s < r + 1$; $d = D = o$, falls $b_1 = b_2$ und $s < r + 1$.

<u>Beweis.</u> Es ist $\sup\{\gamma > o; n^\gamma R_{in} \to o\} = r$. Sei zunächst $s \leq r + 1$, also $t = r + 1$. Für $k \in \mathbb{Z}$ gilt dann:

$$R_{2,n+k} = \frac{a}{(n+k)^r} + \frac{b_2}{(n+k)^s} + o\left(\frac{1}{n^{r+1}}\right) = \frac{a}{n^r}\left(1 + \frac{k}{n}\right)^{-r} + \frac{b_2}{n^s}\left(1 + \frac{k}{n}\right)^s +$$

$$+ o\left(\frac{1}{n^{r+1}}\right) = \frac{a}{n^r}\left(1 - r\frac{k}{n} + o(\tfrac{1}{n})\right) + \frac{b_2}{n^s}\left(1 - s\frac{k}{n} + o(\tfrac{1}{n})\right) + o\left(\frac{1}{n^{r+1}}\right)$$

$$\overset{\text{(Taylorentwicklung)}}{=} \frac{a}{n^r} + \frac{b_2}{n^s} - \frac{ark}{n^{r+1}} + o\left(\frac{1}{n^{r+1}}\right) = R_{1,n} + \frac{b_2 - b_1}{n^s} - \frac{ark}{n^{r+1}} + o\left(\frac{1}{n^{r+1}}\right).$$

Für $s = r + 1$ gilt: $R_{1,n} \leq R_{2,n+k} + o\left(\dfrac{1}{n^{r+1}}\right)$ genau dann, wenn $\dfrac{b_2 - b_1}{a\,r} \geq k$; daher folgt $d(\theta) = \left[\dfrac{b_2 - b_1}{a\,r}\right]$. Andererseits gilt: $R_{1,n} \geq R_{2,n+k} +$ $+ o\left(\dfrac{1}{n^{r+1}}\right)$ genau dann, wenn $\dfrac{b_2 - b_1}{a\,r} \leq k$; also ist $D(\theta) = \left[\dfrac{b_2 - b_1}{a\,r}\right]_+$.

Ist $s < r + 1$, dann gilt für $b_2 > b_1$: $R_{1,n} \leq R_{2,n+k} + o\left(\dfrac{1}{n^{r+k}}\right)$ für alle $k \in \mathbb{Z}$ und für kein $k \in \mathbb{Z}$ gilt: $R_{1,n} \geq R_{2,n+k} + o\left(\dfrac{1}{n^{r+k}}\right)$. Analog gilt für $b_2 < b_1$: $R_{1,n} \geq R_{2,n+k} + o\left(\dfrac{1}{n^{r+1}}\right)$, $\forall k \in \mathbb{Z}$. In diesen Fällen gilt also: $|d| = |D| = \infty$. Ist $b_1 = b_2$, dann folgt $d = D = o$. Damit gilt aber auch im Fall $s > r + 1$, daß $d = D = o$ ist. $\square$

<u>BEISPIEL</u> 1.2. Sei $\Theta = \mathbb{R}^1$, $P_{n,\theta} = \otimes N(\theta,\sigma^2)$, $\sigma^2 > o$ fest und $g(\theta): = \theta^2$. Sei für $c \in \mathbb{R}^1$

$$(15) \qquad T_n^c(x): = \bar{x}_n^2 - \frac{c\sigma^2}{n}.$$

$$(16) \qquad R_n(x) := \overline{x}_n^2 - \frac{\Sigma(x_i - \overline{x}_n)^2}{n(n-1)} .$$

T_n^1 ist der glm. beste unverfälschte (UMVU) Schätzer, T_n^0 der MLE und R_n der UMVU, falls σ^2 auch unbekannt ist. Es ist:

$$(17) \qquad E_\theta(T_n^c - \theta^2)^2 = \frac{4\sigma^2\theta^2}{n} + \frac{(c^2 - 2c + 3)\sigma^4}{n^2}$$

und nach 1.3. gilt

$$(18) \qquad \sqrt{n}(T_n^c - \theta^2) \xrightarrow{D} N(0,4\sigma^2\theta^2).$$

(17) wird minimal für $c = 1$ und die Varianz der Limesverteilung ist gleich dem Limes der Varianzen. Weiter ist

$$(19) \qquad \sqrt{n}(R_n - \theta^2) \xrightarrow{D} N(0,4\sigma^2\theta^2)$$

Für $\theta \neq 0$ folgt aus (17) - (19), daß die ARE und die LRE für alle Schätzer T_n^c, R_n gleich eins ist, insbesondere ist also $e_{T_n^1,T_n^0}(\theta) = e_{T_n^1,R_n}(\theta) = 1$, $\theta \neq 0$. Für $\theta = 0$ gilt (analog zu Satz 1.3)

$$(20) \qquad n(T_n^0 - \theta^2) = n\, T_n^0 \xrightarrow{D} \sigma^2 x_1^2$$

$$n(T_n^1 - \theta^2) = n\, T_n^1 \xrightarrow{D} \sigma^2(x_1^2 - 1)$$

$$n(R_n - \theta^2) = n\, R_n \xrightarrow{D} \sigma^2(x_1^2 - 1) ,$$

also ist hier nach 1.7:

$$(21) \qquad \ell_{T_n^0,T_n^1}(0) = \left(\frac{2\sigma^4}{3\sigma^4}\right)^{1/2} = \sqrt{\frac{2}{3}} \sim 0,816.$$

T_n^1 und R_n sind in $\theta = 0$ besser als der MLE T_n^0. Für $\theta \neq 0$ folgt aus (17) mit $r = 1$, $a = 4\theta^2\sigma^2$ und $b_1 = 2\sigma^4$, $b_0 = 3\sigma^4$, $R(\theta,T_n^i) = \frac{a}{n} + \frac{b_i}{n^2}$, $i = 0,1$. Nach 1.9

$$(22) \qquad \Rightarrow \frac{b_0 - b_1}{r \cdot a} = \frac{\sigma^2}{4\theta^2} > 0.$$

Der MLE T_n^0 benötigt also etwa $\frac{\sigma^2}{4\theta^2}$ mehr Beobachtungen als der UMVU T_n^1, um dieselbe Genauigkeit zu erzielen. Für $\theta \to 0$ gilt $d_{T_n^0,T_n^1}(\theta) \to \infty$ in Übereinstimmung mit (20).

b) Sei $\Theta := \mathbb{R}^1 \times \mathbb{R}_+$, $\theta = (\mu,\sigma^2)$, $P_{n,\theta} := N(\mu,\sigma^2)^{(n)}$ und $g(\theta) := \sigma^2$.

Als Schätzer von g betrachten wir die Klasse $T_n^c(x) := c \cdot \sum_{i=1}^{n} (x_i - \overline{x}_n)^2$.

Das Risiko von T_n^c ist $R(\theta,T_n^c) = \sigma^4 [(n^2 - 1)c^2 - 2(n-1)c + 1]$. Eine Minimumstelle von $R(\theta,T_n^c)$ erhält man für $c_1 = \frac{1}{n+1}$, $R(\theta,T_n^{1/(n+1)}) =$

$$\sigma^4 \cdot \frac{2}{n+1} = \sigma^4(\frac{2}{n} - \frac{2}{n^2} + o(\frac{1}{n^2})).$$ Für den UMVU-Schätzer mit $c_2 = \frac{1}{n-1}$ ergibt sich $R(\theta, T_n^{1/(n-1)}) = \sigma^4 \ \frac{2}{n-1} = \sigma^4(\frac{2}{n} + \frac{2}{n^2} + o(\frac{1}{n^2}))$. Für $c_3 = \frac{1}{n}$ folgt: $R(\theta, T_n^{1/n}) = \sigma^4(\frac{2}{n} - \frac{1}{n^2})$. Die Defizienzen betragen also für $\sigma^2 = 1$:

$$d_{T_n^{1/(n-1)}, T_n^{1/(n+1)}} = 2 \text{ (exakt für jedes n!)} \qquad d_{T_n^{1/n}, T_n^{1/(n+1)}} = 0,$$

$$D_{T_n^{1/n}, T_n^{1/(n+1)}} = 1. \qquad \square$$

<u>Bemerkung.</u> Für Stichprobenumfänge $n \geq 20$ scheinen kleine Defizienzen wie in Beispiel 2.1. b) praktisch nicht relevant zu sein. So ist z. B. aufgrund von 200 Simulationen der Schätzer in Beispiel 1.2. b) kein Unterschied erkennbar. $\square$

Die LRE und ARE stimmen im allgemeinen nicht überein.

<u>LEMMA</u> 1.10. Seien Y_n, Y reelle ZV'e, $Y_n \xrightarrow{D} Y$ mit $EY^2 = v^2$ und sei

$$Y_{n,A} := \begin{cases} Y_n, & |Y_n| \leq A \\ A, & Y_n > A \\ -A, & Y_n < -A \end{cases} \quad . \text{ Dann gilt:}$$

$$(23) \qquad \lim_{A \to \infty} \lim_{n \to \infty} EY_{n,A}^2 = v^2 \leq \underline{\lim} \ EY_n^2 \ .$$

<u>Beweis.</u> Die Funktion $h_A(y) := 1_{[-A,A]}(y) + A1_{(A,\infty)}(y) - A1_{(-\infty,-A)}(y)$ ist stetig und beschränkt und $Y_{n,A} = h_A(Y_n)$; also folgt:

$$\lim_{n \to \infty} EY_{n,A}^2 = \int_{[-A,A]} y^2 dP^Y(y) + A^2 P(|Y| > A) \Rightarrow \lim_{A \to \infty} \lim_{n \to \infty} EY_{n,A}^2 = \int y^2 dP^Y(y) = v^2.$$

Wegen $Y_{n,A}^2 = \min(Y_n^2, A^2)$ gilt: $\underline{\lim} \ EY_n^2 \geq \underline{\lim} \ EY_{n,A}^2$, $\forall A$, also $\underline{\lim} \ EY_n^2 \geq v^2$. $\square$

Für die Gleichheit von LRE und ARE von T_n, S_n ist die gleichgradige Integrierbarkeit von T_n^2, S_n^2 hinreichend. Eine absolute untere Schranke für die Varianz der Limesverteilung eines Schätzers läßt sich durch die Cramer-Rao-Schranke motivieren.

<u>DEFINITION</u> 1.11. Sei $\Theta \subset \mathbb{R}^1$ offenes Intervall, $\mathbb{P} = \{P_\theta; \theta \in \Theta\} \subset M^1(\Omega, A)$ sei dominiert und homogen (d. h. $P_\theta \ll P_{\theta'}$, $\forall \theta, \theta'$) und $\frac{dP_\theta}{d\mu} = f_\theta$. $\mathbb{P}$ heißt <u>regulär</u>, falls die folgenden Bedingungen gelten:

R 1. $\frac{\partial}{\partial\theta} f_\theta$ existiert und $o = \frac{\partial}{\partial\theta} \int f_\theta d\mu = \int \frac{\partial}{\partial\theta} f_\theta d\mu$.

(24)   R 2. $o < I(\theta): = V_\theta(\frac{\partial}{\partial\theta} \ln f_\theta) < \infty$, $I(\theta)$ heißt <u>Fisher-Information</u>.

R 3. $\frac{\partial^2}{\partial\theta^2} \ln f_\theta$ existiert und $o = \frac{\partial^2}{\partial\theta^2} \int f_\theta d\mu = \int \frac{\partial^2}{\partial\theta^2} f_\theta d\mu$.   □

<u>LEMMA</u> 1.12. $\mathbb{P}$ regulär

(25) $\Rightarrow I(\theta) = \int \frac{(\frac{\partial}{\partial\theta} f_\theta)^2}{f_\theta} d\mu = -E_\theta(\frac{\partial^2}{\partial\theta^2} \ln f_\theta)$.

<u>Beweis.</u> $\frac{\partial^2}{\partial\theta^2} \ln f_\mu = \frac{\frac{\partial^2}{\partial\theta^2} f_\theta}{f_\theta} - (\frac{\frac{\partial}{\partial\theta} f_\theta}{f_\theta})^2 \Rightarrow E_\theta \frac{\partial^2}{\partial\theta^2} \ln f_\theta =$

$o - V_\theta (\frac{\partial}{\partial\theta} \ln f_\theta) = -I(\theta)$.   □

<u>BEISPIEL</u> 1.3. (<u>Exponentialfamilien</u>)
Sei $\mathbb{P} = \{P_\theta, \theta \in \Theta\}$ eine einparametrische Exponentialfamilie mit natürlichem Parameterbereich Θ, d. h. $f_\theta(x) = \exp(\theta \cdot T(x) - \psi(\theta))$, $\theta \in \Theta$

(26) $\Rightarrow \frac{\partial}{\partial\theta} \ln f_\theta(x) = T(x) - \frac{\partial}{\partial\theta} \psi(\theta) = T(x) - E_\theta T$
$\Rightarrow I(\theta) = V_\theta(T)$.

Sei $\eta(\theta): = E_\theta T$ der Mittelwertparameter; $\eta: \Theta \to \eta(\Theta)$ ist ein Diffeomorphismus und mit der Mittelwertparametrisierung $g_t(x): = f_{\eta^{-1}(t)}(x)$ gilt für

$\tilde{\mathbb{P}}: = \{\tilde{P}_t: = g_t \cdot \mu; t \in \tilde{\Theta}\}$, $\tilde{\Theta} = \eta(\Theta)$

(27) $\tilde{I}(t) = I(\eta^{-1}(t))^{-1} = (V_{\eta^{-1}(t)}(t))^{-1}$

(vgl. z. B. Witting) und

$\tilde{E}_t T = \int T d\tilde{P}_t = \int T dP_{\eta^{-1}(t)} = \eta(\eta^{-1}(t)) = t$; speziell ergibt sich für
folgende Verteilungen die Fisher-Information:

P_θ	$N(\theta,\sigma^2)$	$N(\mu,\theta^2)$	$B(n,\theta)$	$\mathbb{P}(\theta)$	$\Gamma(\alpha,\theta)$
$I(\theta)$	$\frac{1}{\sigma^2}$	$\frac{1}{2\theta^4}$	$\frac{n}{\theta(1-\theta)}$	$\frac{1}{\theta}$	α/θ^2

□

<u>SATZ</u> 1.13. (<u>Cramer-Rao-Ungleichung</u>)
Sei $\mathbb{P}$ regulär, $T \in L^2(\mathbb{P}) = \bigcap_{\theta \in \Theta} L^2(P_\theta)$, $g(\theta): = E_\theta T$ und es gelte

$g'(\theta) = \frac{\partial}{\partial\theta} E_\theta T = \int T \frac{\partial}{\partial\theta} f_\theta d\mu$

$$(28) \qquad \Rightarrow V_\theta(T) \geq \frac{(g'(\theta))^2}{I(\theta)} \; .$$

__Beweis.__ $g'(\theta) = \int T \frac{\partial}{\partial\theta} f_\theta \, d\mu = \int (T - g(\theta)) \frac{\partial}{\partial\theta} f_\theta \, d\mu = \int (T - g(\theta)) \frac{\partial}{\partial\theta}(\ell n \, f_\theta) dP_\theta$

$\Rightarrow |g'(\theta)| \leq (\int (T - g(\theta))^2 dP_\theta)^{1/2} (\int (\frac{\partial}{\partial\theta} \ell n \, f_\theta)^2 dP_\theta)^{1/2} = (V_\theta(T)I(\theta))^{1/2}$

nach Cauchy-Schwarz. $\square$

__Bemerkung.__ a) Die Gleichheit gilt in der CR-Ungleichung genau dann, wenn

$T - g(\theta) = c(\theta) \frac{\partial}{\partial\theta} \ell n \, f_\theta \; [\mu]$, also $\frac{\partial}{\partial\theta} \ell n \, f_\theta = \frac{1}{c(\theta)} (T - g(\theta))$. Gilt diese

Beziehung für alle $\theta \in \Theta$ und ist $\theta_0 \in \Theta$, dann folgt durch Integration

$$\ell n(f_\theta / f_{\theta_0}) = \int_{\theta_0}^{\theta} \frac{1}{c(\theta')} (T - g(\theta')) d\theta' = T(\int_{\theta_0}^{\theta} \frac{1}{c(\theta')} d\theta') - \int_{\theta_0}^{\theta} \frac{g(\theta')}{c(\theta')} d\theta' ,$$

d. h. $\mathcal{P}$ ist eine Exponentialfamilie.

b) Die Voraussetzung der Vertauschbarkeit von Differentiation und

Integration in 1.13 ist erfüllt, wenn es ein $M \in L^2(\mu)$ gibt mit

$|\frac{\partial}{\partial\theta'} f_{\theta'}| \leq M$ für $\theta' \in [\theta - c, \theta + c]$, $\exists c > 0$. $\square$

Wir verwenden auch die Schreibweise $I(P_\theta) = I(\theta)$.

__LEMMA 1.14.__ $\mathcal{P}$ regulär

$$(29) \qquad \Rightarrow I(P_\theta^{(n)}) = n \, I(P_\theta).$$

__Beweis.__ $\frac{\partial}{\partial\theta} \ell n \prod_{i=1}^{n} f_\theta(x_i) = \sum_{i=1}^{n} \frac{\partial}{\partial\theta} \ell n \, f_\theta(x_i) \Rightarrow V_\theta(\frac{\partial}{\partial\theta} \ell n \prod_{i=1}^{n} f_\theta(x_i)) =$

$= \sum_{i=1}^{n} V_\theta(\frac{\partial}{\partial\theta} \ell n \, f_\theta(x_i)) = n \, I(P_\theta). \quad \square$

__Bemerkung.__ a) Wenn $T_n \in L^2(\mathcal{P}^{(n)})$, dann gilt nach (28)

$$(30) \qquad V_\theta(T_n) \geq \frac{(g'(\theta))^2}{nI(\theta)} \; .$$

b) Ist T nicht erwartungstreu für $g(\theta)$, dann folgt aus der CR-Ungleichung

mit dem Bias $b(\theta) := E_\theta T - g(\theta)$

$$(31) \qquad E_\theta(T - g(\theta))^2 = V_\theta(T) + (b(\theta))^2 \geq \frac{(b'(\theta) + g'(\theta))^2}{I(\theta)} + (b(\theta))^2 .$$

c) Ist $T:(\Omega,\mathcal{A}) \to (\Omega',\mathcal{A}')$, $\mathcal{Q} := \{Q_\theta := P_\theta^T; \; \theta \in \Theta\}$, dann gilt:

$$(32) \qquad I(Q_\theta) \leq I(P_\theta), \; \forall \theta \in \Theta.$$

In (32) gilt Gleichheit genau dann, wenn T suffizient für $\mathcal{P}$ ist.

d) Für $T_n \in L^2(\mathbb{P}^{(n)})$ gilt nach (30), (31): Wenn $b_n'(\theta) \to o$, $\sqrt{n}\, b_n(\theta) \to o$,

$b_n(\theta) := E_\theta T_n - g(\theta)$

$$(33) \qquad \Rightarrow \underline{\lim}\, n\, E_\theta(T_n - g(\theta))^2 \geq \frac{(g'(\theta))^2}{I(\theta)}\; .$$

$(g'(\theta))^2/I(\theta)$ ist also unter obigen Voraussetzungen eine as. untere Schranke für $n\, E_\theta(T_n - g(\theta))^2$.

Ist (T_n) zusätzlich asymptotisch normalverteilt,

$\sqrt{n}(T_n - g(\theta)) \xrightarrow{D} N(o,v(\theta))$, $v(\theta) > o$, dann folgt nach Lemma 1.10: $v(\theta) \leq \underline{\lim}\, E_\theta(T_n - g(\theta))^2$. Gilt hier sogar die Gleichheit, so folgt nach (33):

$$(34) \qquad v(\theta) \geq \frac{(g'(\theta))^2}{I(\theta)}\; .$$

Es wird sich später zeigen, daß die Schranke (34) unter sehr schwachen Annahmen gilt und auch scharf ist. $\square$

Bemerkung d) gibt nun den Anlaß zu folgender Definition:

<u>DEFINITION</u> 1.15. Sei $\mathbb{P}$ regulär und $\mathbb{P}_n := \mathbb{P}^{(n)}$. Eine asymptotisch normale Schätzfolge (T_n) für g heißt <u>asymptotisch effizient</u>, wenn

$$(35) \qquad v(\theta) = \frac{(g'(\theta))^2}{I(\theta)}\; , \quad \forall \theta \in \Theta\; . \quad \square$$

Ähnliche Beschreibungen gibt es auch für das asymptotische Verhalten von Tests. Wir beschränken uns auf einfache Hypothesen und auf das Analogon zur ARE. Seien für $n \in \mathbb{N}$, $P_n, Q_n \in M^1(M_{(n)}, A_{(n)})$ und $\varphi_{i,n} \in \phi(A_{(n)})$, $i = 1,2$ Tests zum as. Niveau α, d. h.

$$(36) \qquad \overline{\lim}\, E_{P_n}\, \varphi_{i,n} \leq \alpha.$$

$\tilde{\phi}_\alpha$ bezeichne die Menge aller Tests (φ_n) zum as. Niveau α.

<u>DEFINITION</u> 1.16. Wenn $E_{Q_n}\, \varphi_{i,n} \to 1 - \phi(u_\alpha - \mu_i)$, $i = 1,2$, $\mu_i \geq o$, dann heißt

$$e_p = e_p((\varphi_{2,n}),(\varphi_{1,n})) := \frac{\mu_2^2}{\mu_1^2}$$ die <u>Pitman-Effizienz</u> von $(\varphi_{2,n})$ zu $(\varphi_{1,n})$. $\square$

Im Unterschied zu Schätzproblemen ist beim Testen eine as. Translation der Verteilungen typisch. Es läßt sich in vielen Fällen ein Zusammenhang von e_p zu den Stichprobenumfängen herstellen wie beim Schätzen.

DEFINITION 1.17. Seien $(\varphi_{i,n}) \in \tilde{\phi}_\alpha$, $i = 1,2$, $\beta_{i,n} := E_{Q_n} \varphi_{i,n} \uparrow_n$ und

$k_n := k_n(\varphi_{2,n}, \varphi_{1,n}) := \min \{m \in \mathbb{N} ; \beta_{2,m} \geq \beta_{1,n}\} \uparrow \infty$.

a) $e_n := \dfrac{n}{k_n}$ heißt <u>relative Effizienz</u> von $\{\varphi_{2,n}\}$ zu $\{\varphi_{1,n}\}$.
(37)

b)   Existiert $e := \lim e_n = e((\varphi_{2,n}),(\varphi_{1,n}))$, dann heißt e
         <u>asymptotisch relative Effizienz</u> von $(\varphi_{2,n})$ zu $(\varphi_{1,n})$.   □

<u>Bemerkung.</u> Zusammenhang von Pitman-Effizienz und ARE.

Bei einparametrischen Alternativenfolgen gilt häufig:

$P_n = P_{n,\theta_0}$, $Q_n = Q_{n,\theta_n}$ mit $\theta_n = \theta_0 + \dfrac{n}{\sqrt{n}} + o(\dfrac{1}{\sqrt{n}}) = \theta_n(\eta)$ und

$$(38) \qquad E_{\theta_n} \varphi_{i,n} \to 1 - \phi(u_\alpha - \eta \cdot \delta_i)$$

für alle obigen Folgen $\theta_n = \theta_n(\eta)$. Ist $(m_n) \subset \mathbb{N}$ mit $\dfrac{m_n}{n} \to c^2$, dann ist

$\theta_n(\eta) = \theta_0 + \dfrac{n}{\sqrt{n}} + o(\dfrac{1}{\sqrt{n}}) = \theta_0 + \dfrac{cn}{\sqrt{m_n}} + o(\dfrac{1}{\sqrt{m_n}})$, also folgt aus (38):

$E_{\theta_n(\eta)} \varphi_{i,m_n} = E_{\theta_{m_n}(cn)} \varphi_{i,m_n} \to 1 - \phi(u_\alpha - cn \cdot \delta_i)$. Mit $\mu_i := \eta \cdot \delta_i$ folgt

hieraus mit einem Teilfolgenargument

$$(39) \qquad \frac{n}{k_n} = \frac{n}{k_n(\eta)} \to \frac{\delta_2^2}{\delta_1^2} = \frac{\mu_2^2}{\mu_1^2} \text{ , also } e = e_p. \quad □$$

§ 2   Konsistenz von Tests und Schätzern

Die Konsistenz von Schätzern war in Definition 1.1 formuliert worden.

__DEFINITION__ 2.1. Sei $\varphi_n \in \phi(M_{(n)}, A_{(n)})$, $n \in \mathbb{N}$, $\tilde{\varphi} = (\varphi_n)$ ein __asymptotischer__ __Test__ für das Testproblem (Θ_0, Θ_1). $\tilde{\phi}: = \{\tilde{\varphi} = (\varphi_n); \tilde{\varphi}$ ist ein asymptotischer Test$\}$.

a) $\tilde{\varphi} \in \tilde{\phi}$ heißt __konsistent__, $\Longleftrightarrow E_\theta \varphi_n \to 1$, $\forall \theta \in \Theta_1$.

b) $\tilde{\varphi} \in \tilde{\phi}$ heißt __stark konsistent__,

$$\Longleftrightarrow E_\theta \varphi_n \to \begin{cases} 1 & \theta \in \Theta_1 \\ 0 & \theta \in \Theta_0 \end{cases} .$$

c) $\tilde{\varphi} \in \tilde{\phi}$ __glm. (streng) konsistent__,

$$\Longleftrightarrow \lim_{n \to \infty} \inf_{\theta \in \Theta_1} E_\theta \varphi_n = 1 \text{ und } \lim_{n \to \infty} \sup_{\theta \in \Theta_0} E_\theta \varphi_n = o.$$

__Bemerkung.__ a) $\tilde{\varphi}$ ist stark konsistent als Test genau dann, wenn (φ_n) konsistent ist als Schätzer für $g: = 1_{\Theta_1}$; daher lassen sich beide Aspekte gut gleichzeitig behandeln.

b) Die Sätze von Kraft, Kakutani aus I.4 behandeln den Fall einfacher Hypothesen: Es gibt einen stark konsistenten Test für
$P, Q \in M^1(M, A) \Longleftrightarrow \rho(P_n, Q_n) \to o \Longleftrightarrow P \perp Q$.

c) Die Frage der Existenz von konsistenten Tests läßt sich nicht immer intuitiv entscheiden; dazu zwei Beispiele.

1. __Hodges:__ $P_{n,\theta} = N(\theta,1)^{(n)}$, $\Theta_0: = Q$, $\Theta_1: = \mathbb{R}^1 \smallsetminus Q$

   $\Rightarrow \not\exists$ streng konsistenter Test.

2. __Le Cam:__ Ist $\Theta_0 = Q$, $\Theta_1 = \{\theta \in \mathbb{R}^1 \smallsetminus Q; \ \theta$ algebraisch$\}$

   $\Rightarrow \exists$ streng konsistenter Test.   □

Seien im Restriktionsmodell $(M, A_{(n)}, F_n)$, (Θ_i, B_i), $i = 0,1$ Maßräume, so daß $(\Theta_i, B_i) \to (\mathbb{R}^1, \mathbb{B}^1)$, $\theta \to P_\theta(A)$ meßbar für alle $A \in A$. Für $v \in \tilde{\Theta}_i: = M^1(\Theta_i, B_i)$, $i = 0,1$ definiere die v-Mischung

$$(1) \qquad P_v(A): = \int_{\Theta_i} P_\theta(A) dv(\theta), \quad A \in A .$$

Für $v \in \tilde{\Theta}_0$, $\tau \in \tilde{\Theta}_1$ sei $\rho_n(P_v, P_\tau): = \rho(P_v | A_{(n)}, P_\tau | A_{(n)})$.

PROPOSITION 2.2. Für $v \in \tilde{\Theta}_0$, $\tau \in \tilde{\Theta}_1$ sind die folgenden Aussagen äquivalent:

1. $P_v \perp P_\tau$,

2. $\rho_n(P_v, P_\tau) \to 0$,

3. $\exists \, \tilde{\varphi} = (\varphi_n) \in \tilde{\phi}$ streng konsistent für (P_θ, P_n) für v f.a. $\theta \in \Theta_0$ und τ f.a. $\eta \in \Theta_1$.

Beweis. 1. $\Longleftrightarrow$ 2. nach dem Satz von Kraft.

2. $\Rightarrow$ 3. $\rho_n(P_v, P_\tau) \to 0 \Rightarrow \exists \, \tilde{\varphi} = (\varphi_n) \in \tilde{\phi}: \int \varphi_n \, dP_v = \int_{\Theta_0} (\int \varphi_n \, dP_\theta) dv(\theta) \to 0$

und $\int (1 - \varphi_n) dP_\tau = \int_{\Theta_1} (\int (1 - \varphi_n) dP_\theta) d\tau(\theta) \to 0$ (Satz von Kraft)

$\Rightarrow \int \varphi_n \, dP_\theta \xrightarrow{v} 0, \int (1 - \varphi_n) dP_\theta \xrightarrow{\tau} 0$ (stochastische Konvergenz auf (Θ_i, B_i))

$\Rightarrow \exists \, (n_k) \subset \mathbb{N}: \int \varphi_{n_k} \, dP_\theta \to 0 \quad [v] \text{ und } \int (1 - \varphi_{n_k}) dP_\theta \to 0 \quad [\tau]$.

Daraus folgt die Behauptung.

3. $\Rightarrow$ 1. wie im Beweis zum Satz von Kraft

(Frage: Sind die Bedingungen 1, 2, 3 äquivalent zu 4: $P_\theta \perp P_\eta$ für $v \otimes \tau$ f.a. θ, η?). $\quad \square$

Als Konsequenz von Proposition 2.2 erhalten wir nun:

PROPOSITION 2.3. Θ_0, Θ_1 seien abzählbar. Dann gilt:

$\exists$ streng konsistenter Test für (Θ_0, Θ_1)

$\Longleftrightarrow \forall \theta \in \Theta_0$, $\forall \eta \in \Theta_1$ existiert ein streng konsistenter Test für $(\{\theta\}, \{\eta\})$.

Beweis. Es ist nur die Richtung "$\Leftarrow$" zu zeigen. Nach dem Satz von Kraft

gilt: $P_\theta \perp P_\eta$, $\forall \theta \in \Theta_0$, $\forall \eta \in \Theta_1$, d. h. $\exists \, A_{\theta, \eta} \in A$ mit $P_\theta(A_{\theta, \eta}) = 1$,

$P_\eta(A_{\theta, \eta}) = 0$. Mit $A := \bigcup_\theta \bigcap_\eta A_{\theta, \eta}$ gilt dann:

(2) $\qquad P_\theta(A) = 1, \forall \theta \in \Theta_0$, $P_\eta(A) = 0, \forall \eta \in \Theta_1$.

Seien $v \in \tilde{\Theta}_0$, $\tau \in \tilde{\Theta}_1$ mit $v(\{\theta\}) > 0$, $\forall \theta \in \Theta_0$, $\tau(\{\eta\}) > 0$, $\forall \eta \in \Theta_1$. Nach (2) ist $P_v \perp P_\tau$, so daß nach Proposition 2.2 ein Test $\tilde{\varphi} = (\varphi_n) \in \tilde{\phi}$ existiert, der stark konsistent für $(\{\theta\}, \{\eta\})$ ist für v f.a. $\theta \in \Theta_0$ und τ f.a. $\eta \in \Theta_1$; also folgt die Behauptung. $\quad \square$

Sei $D(P_0, P_1) := 2 \| P_0 - P_1 \| = 2 \sup\{P_0(A) - P_1(A); A \in A\}$ der Total-variationsabstand von P_0 zu P_1, und

(3) $\qquad D(\mathbf{P}_0, \mathbf{P}_1) := \inf\{D(P_0, P_1); P_0 \in \mathbf{P}_0, P_1 \in \mathbf{P}_1\}$

und $\text{con}(\mathbf{P}) := \{ \sum_{i=1}^{n} a_i P_i; n \in \mathbb{N}, a_i \geq 0, \sum a_i = 1, P_i \in \mathbf{P}\}$ die konvexe Hülle von $\mathbf{P}$.

SATZ 2.4. (Le Cam)

Sei $P = P_0 + P_1 \ll \mu$, dann gilt: $\exists$ ein Test φ für (P_0, P_1) mit

$$(4) \qquad \inf_{\theta \in \Theta_1} \int \varphi \, dP_\theta \geq \frac{\varepsilon}{2} + \sup_{\theta \in \Theta_0} \int \varphi \, dP_\theta \iff D(\mathrm{con}(P_0), \mathrm{con}(P_1)) \geq \varepsilon.$$

Beweis. Sei $f_\theta := \dfrac{dP_\theta}{d\mu}$, $A := \mathrm{con}\{f_\theta;\ \theta \in \Theta_0\} \subset L^1(A, \mu)$,

$B := \mathrm{con}\{f_\theta;\ \theta \in \Theta_1\} \subset L^1(A, \mu)$ und $C := A - B = \{f - g;\ f \in A,\ g \in B\}$.

Mit $S := \{\psi: (M, A) \to ([-1, 1], B^1[-1, 1])\}$ ist $\phi \to S$, $\varphi \to \psi := 2(\varphi - \frac{1}{2})$

bijektiv. "$\Rightarrow$" Für den Test φ aus der Voraussetzung (4) gilt:

$$\inf_{\theta \in \Theta_1} E_\theta \varphi \geq \frac{\varepsilon}{2} + \sup_{\theta \in \Theta_0} E_\theta \varphi \iff \int \varphi h \, d\mu \geq \frac{\varepsilon}{2},\ \forall h \in C$$

$$\Rightarrow \int |h| \, d\mu = 2 \sup_{\psi \in \phi} \int \psi h \, d\mu \geq 2 \int \varphi h \, d\mu \geq \varepsilon,\ \forall h \in C$$

$$\Rightarrow D(\mathrm{con}(P_0), \mathrm{con}(P_1)) = \inf_{h \in C} \int |h| \, d\mu \geq \varepsilon \ .$$

"$\Leftarrow$" Seien $U_\varepsilon := \{f \in L^1(\mu);\ \|f\|_1 = \int |f| \, d\mu < \varepsilon\}$ und $K := C + U_\varepsilon$; dann

ist K konvex und offen und $o \notin K$. Nach dem Trennungssatz existiert eine

trennende Hyperebene, d. h.

$$\exists \psi \in L^\infty(\mu): \int \psi k \, d\mu > o = \int \psi \cdot o \, d\mu,\ \forall k \in K;\ \text{o.E.}\ \psi \in S\ \text{und}\ \|\psi\|_\infty = 1$$

$\Rightarrow \forall h \in C,\ \forall u \in U_\varepsilon$ gilt:

$\int \psi(h + u) \, d\mu > o$, d. h. $\int \psi h \, d\mu > \int \psi u \, d\mu$

$$\Rightarrow \inf_{h \in C} \int \psi h \, d\mu \geq \sup_{u \in U_\varepsilon} \int \psi u \, d\mu = \varepsilon \|\psi\|_\infty = \varepsilon$$

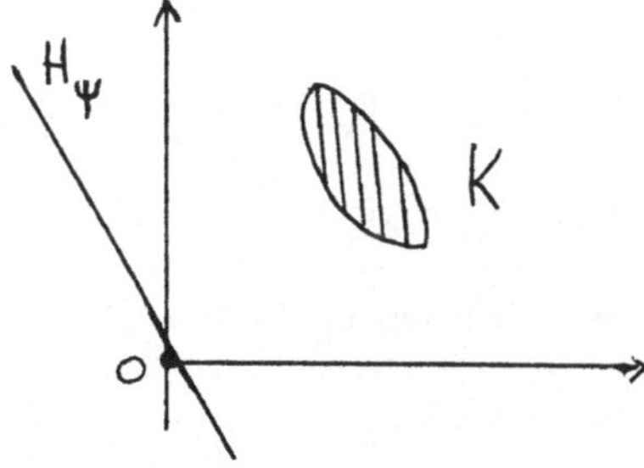

(Die letzte Beziehung ist eine
wohlbekannte Folgerung aus dem
Satz von Hahn-Banach).

Mit $\varphi := \frac{1}{2}(1 + \psi)$ gilt dann: $\inf\limits_{h \in C} \int \varphi h \, d\mu \geq \frac{\varepsilon}{2}$ $\Rightarrow$ Behauptung. $\square$

Bemerkung. a) Ein alternativer Beweis von Satz 2.4 kann auf dem Minimaxsatz basiert werden: Seien A, B, C wie in Satz 2.4 definiert und sei:

$$M := \frac{1}{2} D(\mathrm{con}\, P_0, \mathrm{con}\, P_1) = \frac{1}{2} D(\mathrm{con}\, P_1, \mathrm{con}\, P_0) = \inf_{f \in A, g \in B}\ \sup_{\varphi \in \phi} \int \varphi(g - f) \, d\mu \ .$$

Nach dem Minimaxsatz folgt daher:

$$M = \sup_{\varphi \in \phi}\ \inf_{f \in A, g \in B} \int \varphi(g - f) \, d\mu = \sup_{\varphi \in \phi}(\inf_{\theta \in \Theta_1} E_\theta \varphi - \sup_{\theta \in \Theta_0} E_\theta \varphi),\ \text{und damit die}$$

Behauptung. $\square$

b) Aus (4) folgt mit $\phi_\alpha = \phi_\alpha(\Theta_0) = \{\varphi \in \phi,\ E_\theta \varphi \leq \alpha,\ \forall \theta \in \Theta_0\}$

(5)
$$\sup_{\varphi \in \phi_\alpha} \inf_{\theta \in \Theta_1} E_\theta \varphi \leq (\tfrac{1}{2} D(\text{con}(\mathbf{P}_0),\ \text{con}(\mathbf{P}_1)) + \alpha) \wedge 1,$$

es ergibt sich also eine obere Schranke für das minimax-Risiko für Tests z. N. α . $\square$

Eine Folgerung aus 2.4 ist eine Charakterisierung für die Existenz glm. konsistenter Tests.

<u>SATZ</u> 2.5. $(\Theta_i, \mathbf{B}_i)$, $i = 0,1$ seien Parameterräume mit $\{\theta\} \in \mathbf{B}_i$ für $\theta \in \Theta_i$ und $\mathbf{P} \ll \mu$. Dann gilt: $\exists$ ein gleichmäßig konsistenter Test für (Θ_0, Θ_1)

(6)
$$\Longleftrightarrow \sup_{\substack{v \in \tilde{\Theta}_0 \\ \tau \in \tilde{\Theta}_1}} \rho_n(P_v, P_\tau) \xrightarrow[n \to \infty]{} 0 .$$

<u>Beweis.</u> "$\Rightarrow$" Sei $\tilde{\varphi} = (\varphi_n)$ glm. konsistent; $\forall v \in \tilde{\Theta}_0$, $\tau \in \tilde{\Theta}_1$ gilt:

$$\int \varphi\, dP_v = \int (\int \varphi_n dP_\theta)\, dv(\theta) \leq \sup_{\theta \in \Theta_0} \int \varphi\, dP_\theta \to 0$$

$$\int \varphi\, dP_\tau = \int (\int \varphi_n dP_\theta)\, d\tau(\theta) \geq \inf_{\theta \in \Theta_1} \int \varphi dP_\theta \to 1$$

$$\Rightarrow \inf_{\substack{v \in \tilde{\Theta}_0 \\ \tau \in \tilde{\Theta}_1}} \int \varphi_n d(P_\tau - P_v) \geq \inf_{\theta \in \Theta_1} \int \varphi_n dP_\theta - \sup_{\theta \in \Theta_0} \int \varphi_n dP_\theta \to 1$$

$$\Rightarrow \inf_{v,\tau} D_n(P_\tau, P_v) = \inf_{v,\tau} D(P_\tau/\mathbf{A}_{(n)},\ P_v/\mathbf{A}_{(n)}) \geq 2 \inf_{\tau,v} \int \varphi_n d(P_\tau - P_v) \to 2$$

$$\Rightarrow \sup_{v,\tau} \rho_n(P_v, P_\tau) \to 0,\ \text{da } 2(1 - \rho(P,Q)) \leq D(P,Q) \leq 2\sqrt{1 - \rho^2(P,Q)}.$$

"$\Leftarrow$" Wenn $\sup\limits_{v,\tau} \rho_n(P_v, P_\tau) \to 0 \Rightarrow \varepsilon_n := \inf\limits_{v,\tau} D_n(P_v, P_\tau) \to 2$

$$\underset{2.4}{\Rightarrow}\ \exists \tilde{\varphi} = (\varphi_n) \in \tilde{\phi}:\ \inf_{\theta \in \Theta_1} E_\theta \varphi_n \geq \frac{\varepsilon_n}{2} + \sup_{\theta \in \Theta_0} E_\theta \varphi_n,\ \text{also gilt:}$$

$\inf\limits_{\theta \in \Theta_1} E_\theta \varphi_n \to 1$, $\sup\limits_{\theta \in \Theta_0} E_\theta \varphi_n \to 0$, $\tilde{\varphi}$ ist damit glm. konsistent. $\square$

Das folgende Lemma enthält eine einfache aber wichtige Idee zur Konstruktion konsistenter Tests.

<u>LEMMA</u> 2.6. $\forall n \in \mathbf{N}$ sei $\Theta_0 = \bigcup\limits_{i=1}^{k_n} \Theta_{0,i}^n$, $\Theta_1 = \bigcup\limits_{j=1}^{k_n} \Theta_{1,j}^n$, und

$\forall i,j \leq k_n:\ \exists \varphi_n^{i,j} \in \phi(\mathbf{A}_{(n)})$ mit

(7)
$$E_\theta \varphi_n^{i,j} < \varepsilon_n,\ \forall \theta \in \Theta_{0,i}^n,\ E_\theta \varphi_n^{i,j} \geq 1 - \varepsilon_n,\ \theta \in \Theta_{1,j}^n .$$

Wenn $k_n \cdot \varepsilon_n \to o$, dann existiert ein gleichmäßig konsistenter Test für (Θ_0, Θ_1).

__Beweis.__ Definiere $\varphi_n := \sup_j \inf_i \varphi_n^{i,j}$. Für $\theta \in \Theta_0$, $n \in \mathbb{N}$, existiert ein i_0 mit $\theta \in \Theta_{0,i_0}$

$$\Rightarrow E_\theta \varphi_n \leq \sum_{j=1}^{k_n} E_\theta \inf_i \varphi_n^{i,j} \leq \sum_{j=1}^{k_n} E_\theta \varphi_n^{j_0,j} \leq k_n \varepsilon_n \Rightarrow \sup_{\theta \in \Theta_0} E_\theta \varphi_n \leq k_n \varepsilon_n \to o.$$

Ebenso gilt für $\theta \in \Theta_{1,j}^n$: $E_\theta (1 - \varphi_n) \leq k_n \varepsilon_n$. $\square$

Die Voraussetzungen von 2.6 sind insbesondere angepasst für die Anwendung von Minimax-Tests $\varphi_n^{i,j}$ für die zerstückelten Hypothesen $\Theta_{0,i}^n$, $\Theta_{1,j}^n$. Auf diese Anwendung wird noch in § 4 eingegangen.

__DEFINITION__ 2.7. Sei $P_{n,\theta} = f_{n,\theta} \, \mu_n$, $\theta \in \Theta$, $n \in \mathbb{N}$, $\tilde{\varphi} = (\varphi_n) \in \tilde{\phi}$ heißt __Likelihood-Quotiententest__, wenn es eine Folge $(k_n) \subset \mathbb{R}^1$ gibt, $k_n \leq 1$, mit

$$(8) \qquad \varphi_n := 1_{\{\sup_{\theta \in \Theta_1} f_{n,\theta} \geq k_n \sup_{\theta \in \Theta} f_{n,\theta}\}}$$

$$= 1_{\{\sup_{\theta \in \Theta_1} f_{n,\theta} \geq k_n \sup_{\theta \in \Theta_0} f_{n,\theta}\}} . \qquad \square$$

Wald hat die Konsistenz von LQ-Tests ohne Differenzierbarkeitsannahmen an die Dichten bewiesen. Dieser Weg wurde später von Bahadur ("suitable compactification") und Le Cam weiterverfolgt.

Sei dazu (Θ, d) ein metrischer Raum und sei für $\varepsilon > o, \theta \in \Theta_i$, $i = o,1$

$$(9) \qquad f_{\theta,\varepsilon}^{(n)} := \sup \{f_{n,\theta'}; \; \theta' \in \Theta_i, \; d(\theta',\theta) < \varepsilon\} .$$

Es wird angenommen, daß $f_{\theta,\varepsilon}^{(n)} \in L^1(A_{(n)}, \mu_n)$ ist. Für $\theta_0 \in \Theta_0$, $\theta_1 \in \Theta_1$, $\varepsilon, \delta > o$ wird weiter definiert

$$(10) \qquad \rho_{n,\varepsilon,\delta}(\theta_0, \theta_1) := \int \sqrt{f_{\theta_0,\varepsilon}^{(n)} \, f_{\theta_1,\delta}^{(n)}} \; d\mu_n$$

die zugehörige Affinität.

__SATZ 2.8.__ (Wald, Bahadur, Le Cam)

Seien (Θ_i, d) kompakt, $i = 0,1$, $1 \geq k_n > \delta' > o$, $\forall n$

a) $\forall \theta_0 \in \Theta_0$, $\theta_1 \in \Theta_1$: $\exists \ \varepsilon = \varepsilon(\theta_0,\theta_1)$, $\delta = \delta(\theta_0,\theta_1) > 0$ mit

(11) $$\lim_{n\to\infty} \rho_{n,\varepsilon,o}(\theta_1,\theta_0) = 0, \ \lim_{n\to\infty} \rho_{n,o,\delta}(\theta_1,\theta_0) = 0$$

$\Rightarrow$ Der LQ-Test (φ_n) ist streng konsistent.

b) Gilt (11) glm. in θ_0,θ_1 $\Rightarrow$ Der LQ-Test (φ_n) ist glm. konsistent.

__Beweis.__ Sei $\theta_0 \in \Theta_0$ fest; $\forall \theta \in \Theta_1$: $\exists \ \varepsilon = \varepsilon_\theta = \varepsilon(\theta,\theta_0) > o$:

$\lim_{n\to\infty} \rho_{n,\varepsilon,o}(\theta_1,\theta_0) = 0$. Sei $S_{\varepsilon_\theta}(\theta)$ die offene Kugel vom Radius ε_θ um θ

in Θ_1 $\Rightarrow$ $\bigcup_{\theta \in \Theta_1} S_{\varepsilon_\theta}(\theta) \supset \Theta_1$ ist eine offene Überdeckung. Da Θ_1 kompakt ist,

existieren $\theta_1,\ldots,\theta_k \in \Theta_1$ mit $\bigcup_{i=1}^{k} S_{\varepsilon_{\theta_i}}(\theta_i) \supset \Theta_1$

$$\Rightarrow E_{\theta_0} \varphi_n = P_{n,\theta_0}(\sup_{\theta \in \Theta_1} \sqrt{f_{n,\theta}} \geq \sqrt{k_n} \sup_{\theta \in \Theta_0} \sqrt{f_{n,\theta}})$$

$$\leq P_{n,\theta_0}(\max_{1 \leq i \leq k} \sqrt{f_{\theta_i,\varepsilon_i}^{(n)}} \geq \sqrt{k_n}\sqrt{f_{n,\theta_0}}) \leq \sum_{i=1}^{k} P_{n,\theta_0}(\sqrt{f_{\theta_i,\varepsilon_i}^{(n)}} \geq \sqrt{k_n}\sqrt{f_{n,\theta_0}})$$

$$\leq \sum_{i=1}^{k} \underbrace{\frac{1}{\sqrt{k_n}}}_{\leq \frac{1}{\sqrt{\delta'}} < \infty} \rho_{n,\varepsilon_i,o}(\theta_i,\theta_0) \xrightarrow[n\to\infty]{} o$$

Ebenso gilt für $\theta_1 \in \Theta_1$: $\exists \ \tilde{\theta}_1,\ldots,\tilde{\theta}_m \in \Theta_0$, $o < \delta_i$ mit

$$E_{\theta_1}(1-\varphi_n) = P_{n,\theta_1}(\sup_{\theta \in \Theta_1} \sqrt{f_{n,\theta}} \leq \sqrt{k_n} \sup_{\theta \in \Theta_0} \sqrt{f_{n,\theta}})$$

$$\leq \sum_{i=1}^{m} \sqrt{k_n}\, \rho_{n,o,\delta_i}(\theta_1,\tilde{\theta}_i) \xrightarrow[n\to\infty]{} o.$$ Daraus folgen a), b). $\square$

__Bemerkung.__ a) Die Annahme: 'Θ_i kompakt' kann ersetzt werden durch die Annahme: 'Θ_i lokal kompakt', wenn man zusätzlich fordert:

(12) 1. $\exists \ r$: $\forall \theta \in \Theta_i$: $\displaystyle\sup_{\substack{\theta' \in \Theta_i \\ d(\theta',\theta) > r}} f_{n,\theta'} \in L^1(\mu_n)$, $i = 0,1$, $n \in \mathbb{N}$,

(13) 2. $\forall \theta_0 \in \Theta_0$, $\exists \theta_1 \in \Theta_1$: $E_{\theta_0} \sqrt{\displaystyle\sup_{\substack{\theta' \in \Theta_1 \\ d(\theta',\theta_1) > r}} f_{n,\theta'}\, f_{n,\theta_0}} \xrightarrow[n\to\infty]{} o$

und 3. $\forall \theta_1 \in \Theta_1$: $\exists \theta_0 \in \Theta_0$: $E_{\theta_1} \sqrt{\displaystyle\sup_{\substack{\theta' \in \Theta_0 \\ d(\theta',\theta_0) > r}} f_{n,\theta'} f_{n,\theta_1}} \xrightarrow[n\to\infty]{} o$.

- 57 -

Man kann dann nämlich von Θ_i zu einer Kompaktifizierung übergehen und hier
Satz 2.8 anwenden.

b) Die Beweisidee des obigen Satzes ist von Le Cam und Bahadur; die von
Wald stammende Beweisidee, die auf einer Minimaleigenschaft der Entropie
basiert, wird später an Hand der maximum-likelihood-Schätzer und M-Schätzer
demonstriert. Für den lokal kompakten Fall wurde ein zu 2.8 analoges
Resultat von Huber bewiesen. □

Um eine entsprechende Aussage für Schätzer zu formulieren, wird zunächst
der Konsistenzbegriff auf metrische Räume übertragen.

<u>DEFINITION</u> 2.9. Sei (Θ,d) ein metrischer Raum, $\mathbb{B}$ die Borelsche σ-Algebra
auf Θ, $d_n\colon (M,\mathbb{A}_{(n)}) \to (\Theta,\mathbb{B})$, $n \in \mathbb{N}$, eine Schätzfolge für $g(\theta) = \theta$.

a) (d_n) heißt <u>konsistent</u> $\iff P_\theta\{x;\ d(d_n(x),\theta) > \varepsilon\} \to o$, $\forall \varepsilon > 0$, $\forall \theta \in \Theta$.

b) (d_n) heißt <u>glm. konsistent</u> $\iff \forall \varepsilon > o:\ \sup_{\theta \in \Theta} P_\theta\{d(d_n,\theta) > \varepsilon\} \to o$.

c) (d_n) heißt <u>stark konsistent</u> $\iff \lim d_n = \theta\ [P_\theta]$, $\forall \theta \in \Theta$. □

<u>DEFINITION</u> 2.10. Sei $P_{n,\theta}\colon = f_{n,\theta}\,\mu_n$, $\theta \in \Theta$, $n \in \mathbb{N}$ und $\hat{\theta}_n\colon (M,\mathbb{A}_{(n)}) \to (\Theta,\mathbb{B})$,
$n \in \mathbb{N}$.

(14) $\hat{\theta} = (\hat{\theta}_n)$ heißt <u>maximum-likelihood</u> (ML-) Schätzer für θ

$\qquad \iff f_{n,\hat{\theta}_n(x)}(x) = \sup_{\theta \in \Theta} f_{n,\theta}(x)$, $\forall x \in M$. □

Die Konstruktion des ML-Schätzers beruht darauf, daß bzgl. P_{n,θ_0} die Dichte
$f_{n,\theta}$ 'maximal' wird in θ_0. Auf einer Formulierung dieser Maximalität beruht
der folgende Konsistenzbeweis.

<u>BEISPIEL</u> 2.1. (<u>Basu</u>)
Sei $\Theta_0\colon = \mathbb{Q} \cap [0,1]$, $\Theta_1\colon = \{\theta \in [0,1] \smallsetminus \mathbb{Q};\ \theta$ algebraisch$\}$ und

$$P_{n,\theta}\colon = \begin{cases} \mathbb{B}(1,\theta)^{(n)}, & \theta \in \Theta_0 \\ \mathbb{B}(1,1-\theta)^{(n)}, & \theta \in \Theta_1 \end{cases}$$

$$\Rightarrow f_{n,\theta}(x) = \begin{cases} \theta^{\Sigma x_j}(1-\theta)^{n-\Sigma x_j}, & \theta \in \Theta_0 \\ (1-\theta)^{\Sigma x_j}\,\theta^{n-\Sigma x_j}, & \theta \in \Theta_1 \end{cases}$$

$\Rightarrow \hat{\theta}_n(x) = \dfrac{1}{n} \sum\limits_{j=1}^{n} x_j$ ist ML-Schätzer. $\hat{\theta}_n$ ist nicht konsistent. Es gibt aber
sowohl einen konsistenten Test (φ_n) für (Θ_0,Θ_1) (nach 2.3), als auch einen
konsistenten Schätzer, nämlich z. B. den Schätzer

$$\tilde{\theta}_n(x) := \begin{cases} \frac{1}{n}\sum\limits_{i=1}^{n} x_i, & \varphi_n(x) > \frac{1}{2} \\[2mm] 1 - \frac{1}{n}\sum\limits_{i=1}^{n} x_i, & \varphi_n(x) \leq \frac{1}{2} \end{cases} \qquad \square$$

Definiere: $\rho_{n,\varepsilon}(\theta,\theta_0) := \rho_{n,\varepsilon,0}(\theta,\theta_0) = \int \sqrt{f^{(n)}_{\theta,\varepsilon}\, f_{n,\theta_0}}\; d\mu_n$.

<u>SATZ</u> 2.11. Sei (Θ,d) kompakt, $\theta_0 \in \Theta$ und es existiere ein ML-Schätzer $(\hat{\theta}_n)$.

1. $\forall \theta \in \Theta,\ \theta \neq \theta_0 : \exists\, \varepsilon = \varepsilon(\theta): \lim\limits_{n\to\infty} \rho_{n,\varepsilon}(\theta,\theta_0) = 0 \Rightarrow (\hat{\theta}_n)$ ist konsistent in θ_0.

2. $\sum\limits_{n=1}^{\infty} \rho_{n,\varepsilon(\theta)}(\theta,\theta_0) < \infty \Rightarrow (\hat{\theta}_n)$ ist stark konsistent in θ_0.

3. $\exists (a_n) \subset \mathbb{R}_+ ,\ \forall \theta \in \Theta,\ \forall \delta > 0: \exists\, \varepsilon = \varepsilon(\theta,\delta) > 0$ mit $\rho_{n,\varepsilon}(\theta,\theta') \leq a_n$ für $d(\theta,\theta') > \delta$, dann gilt:

$$(15) \qquad a_n \to 0 \Rightarrow (\hat{\theta}_n)\ \text{ist glm. konsistent,}$$

$$\Sigma a_n < \infty \Rightarrow (\hat{\theta}_n)\ \text{ist glm. stark konsistent.}$$

<u>Beweis.</u> 1. $\forall \delta > 0$ gilt: $\{d(\hat{\theta}_n,\theta_0) > \delta\} \subset \{\sup\limits_{d(\theta,\theta_0)>\delta} f_{n,\theta} \geq f_{n,\theta_0}\}$.

Zu $\theta \in \Theta$ mit $d(\theta,\theta_0) > \delta$ existiert ein $\varepsilon = \varepsilon_\theta > 0$ mit $\rho_{n,\varepsilon}(\theta,\theta_0)\xrightarrow[n\to\infty]{} 0$.

Da $\bigcup\limits_{\substack{\theta \in \Theta \\ d(\theta,\theta_0)>\delta}} S_{\varepsilon_\theta}(\theta) \supset \{\theta \in \Theta:\ d(\theta,\theta_0) > \delta\}$ und da Θ kompakt ist, existieren

$\theta_1,\ldots,\theta_k$ und $\varepsilon_1,\ldots,\varepsilon_k > 0$ mit $\bigcup\limits_{i=1}^{k} S_{\varepsilon_i}(\theta_i) \supset \{\theta \in \Theta:\ d(\theta,\theta_0) > \delta\}$ und

$\lim\limits_{n\to\infty} \rho_{n,\varepsilon_i}(\theta_i,\theta_0) = 0 \Rightarrow \{\sup\limits_{d(\theta,\theta_0)>\delta} f_{n,\theta} \geq f_{n,\theta_0}\} \subset \bigcup\limits_{i=1}^{k} \{f^{(n)}_{\theta_i,\varepsilon_i} \geq f_{n,\theta_0}\}$

und $P_{\theta_0}\{f^{(n)}_{\theta_i,\varepsilon_i} \geq f_{n,\theta_0}\} \leq \rho_{n,\varepsilon_i}(\theta_i,\theta_0) \Rightarrow P_{\theta_0}\{d(\hat{\theta}_n,\theta_0) > \delta\} \leq \sum\limits_{i=1}^{k} \rho_{n,\varepsilon_i}(\theta_i,\theta_0) \to 0$.

2. Wie im Beweis zu 1 gilt: $P_{\theta_0}\{\sup\limits_{n\geq m} d(\hat{\theta}_n,\theta_0) > \delta\}$

$\leq \sum\limits_{i=1}^{k} \sum\limits_{n=m}^{\infty} \rho_{n,\varepsilon_i}(\theta_i,\theta_0)\xrightarrow[n\to\infty]{} 0 \Rightarrow (\hat{\theta}_n)$ ist stark konsistent.

3. Unter der Annahme $a_n \to 0$ ist die Abschätzung in 1 glm. in θ. Unter der zweiten Annahme ergibt sich die Behauptung aus dem folgenden glm. Borel-Cantelli-Lemma zusammen mit dem Beweis von 1:

$$(16) \qquad \underline{\text{glm. Borel-Cantelli-Lemma}}\ (\underline{\text{Parzen}})$$

Sei (M,A,P) ein Wahrscheinlichkeitsraum.

a) Seien $A_n(\theta) \in A$, $\theta \in \Theta$ und $\sum\limits_{n=1}^{\infty} P(A_n(\theta))$ glm. konvergent auf Θ

$\Rightarrow \lim\limits_{m \to \infty} P(\bigcup\limits_{n \geq m} A_n(\theta)) = 0$ glm. in $\theta \in \Theta$.

b) Seien $X_n(\theta)$, $X(\theta)$ reelle ZV'e und für $\varepsilon > 0$ sei $\sum\limits_{n=1}^{\infty} P(|X_n(\theta) - X(\theta)| > \varepsilon)$

glm. konvergent $\Rightarrow \sup\limits_{\theta \in \Theta} |X_n(\theta) - X(\theta)| \to 0$ $[P]$. $\square$

<u>Bemerkung.</u> Im <u>unabhängigen Fall</u>: $P_{n,\theta} = Q_\theta^{(n)}$ existiere ein ML-Schätzer $(\hat{\theta}_n)$.
Dann gilt:

a) $\forall \theta \in \Theta$, $\theta \neq \theta_0$, $\exists \varepsilon > 0$: $\rho_{1,\varepsilon}(\theta,\theta_0) < 1 \Rightarrow (\hat{\theta}_n)$ stark konsistent in θ_0.

b) $\forall \theta \neq \theta'$: $\exists \varepsilon = \varepsilon(d(\theta,\theta'))$ mit $\rho_{1,\varepsilon}(\theta,\theta') \leq \xi < 1$, $\xi = \xi(d(\theta,\theta'))$

$\Rightarrow (\hat{\theta}_n)$ glm. stark konsistent. $\square$

<u>KOROLLAR</u> 2.12. Sei $\Theta \subset \mathbb{R}^1$ ein endliches Intervall, $(\hat{\theta}_n)$ existiere,
$\frac{\partial}{\partial \theta} f_{n,\theta}$ existiere und sei stetig. Aus den Bedingungen

1. $\rho_n(\theta,\theta_0) \to 0$, $\theta \neq \theta_0$,

2. $\forall \theta \neq \theta_0$, $\exists \varepsilon \neq \varepsilon(\theta) > 0$ mit

$$(17) \qquad E_{\theta_0} \sup_{|t-\theta| < \varepsilon} \left| \frac{\partial \ln f_{n,t}}{\partial t} \right| \sqrt{\frac{f_{n,t}}{f_{n,\theta_0}}} \to 0$$

$\Rightarrow (\hat{\theta}_n)$ ist konsistent in θ_0.

<u>Beweis.</u> Seien θ', $\theta \in \Theta \Rightarrow \sqrt{f_{n,\theta'}} = \sqrt{f_{n,\theta}} + \frac{1}{2}(\theta' - \theta) \dfrac{\frac{\partial f_{n,t}}{\partial t}}{\sqrt{f_{n,t}}}$ mit

$t = \theta + \lambda(\theta' - \theta)$, $\lambda \in (0,1) \Rightarrow \sup\limits_{|\theta'-\theta|<\varepsilon} \sqrt{f_{n,\theta'}} \leq \sqrt{f_{n,\theta}} + \frac{\varepsilon}{2} \sup\limits_{|t-\theta|<\varepsilon} [\frac{\partial}{\partial t}(\ln f_{n,t})]\sqrt{f_{n,t}}$.

Multiplikation mit $\sqrt{f_{n,\theta_0}}$ und Integration liefert:

$\rho_{n,\varepsilon}(\theta,\theta_0) \leq \rho_n(\theta,\theta_0) + \frac{\varepsilon}{2} E_{\theta_0} [\ldots] \to 0$ nach 1., 2.

Nach 2.11 folgt die Behauptung. $\square$

Wir betrachten nun speziell den iid-Fall. Im folgenden Satz wird ein
konsistenter Schätzer durch Projektion des empirischen Maßes konstruiert.
Dieses ist das erste Beispiel für die Klasse der sogenannten Minimum-
Distanz-Schätzer, die in § 3 weiter untersucht werden.

<u>SATZ</u> 2.13. Sei $\Theta \subset \mathbb{R}^k$ offen, $P_{n,\theta} = Q_\theta^{(n)}$, $\theta \in \Theta$, $(M,A) = (Y,B)^{(\infty)}$, B
separabel und sei $\theta \to Q_\theta$ injektiv und stetig bzgl. der Totalvariationsmetrik.
$\Rightarrow \exists$ konsistente Schätzfolge (T_n) für θ. (T_n) ist glm. konsistent auf
kompakten Teilmengen von Θ.

<u>Beweis.</u> Es wird zunächst eine Metrik ρ auf $M^1(Y,B)$ konstruiert, die schwächer ist als die Totalvariationsmetrik D und bzgl. der die empirischen Maße konsistente Schätzer für die zugrunde liegenden Maße sind. Sei $\{B_n; n \in \mathbb{N}\}$ ein $\cap$-stabiler Erzeuger von B und definiere:

$$(18) \qquad d_k(Q_\theta, Q_\sigma) := \max_{1 \leq i \leq k} |Q_\theta(B_i) - Q_\sigma(B_i)|, \quad \theta, \sigma \in \Theta.$$

Sei $P_{n,x}(B) := \frac{1}{n} \sum_{i=1}^{n} 1_B(x_i)$ das empirische Maß, dann folgt:

$$(19) \qquad \sup_{\theta \in \Theta} Q_\theta^{(n)} \{d_k(Q_\theta, P_{n,x}) \geq \varepsilon\} \leq \sum_{i=1}^{k} V_\theta(P_{n,\cdot}(B_i))/\varepsilon^2 \leq \frac{k}{4\varepsilon^2 n} \to 0$$
$$\text{für alle } \varepsilon > 0, \; \forall k \in \mathbb{N}.$$

Mit $\rho(Q_\theta, Q_\sigma) := \sum_{i=1}^{\infty} \frac{1}{2^i} |Q_\theta(B_i) - Q_\sigma(B_i)|$ gilt: ρ ist eine Metrik, $\rho \leq D$ und $\rho(Q_\theta, Q_\sigma) \leq d_k(Q_\theta, Q_\sigma) + \frac{1}{2^k}$. Also gilt:

$$(20) \qquad \sup_{\theta \in \Theta} Q_\theta^{(n)} \{\rho(Q_\theta, P_{n,x}) \geq \varepsilon\} \to 0, \quad \forall \varepsilon > 0 .$$

((20) ist im allgemeinen für den Totalvariationsabstand falsch; daher die Einführung von ρ)

Die Idee zur Konstruktion eines Schätzers T_n ist es nun, das empirische Maße $P_{n,x}$ auf $\{Q_\theta, \theta \in \Theta\}$ bzgl. ρ zu projizieren. Dazu sei $K_i \subset \Theta$ kompakt, $K_i \uparrow \Theta$, $K_i \subset K_{i+1}$. Da $\theta \to Q_\theta$ injektiv und stetig bzgl. ρ ist, folgt, daß auch die Umkehrabbildung $Q_\theta \to \theta$ glm. stetig auf der kompakten Menge $\{Q_\theta; \theta \in K_i\}$ ist, $\forall i \in \mathbb{N}$.

$$(21) \qquad \Rightarrow (\forall i \in \mathbb{N}: \exists \delta_i > 0: \forall \sigma, \tau \in K_i \text{ mit } \rho(Q_\sigma, Q_\tau) > 3\delta_i \text{ gilt:}$$
$$|\sigma - \tau| < \tfrac{1}{i}); \text{ o.E gilt: } \delta_i \xrightarrow[i \to \infty]{} 0.$$

Aus (20) folgt: $\forall i: \exists N(i) \in \mathbb{N}: \sup_{\theta \in \Theta} Q_\theta^{(n)} \{\rho(Q_\theta, P_{n,x}) \geq \delta_i\} \leq \frac{1}{i}, \; \forall n \geq N(i)$;

o.E. ist $N(i) \uparrow \infty$, $\Rightarrow \exists k(n) \uparrow \infty$ mit $N(k(n)) \leq n < N(k(n) + 1)$:

$$(22) \qquad \sup_{\theta \in \Theta} Q_\theta^{(n)} \{\rho(Q_\theta, P_{n,x}) \geq \delta_{k(n)}\} \leq \frac{1}{k(n)}$$

(da ja $n \geq N(k(n))$). Definiere nun eine meßbare Abbildung $T_n(x) \in K_{k(n)}$ so, daß:

$$(23) \qquad \rho(Q_{T_n(x)}, P_{n,x}) \leq \inf_{\sigma \in K_{k(n)}} \rho(Q_\sigma, P_{n,x}) + \delta_{k(n)}.$$

$Q_{T_n(x)}$ ist approximativ eine Projektion von $P_{m,x}$ auf $\{Q_\theta, \theta \in K_{k(n)}\}$.

Sei $K \subset \Theta$ kompakt $\Rightarrow \exists n_0: \forall n \geq n_0: K \subset K_{k(n)}$ (warum?) und für $\theta \in K$ gilt:

$$Q_\theta^{(n)} \{|T_n - \theta| \geq \frac{1}{k(n)}\} \underset{(21)}{\leq} Q_\theta^{(n)} \{\rho(Q_{T_n}, Q_\theta) \geq 3\delta_{k(n)}\}$$

$$\leq Q_\theta^{(n)} \underbrace{\{\rho(Q_{T_n}, P_{n,x})}_{\leq \rho(Q_\theta, P_{n,x}) + \delta_{k(n)}} \geq 2\,\delta_{k(n)}\} + Q_\theta^{(n)} \{\rho(Q_\theta, P_{n,x}) \geq \delta_{k(n)}\}$$

$$\leq 2\,Q_\theta^{(n)} \{\rho(Q_\theta, P_{n,x}) \geq \delta_{k(n)}\} \underset{(22)}{\leq} \frac{2}{k(n)} \ . \text{ Daraus folgt die Behauptung. } \square$$

<u>Bemerkung.</u> a) Ist $(Y, B) = (\mathbb{R}^1, B^1)$, dann läßt sich der Beweis von 2.13 vereinfachen durch die Projektion der empirischen Verteilungsfunktion auf $\{F_\theta;\ \theta \in \Theta\}$, $F_\theta \sim Q_\theta$, bzgl. des Kolmogorovabstandes. Die Stetigkeitsvoraussetzung läßt sich dann abschwächen zu der Annahme: $\theta \rightarrow F_\theta$ stetig (bzgl. des Kolmogorovabstandes).

b) Der Beweis von 2.13 gilt allgemeiner für einen lokal kompakten metrischen Raum Θ mit abzählbarer Basis. Außerdem kann die Unabhängigkeit ersetzt werden durch die Annahme, daß die Beobachtungen eine stationäre, ergodische Folge bilden. $\square$

Sei nun im folgenden $\Theta \subset \mathbb{R}^1$ offen, $\dfrac{dQ_\theta}{d\mu} = f_\theta$,

(24) $\qquad \{Q_\theta;\ \theta \in \Theta\}$ homogen und $\theta \rightarrow Q_\theta$ injektiv.

<u>LEMMA</u> 2.14. Sei $\ell n \dfrac{f_\theta}{f_{\theta_0}} \in L^1(Q_{\theta_0})$; dann gilt: $\lim\limits_{n \to \infty} P_{\theta_0} \{f_{n,\theta_0} > f_{n,\theta}\} = 1$, $\forall \theta \in \Theta$.

<u>Beweis.</u> $P_{\theta_0} \{f_{n,\theta_0} > f_{n,\theta}\} = P_{\theta_0} \{\frac{1}{n} \sum\limits_{i=1}^{n} \ell n \frac{f_\theta(x_i)}{f_{\theta_0}(x_i)} < o\}$. Da

$$\frac{1}{n} \sum\limits_{i=1}^{n} \ell n \frac{f_\theta(x_i)}{f_{\theta_0}(x_i)} \xrightarrow[P_{\theta_0}]{} E_{\theta_0} \ell n \frac{f_\theta}{f_{\theta_0}} \text{ und da } -\ell n \text{ strikt konvex ist, folgt}$$

nach der Jensen-Ungleichung:

(25) $\qquad E_{\theta_0} \ell n \dfrac{f_\theta}{f_{\theta_0}} < \ell n \, E_{\theta_0} \dfrac{f_\theta}{f_{\theta_0}} = 0,$

also gilt

$$P_{\theta_0} \{f_{n,\theta_0} > f_{n,\theta}\} \rightarrow 1. \quad \square$$

<u>Bemerkung.</u> Der Kern für den Nachweis der Konsistenz des ML-Schätzers ist die folgende Aussage: "$\exists \rho_n \downarrow 0$, so daß

(26) $\qquad P_\theta \{f_{n,\theta} > \sup\limits_{|\theta' - \theta| > \rho_n} f_{n,\theta'}\} \rightarrow 1$".

Wenn $(\hat{\theta}_n)$ ML-Schätzer ist, dann folgt aus (26):

$$P_\theta\{|\hat{\theta}_n - \theta| \le \rho_n\} \ge P_\theta\{f_{n,\theta} > \sup_{|\theta'-\theta|>\rho_n} f_{n,\theta'}\} \to 1, \text{ also } \hat{\theta}_n \xrightarrow[P_\theta]{} \theta. \quad \square$$

In allgemeiner Form wurde diese Methode ausgeführt von Wald und Bahadur, vgl. auch den Beweis zu 2.11. Im endlichen Fall ist ein Nachweis von (26) mit Hilfe von 2.14 einfach.

<u>KOROLLAR</u> 2.15. Ist $|\Theta| < \infty$, $\Theta = \{\theta_1,\ldots,\theta_k\}$, $\ell n \dfrac{f_{\theta_j}}{f_{\theta_i}} \in L^1(Q_{\theta_i})$, $\forall i,j$

$\Rightarrow$ Es existiert ein ML-Schätzer $(\hat{\theta}_n)$, $(\hat{\theta}_n)$ ist konsistent und für $1 \le i \le k$ gilt: $P_{\theta_i}\{$Der ML-Schätzer $\hat{\theta}_n$ ist eindeutig definiert$\} \to 1$.

<u>Beweis.</u> Sei $A_{i,n}: = \{f_{n,\theta_i} > \max_{j \ne i} f_{n,\theta_j}\} = \bigcap_{j \ne i} \{f_{n,\theta_i} > f_{n,\theta_j}\}$

$\underset{2.14}{\Rightarrow} P_{\theta_i}(A_{i,n}) = P_{\theta_i}\{\hat{\theta}_n = \theta_i \text{ und } \hat{\theta}_n \text{ eindeutig}\} \to 1. \quad \square$

<u>PROPOSITION</u> 2.16. (<u>Likelihoodgleichungen</u>) Sei $\Theta \subset \mathbb{R}^1$ offen, $\ell n \dfrac{f_\theta}{f_{\theta_0}} \in L^1(Q_{\theta_0})$, $\dfrac{\partial}{\partial\theta} f_\theta$ existiere und $\theta \to \dfrac{\partial}{\partial\theta} f_\theta$ stetig. Sei $A_n(x): = \{\theta; \dfrac{\partial}{\partial\theta} \ell n \, f_{n,\theta}(x) = o\} \ne \phi$

$\Rightarrow \exists$ Schätzer $\hat{\theta}_n(x) \in A_n(x)$, $n \in \mathbb{N}$, $x \in M$, $\hat{\theta}_n$ meßbar, $\hat{\theta}_n \xrightarrow[P_{\theta_0}]{} \theta_0$.

<u>Beweis.</u> Sei $\theta_0 \in \Theta$ und $(\theta_0 - a, \theta_0 + a) \subset \Theta$. Sei weiter

$S_n: = \{x: f_{n,\theta_0}(x) > f_{n,\theta_0-a}(x) \text{ und } f_{n,\theta_0}(x) > f_{n,\theta_0+a}(x)\}$. Nach 2.14

$\Rightarrow P_{\theta_0}(S_n) \to 1$.

Für $x \in S_n \Rightarrow \exists \tilde{\theta}_n(x) \in (\theta_0 - a, \theta_0 + a)$, so daß $\theta \to f_{n,\theta}(x)$ ein lokales Maximum in $\tilde{\theta}_n(x)$ hat, also $\dfrac{\partial}{\partial\theta} f_{n,\theta}(x)|_{\tilde{\theta}_n(x)} = o$. $\tilde{\theta}_n$ kann nach Voraussetzung meßbar gewählt werden. $\forall a > o$ genügend klein existiert also eine Folge $\tilde{\theta}_n = \tilde{\theta}_n(a)$ von Lösungen der Likelihood-Gleichungen: $\dfrac{\partial}{\partial\theta} \ell n \, f_{n,\theta}(x) = o$ mit

$$(27) \qquad P_{\theta_0}\{|\tilde{\theta}_n - \theta_0| < a\} \to 1.$$

Da $\dfrac{\partial}{\partial\theta} f_\theta(x)$ stetig in θ ist, existiert eine Lösung $\hat{\theta}_n$ der Likelihood-Gleichung mit minimalem Abstand zu θ_0. Für $a > o$ folgt nach (27): $P_{\theta_0}\{|\hat{\theta}_n - \theta_0| < a\} \to 1$, d. h. $\hat{\theta}_n$ ist konsistent. $\quad \square$

<u>Bemerkung.</u> Wenn $|A_n(x)| = 1$, $\forall x$, $\forall n \in \mathbb{N}$, dann ist $\hat{\theta}_n$ ein ML-Schätzer und daher nach 2.16 konsistent. $\quad \square$

SATZ 2.17. (Asymptotische Effizienz des ML-Schätzers)

Es existiere zusätzlich zu den Voraussetzungen von 2.16

$\dfrac{\partial^2}{\partial\theta^2} \ln f_\theta$ stetig, $\int \dfrac{\partial^2}{\partial\theta^2} f_{\theta_0} \, d\mu = o \overset{!}{=} \int \dfrac{\partial}{\partial\theta} f_{\theta_0} \, d\mu$, $o < I(\theta_0) < \infty$ und

$$(28) \qquad T_n \xrightarrow[P_{\theta_0}]{} \theta_0 \Rightarrow \frac{1}{n}\,(L_n''(T_n) - L_n''(\theta_0)) \xrightarrow[P_{\theta_0}]{} o \text{ mit } L_n(\theta) = \ln f_{n,\theta}.$$

Dann gilt: Jede konsistente Lösung $(\hat\theta_n)$ der ML-Gleichung ist asymptotisch effizient in θ_0, d. h.

$$(29) \qquad \sqrt{n}\,(\hat\theta_n - \theta_0) \xrightarrow{D} N(0,\ 1/I(\theta_0)).$$

Beweis. Mit der Taylorentwicklung folgt:

$$o = L_n'(\hat\theta_n) = L_n'(\theta_0) + (\hat\theta_n - \theta_0)L_n''(\theta_0) + (\hat\theta_n - \theta_0)[L_n''(T_n) - L_n''(\theta_0)]$$

mit $|T_n - \theta_0| \le |\hat\theta_n - \theta_0| \xrightarrow[P_{\theta_0}]{} o$. Nach dem CLT folgt:

$$(30) \qquad \frac{1}{\sqrt{n}} L_n'(\theta_0) = \frac{1}{\sqrt{n}} \sum_{i=1}^{n} \left(\frac{f_{\theta_0}'(x_i)}{f_{\theta_0}(x_i)} - E_{\theta_0} \frac{f_{\theta_0}'}{f_{\theta_0}} \right) \xrightarrow{D} N(o, I(\theta_0)).$$

Weiter gilt nach dem SLLN

$$(31) \qquad - \frac{1}{n} L_n''(\theta_0) = \frac{1}{n} \sum_{i=1}^{n} \frac{(f_{\theta_0}'(x_i))^2 - f_{\theta_0}(x_i)f_{\theta_0}''(x_i)}{f_{\theta_0}^2(x_i)}$$

$$\to I(\theta_0) - E_{\theta_0} \frac{f_{\theta_0}''}{f_{\theta_0}} = I(\theta_0) \quad [P_{\theta_0}].$$

Aus (28), (30), (31) folgt:

$$\sqrt{n}(\hat\theta_n - \theta_0) = \frac{\dfrac{1}{\sqrt{n}} L_n'(\theta_0)}{-\dfrac{1}{n} L_n''(\theta_0) - \dfrac{1}{n} [L_n''(T_n) - L_n''(\theta_0)]} \xrightarrow{D} \frac{1}{I(\theta_0)} N(o, I(\theta_0)) =$$

$$= N(o,\ \frac{1}{I(\theta_0)}). \quad \square$$

Die Bedingung (28) ist z. B. dann erfüllt, wenn für

$H(\theta) := \dfrac{\partial^2}{\partial\theta^2} \ln f_\theta$ gilt: $|H(\eta) - H(\theta_0)| \le h(\eta - \theta_0)M$ mit h stetig,

$h(o) = o$, $M \in L^1(Q_{\theta_0})$, da dann $\dfrac{1}{n} |L_n''(T_n) - L_n''(\theta_0)| =$

$$= \frac{1}{n} \Big| \sum_{i=1}^{n} (H(T_n(x),\, x_i) - H(\theta_0, x_i)) \Big| \le h(T_n(x) - \theta_0) \frac{1}{n} \sum_{i=1}^{n} M(x_i) \xrightarrow[P_{\theta_0}]{} o.$$

§ 3 Schnelle Konsistenz und M-Schätzer

In diesem Abschnitt wird der iid Fall $P_\theta = \overset{\infty}{\underset{i=1}{\otimes}} Q_\theta$, $\theta \in \Theta$ genauer untersucht. Es zeigt sich, daß für 'reguläre' Verteilungsklassen $n^{-1/2}$ die
optimale (Verteilungs-) Konvergenzrate für Schätzer ist. Sei im folgenden
$\Theta \subset \mathbb{R}^d$ offen und $Q_\theta = f_\theta \, \mu$, $\theta \in \Theta$, $\mathbf{P} = \{Q_\theta;\ \theta \in \Theta\}$, $\theta_0 \in \Theta$.

DEFINITION 3.1. $\mathbf{P}$ heißt __differenzierbar im quadratischen Mittel__
(qmd) in θ_0 (bzgl. μ)

(1) $\Longleftrightarrow \exists\, h = h_{\theta_0} = (h_1,\ldots,h_d) \in L^2(\mu)$ (komponentenweise),

so daß: $\| f_\theta^{1/2} - f_{\theta_0}^{1/2} - < h,\ \theta - \theta_0 > \|_2 = o\ (|\theta - \theta_0|)$ für $\theta \to \theta_0$,

$\| \ \|_2$ die Norm in $L^2(\mu)$. □

Bemerkung. a) Bedingung (1) ist äquivalent dazu, daß $\Theta \to L^2(\mu)$ in θ_0
$\theta \to f_\theta^{1/2}$
Frechet-differenzierbar ist.
Es gibt Varianten der obigen Definition, die auf Dominierbarkeit teilweise
verzichten und $\mu = Q_{\theta_0}$ wählen (vgl. Witting).

b) Ist $\mathbf{P}$ qmd, dann folgt für den Hellingerabstand $H(Q_\theta, Q_{\theta_0}) = \frac{1}{2} \| f_\theta^{1/2} - f_{\theta_0}^{1/2} \|_2^2$

(2) $\dfrac{2 \cdot H(Q_\theta, Q_{\theta_0})}{|\theta - \theta_0|^2} - \dfrac{\| < h,\ \theta - \theta_0 > \|_2^2}{|\theta - \theta_0|^2} \to o,$

also $H(Q_\theta, Q_{\theta_0}) \le \frac{1}{2} \| h \|_2^2 \, |\theta - \theta_0|^2 + o\ (|\theta - \theta_0|^2)$.

Sind die Komponenten von h linear unabhängig, dann ist also lokal
$H(Q_\theta, Q_{\theta_0}) \sim c |\theta - \theta_0|^2$.

c) Von Hajek stammt die folgende hinreichende Bedingung für qmd. Seien:

1. $\theta \to f_\theta(x)$ absolut stetig in einer Umgebung $U(\theta_0)$, $\forall x$ und es existiere
    $\nabla_\theta f_\theta(x)$ in $U(\theta_0)$, $\forall x$.

2. $I(\theta): = E_\theta (\nabla_\theta \ln f_\theta)(\nabla_\theta \ln f_\theta)^T$ die Fisher-Information existiere und
    sei stetig in θ_0, $I(\theta_0) > o$ (positiv definit)

(3) $\Rightarrow \mathbf{P}$ ist qmd in θ_0 und $\nabla_\theta f_{\theta_0}$
        $h(x) = \nabla_\theta f_{\theta_0}^{1/2}(x) = \frac{1}{2} \dfrac{\nabla_\theta f_{\theta_0}}{f_{\theta_0}^{1/2}(x)}$. □

$\underline{\text{LEMMA}}$ 3.2. Sei $D(P,Q):\; = \int |\frac{dP}{d\mu} - \frac{dQ}{d\mu}|\, d\mu$ der Totalvariationsabstand, dann gilt:

$$(4) \qquad H(P,Q) \leq \frac{1}{2} D(P,Q) \leq (H(P,Q)(2 - H(P,Q)))^{1/2}.$$

$\underline{\text{Beweis.}}$ Sei $f:\; = \frac{dP}{d\mu}$, $g:\; = \frac{dQ}{d\mu}$, dann gilt:

$$H(P,Q) = \frac{1}{2} \int (\sqrt{f} - \sqrt{g})^2 d\mu \leq \frac{1}{2}\int |\sqrt{f} - \sqrt{g}|\; |\sqrt{f} + \sqrt{g}|d\mu =$$

$$= \frac{1}{2} \int |f - g|d\mu = \frac{1}{2} D(P,Q).$$

$$D(P,Q)^2 = (\int |f - g|d\mu)^2 = (\int |\sqrt{f} - \sqrt{g}|\; |\sqrt{f} + \sqrt{g}|d\mu)^2$$

$$\leq (\int (\sqrt{f} - \sqrt{g})^2 d\mu)(\int (\sqrt{f} + \sqrt{g})^2 d\mu) = 2H(P,Q)(1 + \rho(P,Q)) =$$

$$= 2H(P,Q)(2 - H(P,Q)). \quad \square$$

$\underline{\text{DEFINITION}}$ 3.3. a) Eine Schätzfolge (T_n) heißt $\underline{\text{schnell konsistent}}$ (oder $\underline{\sqrt{n}\text{-konsistent}}$) für θ

$$(5) \qquad \Longleftrightarrow \; (\sqrt{n}\,(T_n - \theta)) \text{ ist } \underline{\text{stochastisch beschränkt}} \text{ bzgl. } P_\theta,$$
$$\text{d. h. } \forall \varepsilon > o: \exists K: P_\theta\{|\sqrt{n}\,(T_n - \theta)| > K\} < \varepsilon\; \forall n \geq n_o.$$

b) (T_n) heißt $\underline{\text{glm. } \sqrt{n}\text{-konsistent}}$

$$\Longleftrightarrow \forall c > o: \lim_{K\uparrow\infty} \lim_{n\to\infty} \sup_{\theta\in A(n,c)} P_\theta\{\sqrt{n}\,|\,T_n - \theta| > K\} = o \text{ mit}$$
$$A(n,c):\; = \{\theta\in\Theta;\; \sqrt{n}\,|\theta - \theta_o| \leq c\}. \quad \square$$

$\underline{\text{SATZ}}$ 3.4. Sei $\mathscr{P}$ qmd in $\theta_o \Rightarrow$ Es existiert $\underline{\text{keine}}$ Schätzfolge (T_n) für θ, so daß

$$(6) \qquad \exists c > o: \lim_{n\to\infty} \sup_{\theta\in A(n,c)} P_\theta\{\sqrt{n}\,|\,T_n - \theta| > K\} = o,\quad \forall K > o.$$

$\underline{\text{Beweis.}}$ Nach (2) ist: $\dfrac{H(Q_\theta, Q_{\theta_o})}{|\theta - \theta_o|^2} \leq \frac{1}{2}\,\|h\|_2^2 + o(1)$. Für $t \neq o$ und

$\theta_n:\; = \theta_o + \dfrac{t}{\sqrt{n}}$ gilt also für $\varepsilon > o$

$$H(Q_{\theta_n}^{(n)}, Q_{\theta_o}^{(n)}) = (1 - (1 - H(Q_{\theta_n}, Q_{\theta_o}))^n) \leq (1 - (1 - \frac{1}{2}\|h\|_2^2 \cdot \frac{t^2(1 + o(1))}{n})^n)$$

$$= (1 - e^{-1/2\,\|h\|_2^2 t^2} + o(1)) \leq \frac{(1 - \varepsilon)^2}{2} \text{ für } n \geq n_o \text{ und } |t| < \delta_o.$$

Damit folgt aber $\forall$ Testfolgen φ_n für $(\{Q_{\theta_o}^{(n)}\}, \{Q_{\theta_n}^{(n)}\})$:

- 66 -

$$\int \varphi_n \, dQ_{\theta_0}^{(n)} + \int (1 - \varphi_n) \, dQ_{\theta_n}^{(n)} = 1 - \int \varphi_n \, d(Q_{\theta_n}^{(n)} - Q_{\theta_0}^{(n)})$$

$$(7) \qquad \geq 1 - \sup_\varphi \int \varphi \, d(Q_{\theta_n}^{(n)} - Q_{\theta_0}^{(n)}) = 1 - \frac{1}{2} D(Q_{\theta_0}^{(n)}, Q_{\theta_n}^{(n)})$$

$$\overset{(3.2)}{\geq} 1 - (2H(Q_{\theta_0}^{(n)}, Q_{\theta_n}^{(n)}))^{1/2} \geq \varepsilon \; .$$

Angenommen (T_n) sei eine Schätzfolge, die (6) erfüllt. Dann definiere:

$$\varphi_n := \left\{ \begin{array}{c} 1 \\ 0 \end{array} \right. |T_n - \theta_0| \underset{\leq}{\overset{>}{}} |T_n - \theta_n| \Rightarrow E_{\theta_0} \varphi_n = P_{\theta_0} \{\sqrt{n} \; |T_n - \theta_0| > \sqrt{n} \; |T_n - \theta_n|\}$$

$$\leq P_{\theta_0} \{\sqrt{n} \; |T_n - \theta_0| > \frac{|t|}{2} \} \to o. \text{ Ebenso gilt dann:}$$

$$E_{\theta_n} \varphi_n = 1 - P_{\theta_n} \{\sqrt{n} \; |T_n - \theta_n| > \sqrt{n} \; |T_n - \theta_0|\} \geq 1 - P_{\theta_n} \{\sqrt{n} \; |T_n - \theta_n| > \frac{|t|}{2} \} \xrightarrow[n \to \infty]{} 1$$

im Widerspruch zu (7). $\quad \square$

In regulären Verteilungsklassen ist also $n^{-1/2}$ die optimale Konvergenzrate. Der Beweis zu Satz 3.4 zeigt darüberhinaus, daß in regulären Verteilungsklassen Testfolgen (φ_n) Parameterfolgen (θ_n) mit $\sqrt{n}|\theta_n - \theta_0| \to o$ nicht von θ_0 trennen können.

<u>KOROLLAR</u> 3.5. Sei $\mathbb{P}$ qmd in θ_0, dann existiert <u>keine</u> Testfolge (φ_n) mit der Eigenschaft:

$$(8) \qquad |E_{\theta_n} \varphi_n - E_{\theta_0} \varphi_n| \geq \varepsilon > o, \quad \forall n \in \mathbb{N}, \text{ wenn } \sqrt{n}|\theta_n - \theta_0| \to o.$$

<u>Beweis.</u> Aus $t_n := \sqrt{n}|\theta_n - \theta_0| \to o$ folgt

$$H(Q_{\theta_n}^{(n)}, Q_{\theta_0}^{(n)}) \leq (1 - (1 - \frac{1}{2}\|h\|_2^2 \; \frac{t_n^2 (1 + o(1))}{n})^n) \to o$$

$$\Rightarrow |E_{\theta_n} \varphi_n - E_{\theta_0} \varphi_n| \leq \frac{1}{2} D(Q_{\theta_n}^{(n)}, Q_{\theta_0}^{(n)}) \leq (2H(Q_{\theta_n}^{(n)}, Q_{\theta_0}^{(n)}))^{1/2} \to o \text{ nach Lemma 3.2.} \quad \square$$

<u>Bemerkung.</u> a) <u>Zusammenhang zu konsistenten Tests</u>

1. Sei (T_n) $\sqrt{n}$-konsistenter Schätzer für $\theta \in \Theta \subset \mathbb{R}^1$ offen, sei $\theta_0 \in \Theta$,

$\quad \Theta_0 := \{\theta \in \Theta; \; \theta \leq \theta_0\}$, $\Theta_1 := \{\theta \in \Theta; \; \theta_0 < \theta\}$ und sei zusätzlich

$\quad \sqrt{n}(T_n - \theta_0) \overset{D}{\to} T, F = F_T$ stetig. Definiere:

$$(9) \qquad \varphi_n := \left\{ \begin{array}{c} 1 \\ 0 \end{array} \right. \sqrt{n} \; (T_n - \theta_0) \underset{\leq}{\overset{>}{}} u_\alpha(F)$$

$$\Rightarrow \text{a)} \quad E_{\theta_0} \varphi_n \to \alpha$$

b) Für $\theta > \theta_o$ gilt: $E_\theta \varphi_n = P_\theta \{\sqrt{n}(T_n - \theta_o) > u_\alpha(F)\}$

$\qquad = P_\theta \{\sqrt{n}(T_n - \theta) > u_\alpha(F) - \underbrace{\sqrt{n}(\theta - \theta_o)}_{\to \infty}\}$

$\qquad \longrightarrow 1$

Ebenso gilt für $\theta < \theta_o$: $E_\theta \varphi_n \to 0$. Also ist (φ_n) stark konsistenter Test für $(\Theta_o \smallsetminus \{\theta_o\}, \Theta_1)$.

2. Es gebe eine Umgebung $U = U(\theta_o)$, so daß $\forall \varepsilon > o$: $\exists C = C(\varepsilon)$:
$P_\theta \{\sqrt{n} |T_n - \theta| > C\} < \varepsilon$, $\forall n \in \mathbb{N}$. Damit gilt für $\theta \in U$:

$$(10) \qquad E_\theta \varphi_n < \varepsilon \text{ für } \theta < \theta_o - \frac{C - u_\alpha(F)}{\sqrt{n}} \quad \text{und}$$

$$E_\theta \varphi_n > 1 - \varepsilon \text{ für } \theta > \theta_o + \frac{C + u_\alpha(F)}{\sqrt{n}} \quad .$$

b) Analoge Aussagen zu 3.4, 3.5 lassen sich auch aus der Annahme:
"$\sigma \to I(Q_{\theta_o}, Q_\sigma)$ ist zweimal stetig differenzierbar in θ_o" herleiten.
Aus $\sqrt{n} |\sigma_n - \theta_o| \to o$ folgt:

$$I(Q_{\theta_o}^{(n)}, Q_{\sigma_n}^{(n)}) = n\, I(Q_{\theta_o}, Q_{\sigma_n}) = n\, \frac{(\sigma_n - \theta_o)^2}{2}\, I''(Q_{\theta_o}, Q_{\eta_n}) \text{ mit}$$

$\eta_n \in |\sigma_n, \theta_o|$ also $I(Q_{\theta_o}^{(n)}, Q_{\sigma_n}^{(n)}) \to 0$. Nach I.4.12 folgt dann:

$$|E_{\sigma_n} \varphi_n - E_{\theta_o} \varphi_n| \leq \|Q_{\sigma_o}^{(n)} - Q_{\theta_o}^{(n)}\| \leq (1 - \exp(-I(Q_{\sigma_o}^{(n)}, Q_{\theta_o}^{(n)})))^{1/2} \underset{n \to \infty}{\longrightarrow} 0,$$

also die Behauptung von 3.5. Der Beweis von 3.4 ist analog. $\square$

In 2.17 war schon für $\theta \in \Theta \subset \mathbb{R}^1$ die schnelle Konsistenz und asymptotische Effizienz des ML-Schätzers gezeigt worden. Es sollen nun einige weitere Konstruktionsverfahren behandelt werden.

Sei $\Theta \subset \mathbb{R}^1$ offen, F_θ die Vf von $Q_\theta \in M^1(\mathbb{R}^1, \mathbb{B}^1)$ und sei

$$(11) \qquad D_K(F,G) := \|F - F\|_K = \sup\{|F(t) - G(t)|; t \in \mathbb{R}^1\}$$

der Kolmogorov-Abstand.

<u>DEFINITION</u> 3.6. (Minimum-Distanz-Schätzer)
a) $\theta_o \in \Theta$ heißt <u>D_K-regulär</u>, wenn ein $\ell_{\theta_o} \neq o$ existiert

$$(12) \qquad \|F_\theta - F_{\theta_o}\|_K = |\theta - \theta_o| \ell_{\theta_o} + o(|\theta - \theta_o|) \quad .$$

b) $\tilde{\theta}_n : (\mathbb{R}^n, \mathcal{B}^n) \to (\Theta, \Theta \mathcal{B}^1)$ heißt <u>Minimum-Distanz-Schätzer</u> für θ, wenn

$\|F_{\tilde{\theta}_n} - F_n\|_K = \inf\limits_{\theta \in \Theta} \|F_\theta - F_n\|$, mit der empirischen Verteilungsfunktion

$F_n = F_{n,x}$.

Die Folge $o(|\theta - \theta_0|)$ in (12) soll nur von θ_0 und von $|\theta - \theta_0|$ abhängen. $\quad\square$

<u>PROPOSITION</u> 3.7. Sei $(\tilde{\theta}_n)$ konsistenter Minimum-Distanz-Schätzer für θ, dann ist $(\tilde{\theta}_n)$ $\sqrt{n}$-konsistent für alle D_K-regulären Punkte $\theta \in \Theta$.

<u>Beweis.</u> Für $\theta \in \Theta$ ist $\|F_{\tilde{\theta}_n} - F_\theta\|_K \leq \|F_{\tilde{\theta}_n} - F_n\|_K + \|F_n - F_\theta\|_K$
$\leq 2\|F_\theta - F_n\|_K$.
Nach I, § 1, (23) und (25) ist daher $(\sqrt{n}\,\|F_{\tilde{\theta}_n} - F_\theta\|_K)$ stochastisch beschränkt bzgl. P_θ. Ist θ D_K-regulär, dann gilt:

$\sqrt{n}\,\|F_{\theta_n} - F_\theta\|_K = \sqrt{n}|\theta_n - \theta|\ell_\theta + o(\sqrt{n}|\tilde{\theta}_n - \theta|)$ mit $\ell_\theta \neq o$; also ist auch
$(\sqrt{n}|\tilde{\theta}_n - \theta|)$ stochastisch beschränkt bzgl. P_θ. $\quad\square$

<u>Bemerkung.</u> a) Eine hinreichende Bedingung für D_K-Regularität von θ_0 ist die Frechet-Differenzierbarkeit der Abbildung
$\begin{array}{l} \Theta \to L^\infty(\mathbb{R}^1) \\ \theta \to F_\theta \end{array}$ in θ_0 bzgl. $\|\ \|_K$, d. h. $\exists\, L_{\theta_0} \in L^\infty(\mathbb{R}^1)$ mit

(13) $\qquad \|F_\theta - F_{\theta_0} - (\theta - \theta_0)L_{\theta_0}\|_K = o(|\theta - \theta_0|)$ mit $\|L_{\theta_0}\|_K \neq 0$.

b) Man kann auch $D = \{F_\theta;\ \theta \in \Theta\}$ als Teilmenge von $L^2(\mu)$ auffassen mit $\mu \in M^1(\mathbb{R}^1, \mathbb{B}^1)$, Minimum-Distanzschätzer bzgl. der L^2-Norm definieren und die zu (13) analoge Frechet-Differenzierbarkeit in $L^2(\mu)$ fordern. Es läßt sich hieraus dann leicht die asymptotische Verteilung von $\sqrt{n}(\tilde{\theta}_n - \theta)$ ermitteln (vgl. Millar). Weitere Übertragungen auf die Minimierung von anderen Normen verlaufen nach einem ähnlichen Schema. Millar hat gezeigt, daß Minimum-Distanzschätzer unter recht allgemeinen Bedingungen eine asymptotische Minimaxeigenschaft besitzen.

c) Ist die D_K-Regularitätsbedingung (12) oder die Differenzierbarkeitsbedingung glm. auf Kompakta erfüllt, dann erhält man in Proposition 3.7 auch glm. $\sqrt{n}$-Konsistenz auf Kompakta. $\quad\square$

<u>DEFINITION</u> 3.8. (M-Schätzer)

Sei $f: M \times \Theta \to \mathbb{R}^1$, $f(\cdot,\theta) \in L^1(P)$, $\forall \theta \in \Theta$.

a) f heißt <u>Kontrastfunktion</u>, wenn

$$(14) \qquad \int f(\cdot,\theta)dP_\theta < \int f(\cdot,\sigma)dP_\theta$$

für alle $\sigma \neq \theta$.

b) $T_n \in \mathcal{L}(M^n, A^{(n)})$ heißt <u>M-Schätzer</u> (bzgl. f)

$$(15) \qquad \Longleftrightarrow \quad \frac{1}{n} \sum_{i=1}^n f(x_i, T_n(x)) = \inf_{\sigma \in \Theta} \frac{1}{n} \sum_{i=1}^n f(x_i, \sigma)$$

für $x = (x_1, \ldots, x_n) \in M^n$. □

<u>Bemerkung.</u> (Eigenschaften von M-Schätzern)

a) <u>Beispiele</u>

1. Wenn $f(x,\theta):= (h(x) - \theta)^2$ und $\int h(x)dQ_\theta(x) = \theta \in \Theta \subset \mathbb{R}^1$, dann folgt: f ist eine Kontrastfunktion und $T_n(x_1,\ldots,x_n) = \frac{1}{n}\sum_{i=1}^n h(x_i)$ ist der zugehörige M-Schätzer.

2. Wenn $f_\theta = \dfrac{dQ_\theta}{d\mu}$ und $f(x,\theta):= -\ln f_\theta(x)$, dann gilt nach der Jensenschen Ungleichung:
$$\int \ln \frac{f_\sigma(x)}{f_\theta(x)} dQ_\theta(x) < \ln \int \frac{f_\sigma(x)}{f_\theta(x)} dQ_\theta(x) = 0, \text{ falls } Q_\sigma \ll Q_\theta \text{ und die}$$
Integrale existieren. Also folgt $\int \ln f_\sigma \, dQ_\theta < \int \ln f_\theta \, dQ_\theta$, d. h. $f(x,\theta)$ ist eine Kontrastfunktion - die <u>Likelihood-Kontrastfunktion</u> - und ein zugehöriger M-Schätzer ist ein maximum-likelihood (ML-) Schätzer. Von diesem Beispiel stammt auch die Bezeichnung M-Schätzer her.

3. Für $\psi(x):= \max [-c, \min(c,x)]$, $c > 0$, erhält man den robusten Huber-Schätzer als M-Schätzer mit $f(x,\theta) = \psi(x-\theta)$. Für $\psi(x):= \text{sign}(x)$ ergibt sich der Median. Definiert man für $\psi\!\!\uparrow$ und für Vfkt. F auf $\mathbb{R}^1$ $T(F)$ als Lösung von $\int \psi(x - T(F))dP_F(x) = 0$ und existieren x,y mit $\psi(x) < o$, $\psi(y) > o$, dann gilt: T ist schwach stetig in F_o genau dann, wenn ψ beschränkt und $T(F_o)$ eindeutig bestimmt ist.

b) (<u>Konsistenz asymptotische Verteilung</u>)

Sei $\Theta \subset \mathbb{R}^1$ offen und sei $f(x,\cdot) \in C^{(1)}(\Theta)$, $\forall x$. Dann ist der M-Schätzer eine Lösung der <u>M-Gleichung</u>

$$(16) \qquad \frac{1}{n} \sum_{i=1}^n \frac{\partial}{\partial \theta} f(x_i, T_n(x)) = 0.$$

Analog zu 2.16 gilt:

(17) $\forall \theta \in \Theta$: existiert eine Lösung T_n der M-Gleichungen (16)

   mit $T_n \xrightarrow[P_\theta]{} \theta$.

Insbesondere impliziert also die eindeutige Lösbarkeit der M-Gleichung die as. Konsistenz eines M-Schätzers. Ist $f(x,\cdot) \in C^{(2)}(\Theta)$, $\forall x$ und impliziert $S_n \xrightarrow[P_{\theta_0}]{} \theta_0$, daß $\frac{1}{n} \sum_{i=1}^{n} (\frac{\partial^2}{\partial\theta^2} f(x_i,\theta_0) - \frac{\partial^2}{\partial\theta^2} f(x_i,S_n)) \xrightarrow[P_{\theta_0}]{} 0$, dann ist jede konsistente Lösung der M-Gleichung $\sqrt{n}$-konsistent und es gilt:

(18) $\sqrt{n}(T_n - \theta_0) \xrightarrow{D} N(0,\sigma_f^2(\theta_0))$ bzgl. P_{θ_0} mit

$$\sigma_f^2(\theta_0): = \frac{\int (\frac{\partial}{\partial\theta} f(x,\theta_0))^2 dQ_{\theta_0}}{(\int \frac{\partial^2}{\partial\theta^2} f(x,\theta_0) dQ_{\theta_0})^2} \ .$$

Der Beweis von (18) ist analog zum Beweis von 2.17. Die Beweisidee in Kurzform ist die folgende:

$$0 = \frac{1}{\sqrt{n}} \sum_{i=1}^{n} \frac{\partial}{\partial\theta} f(x_i,T_n(x)) = \frac{1}{\sqrt{n}} \sum_{i=1}^{n} \frac{\partial}{\partial\theta} f(x_i,\theta_0) +$$

$$+ \sqrt{n}(T_n(x) - \theta_0) \frac{1}{n} \sum_{i=1}^{n} \frac{\partial^2}{\partial\theta^2} f(x_i,\theta_0) + o_\theta(1) =$$

$$= \frac{1}{\sqrt{n}} \sum_{i=1}^{n} \frac{\partial}{\partial\theta} f(x_i,\theta_0) + \sqrt{n}(T_n(x) - \theta_0) \int \frac{\partial^2}{\partial\theta^2} f(x,\theta_0) dQ_{\theta_0} + o_\theta(1).$$

Daraus folgt die Behauptung.

c) Optimale M-Schätzer

Unter allen M-Schätzern mit (18) erhalten wir einen optimalen Schätzer durch Minimierung der Varianz $\sigma_f^2(\theta)$ der Limesverteilung. Es wird hierbei vorausgesetzt, daß die folgenden Vertauschungen von Differentiation und Integration erlaubt sind.

<u>Behauptung.</u>

(19) $\sigma_f^2(\theta) \geq \frac{1}{I(\theta)}$

und Gleichheit gilt dann, wenn $f(x,\theta) = - \ln f_\theta(x)$ - die Likelihood-Kontrastfunktion - ist.

<u>Beweis.</u> Da für $\sigma \neq \theta$, $\int f(x,\sigma) dQ_\theta(x) \geq \int f(x,\theta) dQ_\theta(x)$ folgt

$0 = \frac{\partial}{\partial\theta} \int f(x,\theta) dQ_\theta(x) = \int \frac{\partial}{\partial\theta} f(x,\theta) dQ_\theta(x) \Rightarrow 0 = \int \frac{\partial^2}{\partial\theta^2} f(x,\theta) dQ_\theta +$

$+ \int (\frac{\partial}{\partial\theta} f(x,\theta))(\frac{\partial}{\partial\theta} \ln f_\theta(x)) dQ_\theta(x)$. Nach Cauchy-Schwarz folgt:

$$(20) \qquad \int \frac{\partial^2}{\partial\theta^2} f(x,\theta)dQ_\theta \leq (\int(\frac{\partial}{\partial\theta} f(x,\theta))^2 dQ_\theta)^{1/2}(I(\theta))^{1/2}$$

also $\sigma_f^2(\theta) \geq \frac{1}{I(\theta)}$.

In (20) gilt Gleichheit genau dann, wenn $\frac{\partial}{\partial\theta} f(x,\theta) = \lambda(\theta)(\frac{\partial}{\partial\theta} \ell n \, f_\theta(x))$, also insbesondere für die Likelihood-Kontrastfunktion. $\square$

Aus (19) folgt, daß die Cramer-Rao-Schranke asymptotisch für die Klasse aller M-Schätzer mit den obigen Regularitätsannahmen gilt und gibt daher eine weitere Rechtfertigung für den Begriff des asymptotisch effizienten Schätzers.

Es ist für viele Verteilungsklassen schwierig, den ML-Schätzer explizit zu bestimmen. Der folgende Satz besagt, daß ausgehend von einem belie-bigen $\sqrt{n}$-konsistenten Schätzer ein asymptotisch effizienter Schätzer konstruiert werden kann durch eine Einschritt-Newton-Raphson-Approxi-mation an die Lösung der ML-Gleichung.

<u>SATZ</u> 3.9. Sei $\Theta \subset \mathbb{R}^1$ offen, $\ell n \, \frac{f_\theta}{f_{\theta_o}} \in L^1(Q_{\theta_o})$, es existiere $\frac{\partial^2}{\partial\theta^2} \ell n \, f_\theta$

stetig, so daß $o = \int \frac{\partial}{\partial\theta} f_{\theta_o} d\mu = \int \frac{\partial^2}{\partial\theta^2} f_{\theta_o} d\mu$ und $o < I(\theta_o) < \infty$. Weiter

gelte, daß $S_n \xrightarrow[P_{\theta_o}]{} \theta_o \Rightarrow \frac{1}{n}(L_n''(\cdot,S_n) - L_n''(\cdot,\theta_o)) \xrightarrow[P_{\theta_o}]{} o$ mit

$L_n(\theta) = \ell n \, f_{n,\theta} = L_n(x,\theta)$ und es sei $(\tilde{T}_n)$ schnell konsistent in θ_o. Definiert man

$$(21) \qquad T_n := \tilde{T}_n - \frac{L_n'(\cdot,\tilde{T}_n)}{L_n''(\cdot,\tilde{T}_n)} ,$$

dann ist (T_n) asymptotisch effizient in θ_o.

<u>Beweis.</u> Der Beweis ist analog zu dem Beweis von 2.17. Es gilt:

$$L_n'(\tilde{T}_n) = L_n'(\theta_o) + (\tilde{T}_n - \theta_o)L_n''(\theta_o) + (\tilde{T}_n - \theta_o)\underbrace{[L_n''(S_n) - L_n''(\theta_o)]}_{=: R_n} \text{ mit}$$

$S_n \in |\theta_o,\tilde{T}_n|$. Daraus ergibt sich:

$$(22) \qquad \sqrt{n}(T_n - \theta_o) = - \frac{\frac{1}{\sqrt{n}} L_n'(\tilde{T}_n)}{\frac{1}{n} L_n''(\tilde{T}_n)} + \sqrt{n}(\tilde{T}_n - \theta_o)$$

$$= \frac{\frac{1}{\sqrt{n}} L_n'(\theta_o)}{-\frac{1}{n} L_n''(\tilde{T}_n)} + \sqrt{n}(\tilde{T}_n - \theta_o)[1 - \frac{L_n''(\theta_o)}{L_n''(\tilde{T}_n)} - \frac{R_n}{L_n''(\tilde{T}_n)}] .$$

Da $\tilde{T}_n \xrightarrow[P_{\theta_0}]{} \theta_0$ folgt, daß $S_n \xrightarrow[P_{\theta_0}]{} \theta_0$ und daher nach Voraussetzung, daß

$\frac{1}{n} R_n \xrightarrow[P_{\theta_0}]{} o$; also $\dfrac{\frac{1}{n} R_n}{\frac{1}{n} L_n''(\tilde{T}_n)} \xrightarrow[P_{\theta_0}]{} o$. Da $\sqrt{n}(T_n - \theta_0)$ stochastisch be-

schränkt ist, konvergiert der zweite Summand stochastisch gegen o.
Für den ersten Summanden gilt:

$$\dfrac{\frac{1}{\sqrt{n}} L_n'(\theta_0)}{- \frac{1}{n} L_n''(\tilde{T}_n)} \underset{P_{\theta_0}}{\widetilde{}} \dfrac{\frac{1}{\sqrt{n}} L_n'(\theta_0)}{- \frac{1}{n} L_n''(\theta_0)} \underset{P_{\theta_0}}{\widetilde{}} \dfrac{\frac{1}{\sqrt{n}} L_n'(\theta_0)}{I(\theta_0)} \xrightarrow{D} N(0, \frac{1}{I(\theta_0)}) \text{ bzgl. } P_{\theta_0},$$

$\underset{P_{\theta_0}}{\widetilde{}}$ bedeutet hier 'asymptotisch stochastisch äquivalent'.   □

KOROLLAR 3.10. Unter den Voraussetzungen von 3.9 sei $I(\theta)$ stetig in θ_0,
dann ist auch

$$(23) \qquad T_n^*: = \tilde{T}_n - \frac{L_n'(\tilde{T}_n)}{n I(\tilde{T}_n)}$$

asymptotisch effizient.

Beweis. $- \frac{1}{n} L_n''(\tilde{T}_n) \xrightarrow[P_\theta]{} I(\theta)$. Da $I(\theta)$ stetig in θ_0 und $\tilde{T}_n \xrightarrow[P_{\theta_0}]{} \theta_0$ folgt:

$I(\tilde{T}_n) \xrightarrow[P_{\theta_0}]{} I(\theta_0) \Rightarrow - \frac{1}{n} L_n''(\tilde{T}_n)/I(\tilde{T}_n) \xrightarrow[P_{\theta_0}]{} 1$.   □

Bemerkung. Es hat sich gezeigt, daß der ML-Schätzer $(\hat{\theta}_n)$ asymptotisch
effizient ist. In der as. Entwicklung des quadratischen Risikos wird
also in regulären Fällen der Koeffizient von $\frac{1}{n}$ minimiert. In typischen
Fällen hat der Bias eine Entwicklung der Form

$$(24) \qquad b_n(\theta): = E_\theta\, \hat{\theta}_n - \theta = \frac{B(\theta)}{n} + 0(\frac{1}{n^2}).$$

Sei nun

$$(25) \qquad \theta_n^*: = \hat{\theta}_n - \frac{B(\hat{\theta}_n)}{n}$$

der bias-korrigierte ML-Schätzer. Wegen $E_\theta\, B(\hat{\theta}_n) = B(\theta) + E_\theta(\hat{\theta}_n - \theta)B'(\theta) +$
$+ o(\frac{1}{n})$ gilt:

$$(26) \qquad \begin{aligned} E_\theta\, \theta_n^* - \theta &= E_\theta\, \hat{\theta}_n - \theta - \frac{E_\theta B(\hat{\theta}_n)}{n} = \frac{B(\theta)}{n} + 0(\frac{1}{n^2}) - \\ &\quad - \frac{B(\theta)}{n} + \frac{B(\theta)B'(\theta)}{n^2} + o(\frac{1}{n^2}) = 0(\frac{1}{n^2}). \end{aligned}$$

Die obige Bias-Korrektur kann man auf beliebige Schätzer mit einer

Entwicklung wie in (24) anwenden. Ghosh und Subramanyan haben gezeigt, daß θ_n^* unter allen Schätzern mit einem Bias von der Ordnung $O(\frac{1}{n^2})$ von zweiter Ordnung effizient ist, d. h. daß der zweite Term in der Entwicklung des Risikos minimal ist. (Es wird allgemeiner die stochastische Entwicklung (Edgeworth-expansion) betrachtet und entsprechend dem Grad der asymptotischen Unverfälschtheit ein von zweiter Ordnung optimaler Schätzer konstruiert.)

<u>BEISPIEL</u> 3.2. a) Sei Q_θ: $= N(\theta,\sigma^2)$, dann ist $\hat{\theta}_n(x)$: $= \overline{x}_n^2$ ML-Schätzer für

$g(\theta)$: $= \theta^2$. Es ist $b_n(\theta) = E_\theta \hat{\theta}_n - g(\theta) = \theta^2 + \frac{\sigma^2}{n} - \theta^2 = \frac{\sigma^2}{n}$. Der bias-korrigierte ML-Schätzer

$$(27) \qquad \theta_n^*(x) = \hat{\theta}_n(x) - \frac{B(\hat{\theta}_n(x))}{n} = \overline{x}_n^2 - \frac{\sigma^2}{n}$$

stimmt mit dem UMVU-Schätzer für $g(\theta) = \theta^2$ überein.

b) Sei $\theta = \sigma^2$, $Q_\theta = N(o,\sigma^2)$. Dann ist der ML-Schätzer $\hat{\theta}_n(x) = \frac{1}{n} \sum_{i=1}^{n} x_i^2$ für $\theta = \sigma^2$ unverfälscht und daher $\hat{\theta}_n = \theta_n^*$.

Definiert man $T_n^a(x)$: $= (\frac{1}{n} + \frac{a}{n^2}) \sum_{i=1}^{n} x_i^2$, dann gilt:

$$(28) \qquad E_{\sigma^2}(T_n^a - \sigma^2)^2 = \frac{2\,\sigma^4}{n} + \frac{(4a + a^2)\sigma^4}{n^2} + O(\frac{1}{n^3}) \ .$$

Alle T_n^a sind also asymptotisch effizient von erster Ordnung und es gilt: $nE_\theta(T_n - \theta)^2 \to \frac{1}{I(\theta)}$. Das minimale Risiko in (28) wird angenommen für $a = -2$ und <u>nicht</u> für den ML-Schätzer T_n^o! Der Schätzer T_n^{-2} ist nicht unverfälscht von erster Ordnung. Die Limes-Risiko-Defizienz ist allerdings sehr gering:

$$(29) \qquad d = d_{T_n^o, T_n^{-2}} = 2 \ .$$

c) <u>Simulation der Newton-Raphson-Approximation</u>

Sei Q_θ eine Cauchy-Verteilung mit dem Lageparameter θ. Die folgende Simulation benutzt als Anfangsschätzer den Median m_n. Danach wird die Einschritt-Newton-Raphson-Approximation T_n und die Zweischritt-Newton-Raphson-Approximation S_n bestimmt. Die drei Schätzer werden bei jeweils $k = 400$ Simulationen der Stichprobenumfänge $n = 20, 25, 40, 50$ verglichen anhand der mittleren Streuung σ^2, des minimalen und des maximalen Schätzwertes bei $\theta = o$.

n = 20	m_n	T_n	S_n
σ^2	0,1295	0,1381	0,4066
min	-1,2682	-1,1263	-1,1339
max	1,2528	3,5039	10,9796

n = 25	m_n	T_n	S_n
σ^2	0,1110	0,0818	0,0827
min	-0,9557	-0,8862	-0,8866
max	1,0885	1,0177	1,0176

n = 40	m_n	T_n	S_n
σ^2	0,0678	0,05418	0,05422
min	-0,7815	-0,7079	-0,7076
max	0,8046	0,7751	0,7745

n = 50	m_n	T_n	S_n
σ^2	0,0519	0,0393	0,0393
min	-0,702	-0,6506	-0,6505
max	0,6335	0,5443	0,5441

Die Annäherung der Varianzen an die Limesvarianzen - beim Median $\frac{\pi^2}{4n}$, bei den asymptotisch effizienten Schätzern $\frac{1}{nI(\theta)} = \frac{2}{n}$ - ist recht gut.

n	20	25	40	50
$\pi^2/4n$	0,1233	0,098	0,0616	0,045
$2/n$	0,1	0,08	0,05	0,04

Auffallend sind die katastrophal schlechten Maximalwerte der asymptotisch effizienten Schätzer für n = 20. Für kleines n verlieren S_n, T_n die Robustheit des Medians m_n.

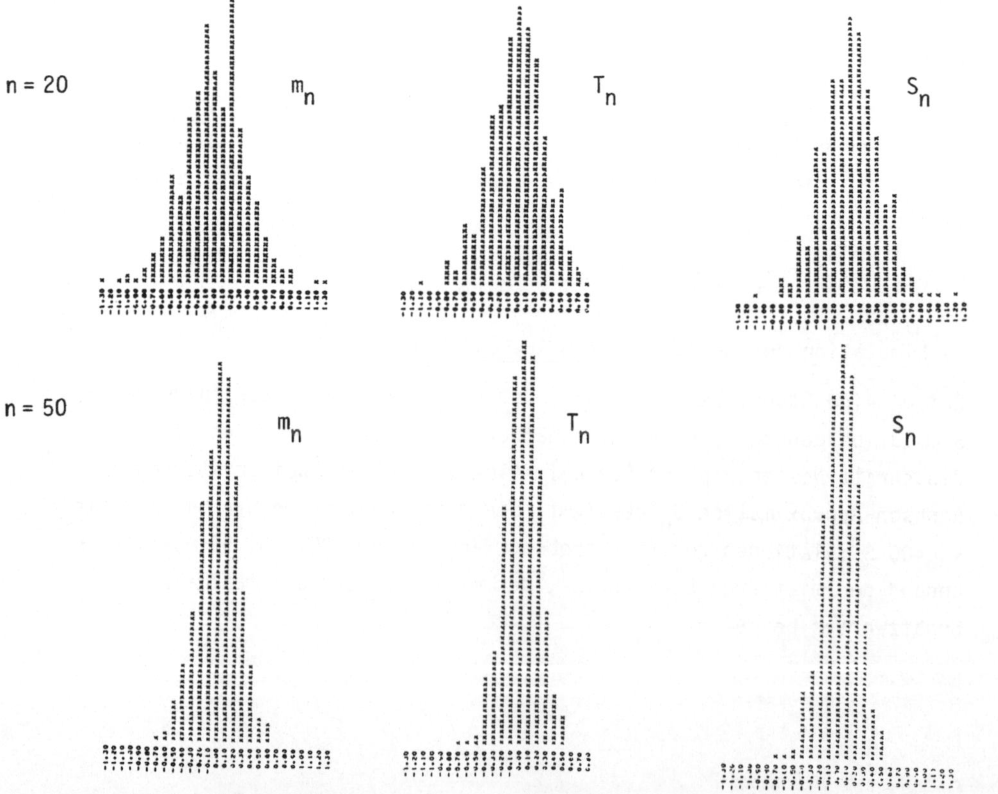

Die ARE und LRE kann man an einer hohen Korrelation mit einem asymptotisch optimalen Schätzer ablesen. Sei $\mathcal{D} \subset \{(T_n)\}$; (T_n) ist $\sqrt{n}$-konsistent, $\lim_\theta E_\theta \sqrt{n}(T_n - \theta) = 0$, $\lim_{n\to\infty} V_\theta(\sqrt{n}(T_n - \theta)) =: \sigma_{(T_n)}$ existiert} und sei $\mathcal{D}$ affin abgeschlossen, d. h. $(S_n), (T_n) \in \mathcal{D} \Rightarrow (\alpha S_n + (1-\alpha)T_n) \in \mathcal{D}$, $\forall \alpha \in \mathbb{R}^1$.

PROPOSITION 3.11. Sei $\mathcal{D}$ affin abgeschlossen und $(\hat{\theta}_n) \in \mathcal{D}$ asymptotisch optimal in $\mathcal{D}$, d. h. $\sigma_{(\hat{\theta}_n)} \leq \sigma_{(T_n)}$, $\forall(T_n) \in \mathcal{D}$. Ist $(T_n) \in \mathcal{D}$ und gilt:

$$\mathrm{Cov}_\theta\ (\sqrt{n}(\hat{\theta}_n - \theta),\ \sqrt{n}(T_n - \theta)) \xrightarrow[n\to\infty]{} \Sigma = (\sigma_{i,j})$$

$$(30) \qquad \Rightarrow \ell = \ell_{T_n, \hat{\theta}_n}(\theta) = \rho^2 \text{ mit } \rho = \frac{\sigma_{12}}{\sqrt{\sigma_{11}\sigma_{22}}} \ .$$

Beweis. Für $\alpha \in \mathbb{R}^1$ ist $(S_n) := ((1-\alpha)\hat{\theta}_n + \alpha T_n) \in \mathcal{D}$ und

$\sigma_{(S_n)} = h(\alpha) := (1-\alpha)^2\sigma_{11} + 2\alpha(1-\alpha)\sigma_{12} + \alpha^2\sigma_{22} \geq 0$. Da $(\hat{\theta}_n)$ $\mathcal{D}$-optimal ist, folgt, daß $h(\alpha) \geq h(o)$ ist für alle $\alpha \in \mathbb{R}^1$; also folgt: $h'(o) = -2\sigma_{11} + 2\sigma_{12} = 0$

$$\Rightarrow \ell = \frac{\sigma_{(\hat{\theta}_n)}}{\sigma_{(T_n)}} = \frac{\sigma_{11}}{\sigma_{22}} = \rho^2. \qquad \square$$

Bemerkung. Ist (T_n) auch asymptotisch $\mathcal{D}$-optimal und gelten die Voraussetzungen von 3.11, dann folgt:

$$(31) \qquad V_\theta(\sqrt{n}(\hat{\theta}_n - T_n)) = V_\theta(\sqrt{n}(\hat{\theta}_n - \theta)) + V_\theta(\sqrt{n}(T_n - \theta))$$
$$- 2\ \mathrm{Cov}_\theta(\sqrt{n}(\hat{\theta}_n - \theta),\ \sqrt{n}(T_n - \theta)) \to \sigma_{11} + \sigma_{22} - 2\sigma_{12} = 0,$$

da nach 3.11, $1 = \rho^2$, also $\sigma_{12} = \sqrt{\sigma_{11}\sigma_{22}} = \sigma_{11} = \sigma_{22}$. Also sind zwei as. $\mathcal{D}$-optimale Schätzfolgen insbesondere as. stochastisch äquivalent unter den Voraussetzungen von 3.11. $\square$

Ein weiteres Konstruktionsverfahren für asymptotisch effiziente Schätzer sind die Bayes-Schätzer. Sei $\Theta \subset \mathbb{R}^1$ offen und $v = \pi \ \lambda^1$ eine a-priori Verteilung auf Θ, $\pi > o$ stetig. Der Bayes-Schätzer bzgl. quadratischem Verlust ist

$$(32) \qquad \tilde{T}_n = \int \theta\ \pi_n(\theta|x)d\theta \text{ mit der a-posteriori-Dichte}$$
$$\pi_n(\theta|x) = \frac{f_{n,\theta}(x) \cdot \pi(\theta)}{\int_\Theta \pi(u)f_{n,u}(x)du} \ .$$

Es gibt verschiedene Beweise für die as. Effizienz von $(\tilde{T}_n)$. Ein recht allgemeiner Beweis (vgl. Ibragimov-Hasminski, Strasser) beruht auf der folgenden Idee:

1. $\tilde{T}_n$ ist eine Minimumstelle von

$$Z_n(y): = \int_\Theta W(\sqrt{n}(\theta - y))f_{n,\theta}(x)\pi(\theta)d\theta, \quad W(z) = z^2$$

(33) 2. Z_n konvergiert gegen einen stochastischen Prozeß Z und die Minimumstellen (in geeigneter Normierung) konvergieren nach Verteilung gegen eine Minimumstelle von Z.

3. Die Minimumstelle von Z ist $N(0, \frac{1}{I(\theta)})$-verteilt.

Es kann darüber hinaus gezeigt werden, daß $\sqrt{n}(\tilde{T}_n - \hat{\theta}_n)\xrightarrow{P_{n,\theta}} o$, wobei $\hat{\theta}_n$ der ML-Schätzer ist.

Ein anderer Beweisweg von Bernstein, Le Cam und Bickel, Yahav beruht auf einem Satz über die Konvergenz der a-posteriori-Verteilungen, einem 'Bernstein-von Mises-Theorem'. Wir folgen hier der Darstellung von Lehmann.

Sei $\Theta \subset \mathbb{R}^1$ offen, $\mathbb{P}$ regulär und es gelten die folgenden Annahmen für

$$L_{n,\theta}(x): = \sum_{i=1}^n \ln f_\theta(x_i) = L_n(x,\theta)$$

B 1. $\tilde{\theta}_n \xrightarrow{P_{n,\theta}} \theta$ impliziert die Entwicklung:

$$L_{n,\tilde{\theta}_n} = L_{n,\theta} + (\tilde{\theta}_n - \theta)L'_{n,\theta} - \frac{1}{2}(\tilde{\theta}_n - \theta)^2[nI(\theta) + R_n(\theta)] \text{ mit der}$$

Eigenschaft: $\forall \varepsilon > o: \exists \delta > o: P_{n,\theta}\{\sup_{|\theta'-\theta|\leq\delta} |\frac{1}{n} R_n(\cdot,\theta')|\geq\varepsilon\} \to o.$

B 2. $\forall \delta > o: \exists \varepsilon > o: P_{n,\theta} \{\sup_{|\theta'-\theta|\geq\delta} \frac{1}{n}(L_{n,\theta'} - L_{n,\theta}) \leq -\varepsilon\} \xrightarrow[n\to\infty]{} 1.$

B 3. Die a-priori-Verteilung $v \in \tilde{\Theta}$ habe eine stetige λ^1-Dichte $\pi > o$.

B 4. $\int_\Theta |\theta|\pi(\theta)d\theta < \infty.$

Der folgende Satz besagt nun, daß die a-posteriori-Verteilung $\pi_n(\theta|x)$ approximiert werden kann durch $N(\theta + \frac{1}{nI(\theta)} L'_{n,\theta}, \frac{1}{nI(\theta)})$. Sei

(34) $\qquad S_n = S_n(\theta,x): = \theta + \frac{1}{nI(\theta)} L'_{n,\theta}(x)$ und $\pi_n^*(t|x)$

die a-posteriori-Dichte von $-\frac{1}{\sqrt{n}I(\theta)} L'_{n,\theta}(x) = \sqrt{n}(\theta - S_n).$

<u>SATZ</u> 3.12. (<u>Bernstein-von Mises</u>)

a) Unter den Voraussetzungen B 1, B 2, B 3 gilt:

(35) $\qquad \int|\pi_n^*(t|x) - \sqrt{I(\theta)}\,\phi(t\sqrt{I(\theta)})|dt \xrightarrow{P_{n,\theta}} o$.

b) Gilt zusätzlich B 4, dann gilt in (35) sogar

$$\int (1+ |t|) \, | \dots | \, dt \xrightarrow[P_{n,\theta}]{} 0.$$

<u>Beweisskizze.</u> a) Es ist

$$\pi^*(t|x) = \frac{\pi(S_n + \frac{t}{\sqrt{n}})\exp[L_n(\cdot,S_n + \frac{t}{\sqrt{n}})]}{\int \pi(S_n + \frac{u}{\sqrt{n}})\exp[L_n(\cdot,S_n + \frac{u}{\sqrt{n}})]du} = e^{\omega_n(t)} \pi(S_n + \frac{t}{\sqrt{n}})/C_n$$

mit $\omega_n(t): = L_n(\cdot,S_n + \frac{t}{\sqrt{n}}) - L_n(\cdot,\theta) - \frac{1}{2nI(\theta)} (L_n'(\cdot,\theta))^2$ und

$C_n: = \int e^{\omega_n(u)} \pi(S_n + \frac{u}{\sqrt{n}})du.$ Es läßt sich nun aus B 1,...,B 3 die folgende

Behauptung folgern:

<u>BEHAUPTUNG 1.</u> $J_n: = \int |e^{\omega_n(t)} \pi(S_n + \frac{t}{\sqrt{n}}) - e^{-t^2\frac{I(\theta)}{2}} \pi(\theta)| dt \xrightarrow[P_{n,\theta}]{} 0.$

Mit Behauptung 1 folgt:

$$C_n \xrightarrow[P_{n,\theta}]{} \int e^{-t^2 I(\theta)/2} \pi(\theta)dt = \pi(\theta)\sqrt{\frac{2}{I(\theta)}}.$$

Zum Nachweis von (35) bleibt dann zu zeigen:

$$K_n: = \int |e^{\omega_n(t)} \pi(S_n + \frac{t}{\sqrt{n}}) - C_n\sqrt{I(\theta)}\phi(t\sqrt{I(\theta)})| dt \to 0.$$

$K_n \leq K_{n,1} + K_{n,2}$ mit $K_{n,1}: = \int |C_n\sqrt{I(\theta)}\phi(t\sqrt{I(\theta)}) - \exp(-\frac{t^2}{2} I(\theta))\pi(\theta)| dt$

$= |\frac{C_n\sqrt{I(\theta)}}{\sqrt{2\pi}} - \pi(\theta)| \int e^{-\frac{t^2}{2} I(\theta)} dt \xrightarrow[P_{n,\theta}]{} 0$ und $K_{n,2} = J_n \xrightarrow[P_{n,\theta}]{} 0$ nach

Behauptung 1.

Der Beweis von Behauptung 1 erfolgt durch Abschätzung des Integrals auf $\{|t| \leq \delta\sqrt{n}\}$ und $\{|t| > \delta\sqrt{n}\}$.

b) Der Beweis von Teil b) ist analog zu dem Beweis von a).   □

<u>SATZ</u> 3.13. Unter den Voraussetzungen B 1,...,B 4 ist der Bayes-Schätzer $(\tilde{T}_n)$ konsistent und asymptotisch effizient für θ.

<u>Beweis.</u> $\sqrt{n}(\tilde{T}_n - \theta) = \sqrt{n}(\tilde{T}_n - S_n) + \sqrt{n}(S_n - \theta).$ Nach dem CLT folgt:

$\sqrt{n}(S_n - \theta) = \frac{1}{I(\theta)} \frac{1}{\sqrt{n}} L_{n,\theta}' \xrightarrow{D} N(0, \frac{1}{I(\theta)}).$ Es bleibt also zu zeigen, daß

$\sqrt{n}(\tilde{T}_n - S_n) \xrightarrow[P_{n,\theta}]{} 0.$ Mit $\tilde{T}_n = \int \theta \, \pi_n(\theta|x)d\theta = \int(\frac{t}{\sqrt{n}} + S_n)\pi_n^*(t|x)dt$ gilt:

$\sqrt{n}(\tilde{T}_n - S_n) = \int t \, \pi_n^*(t|x)dt$ also $\sqrt{n}|\tilde{T}_n - S_n| = |\int t \, \pi_n^*(t|x)dt -$

$\int t\sqrt{I(\theta)}\phi(t\sqrt{I(\theta)})dt| \leq \int |t| |\pi_n^*(t|x) - \sqrt{I(\theta)}\phi(t\sqrt{I(\theta)}| dt \xrightarrow[3.12]{} 0.$ □

§ 4   Konvergenzraten bei Dichteschätzern

Sei $\mathcal{F}$ eine Klasse von λ^1-Dichten, $\mathbf{P} = \{P = f\lambda^1;\ f \in \mathcal{F}\}$ und $\mathbf{P}_n = \mathbf{P}^{(n)}$. Für einen Dichteschätzer f_n sei

$$(1) \qquad R(f_n,f) = E_f \int |f_n(t) - f(t)|\,dt, \quad f \in \mathcal{F}$$

das L_1-Risiko von f_n in f und

$$(2) \qquad R_M(n): = \inf_{f_n} \sup_{f \in \mathcal{F}} R(f_n,f)$$

das <u>Minimax-Risiko</u> für die Klasse $\mathcal{F}$, $R_M(n) = R_M(n,\mathcal{F})$.

Es war schon in I.3 gezeigt worden, daß in (2) Raten zu erwarten sind von der Form $n^{-\alpha}$, $o \leq \alpha \leq \frac{1}{2}$. Diese Minimax-Raten hängen von der Größe von $\mathcal{F}$ ab. Als geeignetes Mittel, die Größe von $\mathcal{F}$ zu messen, erweist sich der Begriff der ε-Entropie von Kolmogorov und Tikhomirov.

<u>DEFINITION</u> 4.1. Sei (S,d) metrischer Raum, $\varepsilon > o$.

a) $N \subset S$ heißt <u>ε-Netz</u> von $S \iff \forall\, s \in S: \exists n \in N: d(n,s) \leq \varepsilon$

b) $A \subset S$ heißt <u>ε-separiert</u> $\iff \forall x,y \in A,\ x \neq y$ gilt: $d(x,y) \geq \varepsilon$

c) (S,d) heißt <u>total beschränkt</u> $\iff \forall \delta > o: \exists n = n(\delta): \exists S_1,\ldots,S_n \subset S$ mit
$\delta(S_i) \leq \delta$, $(\delta(S_i) =$ Durchmesser von $S_i)$, $1 \leq i \leq n$, und
$$S = \bigcup_{i=1}^{n} S_i$$

d) S total beschränkt, dann heißt

$$(3) \qquad H_\varepsilon(S): = \min\ \{\ell n |N|;\ N \subset S \text{ ist ein } \varepsilon\text{-Netz}\}\quad \underline{\varepsilon\text{-Entropie}} \text{ von } S$$

(4) e) $C_\varepsilon(S): = \max\ \{\ell n |A|;\ A \subset S \text{ ist } \varepsilon \text{ separiert}\}$ heißt <u>ε-Kapazität</u> .   □

Aus der Definition ergeben sich folgende Beziehungen:

$$(5) \qquad C_{2\varepsilon+\delta}(S) \leq H_\varepsilon(S) \leq C_\varepsilon(S), \quad \forall \delta > o.$$

Für die ε-Entropien bzw. ε-Kapazitäten von vielen Teilmengen metrischer Räume, insbesondere von Teilmengen von Funktionenräumen, sind gute Abschätzungen aus der Approximationstheorie bekannt. Die obigen Begriffsbildungen gehen auf Kolmogorov und Tikhomirov zurück. Als Metrik d verwenden wir im folgenden die durch die $L^1(\lambda^1)$-Norm definierte Metrik

$d_1(f,g) := \int |f - g| \, d\lambda^1$ auf dem Raum der λ^1-Dichten.

BEISPIEL 4.1. Lipschitz-stetige Funktionen

a) Sei $\mathcal{F}_\alpha := \{f;\ f$ Dichte auf $[0,1],\ |f(x) - f(y)|$
$\leq C|x - y|^\alpha,\ \forall x,y \in [0,1]\}, C > 0,\ \alpha \in (0,1]$.

(6) <u>Behauptung.</u> $\exists C_1 > 0: H_\varepsilon(\mathcal{F}_\alpha) \leq C_1\, \varepsilon^{-1/\alpha},\ \forall \varepsilon > 0$.

<u>Beweis.</u> Zu $\varepsilon > 0$ sei $n = n(\varepsilon) = \dfrac{1}{1 + [(\frac{\varepsilon}{C})^{-1/\alpha}]}$ und sei

$D := \{\varphi: [0,1] \to \mathbb{R}_+;\ \varphi(in) = j \cdot \varepsilon,\ i \leq n^{-1}$ für ein $j \in \mathbb{N}_0$

$|\varphi((i+1)n) - \varphi(in)| \in \{o,\varepsilon\},\ \forall i$ und φ linear auf $[in,(i+1)n]\ \}$.
Zu $f \in \mathcal{F}$ existiert dann ein $\varphi \in D$, mit $d_1(f,\varphi) \leq 2\varepsilon$.

$N := \{\varphi \in D;\ \exists f \in \mathcal{F},\ d_1(f,\varphi) \leq 2\varepsilon\}$

$c\{\varphi \in D;\ \exists i,\ o \leq i \leq n^{-1},\ 1 - \varepsilon \leq (in) \leq 1 + \varepsilon\}$, denn f ist λ^1-Dichte und

$f \in \mathcal{F}$, also gilt $|f(in) - 1| \leq \varepsilon$ für wenigstens einen Index i

$\Rightarrow |N| \leq (n+1)^{-1}\, 3^{n^{-1}}$ (an jedem der n^{-1} Knoten $\neq i$ gibt es drei Möglich-
keiten, die Funktion φ zu variieren). $\forall \varphi \in D$ mit $U_{2\varepsilon}(\varphi) \cap \mathcal{F} \neq \phi$ ($U_{2\varepsilon}(\varphi)$ die
2ε-Kugel um φ) sei $f_\varphi \in \mathcal{F} \cap U_{2\varepsilon}(\varphi) \Rightarrow N_{4\varepsilon} := \{f_\varphi;\ \varphi \in D,\ U_{2\varepsilon}(\varphi) \cap \mathcal{F} \neq \phi\}$ ist
ein 4ε-Netz von $\mathcal{F}$ und es gilt $\ell n|N_{4\varepsilon}| \leq \ell n|N| \leq C_1'\, n^{-1} = C_1'\, \varepsilon^{-1/\alpha},\ C_1'$
<u>unabhängig</u> von ε, also folgt insbesondere: $H_\varepsilon(\mathcal{F}) \leq C_1'\, \varepsilon^{-1/\alpha}$.

b) Ist $\mathcal{F}_{\alpha,p} := \{f;\ f\lambda_1$-Dichte auf $[0,1]$,
$|f^{(p)}(x) - f^{(p)}(y)| \leq C|x - y|^\alpha,\ \forall x,y \in [0,1]\},\ p \in \mathbb{N}_0$, dann gilt:

(7) $\qquad H_\varepsilon(\mathcal{F}_{\alpha,p}) \leq C_1\, \varepsilon^{-1/(p+\alpha)}$

(ohne Beweis).

c) <u>Antitone Dichten auf $[0,1]$</u>
Sei $\mathcal{F}_M := \{f; f\ \lambda^1$-Dichte auf $[0,1]$, $|f| \leq M$, f antiton$\}$.

(8) <u>Behauptung.</u> $\exists C_1 > 0: H_\varepsilon(\mathcal{F}_M) \leq \dfrac{C_1}{\varepsilon}$.

<u>Beweis.</u> Sei $\varepsilon \in (0,1)$, $p \in \mathbb{N}$, so daß $M = (1+\varepsilon)^p - 1$ und o.E. $M > 1$.

Definiere für $o \leq i \leq p$: $x_i := \dfrac{(1+\varepsilon)^i - 1}{M}$, $y_i := (1+\varepsilon)^i - 1$ und für

$o < i \leq p,\ I_i := [x_{i-1}, x_i) \Rightarrow \ell_i := x_i - x_{i-1} = \dfrac{\varepsilon(1+\varepsilon)^{i-1}}{M}$. Sei

(9) $\qquad D := \{d: [0,1] \to \mathbb{R}_+;\ d$ antiton d/I_i konstant,
$\qquad\qquad d(t) \in \{y_o,\ldots,y_p\} =: Y\ \}$.

Für $f \in \mathcal{F}_M$ sei $f_i := f(x_i)$, $\overline{f}_i := \frac{1}{\ell_i} \int\limits_{I_i} f(x)dx$

(10) $\qquad \Rightarrow \sum\limits_{i=1}^{p} \ell_i f_i \leq \sum\limits_{i=1}^{p} \ell_i \overline{f}_i = \int f(x)dx = 1.$

Ist $\overline{f}_i = \alpha y_{j-1} + (1-\alpha)y_j$, $\alpha \in [0,1]$, $o < j \leq p$, dann definiere eine

approximierende Funktion d auf I_i durch

$$d/I_i = \begin{cases} y_{j-1}, & \text{wenn } \alpha > 1/2 \\ y_j, & \text{wenn } \alpha \leq 1/2 \end{cases} \quad ; \ d \in D. \text{ Ist } \alpha \leq 1/2, \text{ dann gilt:}$$

$|\overline{f}_i - d/I_i| = |\overline{f}_i - y_j| = |\alpha(y_{j-1} - y_j)| \leq 1/2 \, \varepsilon \, (1+\varepsilon)^{j-1} \leq 1/2 \, \varepsilon \, (1 + \overline{f}_i).$

Ist $\alpha > 1/2$, dann gilt: $|\overline{f}_i - d/I_i| = |\overline{f}_i - y_{j-1}| \leq 1/2 \, \varepsilon \, |1 + \overline{f}_i|$.

Wegen $\int\limits_{I_i} |f(t) - \overline{f}_i| dt \leq 1/2 \, \ell_i (f_{i-1} - f_i)$ und $\ell_{i+1} = (1+\varepsilon)\ell_i$ folgt:

(11) $\qquad \int\limits_{o}^{1} |f(t) - d(t)|dt \leq \sum\limits_{i=1}^{p} \{ \int\limits_{I_i} |f(t) - \overline{f}_i| dt + \int\limits_{I_i} |\overline{f}_i - d(t)|dt \}$

$$\leq 1/2(\ell_1 f_o + \varepsilon \sum\limits_{i=1}^{p-1} \ell_i f_i) + \varepsilon \leq 2\varepsilon \text{ nach (10)}.$$

Zu $f \in \mathcal{F}_M$ existiert also ein $d \in D$ mit $d_1(f,d) \leq 2\varepsilon$.

$|D| = |\{(k_1, \ldots, k_p) \in \mathbb{N}_o ; \ \Sigma k_j \leq p\}|$ (k_i ist die Indexreduzierung in der
$\qquad$ Definition von $d \in D$ auf der Menge I_i, $1 \leq i \leq p$)
$\quad = |\{(k_1, \ldots, k_{p+1}) \in \mathbb{N}_o ; \ \Sigma k_j = p\}| = \binom{2p}{p}.$

Sei zu $d \in D$, $f_d \in \mathcal{F}$ mit $d_1(f_d, d) \leq 2\varepsilon$ und $N_{4\varepsilon} := \{f_d; \ d \in D\}$, dann ist $N_{4\varepsilon}$

ein 4ε-Netz mit $|N_{4\varepsilon}| \leq \binom{2p}{p} \leq \frac{2^{2p}}{\sqrt{\pi p}}$ (Stirling-Formel)

$\Rightarrow H_{4\varepsilon}(\mathcal{F}) \leq 2p \ \ell n 2 = (2 \ \ell n 2) \frac{\ell n(M+1)}{\ell n(1+\varepsilon)}$. Da $\frac{1}{\ell n(1+\varepsilon)} \sim \frac{1}{\varepsilon}$ für $\varepsilon \downarrow o$ folgt
$H_\varepsilon(\mathcal{F}) \leq C_1 / \varepsilon$ mit $C_1 > o$ unabhängig von ε. $\quad \square$

Die Konstruktion von Schätzern basiert auf einer Familie von Tests. Dieses
Konstruktionsverfahren wird nun im Fall eines allgemeinen Schätzproblems
erläutert.

Sei (Θ, d) total beschränkter metrischer Raum, und für $\varepsilon > o$ sei N_ε ein
ε-Netz von $\Theta \Rightarrow \{U_\varepsilon(s); \ s \in N_\varepsilon\}$ ist ein endliches System von ε-Kugeln,
das Θ überdeckt. Sei $\{P_\theta; \ \theta \in \Theta\} \subset M^1(\Omega, A)$ eine dominierte Verteilungsklasse.

<u>DEFINITION</u> 4.2. Für jedes Paar $s,t \in N_\epsilon$ sei $\varphi_{s,t}$ ein nichtrandomisierter Test für $(U_\epsilon(s), U_\epsilon(t))$, $s \neq t$ und für $x \in \Omega$, $s \in N_\epsilon$ seien:

$$J_s(x): = \{t \in N_\epsilon : s \neq t, \varphi_{s,t}(x) = 1\} \quad \text{und}$$

$$(12) \qquad L_s(x): = \begin{cases} \underset{t \in J_s(x)}{\max} \; d(s,t), & \text{falls } J_s(x) \neq \phi \\ 0 & J_s(x) = \phi \end{cases}$$

Ein Schätzer $\hat{\theta}: (\Omega, A) \to (\Theta, B)$, $\hat{\theta} = \hat{\theta}_\epsilon$ - B die Borelsche σ-Algebra auf Θ - heißt <u>d-Schätzer basierend auf</u> $\{\varphi_{s,t}\}$.

$$(13) \qquad \Longleftrightarrow \quad \hat{\theta}(\Omega) \subset N_\epsilon \quad \text{und} \quad L_{\hat{\theta}(x)}(x) = \underset{s \in N_\epsilon}{\min} \; L_s(x). \qquad \Box$$

<u>Bemerkung.</u> a) Der d-Schätzer entscheidet sich für einen Punkt s^* in der endlichen Menge N_ϵ, so daß die Tests $\varphi_{s^*,t}$ höchstens für t mit geringem Abstand zu s^* ablehnen.

b) Im asymptotischen Modell läßt man ϵ in Abhängigkeit vom Stichprobenumfang n geeignet gegen o konvergieren.

c) <u>Minimax-Tests.</u> Für die Auswahl der Tests $\{\varphi_{s,t}\}$, die die Güte des Schätzers $\hat{\theta}$ bestimmen, liegt es nahe, $\varphi_{s,t}$ als Minimax-Test zwischen $U_\epsilon(s)$ und $U_\epsilon(t)$ zu wählen. Mit $D(P_0, P_1) = 2 \|P_0 - P_1\| = $
$= 2 \sup\{P_0(A) - P_1(A); A \in A\}$ folgt nach Satz 2.4 für die Summe der maximalen Risiken über Hypothese und Alternative:

$$(14) \qquad \underset{\theta \in U_\epsilon(s)}{\sup} \; E_\theta \, \varphi_{s,t} + \underset{\theta \in U_\epsilon(t)}{\sup} \; E_\theta(1 - \varphi_{s,t})$$

$$= 1 - 1/2 \; D(con(P_\epsilon(s)), con(P_\epsilon(t)))$$

mit $P_\epsilon(s): = \{P_\theta; \theta \in U_\epsilon(s)\}$, $P_\epsilon(t): = \{P_\theta; \theta \in U_\epsilon(t)\}$.

Unter der zusätzlichen Annahme der gleichgradigen Integrierbarkeit der Dichten existiert ein 'ungünstigstes Paar' P,Q in den Abschlüssen $\overline{con}(P_\epsilon(s))$, $\overline{con}(P_\epsilon(t))$ bzgl. D, so daß P,Q den D-Abstand minimiert und der Minimax-Test $\varphi_{s,t}$ von der Form ist:

$$(15) \qquad \varphi_{s,t} = \begin{cases} 1 & \dfrac{dQ}{dP} \geq 1 \\ 0 & \dfrac{dQ}{dP} < 1 \end{cases} .$$

Für Hypothesen P_0, P_1, die durch obere bzw. untere Wahrscheinlichkeiten (2-alternierende Kapazitäten) beschreibbar sind, $P_i = \{P; P(A) \leq v_i(A)\}$,

$i = 0,1$ mit $v_i(A): = \sup\{P(A); P \in \mathcal{P}_i\}$, macht ein berühmter Satz von Huber und Strassen eine analoge Aussage und für viele (insbesondere robuste Umgebungsmodelle) ist eine explizite Konstruktion von Minimaxtests und ungünstigsten Paaren bekannt (vgl. Witting). $\square$

Sei nun $\mathcal{F}$ eine Klasse von μ-Dichten, $\mu = \lambda^1$ und für $n \geq 1$ sei

$$(16) \qquad \mathcal{P}_n = \{P_f^{(n)}; f \in \mathcal{F}\}, \Theta = \mathcal{F} \text{ und } d(f,g): = d_1(f,g)$$

der L^1-Abstand. Für $f \in \mathcal{F}$ ist also $U_\varepsilon(f) = \{h \in \mathcal{F}; d_1(h,f) \leq \varepsilon\}$. Für zwei disjunkte ε-Umgebungen von Dichten f,g erhalten wir nach (14) einen 'Minimax-Test' $\varphi_{f,g}$.

<u>LEMMA</u> 4.3. Es existiert ein Test $\varphi_{f,g} = \varphi_{n,f,g}$ für $(U_\varepsilon(f), U_\varepsilon(g))$ mit der Eigenschaft:

$$(17) \qquad \sup_{h \in U_\varepsilon(f)} E_h \, \varphi_{f,g} + \sup_{h \in U_\varepsilon(g)} E_h(1 - \varphi_{f,g}) = :M(f,g,\varepsilon)$$

$$\leq \exp(-\frac{1}{8} \, n(d_1(f,g) - 2\varepsilon)_+^2).$$

<u>Beweis.</u> Sei $\tilde{U}_\varepsilon(f): = \{h \in L^1(\mu), h \ \mu\text{-Dichte}, d_1(h,f) \leq \varepsilon\}$, $\tilde{U}_\varepsilon(g)$ analog definiert, dann ist con $U_\varepsilon(f) \subset \tilde{U}_\varepsilon(f)$, con $U_\varepsilon(g) \subset \tilde{U}_\varepsilon(g)$, und nach 2.4 folgt:

$$M(f,g,\varepsilon) = 1 - \frac{1}{2} \inf \{\int |h_1^{(n)} - h_2^{(n)}| d\mu^{(n)}; h_1 \in \text{con } U_\varepsilon(f),$$
$$h_2 \in \text{con } U_\varepsilon(g)\}$$
$$\leq \sup\{1 - \frac{1}{2} \int |h_1^{(n)} - h_2^{(n)}| d\mu^{(n)}; h_1 \in \tilde{U}_\varepsilon(f), h_2 \in \tilde{U}_\varepsilon(g)\}$$
$$\leq \sup\{1 - \frac{1}{2} D \, (P_{h_1}^{(n)}, P_{h_2}^{(n)}); h_1 \in \tilde{U}_\varepsilon(f), h_2 \in \tilde{U}_\varepsilon(g)\}$$
$$(18) \qquad \leq \sup\{\exp(-n \, H(P_{h_1}, P_{h_2})); h_1 \in \tilde{U}_\varepsilon(f), h_2 \in \tilde{U}_\varepsilon(g)\}$$
$$\leq \sup\{\exp(-\frac{n}{8} \, [d_1(h_1,h_2)]^2); h_1 \in \tilde{U}_\varepsilon(f), h_2 \in \tilde{U}_\varepsilon(g)\}$$
$$\leq \exp(-\frac{n}{8} \, [d_1(f,g) - 2\varepsilon]^2).$$

In (18) wurden dabei zunächst die Ungleichung aus I.4.14 verwendet und dann die aus $\frac{1}{2} d_1(f,g) \leq \sqrt{2H(P,Q)}$ folgende Beziehung: $d_1(f,g)^2 \leq 8H(P,Q)$. $\square$

Basierend auf den in Lemma 4.3 'konstruierten' Tests liefern nun die korrespondierenden d-Schätzer die folgende Schranke für das L^1-Minimax-Risiko.

SATZ 4.4. Sei $\mathcal{F}$ eine Menge von Dichten auf einer kompakten Teilmenge $S \subset \mathbb{R}^1$ und es existieren $\delta > 0$, $C_1 > 0$, so daß bzgl. d_1 die ε-Entropie

$$(19) \qquad H_\varepsilon(\mathcal{F}) \leq C_1 \, \varepsilon^{-\delta}, \qquad \forall \varepsilon > 0$$

$$\Rightarrow \exists C_2 > 0: \; R_M(n) \leq C_2 \, n^{-1/(2+\delta)}, \; \forall n \in \mathbb{N}.$$

Beweis. Sei zu $\varepsilon > 0$, N_ε ein ε-Netz in $\mathcal{F}$, so daß $\ln |N_\varepsilon| \leq C_1 \, \varepsilon^{-\delta}$. Für $f, g \in N_\varepsilon$ sei $\varphi_{f,g}$ ein Test für $(U_\varepsilon(f), U_\varepsilon(g))$ wie in Lemma 4.3 und $\hat{\theta}_n$ ein d-Schätzer basierend auf $\{\varphi_{f,g}\}$. Zu $f \in \mathcal{F}$ sei $g \in N_\varepsilon$, so daß $d_1(f,g) \leq \varepsilon$ und $k_i := |\{h \in N_\varepsilon; \, (i+2)\varepsilon \leq d_1(h,g) < (i+3)\varepsilon\}| = k_i(g)$. Für $i \geq 1$ folgt nach 4.3:

$$P_f\{d_1(\hat{\theta}_n, f) \geq (i+3)\varepsilon\} \leq P_f\{d_1(\hat{\theta}_n, g) \geq (2+i)\varepsilon\}$$

$$\leq \sum_{j \geq i} P_f\{(j+2)\varepsilon \leq d_1(\hat{\theta}_n, g) < (j+3)\varepsilon\} \leq \sum_{j \geq i} k_j \exp(-\tfrac{1}{8} n \, j^2 \varepsilon^2)$$

$$(20) \qquad \Rightarrow E_f \, d_1(\hat{\theta}_n, f) \leq 4\varepsilon + \varepsilon \sum_{i \geq 1} P_f\{d_1(\hat{\theta}_n, f) \geq (i+3)\varepsilon\}$$

$$\leq \varepsilon\Big(4 + \sum_{i \geq 1} \sum_{j \geq i} k_j \exp(-\tfrac{1}{8} n \, j^2 \varepsilon^2)\Big) = \varepsilon\Big(4 + \sum_{i \geq 1} i k_i \exp(-\tfrac{1}{8} n \, i^2 \varepsilon^2)\Big).$$

Für $n \geq 8C_1$, $\varepsilon > 0$, so daß $\varepsilon^{2+\delta} = \dfrac{8C_1}{n}$ und $j \geq j_0 = 1 + [\tfrac{1}{C_1}]$ ist die Abbildung $j \to j \exp(-\tfrac{1}{8} n j^2 \varepsilon^2)$ antiton

$$\Rightarrow E_f \, d_1(\hat{\theta}_n, f) \leq 4\varepsilon + \varepsilon j_0 |N_\varepsilon| \exp(-\tfrac{1}{8} n j_0^2 \varepsilon^2) \qquad \text{(Die ersten } j_0 \text{ Summanden}$$
$$\text{werden auf den Maximalwert abgeschätzt)}$$

$$\leq 4\left(\frac{8C_1}{n}\right)^{1/(2+\delta)} + \left(\frac{8C_1}{n}\right)^{1/(2+\delta)} \cdot j_0 \underbrace{e^{\, C_1 \varepsilon^{-\delta} - \frac{1}{8} n j_0^2 \varepsilon^2}}_{= \, e^{\, \varepsilon^2 \frac{1}{8} n (1 - j_0^2)}}$$

$$\leq C \cdot n^{-\frac{1}{2+\delta}} \qquad \text{für } n \geq 8C_1.$$

Daraus folgt die Behauptung. □

Bemerkung. In Beispiel 4.1 ergeben sich also als obere Schranken für das Minimaxrisiko:

a) $n^{-\frac{1}{2+1/\alpha}}$ für die Lipschitz-stetigen Dichten $\mathcal{F}_\alpha$,

b) $n^{-\frac{p+\alpha}{1+2p+2\alpha}}$ für $\mathcal{F}_{\alpha,p}$,

c) $n^{-\frac{1}{3}}$ für die antitonen Dichten. □

Die Bestimmung unterer Schranken für $R_M(n)$ basiert auf dem folgenden Lemma von Assouad.

LEMMA 4.5. (Assouad)

Sei für $a \in \{0,1\}^r$, $f_a \in \mathcal{F}$, $a \neq a' \Rightarrow f_a \neq f_{a'}$, $\mathcal{F}_r := \{f_a;\ a \in \{0,1\}^r\}$. Weiter existiere eine Partition $A_1,\ldots,A_r$ von $\mathbb{R}^1$, so daß für alle

$a = (a_1,\ldots,a_r) \in \{0,1\}^r$ mit $a_+^i := (a_1,\ldots,a_{i-1},1,a_{i+1},\ldots,a_r)$,

$a_-^i := (a_1,\ldots,a_{i-1},0,a_{i+1},\ldots,a_r)$

$$(21) \qquad \int_{A_i} |f_{a_+^i} - f_{a_-^i}|\, d\lambda^1 \geq \alpha_i > 0 \qquad \text{und}$$

$$\frac{1}{2} \int (f_{a_+^i}^{1/2} - f_{a_-^i}^{1/2})^2\, d\lambda^1 \leq \beta_i \leq 1, \quad 1 \leq i \leq r.$$

Dann gilt für jeden Dichteschätzer f_n:

$$(22) \qquad \sup_{f \in \mathcal{F}_r} E_f\, d_1(f_n,f) \geq \frac{1}{2} \sum_{i=1}^{r} \alpha_i \max\{1 - (2n\beta_i)^{1/2},\ \frac{1}{2}(1-\beta_i)^{2n}\}.$$

<u>Beweis.</u> $M := \sup\limits_{a \in \{0,1\}^r} E_f \int |f_n(t) - f_a(t)|\, dt$

$$\geq \frac{1}{2^r} \sum_{a \in \{0,1\}^r} \int_{\mathbb{R}^n} \int_{\mathbb{R}^1} |f_n(t,x) - f_a(t)|\, dt \prod_{i=1}^{n} f_a(x_i)\, d\lambda^n(x)$$

$$= \frac{1}{2^r} \sum_{a \in \{0,1\}^r} \int_{\mathbb{R}^n} \sum_{i=1}^{r} \int_{A_i} |f_n(t,x) - f_a(t)|\, dt \prod_{i=1}^{n} f_a(x_i)\, d\lambda^n(x)$$

$$= \frac{1}{2^r} \sum_{a} \int_{\mathbb{R}^n} \sum_{i=1}^{r} \frac{1}{2} \Big[\int_{A_i} |f_n(t,x) - f_{a_+^i}(t)|\, dt\ dP^{(n)}_{f_{a_+^i}}(x)$$

$$+ \int_{A_i} |f_n(t,x) - f_{a_-^i}(t)|\, dt\ dP^{(n)}_{f_{a_-^i}}(x)\Big]$$

$$\geq \frac{1}{2^r} \sum_{a} \int_{\mathbb{R}^n} \sum_{i=1}^{r} \frac{1}{2} \int_{A_i} |f_{a_+^i}(t) - f_{a_-^i}(t)|\, dt$$

$$\min\{\underbrace{\prod_{i=1}^{n} f_{a_+^i},\ \prod_{i=1}^{n} f_{a_-^i}(x_i)}_{=:\, F_i(x)}\}\, d\lambda^n(x)$$

$$\geq \frac{1}{2^r} \sum_{a} \int_{\mathbb{R}^n} \sum_{i=1}^{r} \frac{\alpha_i}{2} F_i(x)\, d\lambda^n(x).$$

Für zwei W.-Dichten f,g gilt allgemein:

$$(23) \qquad \begin{cases} \int \min(f,g)\, d\mu \geq \frac{1}{2}\big(\int \sqrt{fg}\ d\mu\big)^2 \qquad \text{und} \\[2ex] \int \min(f,g)\, d\mu = 1 - \frac{1}{2}\int |f - g|\, d\mu \geq 1 - \big(\int(\sqrt{f} - \sqrt{g})^2 d\mu\big)^{1/2}, \end{cases}$$

denn nach Cauchy-Schwarz ist:

- 85 -

$$\left(\int_{\{f<g\}} \sqrt{fg}\, d\mu\right)^2 = \left(\int_{\{f<g\}} f\sqrt{\tfrac{g}{f}}\, d\mu\right)^2 \leq \left(\int_{\{f<g\}} f\,\tfrac{g}{f}\, d\mu\right) \int_{\{f<g\}} f\, d\mu$$

$$\leq \int_{\{f<g\}} f\, d\mu. \text{ Daraus folgt durch Symmetrie:}$$

$$\left(\int \sqrt{fg}\, d\mu\right)^2 \leq 2 \int_{\{f<g\}} f\, d\mu + 2 \int_{\{g\leq f\}} g\, d\mu = 2\int \min(f,g)d\mu.$$

Nach (21) folgt: $\int_{\mathbb{R}^n} F_i(x)d\lambda^n(x) \geq \max\{\tfrac{1}{2}(1-\beta_i)^{2n}, 1-(2n\beta_i)^{1/2}\}$, also

gilt $M \geq \tfrac{1}{2} \sum_{i=1}^{r} \alpha_i \max\{\tfrac{1}{2}(1-\beta_i)^{2n}, 1-(2n\beta_i)^{1/2}\}.$ $\quad\square$

In den Anwendungen ist typischerweise $\alpha_i = \alpha$, $\beta_i = \beta$. Man sucht sich also eine Teilmenge von Dichten, die α-separiert ist (bzgl. d_1), so daß die Dichten aber einen möglichst geringen Hellinger-Abstand haben. Wir betrachten als Beispiel die Dichten aus B. 4.1.

BEISPIEL 4.2. (Lipschitzdichten)

a) Sei $\mathcal{F}_\alpha$ wie in B.4.1. a), die Menge aller Lipschitz-stetigen Dichten auf $[0,1]$, $|f(x)-f(y)| \leq C|x-y|^\alpha$, $\alpha \in (0,1]$.

(24) $\underline{\text{Behauptung.}}$ $\exists c > 0: R_M(n) \geq c \cdot n^{-\frac{\alpha}{1+2\alpha}}$, $\forall n \in \mathbb{N}$.

$\underline{\text{Beweis.}}$ Sei $\varepsilon \in (0,1]$, $\eta := (1+[(\tfrac{1}{4}\varepsilon/C)^{-1/\alpha}])^{-1}$ und sei $b_j := j\eta \leq 1$. f_j sei die stückweise lineare Funktion auf $[b_{j-1}, b_j]$ definiert durch:

(25)
$$f_j(b_{j-1}) = 0, \quad f_j(b_{j-1}+\tfrac{1}{4}\eta) = \tfrac{1}{4}\varepsilon, \quad f_j(b_{j-1}+\tfrac{1}{2}\eta) = 0$$
$$f_j(b_{j-1}+\tfrac{3}{4}\eta) = -\tfrac{1}{4}\varepsilon, \quad f_j(b_j) = 0 \; .$$

Mit $r = [\eta^{-1}]$ sei für $a \in \{0,1\}^r$, $f_a := 1 + \sum_{j=1}^{r} \lambda_j f_j$ mit

$\lambda_j := \begin{cases} 1, & a_j = 1 \\ -1, & a_j = 0 \end{cases}$. Mit $A_i = [b_{i-1}, b_i]$ gilt dann $f_a \in \mathcal{F}_\alpha$,

$$\int_{A_i} |f_{a_+^i} - f_{a_-^i}|d\lambda^1 = 2\int_{b_{i-1}}^{b_i} |f_i|d\lambda^1 = \tfrac{1}{4}\varepsilon \cdot \eta =: \alpha \quad \text{und}$$

$$H(P_{f_{a_+^i}}, P_{f_{a_-^i}}) \leq \tfrac{1}{12}\eta\,\varepsilon^2 =: \beta \; .$$

Nach 4.5 folgt daher für $\underline{\text{jeden}}$ Dichteschätzer f_n mit $n = [\tfrac{1}{\eta\varepsilon^2}]$

(26) $\qquad \sup_{f \in \mathcal{F}_r} E_f\, d_1(f_n, f) \geq \varepsilon(1-\tfrac{1}{\sqrt{6}})/8.$

Da $\mathcal{F}_r \subset \mathcal{F}_\alpha$, folgt: $R_M(n) \geq c \cdot n^{-\frac{\alpha}{1+2\alpha}}$ mit einer Konstanten $c > o$.

Nach der Bemerkung nach Satz 4.4 folgt also, daß die optimale Konvergenz-rate für Dichteschätzer $n^{-\frac{\alpha}{1+2\alpha}}$ ist.

b) Antitone Dichten

Sei $\mathcal{F}_M$ wie in B.4.1. c), die Menge der antitonen Dichten auf $[0,1]$, $f \leq M$.

(27) <u>Behauptung.</u> $R_M(n) \geq \dfrac{c}{n^{1/3}}$ mit einer Konstanten $c > 0$; also ist $n^{-1/3}$ die optimale Konvergenzrate.

<u>Beweis.</u> Seien $\varepsilon \in (0, \frac{1}{2})$, $r \in \mathbb{N}$, $u := \{(1+\varepsilon)^r - 1\}^{-1}$,

$\lambda := (1+\varepsilon)/\{r\,u\,\varepsilon(1+\frac{1}{2}\varepsilon)\}$ und $x_i := u\{(1+\varepsilon)^i - 1\}$, $0 \leq i \leq r$. Für $1 \leq i \leq r$ sei $I_i := [x_{i-1}, x_i)$. Die Länge von I_i ist $\ell_i = u\varepsilon(1+\varepsilon)^{i-1}$.

Seien $f_i(x) := \dfrac{\lambda}{(1+\varepsilon)^i}(1+\frac{1}{2}\varepsilon)$ für $x \in I_i$,

$$g_i(x) := \begin{cases} \dfrac{\lambda}{(1+\varepsilon)^{i-1}} & \text{für } x_{i-1} \leq x \leq x_{i-1} + \dfrac{\ell_i}{2} \\[2ex] \dfrac{\lambda}{(1+\varepsilon)^i} & \text{sonst} \end{cases}$$

$$\rightarrow \int_{I_i} g_i(x)dx = \int_{I_i} f_i(x)dx = \frac{1}{r} \quad \text{und}$$

(28)
$$\begin{cases} \displaystyle\int_{I_i} |f_i - g_i|\,d\lambda^1 = \dfrac{\varepsilon}{(2+\varepsilon)^r} \\[3ex] \dfrac{1}{2}\displaystyle\int_{I_i}(\sqrt{f_i} - \sqrt{g_i})^2 d\lambda^1 < \dfrac{1}{32}\dfrac{\varepsilon^2}{r}. \end{cases}$$

Für $a \in \{0,1\}^r$ sei

(29)
$$f_a := \sum_{i=1}^{r}(a_i f_i + (1-a_i)g_i)\mathbf{1}_{I_i}$$

und es seien ε, r so, daß $g_1(o) = \dfrac{1+\varepsilon}{r\varepsilon(1+\frac{\varepsilon}{2})}\{(1+\varepsilon)^r - 1\} \leq M$, also auch $f_1(o) < g_1(o) \leq M$. Dann ist $\mathcal{F}_r := \{f_a;\ a \in \{0,1\}^r\} \subset \mathcal{F}_M$ und nach Lemma 4.5 gilt:

(30)
$$R_M(n) \geq \frac{1}{2}\frac{\varepsilon}{2+\varepsilon}\{1 - \sqrt{\frac{2n\varepsilon^2}{32\,r}}\}.$$

Sei für $r \in \mathbb{N}$, $\varepsilon_r > 0$, so daß $(1 + \varepsilon_r)^r = M$

$\Rightarrow (1 + \varepsilon_r)((1 + \varepsilon_r)^r - 1)/\{r\varepsilon_r(1 + \frac{\varepsilon_r}{2})\} \sim \frac{M-1}{\ln M}$ für $r \to \infty$; also existiert ein

r_0, so daß die linke Seite $< M$ ist für $r \geq r_0$ und daher $\mathcal{F}_r \subset \mathcal{F}_M$ für $r \geq r_0$.

Mit $n: = [\frac{r}{\frac{2}{\varepsilon_r}}]$ folgt: $R_M(n) \geq \frac{\varepsilon_r}{2(2+\varepsilon_r)} (1 - \frac{1}{4}) \sim \frac{3}{16} (\ln M)^{1/3} n^{-1/3}$, $r \to \infty$.

Daraus folgt die Behauptung. □

<u>Bemerkung.</u> Groeneboom bestimmt zusätzlich in Beispiel 4.2. b eine <u>lokale asymptotische Minimaxschranke</u>. Für jedes $f \in \mathcal{F}_M$ mit beschränkter Ableitung $f' < o$ gilt:

$$(31) \quad \sup_{c>o} \liminf_{n \to \infty} \sup_{f_n \ d_1(g,f) \leq cn^{-1/3}} n^{1/3} E_g \ d_1(f_n, g)$$

$$\geq c_1 \int_0^1 |f(t)f'(t)|^{1/3} dt \text{ mit } c_1 > o.$$

Für den ML-Schätzer der Dichte (den 'Grenander estimator') gilt in (31) Gleichheit mit einer Konstanten $c \approx 0{,}62$. □

III. NICHTLOKALE THEORIE, GROSSE ABWEICHUNGEN

Wir hatten schon gesehen, daß vernünftige Schätzfolgen (T_n) asymptotisch konsistent sind, d. h. daß $\alpha_n(\theta) := P_{n,\theta}\{|T_n - \theta| > \varepsilon\} \to 0, \forall \varepsilon > 0$. In der nichtlokalen Schätztheorie vergleicht man Schätzfolgen (T_n), (S_n) durch die Konvergenzgeschwindigkeit von $\alpha_n(\theta)$, die in den Standardmodellen exponentiell ist. Im Gegensatz hierzu wird in der in Kapitel IV behandelten lokalen Schätztheorie typischerweise ein Grenzwert-Satz der Form $\sqrt{n}(T_n - \theta) \xrightarrow{D} Q_\theta$ bewiesen und es werden dann zwei Schätzfolgen durch ein Maß der Konzentration der Limesverteilung um o verglichen. In diesem Fall untersucht man also Wahrscheinlichkeiten der Form $P_{n,\theta}\{|T_n - \theta| > \frac{\varepsilon}{\sqrt{n}}\}$. Es lassen sich noch weitere Varianten solcher Vergleiche finden, die auf Abweichungen der Form ε/n^α basieren (große Abweichungen, sehr große Abweichungen, moderate Abweichungen, etc.).

Bei Testproblemen (Θ_0, Θ_1) z. N. α_n und mit der Gütefunktion $\beta_n = E_{\theta_n} \varphi_n$ unter Alternativenfolgen θ_n gibt es die folgenden unterschiedlichen Möglichkeiten des Vergleichs.

	α_n	β_n	Alternativen θ_n	Vergleich
1. Pitman	$\alpha_n \to \alpha > 0$	$\beta_n \to \beta > 0$	$\theta_n \to \Theta_0$	Stichprobenumfang
2. Chernoff	$\alpha_n \to 0$	$\beta_n \to 0$	$\theta_n = \theta \in \Theta_1$	Konvergenz von β_n
3. Bahadur	$\alpha_n \to 0$	$\beta_n \to \beta > 0$	$\theta_n = \theta \in \Theta_1$	Konvergenz von α_n
4. Hodges-Lehman	$\alpha_n \to \alpha > 0$	$\beta_n \to 0$	$\theta_n = \theta$	Konvergenz von β_n
5. Hoeffding	$\alpha_n \to 0$	$\beta_n \to 0$	$\theta_n = \theta$	Konvergenz von β_n
6. Rubin-Sethuraman	$\alpha_n \to 0$	$\beta_n \to 0$	$\theta_n \to \Theta_0$	Konvergenz von β_n

1 ist der lokalen Testtheorie zuzuordnen, während 2 - 5 in der nichtlokalen Testtheorie untersucht werden. 6 ist eine Mischform.

In § 1 werden einige Aussagen über große Abweichungen bewiesen. Zunächst wird im Falle des klassischen Satzes von Cramer die Methode der exponentiellen Zentrierung angewandt. Danach wird eine sehr allgemeine Formulierung für eine große Klasse von Problemen großer Abweichungen, die auf Varadhan zurückgeht, angegeben. In der Monographie von Varadhan wird

gezeigt, wie sich diese Aussagen anwenden lassen zur Herleitung der
Donsker-Varadhan'schen Sätze für Markovprozesse. Am Ende dieses
Paragraphen werden dann noch Sätze vom Sanov-Typ, die Anwendungen auf
empirische Prozesse haben, behandelt.
In § 2 wird die Bahadurschranke für konsistente Schätzer und die
Sieversschranke für äquivariante Schätzer bewiesen. ML-Schätzer erweisen sich in Exponentialfamilien mit konvexem Parameterbereich als
abweichungsoptimal, während M-Schätzer in Lokationsfamilien optimal
sind. Dieses gilt sogar finit, wie eine Darstellung des Pitman-Schätzers
zeigt. Mit den Abweichungsraten wird schließlich das Tailverhalten von
Schätzern untersucht.
§ 3 behandelt verschiedene Verallgemeinerungen des Satzes von Stein
aus Kapitel I auf parametrische und auch nichtparametrische Testprobleme.
Die wesentlichen Aussagen dieses Abschnitts gehen auf Bahadur zurück.
Als wichtig erweisen sich bei der Behandlung zusammengesetzer Testprobleme Stetigkeitseigenschaften der Kullback-Leibler-Information. Für
endliche Hypothesen kann man die exponentiellen Konvergenzraten des
minimax-Risikos angeben und optimale Tests bzgl. des minimax-Risikos
konstruieren. Für Testprobleme in Multinomialverteilungen erhält man
eine Optimalitätseigenschaft der LQ-Tests.

§ 1 Das Prinzip großer Abweichungen

Der klassische Satz von Cramer betrifft Abweichungen des arithmetischen Mittels vom Erwartungswert.

__BEISPIEL__ 1.1. Sei $Q_\theta := N(\theta,1)$, $T_n(x) = \overline{x}_n$, dann ist $(Q_\theta^{(n)})^{T_n-\theta} = N(o, \frac{1}{n})$ und daher ist $Q_\theta^{(n)}\{|\overline{x}_n - \theta| \geq \varepsilon\} = 1 - \phi(\sqrt{n}\varepsilon) + \phi(-\sqrt{n}\varepsilon)$

$$= 2(1 - \phi(\sqrt{n}\varepsilon)).$$

Mit der Abschätzung $(\frac{1}{t} - \frac{1}{t^3})\varphi(t) < 1 - \phi(t) < \frac{1}{t}\varphi(t), \varphi(t) = \frac{1}{\sqrt{2\pi}} e^{-\frac{t^2}{2}}$

folgt daher $1 - \phi(\sqrt{n}\varepsilon) = \frac{1}{\sqrt{n}\varepsilon} \frac{1}{\sqrt{2\pi}} e^{-(n\varepsilon^2)/2}(1 + 0(\frac{1}{n}))$

$\Rightarrow \frac{1}{n} \ell n \, Q_\theta^{(n)}\{|\overline{x}_n - \theta| \geq \varepsilon\} \xrightarrow[n\to\infty]{} -\frac{\varepsilon^2}{2}$.   □

Sei $\mathcal{Q} = \{Q_\theta, \theta \in \Theta\}$ eine einparametrische Exponentialfamilie auf $(\mathbb{R}^1, \mathbb{B}^1)$, d. h. $Q_\theta = f_\theta\mu$ mit $f_\theta(x) = \exp\{\theta x - \psi(\theta)\}$ mit natürlichem Parameterraum

(1)
$$\Theta^*: = \{\theta \in \mathbb{R}^1; \int e^{\theta x}d\mu(x) < \infty\} \quad \text{und}$$
$$\Theta^1: = \{\theta \in \Theta^*; E_\theta|x| = \int |x|dQ_\theta < \infty\} \supset \overset{\circ}{\Theta^*}$$

(den offenen Kern von Θ^*). Der Mittelwertparameter

(2)
$$\lambda: \Theta^1 \to \Lambda \, , \, \lambda(\theta): = E_\theta x, \, \Lambda: = \lambda(\Theta^1), \text{ ist bijektiv und } \lambda(\theta) = \frac{\partial}{\partial\theta} \psi,$$
$$V_\theta(x) = \frac{\partial^2}{\partial\theta^2} \psi. \, \lambda, \lambda^{-1} \text{ sind stetig und isoton. Sei } P_\theta = Q_\theta^{(\infty)}, \, \theta \in \Theta^*.$$

SATZ 1.1. (Chernoff)

Sei $\mathcal{Q} = \{Q_\theta; \theta \in \Theta\}$ eine einparametrische Exponentialfamilie auf $(\mathbb{R}^1, \mathcal{B}^1)$, sei $\theta \in \Theta^*$ und $a \in \Lambda$ mit $\lambda(\theta): = E_\theta x < a$

(3)
$$\Rightarrow \lim_{n\to\infty} \frac{1}{n} \ell n \, P_\theta\{\overline{x}_n \geq a\} = -I(Q_{\lambda^{-1}(a)}, Q_\theta).$$

__Beweis.__ Mit $\dfrac{dQ_\theta^{(n)}}{d\mu^{(n)}} (x) = \exp\{n\theta\overline{x}_n - n\psi(\theta)\}$ und $\eta: = \lambda^{-1}(a) > \lambda^{-1}(\lambda(\theta)) = \theta$

folgt:

(4)
$$P_\theta\{\overline{x}_n \geq a\} = \int_{[a,\infty)} dP_\theta^{\overline{x}_n}(x) = \int_{[a,\infty)} \exp\{n\theta x - n\psi(\theta)\}d\mu_n(x)$$

$$= \int_{[a,\infty)} \exp\{-n[(\eta - \theta)x - \psi(\eta) - \psi(\theta)]\}dQ_\eta^{\overline{x}_n}(x) , \, \mu_n: = (\mu^{(n)})^{\overline{x}_n}$$

Bezüglich des Parameters η gilt: $E_\eta \overline{x}_n = a$; der Integrationsbereich ist also ein zentraler Bereich von $Q_\eta^{\overline{x}_n}$. Diese Art der Zentrierung im Zentralbereich heißt 'exponential centering'. In dem hier betrachteten Fall ist die exponentiell zentrierte Verteilung wieder ein Element derselben Exponentialfamilie, man spricht dann auch von konjugierten Verteilungen.

Mit der Beziehung $I(\eta,\theta) = I(Q_\eta,Q_\theta) = (\eta - \theta)\underbrace{\lambda(\eta)}_{= a} - \psi(\eta) + \psi(\theta)$ folgt aus (4)

$$P_\theta\{\overline{x}_n \geq a\} = \exp(-nI(\eta,\theta)) \underbrace{\int_{[a,\infty)} \exp\{-n(\eta - \theta)(x - a)\}dQ_\eta^{\overline{x}_n}(x)}_{=: A_n} .$$

Da $A_n \leq \int_{[a,\infty)} \exp(-(\eta - \theta)(x - a))dQ_\eta^{\overline{x}_n}(x) \leq Q_\eta\{a \leq \overline{x}_n\}$, folgt $\ell n\, A_n \leq 0$.

Andererseits ist aber

$$A_n \geq \int_{[a,a+\frac{1}{\sqrt{n}})} \exp\{-n^{1/2}(\eta - \theta)\}dQ_\eta^{\overline{x}_n}(x) = \exp\{-n^{1/2}(\eta - \theta)\}P_\eta\{a \leq \overline{x}_n \leq a + \frac{1}{\sqrt{n}}\}$$

$$= \exp\{-n^{1/2}(\eta - \theta)\}\underbrace{P_\eta\{o \leq \sqrt{n}(\overline{x}_n - a) \leq 1\}}_{\to \phi(1) - \phi(o)}$$

Es folgt: $\frac{1}{n} \ell n\, A_n \geq -\frac{\eta-\theta}{\sqrt{n}} + O(\frac{1}{n}) \to o$ und da $A_n \leq 1$, folgt $\frac{1}{n} \ell n\, A_n \to o$; also $\frac{1}{n} \ell n\, P_\theta\{\overline{x}_n \geq a\} \to -I(\eta,\theta)$. $\quad\square$

Die Methode der exponentiellen Zentrierung kann man allgemeiner fassen. Es ergibt sich dann ein Zusammenhang mit Wahrscheinlichkeiten großer Abweichungen über die moment-erzeugende Funktion. Für eine reelle ZV'e Y sei $\varphi(t): = \varphi_Y(t): = Ee^{tY}$, $t \in \mathbb{R}^1$, die moment-erzeugende Funktion. Dann ist $o < \varphi(t) \leq \infty$, $\varphi(o) = 1$.

LEMMA 1.2. (Bernstein)

a) Sei $\rho: = \inf\{\varphi(t);\ t \geq o\} \Rightarrow P(Y \geq o) \leq \rho$.

b) φ ist konvex und $I: = \{t;\ \varphi(t) < \infty\}$ ist ein Intervall.

Beweis. a) $\forall t \geq o$ gilt nach der Markov-Ungleichung
$P(Y \geq o) = P(e^{tY} \geq 1) \leq Ee^{tY} = \varphi(t)$, also $P(Y \geq o) \leq \rho$.

b) $t \to e^{ty}$ konvex $\Rightarrow \varphi$ konvex; also ist I eine konvexe Teilmenge, d. h. ein Intervall. $\quad\square$

Sei nun (Z_n) eine Folge reeller ZV'en mit

$\varphi_n(t) = \varphi_{Z_n}(t)$, $o < \rho_n: = \inf\{\varphi_n(t); t \geq o\} < 1$,

$o < \beta_n: = \sup\{t \geq o, \varphi_n(t) < \infty\}$ und es gebe ein $o < \tau_n < \beta_n$ mit

$\varphi_n(\tau_n) = \rho_n$, φ_n strikt antiton auf $[o,\tau_n]$ strikt isoton auf $[\tau_n,\beta_n]$.

Dann heißt: $Q_n: = \dfrac{e^{\tau_n X}}{\rho_n} P^{Z_n}$ exponentielle Zentrierung von P^{Z_n}. Es ist

$\varphi_{Q_n}(t) = \varphi_n(t+\tau_n)/\varphi_n(\tau_n)$; also ist $\varphi_{Q_n}(t)$ endlich für $o \leq t \leq \delta_n$ und

$\varphi'_{Q_n}(o) = \dfrac{\varphi'_n(\tau_n)}{\varphi_n(\tau_n)} = o = \int x \, d\,Q_n(x)$. Die obigen Voraussetzungen an (Z_n)

heißen Standard-Bedingungen. Unter den Standardbedingungen ist also

Q_n in o zentriert und $o < \sigma_n^2: = \int z^2 \, d\,Q_n(z) < \infty$, da sonst

$\int z^2 \, d\,P^{X_n}(z) = o$; also $\varphi_n(t) \equiv 1$. Für $\tilde{Q}_n(B): = Q(\sigma_n B)$ gilt dann

$\int z^2 \, d\,\tilde{Q}_n(z) = 1$, $\tilde{F}_n: = F_{\tilde{Q}_n}$.

SATZ 1.3. (Bahadur, Ranga Rao)

Unter den Standardbedingungen sei $\dfrac{\sigma_n \cdot \tau_n}{n} = O(1)$ und für alle $\varepsilon > o$ gelte:

$\dfrac{1}{n} \ln(\tilde{F}_n(\varepsilon) - \tilde{F}_n(o)) = o(1) \Rightarrow \dfrac{1}{n}(\ln P(Z_n \geq o) - \ln \rho_n) = o(1)$.

Beweis. Nach 1.2 folgt: $\ln P(Z_n \geq o) \leq \ln \rho_n$, $\forall n \in \mathbb{N}$. Sei $\varepsilon > o$,

$A_n: = [o,\varepsilon \, \sigma_n] \Rightarrow P(Z_n \geq o) = \int\limits_{[o,\infty)} dP^{Z_n} = \rho_n \int\limits_{[o,\infty)} e^{-\tau_n z} \, dQ_n(z)$

$\geq \rho_n \int\limits_{A_n} e^{-\tau_n z} \, dQ_n(z) \geq \rho_n \, e^{-\tau_n \sigma_n \varepsilon} \, Q_n(A_n) = \rho_n \, e^{-\tau_n \sigma_n \varepsilon} (\tilde{F}_n(\varepsilon) - \tilde{F}_n(o))$.

Sei $o \leq \delta: = \overline{\lim} \, \dfrac{\tau_n \sigma_n}{n} < \infty \Rightarrow \lim \dfrac{1}{n} [\ln P(Z_n \geq o) - \ln \rho_n]$

$\leq \underline{\lim} \, [- \dfrac{1}{n} \tau_n \sigma_n \cdot \varepsilon + \dfrac{1}{n} \ln(\tilde{F}_n(\varepsilon) - \tilde{F}_n(o))] = -\varepsilon \cdot \delta$, $\forall \varepsilon > o$, also folgt:

"=" 0. $\quad \square$

Bemerkung. Gilt $\dfrac{\sigma_n \cdot \tau_n}{n} = o(1)$, dann reicht es für den Beweis von 1.3,

die zweite Voraussetzung für ein $\varepsilon > o$ zu fordern. Die zweite Voraus-

setzung ist insbesondere dann erfüllt, wenn $\tilde{F}_n \xrightarrow{D} H$, H strikt isoton

auf $[o,c]$, $c > o$.

KOROLLAR 1.4. (Cramerscher Satz unter der Standardvoraussetzung)

Sei (Y_n) eine iid Folge reeller ZV'en und es erfülle Y_i die Standard-

voraussetzung von Satz 1.3, dann folgt:

$$\frac{1}{n} \ln P(\sum_{i=1}^{n} Y_i \geq o) \xrightarrow[n\to\infty]{} \ln\rho \text{ mit } \rho = \inf\{\varphi(t); t \geq o\}, \varphi = \varphi_{Y_1} \text{ die moment-}$$

erzeugende Funktion von Y_1.

$\underline{\text{Beweis.}}$ Mit $Z_n := \sum_{i=1}^{n} Y_i$ gilt: $\varphi_n(t) = (\varphi(t))^n$, $\rho_n = \rho^n$, $\tau_n = \tau$, $\forall n$.

Die exponentielle Zentrierung ist also $Q_n = \frac{e^{\tau x}}{\rho^n} P^{Z_n}$, $\varphi_{Q_n}(t) = \left(\frac{\varphi(t+\tau)}{\varphi(\tau)}\right)^n$.

Q_n ist die Verteilung von $\sum_{i=1}^{n} Y_i^*$ mit (Y_i^*) iid, $\varphi_{Y_i^*}(t) = \frac{\varphi(t+\tau)}{\varphi(\tau)}$,

$EY_i^* = o$, $V(Y_i^*) = \frac{\varphi''(\tau)}{\varphi(\tau)} =: \gamma^2$, $o < \gamma^2 < \infty$. Daraus folgt:

$\sigma_n^2 = n\gamma^2$, also $\tau_n\sigma_n = \tau\gamma n^{1/2}$ und $\frac{\sigma_n\tau_n}{n} = o(1)$.

$\tilde{F}_n = \tilde{F}_{\tilde{Q}_n}$ ist die Verteilungsfunktion von $\frac{\sum_{i=1}^{n} Y_i^*}{\sqrt{n}\,\gamma} \Rightarrow \tilde{F}_n(t) \to \phi(t)$, $\forall t \in \mathbb{R}^1$.

Nach obiger Bemerkung gilt auch die zweite Voraussetzung von Satz 1.3.

Aus 1.3 folgt nun: $\frac{1}{n} \ln P(\Sigma Y_i \geq o) \xrightarrow[n\to\infty]{} \ln \rho$. $\quad\square$

$\underline{\text{Bemerkung.}}$ a) Für $P(\frac{1}{n} \sum_{i=1}^{n} Y_i \geq a) = P(\sum_{i=1}^{n} (Y_i - a) \geq o)$ ist $\varphi_{Y_i - a}(t) = e^{-at}\varphi(t)$;

mit $\rho_a := \inf_{t \geq o} e^{-at}\varphi(t)$ folgt nach 1.4: $\frac{1}{n} \ln P(\overline{Y}_n \geq a) \to \ln \rho_a$.

b) Die Aussage von Korollar 1.4 ist auch ohne die Voraussetzung der Standardbedingungen an die Y_i gültig (vgl. Bahadur, Theorem 3.1). Der Beweis des allgemeinen Falles kann durch Stutzen der Y_i auf den Fall mit Standardbedingungen reduziert werden (vgl. auch den Beweis zu 1.10). $\quad\square$

Man kann nun allgemeiner fragen mit $R_n := P^{Z_n}$: Für welche Mengen $C \subset \mathbb{R}^1$ gilt eine zu (3), 1.3 analoge Aussage (in (3), 1.3 war $C = [a,\infty)$ betrachtet worden). Eine sehr allgemeine und sogar anspruchsvollere Formulierung dieser Fragestellung ist die folgende Definition, die auch die Behandlung von Prozessen in stetiger Zeit ermöglicht.

$\underline{\text{DEFINITION 1.5.}}$ (LD-Prinzip)

Sei (X,d) ein vollständiger, separabler metrischer Raum, $(P_\varepsilon)_{\varepsilon \in \mathbb{R}^1_+} \subset M^1(X,\mathcal{B})$,

$\mathcal{B}$ = Borelsche σ-algebra, $I: X \to [o,\infty]$ sei halbstetig nach unten (hnu) und $\underline{\text{level kompakt}}$ (d. h. $\{I \leq \ell\}$ ist kompakt $\forall \ell < \infty$).

(P_ε) erfüllt das $\underline{\text{LD-Prinzip mit Rate } I}$

- 94 -

⟷   1. $\forall C \subset X$ abgeschlossen gilt: $\overline{\lim\limits_{\varepsilon \to 0}} \, \varepsilon \, \ell n \, P_\varepsilon(C) \leq - \inf\limits_{x \in C} I(x)$

(4)

     2. $\forall G \subset X$ offen gilt: $\underline{\lim\limits_{\varepsilon \to 0}} \, \varepsilon \, \ell n \, P_\varepsilon(G) \geq - \inf\limits_{x \in G} I(x)$.   □

Bemerkung. a) <u>Parametrisierung</u>: Anstelle der Parametrisierung ε kann man auch mit $\lambda = \frac{1}{\varepsilon}$ oder $\lambda = \frac{1}{\varepsilon^2}$ parametrisieren, d. h. $P_\lambda = Q_{1/\varepsilon}$, $\lambda \to \infty$, oder auch wie in Satz 1.1, 1.3 mit $n \in \mathbb{N}$, $n \to \infty$.

b) Wenn für $A \in \mathbf{B}$ gilt, daß $\inf\limits_{x \in \overset{\circ}{A}} I(x) = \inf\limits_{x \in A} I(x) = \inf\limits_{x \in \overline{A}} I(x)$, dann folgt aus dem LD-Prinzip mit Rate I:

$$\lim\limits_{\varepsilon \to 0} \varepsilon \, \ell n \, P_\varepsilon(A) = - \inf\limits_{x \in A} I(x).$$

c) <u>Transformationen.</u> Wenn (P_ε) ein LD-Prinzip erfüllt mit Rate I, $\pi: X \to Y$ stetig, (Y,d') vollständig, separabler metrischer Raum

(5) $\Rightarrow Q_\varepsilon: = P_\varepsilon^\pi$ erfüllt LD-Prinzip mit Rate

           $J(y): = \inf\{I(x); \, \pi(x) = y\}$.   □

Aus dem LD-Prinzip ergibt sich die Möglichkeit, Integrale der Form $\int e^{1/\varepsilon F} dP_\varepsilon$ zu approximieren.

<u>SATZ 1.6.</u> (Varadhan)

(P_ε) erfülle LD-Prinzip mit Rate I und $F: X \to \mathbb{R}^1$ sei beschränkt,stetig

(6) $\Rightarrow \lim\limits_{\varepsilon \to 0} \varepsilon \, \ell n(\int \exp(\frac{1}{\varepsilon} F) dP_\varepsilon) = \sup\limits_{x \in X} (F(x) - I(x)).$

<u>Beweis.</u> 1. "$\leq$" Zu $\delta > 0$: $\exists A_1,\ldots,A_k \in \mathbf{B}$, $A_i = \overline{A}_i$, $\cup A_i = X$, so daß $\sup\limits_{x,y \in A_i} |F(x) - F(y)| < \delta$

$\Rightarrow \int \exp (\frac{1}{\varepsilon} F(x)) dP_\varepsilon(x) \leq \sum\limits_{j=1}^{n} \int\limits_{A_j} \exp(\frac{1}{\varepsilon} F(x)) dP_\varepsilon(x) \leq \sum\limits_{j=1}^{n} \int\limits_{A_j} \exp[\frac{1}{\varepsilon}(m_j+\delta)] dP_\varepsilon$

$= \sum\limits_{j=1}^{n} P_\varepsilon(A_j) \exp[\frac{1}{\varepsilon}(m_j+\delta)]$, $m_j: = \inf F/A_j$,

$\Rightarrow \overline{\lim\limits_{\varepsilon \to 0}} \, \varepsilon \, \ell n \int \exp(\frac{1}{\varepsilon} F) dP_\varepsilon \leq \sup\limits_{1 \leq j \leq n} [(m_j+\delta) - \inf\limits_{x \in A_j} I(x)] \leq \sup\limits_{1 \leq j \leq n} [\sup\limits_{x \in A_j} (F(x)-I(x))]+\delta$

$= \sup\limits_{x} (F(x) - I(x)) + \delta$, $\forall \delta > 0$. Daher folgt also die Beziehung "$\leq$".

"$\geq$" Zu $\delta > 0$: $\exists y \in X$: $F(y) - I(y) \geq \sup\limits_{x}(F(x)-I(x)) - \frac{\delta}{2}$. Es existiert dann eine offene Umgebung $U = U(y)$ von y, so daß $F(x) \geq F(y) - \frac{\delta}{2}$, $\forall x \in U$

$\Rightarrow \underline{\lim\limits_{\varepsilon \to 0}} \, \varepsilon \, \ell n \, [\int \exp(\frac{1}{\varepsilon} F) dP_\varepsilon] \geq \underline{\lim\limits_{\varepsilon \to 0}} \, \varepsilon \, \ell n[\int\limits_{U} \exp(\frac{1}{\varepsilon} F) dP_\varepsilon] \geq F(y) - \frac{\delta}{2} - \inf\limits_{x \in U} I(x)$

                                             (nach dem LD-Prinzip)

$\geq F(y) - I(y) - \frac{\delta}{2} \geq \sup\limits_{x}(F(x) - I(x)) - \delta$.   □

Die folgende Aussage beinhaltet eine Stabilitätsaussage für das LD-Prinzip.

PROPOSITION 1.7. (P_ε) erfülle das LD-Prinzip mit Rate I, $F_\varepsilon: X \to Y$ stetig, (Y,d') vollständig separabler metrischer Raum und $\lim_{\varepsilon \to o} F_\varepsilon = F$ gleichmäßig auf kompakten Teilmengen von X

$$\Rightarrow Q_\varepsilon: = P_\varepsilon^{F_\varepsilon} \text{ erfüllt das LD-Prinzip mit der Rate}$$

(7)
$$J(y): = \inf\{I(x); \ F(x) = y\}.$$

Beweis. Sei $A \subset Y$ abgeschlossen, $C_\varepsilon: = \{x: F_\varepsilon(x) \in A\}$, $C: = \{x: F(x) \in A\}$.
$\Rightarrow Q_\varepsilon(A) = P_\varepsilon(C_\varepsilon)$. Wenn $U \supset C$ offen, $K \subset X$ kompakt $\Rightarrow \exists \ K^\delta \supset K$ eine offene
Umgebung von K, so daß $C_\varepsilon \cap K^\delta \subset U$ für $\varepsilon \leq \varepsilon_o$ (da $F_\varepsilon \to F$ glm. auf K)
$$\Rightarrow P_\varepsilon(C_\varepsilon) \leq P_\varepsilon(U) + P_\varepsilon((K^\delta)^c)$$
$$\leq P_\varepsilon(\overline{U}) + P_\varepsilon((K^\delta)^c).$$
Für K: = $\{x: I(x) \leq \ell\}$ folgt: $\overline{\lim_{\varepsilon \to o}} \varepsilon \ln P_\varepsilon(C_\varepsilon) \leq \max[-\inf_{x \in \overline{U}} I(x), -\ell]$
(Für $o \leq b \leq a$ ist $\ln(a+b) = \ln a + \ln(1+\frac{b}{a})$ und $o \leq \ln(1+\frac{b}{a}) \leq \ln 2$).
Da I hnu ist, existiert $U \downarrow C$ offen mit $\lim_{x \in \overline{U}} I(x) = \inf_{x \in C} I(x)$, so daß
für $\ell \to \infty$ folgt:

(8)
$$\overline{\lim_{\varepsilon \to o}} \varepsilon \ln P_\varepsilon(C_\varepsilon) \leq -\inf_{x \in C} I(x) = -\inf_{y \in A} J(y).$$

Für $G \subset Y$ offen seien $y \in G$, $x \in X$, so daß $F(x) = y$. Da $F_\varepsilon \to F$ glm. auf
Kompakta $\Rightarrow \exists \ V = V(x)$ - eine offene Umgebung von x - so daß
$F_\varepsilon(V) \subset G$, $o < \varepsilon < \varepsilon_o \Rightarrow Q_\varepsilon(G) \geq P_\varepsilon(V)$, $o < \varepsilon < \varepsilon_o$
$$\Rightarrow \underline{\lim_{\varepsilon \to o}} \varepsilon \ln Q_\varepsilon(G) \geq \underline{\lim_{\varepsilon \to o}} \varepsilon \ln P_\varepsilon(V) \geq -\inf_{z \in V} I(z) \geq -I(x), \text{ für alle } x \in X, \text{ so daß}$$
$F(x) \in G$; also gilt:

(9)
$$\underline{\lim_{\varepsilon \to o}} \varepsilon \ln Q_\varepsilon(G) \geq -\inf_{y \in G} J(y).$$

J ist level kompakt, da $\{J \leq \ell\} = F\{I \leq \ell\}$, $\forall \ell < \infty$. $\quad \square$

Wir kommen nun zu einer allgemeinen Version des Satzes von Cramer. Sei
$Q \in M^1(\mathbb{R}^1, \mathbb{B}^1)$, $Q_n: = Q^{X_n}$ und es existiere die momenterzeugende Funktion

(10)
$$M(\theta): = E_Q e^{\theta X} = \int e^{\theta X} \, dQ(x) < \infty, \ \theta \in \mathbb{R}^1.$$

Weiter gelte, daß $Q(\alpha, \infty) > o$ und $Q(-\infty, -\alpha) > o$, $\forall \alpha > o$.

<u>SATZ</u> 1.8. (<u>Cramer</u>)

$\{Q_n\}$ erfüllt das LD-Prinzip mit der Rate

$$(11) \qquad I(x): = \sup_{\theta}[\theta x - \ln M(\theta)].$$

<u>Beweis.</u> 1. Wir bestimmen zunächst einige Eigenschaften von I. Es ist $o \leq I(x) \leq \infty$ und I ist hnu und konvex als Supremum von stetigen linearen Funktionen. Da $I(x) \to \infty$ für $|x| \to \infty$ folgt, daß $\{x: I(x) \leq \ell\}$ kompakt ist, $\forall \ell < \infty$.

Sei $EQ = \int x \, dQ(x): = a$; nach der Jensenschen Ungleichung ist dann $M(\theta) \geq \exp(\theta a)$, $\forall \theta$

$$(12) \qquad \Rightarrow \theta a - \ln M(\theta) \leq o, \ \forall \theta.$$

Wegen $M(o) = 1$ folgt aus (12): $I(a) = o$. Da I konvex und a eine Minimumstelle von I ist, folgt, daß I antiton auf $(-\infty, a)$ und isoton auf (a, ∞) ist. Für $x > a$ gilt: $\theta x - \ln M(\theta) \leq \theta a - \ln M(\theta) \leq o$, für alle $\theta < o$; daher wird das sup in (11) für $x > a$ in $\theta \in (o, \infty)$ und analog für $x < a$ in $\theta \in (-\infty, o)$ angenommen.

2. Wir beweisen nun in mehreren Schritten, daß I für abgeschlossenen Mengen die obere Schranke liefert.

a) <u>Sei $y > a$, J_a: $= [y, \infty)$.</u> Für $\theta > o$ gilt dann:

$$Q_n(J_y) = \int_{J_y} dQ_n \leq e^{-\theta y} \int_{J_y} e^{\theta x} \, dQ_n(x) \leq e^{-\theta y} \int e^{\theta x} \, dQ_n(x) = e^{-\theta y}(M(\tfrac{\theta}{n}))^n$$

$$\Rightarrow \ln Q_n(J_y) \leq -\theta y + n \ln M(\tfrac{\theta}{n}), \ \forall \theta > o.$$

Mit $\theta' = n\theta$ folgt also für alle $\theta > o$:
$$\frac{1}{n} \ln Q_n(J_y) \leq -\theta y + \ln M(\theta) = -[\theta y - \ln M(\theta)]$$

$$\Rightarrow \frac{1}{n} \ln Q_n(J_y) \leq -\sup_{\theta > o} [\theta y - \ln M(\theta)] = -I(y).$$

b) Analog gilt für $y < a$ und $\tilde{J}_y$: $= [-\infty, y]$, $\frac{1}{n} \ln Q_n(\tilde{J}_y) \leq -I(y)$.

c) <u>Sei $C = \bar{C}$.</u> Ist $a \in C \Rightarrow \inf_{x \in C} I(x) = I(a) = o \Rightarrow \overline{\lim} \frac{1}{n} \ln Q_n(C)$

$\leq - \inf_{x \in C} I(x) = o$. Ist $a \notin C$, dann sei $[y_1, y_2]$ das größte Intervall um a,

so daß $C \cap (y_1, y_2) = \phi \Rightarrow C \subset J_{y_1} \cup J_{y_2} \Rightarrow \overline{\lim} \frac{1}{n} \ln Q_n(C) \leq -\min[I(y_1), I(y_2)]$

(Ist $y_1 = -\infty$ oder $y_2 = \infty$, dann fehlt der zugehörige Term). Wegen der

Monotonieeigenschaft von I ist: $\inf\limits_{y \in C} I(y) = \min(I(y_1), I(y_2))$.

3. Im nächsten Schritt zeigen wir, daß für offene Mengen die untere
Schranke gilt. Wie im Beweis zu 2.c reicht es $\forall \delta > o$ zu zeigen, daß

$$(13) \qquad \underline{\lim}\, \frac{1}{n} \ell n\, Q_n(U_\delta) \ge -I(y),\ \forall y\ \text{und}\ U_\delta = (y-\delta,\ y+\delta).$$

Da der Träger von Q nicht beschränkt ist, folgt, daß

$$\lim\limits_{|\theta| \to \infty} \frac{\ell n\, M(\theta)}{|\theta|} = \infty\ \Rightarrow\ \exists \theta_0 = \theta_0(y): I(y) = \sup\limits_\theta\, [\theta y - \ell n\, M(\theta)]$$
$$= \theta_0 y - \ell n\, M(\theta_0)$$
$$\Rightarrow \frac{M'(\theta_0)}{M(\theta_0)} = y.\ \text{Definiere nun:}$$

$$(14) \qquad Q_0(A): = \frac{1}{M(\theta_0)} \int_A e^{\theta_0 x}\, dQ(x).$$

Die exponentiell zentrierte Verteilung Q_0 hat den Erwartungswert y, denn
$$\int x\, d\, Q_0(x) = \frac{1}{M(\theta_0)} \int x\, e^{\theta_0 x}\, dQ(x) = \frac{M'(\theta_0)}{M(\theta_0)} = y.\ \text{Nach dem schwachen}$$
Gesetz der großen Zahlen folgt: $\forall \delta_1 > o:\ \lim\limits_{n \to \infty} Q_0^n\{|\overline{x}_n - y| < \delta_1\} = 1$.
Andererseits gilt für $\delta_1 < \delta$:

$$Q_n(U_\delta) = Q^n\{|\overline{x}_n - y| < \delta\} \ge Q^n\{|\overline{x}_n - y| < \delta_1\}$$

$$\ge \exp(-n\theta_0 y - n\delta_1 |\theta_0|) \int\limits_{\{|\overline{x}_n - y| < \delta_1\}} \exp(\theta_0\, \Sigma x_j)\, dQ^n(x)$$

$$= \exp(-n\theta_0 y - n\delta_1 |\theta_0|) \underbrace{Q_0^n\{|\overline{x}_n - y| < \delta_1\}}_{\longrightarrow 1} (M(\theta_0))^n$$

$$\Rightarrow \underline{\lim}\, \frac{1}{n}\, Q_n(U_\delta) \ge -\theta_0 y - \delta_1 |\theta_0| + \ell n\, M(\theta_0)$$

$$= -I(y) - \delta_1 |\theta_0|,\ \forall \delta_1 < \delta\ ,\ \text{also (13).} \quad \square$$

Bemerkung. a) Aus dem Beweis folgt, daß:

$$(15) \qquad e^{-I(y)} = \inf\{e^{-\theta y}\, M(\theta);\ \theta \in \mathbb{R}^1\}.$$

Es reicht für den Beweis aus, anstelle des nicht-beschränkten Trägers
von Q die Existenz einer Minimumstelle θ_0 in der Definition von $I(y)$
zu fordern.

b) Ist $(a_n) \subset \mathbb{R}^1$, $a_n \to a \in \mathbb{R}^1$, dann folgt aus 1.8 und 1.7:

$$\lim\limits_{n \to \infty} \frac{1}{n} \ell n\, Q(\overline{x}_n \ge a_n) \to -\inf\limits_{x \ge a} I(x).\ \text{Denn I ist als konvexe Funktion stetig.}$$

c) Für $\mathbb{R}^d$-wertige ZV'e gilt analog die mehrdim. Version von Satz 1.8 mit der Rate

$$(16) \qquad I(y): = \sup_{\theta \in \mathbb{R}^d} \; [<\theta,y> - \ln M(\theta)].$$

<u>BEISPIEL</u> 1.2. a) Für $Q = N(o,1)$ ist $M(\theta) = \exp(\frac{\theta^2}{2})$, also $I(x) = \sup_{\theta} (\theta x - \frac{\theta^2}{2}) = \frac{x^2}{2}$. In diesem Fall kann man die Rate aber auch leicht explizit aus der Kenntnis von $Q_n = N(o,n^{-1})$ herleiten (vgl. B.1.1).

b) Sei $Q = B(1, \frac{1}{2})$, also $M(\theta) = (1 + e^{\theta})/2$. Dann ist

$I(x) = \sup_{\theta}(\theta x - \ln(1 + e^{\theta}) + \ln 2) = \ln 2 + x \ln x + (1 - x)\ln(1 - x)$ für

$o \leq x \leq 1$, $I(x) = \infty$ sonst. Es ist $Q_n(\frac{j}{n}) = \frac{1}{2^n}\binom{n}{j}$; mit Hilfe der Stirling-Formel folgt, daß das LD-Prinzip gilt mit obiger Rate (der Satz von Cramer ist also gültig in diesem Fall, ohne daß die Voraussetzung von Satz 1.7 erfüllt ist). Man kann alternativ auch 1.1 und 1.3 oder die obige Bemerkung a) verwenden.

c) Sei $F_Q(t) = 1 - e^{-t}$, $t \geq o$, d. h. Q ist exponentiell verteilt, dann ist $M(\theta) = \frac{1}{1-\theta}$, $-\infty < \theta < 1$. $I(x) = x - 1 - \ln x$ für $x > o$ und $I(x) = \infty$ für $x \leq o$. Es ist Q_n Γ_n-verteilt, d. h. $\frac{dQ_n}{d\lambda^1} (t) = \frac{n^n}{(n-1)!} e^{-nt}t^{n-1}$, $t \geq o$. Wieder folgt nach der Stirling-Formel oder nach 1.1, 1.3 die Gültigkeit des LD-Prinzips mit Rate I.   □

Wir wollen uns nun mit den <u>Sanov-Sätzen</u> beschäftigen.

<u>DEFINITION</u> 1.9. Sei A eine Menge von Wahrscheinlichkeitsmaßen auf $(\Omega,\mathcal{A})$, also $A \subseteq M^1(\Omega,\mathcal{A})$. A heißt <u>Sanov-Menge</u> für $P \in M^1(\Omega,\mathcal{A})$, falls:

$$(17) \qquad P^n\{\hat{P}_n \in A\} = \exp\{-n(I(A,P) + o(1))\}.$$

Dabei ist $\hat{P}_n = \hat{P}_{n,x}$ das empirische Maß und $I(A,P) = \inf\{I(Q,P); Q \in A\}$ der minimale Kullback-Leibler-Abstand von P zu A.   □

Es ist nun für eine große Klasse von Mengen A gezeigt worden, daß sie Sanov-Mengen sind. Wir werden solche Sanov-Sätze nur für einige Spezial-fälle zeigen.

<u>SATZ</u> 1.10. Sei $Y:(\Omega,A) \to (\mathbb{R}^1,\mathbb{B}^1)$, $P \in M^1(\Omega,A)$, $\varphi = \varphi_Y$ die moment-erzeugende Funktion von Y und $o \le \rho: = \inf\{\varphi(t); \ t \ge o\} \le 1$. Dann gilt für $A: = \{Q \in M^1(\Omega,A); \ \int Y \, dQ \ge o\}$:

$$(18) \qquad \exp(-I(A,P)) = \rho.$$

<u>Beweis.</u>

<u>BEHAUPTUNG 1.</u> $\underline{I(A,P) \ge -\ell n \ \rho.}$

Ist $A = \phi \Rightarrow I(A,P) = \infty \Rightarrow$ Behauptung 1.

Sei $A \ne \phi$ und $Q \in A$; o.E. sei $I(Q,P) < \infty$ und $\rho < 1$. Dann folgt: $Q \ll P$ und mit $r = \dfrac{dQ}{dP}$ ist $I(Q,P) = \int \ell n \, r \, dQ$. Sei $t > o$, so daß $\varphi(t) = \varphi_Y(t) < \infty$

$$\Rightarrow \varphi(t) = \int e^{tY} dP \ge \int_{\{r > o\}} e^{tY - \ell n \, r} \, dQ = \int e^{tY - \ell n \, r} \, dQ.$$

Nach der Jensen-Ungleichung folgt:

$\ell n \, \varphi(t) \ge \int (tY - \ell n \, r) dQ \ge \int -\ell n \, r \, dQ = -I(Q,P)$. Daraus folgt aber:

$\rho = \inf\{\varphi(t); \ t \ge o\} \ge e^{-I(Q,P)}$, $\forall Q \in A$ und damit Behauptung 1.

<u>BEHAUPTUNG 2.</u> $\underline{I(A,P) \le -\ell n \rho.}$

Ist $Y < o \ [P] \Rightarrow \rho = o \Rightarrow$ Behauptung 2.

Ist $Y \le o \ [P]$ und $P\{Y = o\} > o \Rightarrow \rho = P\{Y = o\}$, $o < \rho \le 1$.

Sei $r(x): = \begin{cases} \rho^{-1}, & Y(x) = o \\ o, & Y(x) < o \end{cases}$, $\dfrac{dQ}{dP} \ r \Rightarrow Q \in A$, $I(Q,P) = -\ell n \ \rho$,

also Behauptung 2. Damit gilt o.e. $P\{Y > o\} > o$.

Erfüllt Y die Standardbedingungen von Satz 1.3 (bzgl. P), mit $\tau > o$, $\varphi(\tau) = \rho$, dann definieren wir $\dfrac{dQ}{dP}: = \dfrac{\exp(\tau Y)}{\rho}$; Q ist die exponentielle Zentrierung von P bzgl. Y.

$$\Rightarrow E_Q Y = \frac{1}{\rho} \int Y \exp(\tau Y) dP = \frac{\varphi'(\tau)}{\varphi(\tau)} = o, \ \text{d. h. } Q \in A. \text{ Weiter ist}$$

$\ell n \, \dfrac{dQ}{dP} = -\ell n \ \rho + \tau Y \Rightarrow I(Q,P) = -\ell n \ \rho$, also Behauptung 2.

Im allgemeinen Fall sei $Y^{(k)}: = \begin{cases} Y & \text{falls} \quad Y \le k \\ k & \quad\quad\quad\ \ Y > k \end{cases}$

$\Rightarrow -\infty \le E_Q Y^{(k)} < \infty$ und $A_k: = \{Q; \ E_Q Y^{(k)} \ge o\} \subset A$, da $Y^{(k)} \le Y$

$\Rightarrow I(A,P) \le I(A_k,P)$. Wenn $E_P Y^{(k)} \ge o$ für ein $k \Rightarrow P \in A_k \Rightarrow I(A_k,P) = o$, also auch $I(A,P) = o \Rightarrow$ Behauptung 2. Ist $E_P Y^{(k)} < o$, $\forall k$, dann folgt aus $P\{Y^{(k)} > o\} = P\{Y > o\} > o$, daß $Y^{(k)}$ die Standardbedingungen von Satz 1.3 erfüllt. Denn $E_P Y^{(k)} = \varphi_k'(o+) < o$ und es gibt ein $\varepsilon > o$ mit $P(Y^{(k)} > \varepsilon) > o$

$$\Rightarrow \varphi_k(t) \geq \int_{\{y\geq\varepsilon\}} e^{ty} \, dP^{Y^{(k)}}(y) \geq e^{t\varepsilon} P(Y^{(k)} \geq \varepsilon) \xrightarrow[t\to\infty]{} \infty \; ; \text{ also existiert ein}$$

$\tau_k > o$ mit φ_k strikt antiton auf $[o,\tau_k]$ und strikt isoton auf $[\tau_k,\infty]$.

Damit gilt: $I(A_k,P) \leq -\ell n \, \rho_k$, $\forall k \in \mathbb{N}$. $\Rightarrow I(A,P) \leq \underline{\lim} \, I(A_k,P)$

$\leq \lim(-\ell n \, \rho_k) = -\ell n \, \rho$. Die letzte Beziehung folgt aus der Antitonie

der τ_k, $\tau_{k+1} \leq \tau_k$ und dem Lemma von Fatou: $\rho \geq \rho_{k+1} \geq \rho_k$, also $\rho \geq \lim \rho_k$

$= \lim \varphi_k(\tau_k) = \lim E \exp(\tau_k \, Y_k) \geq E \exp(\lim \tau_k \, Y) = \varphi(\lim \tau_k) \geq \rho$. $\quad \square$

Bemerkung. a) Das im Beweis von 1.10 konstruierte Maß Q mit $I(Q,P) = -\ell n \, \rho$
heißt auch <u>I-Projektion</u> von P auf A. Solche I-Projektionen lassen sich
für recht allgemeine Mengen A explizit bestimmen.

b) Mit Hilfe des im Beweis von 1.10 zum Schluß durchgeführten Approxi-
mationsargumentes folgt, daß der Satz von Cramer in der folgenden Form
ohne Zusatzannahmen gilt (vgl. die Bemerkung nach Satz 1.3)

$$(19) \qquad \lim_{n\to\infty} \frac{1}{n} \, \ell n \, P(\sum_{i=1}^{n} Y_i \geq o) = \ell n \, \rho, \quad \rho = \inf\{\varphi(t), t \geq o\}. \qquad \square$$

<u>KOROLLAR</u> 1.11. In der Situation von 1.10 ist
$A = \{Q \in M^1(\Omega,\mathbf{A}); \int Y \, dQ \geq o\}$ eine Sanov-Menge.

<u>Beweis.</u> $P^n\{\hat{P}_n \in A\} = P^n\{x: \frac{1}{n} \sum_{i=1}^{n} \varepsilon_{\{x_i\}} \in A\} = P^n\{x: \sum_{i=1}^{n} Y(x_i) \geq o\} =$

$= \exp\{n(\ell n \, \rho + o(1))\} = \exp\{-n(I(A,P) + o(1))\}$ nach (19) und nach Satz 1.10. $\quad \square$

Wenn $A_1,\ldots,A_k$ eine meßbare Partition von Ω ist, dann hat
$(\hat{P}_n(A_1),\ldots,\hat{P}_n(A_k))$ bzgl. P^n eine Multinomialverteilung
$\mathfrak{m}(n,P(A_1),\ldots,P(A_k))$. Sei $\Delta: = \{\theta = (\theta_1,\ldots,\theta_k); \theta_i \geq o, \Sigma\theta_i = 1\}$, und

für $\theta,\eta \in \Delta$ sei $I(\theta,\eta): = \Sigma \, \theta_i \, \ell n \, \frac{\theta_i}{\eta_i}$ der Kullback-Leibler-Abstand der

zugehörigen Miltinomialverteilungen mit n = 1. Sei $X_n = (X_{1,n},\ldots,X_{k,n})$
bzgl. P_θ $\mathfrak{m}(n,\theta_1,\ldots,\theta_k)$-verteilt für $\theta \in \Delta$. Dann hat
$V_n: = \frac{1}{n} X_n$ Werte in Δ. Für eine Teilmenge $B \subset \Delta$ ist

$$(20) \qquad \begin{aligned} & P_\theta(V_n \in B) = P_\theta(V_n \in B_n) \quad \text{mit} \\ & B_n: = B \cap \Delta_n, \; \Delta_n: = \{(\frac{i_1}{n},\ldots,\frac{i_k}{n}); i_1 + \ldots + i_k = n\} \, . \end{aligned}$$

$$(21) \qquad \begin{aligned} & \text{Mit } A: = \{P \in M^1(\Omega,\mathbf{A}); (P(A_1),\ldots,P(A_k)) \in B\} \quad \text{ist} \\ & P^n(\hat{P}_n \in A) = P_\theta(V_n \in B), \; \theta = (P(A_1),\ldots,P(A_k)). \end{aligned}$$

Der folgende Satz impliziert, daß solche Mengen A in der Regel Sanov-Mengen sind. Mit $\mathring{\Delta}$ wird im folgenden das relative Innere von Δ in dem von Δ erzeugten $k-1$-dimensionalen affinen Teilraum des $\mathbb{R}^k$ bezeichnet.

<u>SATZ</u> 1.12. Es gibt $o < c = c_k$, so daß $\forall n$, $\forall B \subset \Delta$ und für alle $\theta \in \mathring{\Delta}$ - dem relativen Inneren von Δ - gilt:

$$(22) \quad c\, n^{-(k-1)/2} \exp(-nI(B_n,\theta)) \leq P_\theta(V_n \in B) \leq (n+1)^k \exp(-nI(B_n,\theta)).$$

<u>Beweis.</u> a) <u>obere Schranke</u>
Sei $v = \frac{1}{n}(r_1,\ldots,r_k) \in \Delta_n \Rightarrow P_\theta(V_n = v) = P_\theta(X_n = (r_1,\ldots,r_k)) = \prod_{i=1}^{k} \frac{\theta_i^{r_i}}{r_i!}\, n!$

$= \prod_{i=1}^{k} \frac{(r_i/n)^{r_i}}{r_i!}\, n! \prod_{i=1}^{k} (\frac{\theta_i}{r_i/n})^{r_i} = P_v(V_n = v)e^{-nI(v,\theta)}$

(da $I(v,\theta) = \Sigma(r_i/n)\ln(r_i/n\theta_i)$; hier wird $\theta_i > o$ benötigt)

$\Rightarrow P_\theta(V_n \in B) = \sum_{v \in B_n} P_\theta(V_n = v) = \sum_{v \in B_n} P_v(V_n = v)\exp(-nI(v,\theta))$

$\leq \exp(-nI(B_n,\theta)) \sum_{v \in B_n} P_v(V_n = v) \leq \exp(-nI(B_n,\theta))|\Delta_n| \leq (n+1)^k\exp(-nI(B_n,\theta)).$

b) <u>untere Schranke</u>
Sei $v = \frac{1}{n}(r_1,\ldots,r_k) \in \Delta_n$, $r_i \geq 1$, $\forall i$. Nach der Stirling-Formel ist

$$(23) \quad r! = \sqrt{2\pi r}\; r^r\, e^{-r+s} \text{ mit } \frac{1}{12r+1} < s < \frac{1}{12r}.$$

Mit Hilfe der Ungleichung zwischen geometrischen und arithmetischen Mittel: $\frac{1}{k}\sum_{i=1}^{k} r_i = \frac{n}{k} \geq (\prod_{i=1}^{k} r_i)^{1/k}$ folgt: $P_v(V_n = v) \geq \beta(k)n^{-(k-1)/2}$

mit $\beta(k) := (2\pi)^{-(k-1)/2} k^k e^{-k/13}$. Hat $v \in \Delta_n$ genau $k_1 < k$ positive Komponenten $\Rightarrow P_v(V_n = v) \geq \beta(k_1)n^{-(k_1-1)/2} \geq \beta(k_1)n^{-(k-1)/2}$. Mit $c = c_k = \min(\beta(1),\ldots,\beta(k))$ folgt:
$P_\theta(V_n \in B) = \sum_{v \in B_n} P_v(V_n = v)\exp(-nI(v,\theta)) \geq c \cdot \sum_{v \in B_n} \exp(-nI(v,\theta)) \cdot n^{-(k-1)/2}$
$\geq c \cdot n^{-(k-1)/2} \exp(-nI(B_n,\theta)).$ $\square$

<u>DEFINITION</u> 1.13. Eine Teilmenge $B \subset \Delta$ heißt <u>θ-regulär</u>, wenn $\lim_{n\to\infty} I(B_n,\theta) = I(B,\theta).$ $\square$

<u>KOROLLAR</u> 1.14. Ist B θ-regulär, $\theta \in \mathring{\Delta} \Rightarrow \frac{1}{n}\ln P_\theta(V_n \in B) \to -I(B,\theta).$ $\square$

<u>LEMMA</u> 1.15. Sei $B \subset \Delta$, $B = \overline{\overset{\circ}{B}}$ $\Rightarrow$ B ist θ-regulär, $\forall \theta \in \overset{\circ}{\Delta}$.

<u>Beweis.</u> o.E. sei $B \neq \phi$. Sei $\epsilon > o$, $v \in B$ mit $I(v,\theta) \leq I(B,\theta) + \epsilon$. Für $\theta \in \overset{\circ}{\Delta}$ ist $I(\cdot,\theta)$ endlich und stetig. Zu $v \in B \subset \overline{\overset{\circ}{B}}$ existiert daher ein $w \in B$ mit $I(w,\theta) \leq I(v,\theta) + \epsilon \leq I(B,\theta) + 2\epsilon$. Sei $w = (w_1,\ldots,w_k)$ und $r_{i,n}: = [nw_i]$, $1 \leq i \leq k-1$, $r_{k,n}: = n - \sum_{i=1}^{k-1} r_{i,n}$, $w_n: = \frac{1}{n}(r_{1,n},\ldots,r_{k,n})$ $\Rightarrow w_n \in \Delta_n$, $w_n \to w$; also $w_n \in \overset{\circ}{B}$ für $n \geq n_0$. Da $B_n = B \cap \Delta_n \supset \overset{\circ}{B} \cap \Delta_n$, folgt: $I(B_n,\theta) \leq I(w_n,\theta)$ für $n \geq n_0 \Rightarrow \overline{\lim} I(B_n,\theta) \leq I(w,\theta) \leq I(B,\theta) + 2\epsilon$, $\forall \epsilon > o$. Die umgekehrte Beziehung ist trivial. $\quad\square$

<u>PROPOSITION</u> 1.16. Sei $\theta = (P(A_1),\ldots,P(A_k)) \in \overset{\circ}{\Delta}$,
$A = \{Q \in M^1(\Omega,A); \ (Q(A_1),\ldots,Q(A_k)) \in B\}$ $\Rightarrow I(A,P) = I(B,\theta)$
(die rechte Seite bezeichnet dabei den Kullback-Leibler-Abstand im Multinomialfall).

<u>Beweis.</u> Sei $A_0 = A(A_1,\ldots,A_k) \subset A$, dann folgt aus der Jensen-Ungleichung für $Q \in A$

$$(24) \qquad I(Q,P) \geq I(Q/A_0, \ P/A_0) = \sum_{i=1}^{k} Q(A_i)\ln \frac{Q(A_i)}{P(A_i)} = I(n,\theta) \geq I(B,\theta)$$

mit $n: = (Q(A_1),\ldots,Q(A_k)) \Rightarrow I(A,P) \geq I(B,\theta)$. Sei umgekehrt $n \in B$, dann definiere $\frac{dQ}{dP}: = \sum_{i=1}^{k} \frac{n_i}{\theta_i} 1_{A_i}$. Es ist $Q(A_i) = n_i$, $1 \leq i \leq k$, also $Q \in A$, und $I(Q,P) = \int \ln \frac{dQ}{dP} dQ = \sum_{i=1}^{k} \ln \frac{n_i}{\theta_i} n_i = I(n,\theta)$. Daraus folgt:

$I(B,\theta) \geq I(A,P)$. $\quad\square$

<u>KOROLLAR</u> 1.17. Ist B θ-regulär, $\theta = (P(A_1),\ldots,P(A_k)) \in \overset{\circ}{\Delta}$
$\Rightarrow A = \{Q \in M^1(\Omega,A); \ (Q(A_1),\ldots,Q(A_k)) \in B\}$ ist eine Sanov-Menge für P. $\quad\square$

Sei nun $A \subset M^1(\Omega,A)$, $P \in M^1(\Omega,A)$, so daß die folgende Approximations-eigenschaft gilt:

$$(25) \qquad I(A,P) = \sup\{I_E(A,P); \ E \in \mathcal{P}\} < \infty,$$

wobei $\mathcal{P}$ die Menge aller endlichen meßbaren Partitionen $E = \{C_1,\ldots,C_k\}$ von Ω ist und $I_E(Q,P): = I(Q/A(E), \ P/A(E))$. Dann ist $P^n(\hat{P}_n \in A) \leq P^n(V_n^E \in B^E)$ mit $V_n^E: = (\hat{P}_n(C_1),\ldots,\hat{P}_n(C_k))$ und $B^E: = \{(Q(C_1),\ldots,Q(C_k)); \ Q \in A\}$ für $E = \{C_1,\ldots,C_k\}$. Nach 1.12 und 1.16

gilt für $I_{\mathcal{E}}(A,P) < \infty$: $\frac{1}{n} \ln P^n(V_n^{\mathcal{E}} \in B^{\mathcal{E}}) \leq -I(B^{\mathcal{E}} \cap \Delta_n, \theta) + O(\frac{\ln n}{n})$

$\leq -I(B^{\mathcal{E}}, \theta) + O(\frac{\ln n}{n}) = -I_{\mathcal{E}}(A,P) + O(\frac{\ln n}{n})$, $\theta = (P(C_1), \ldots, P(C_k))$.

Daraus folgt die folgende Aussage:

<u>PROPOSITION</u> 1.18. Sei $A \subset M^1(\Omega, A)$ und es gelte die Approximations-bedingung (25). Dann gilt:

(26) $\qquad \overline{\lim} \frac{1}{n} \ln P^n(\hat{P}_n \in A) \leq -I(A,P)$.

§ 2 Große Abweichungen von Schätzern

Sei $P_n = \{P_{n,\theta}; \theta \in \Theta\}$, g: $\Theta \to \mathbb{R}^d$ eine zu schätzende Funktion.

DEFINITION 2.1. Sei (T_n) eine Schätzfolge für g, dann heißt:

(1) $\alpha_n(\varepsilon,\theta,T_n): = P_{n,\theta}\{|T_n - g(\theta)| > \varepsilon\}$ die
Abweichungsfunktion (inaccuracy function) von (T_n).

(2) $e(\varepsilon,\theta,(T_n)): = -\overline{\lim} \; \frac{1}{n} \, \ell n \, P_{n,\theta}\{|T_n - g(\theta)| > \varepsilon\}$
heißt die Abweichungsrate (inaccuracy rate) von (T_n).   □

Bemerkung. a) Die explizite Bestimmung von α_n ist nur selten möglich,
für die Bestimmung von e werden die Sätze aus § 1 über große Abweichungen
benötigt. Wir werden im folgenden hauptsächlich den iid-Fall $P_{n,\theta} = Q_\theta^{(n)}$,
$P_\theta = Q_\theta^{(\infty)}$ betrachten. Ist z. B. $Q_\theta = N(\theta,1)$, $\theta \in \Theta = \mathbb{R}^1$, dann folgt nach
B.1.1, § 1 für $T_n(x) = \overline{x}_n$ als Schätzer für $g(\theta) = \theta$,

(3) $e(\varepsilon,\theta,(T_n)) = \varepsilon^2/2$.

b) Ist g: $\Theta \to \Gamma$, (Γ,d) metrischer Raum, $\mathcal{B}$ die Borelsche σ-algebra auf Γ,
dann kann man die obige Definition erweitern zu
$\alpha_n(\varepsilon,\theta,T_n): = P_{n,\theta}\{d(T_n,g(\theta)) \geq \varepsilon\}$.   □

Die Frage ist nun, wie groß die Abweichungsrate im 'optimalen' Fall
sein kann. Wir verlangen zunächst von einem Schätzer, daß er konsistent
ist. Im iid-Fall erhält man dann aus dem Beweis zum Satz von Stein aus
Kap. I, § 4 eine obere Schranke für die Abweichungsrate von konsistenten
Schätzern.

SATZ 2.2. (Bahadur-Schranke)
Sei $P_{n,\theta} = Q_\theta^{(n)}$, (T_n) konsistent für g und
$b(\varepsilon,\theta): = \inf\{I(Q_\sigma,Q_\theta); |g(\sigma) - g(\theta)| > \varepsilon\}$
(4) $\Rightarrow -\lim \frac{1}{n} \ell n \, \alpha_n(\varepsilon,\theta,T_n) \leq b(\varepsilon,\theta)$.

Beweis. Sei $|g(\sigma) - g(\theta)| > \varepsilon$; dann folgt aus der Konsistenz von (T_n):
$\lim P_\sigma\{|T_n - g(\theta)| > \varepsilon\} = 1$. Sei nun $\varphi_n: = 1_{\{|T_n-g(\theta)|\leq\varepsilon\}}$; wir betrachten

(φ_n) als Testfolge für $(\{\sigma\}, \{\theta\})$. Dann ist $\overline{\lim} \, E_\sigma \, \varphi_n = o < 1$. Nach dem
ersten Teil des Beweises zum Satz von Stein (Kap. I, 4.9) (der nur die
Annahme $\overline{\lim} \, E_\sigma \, \varphi_n < 1$ benötigt) folgt: $\lim \frac{1}{n} \ell n \int (1 - \varphi_n) dP_\theta$
$\geq \lim \frac{1}{n} \ell n \, \gamma_n \geq -I(Q_\sigma,Q_\theta)$. Daraus folgt die Behauptung.   □

Insbesondere ist also $e(\varepsilon,\theta,(T_n)) \leq b(\varepsilon,\theta)$ für alle konsistenten Schätz-folgen. Gilt für eine konsistente Schätzfolge (T_n), $e(\varepsilon,\theta,(T_n)) = b(\varepsilon,\theta)$, dann heißt (T_n) _abweichungsoptimal_. Wegen der Bahadur-Schranke existiert dann sogar $\lim \frac{1}{n} \ell n \; \alpha_n(\varepsilon,\theta,T_n)$.

BEISPIEL 2.1. a) Sei $Q_\theta = N(\theta,1)$, $\theta \in \Theta = \mathbb{R}^1$, $g(\theta) = \theta$, $T_n(x) = \overline{x}_n$, dann ist $I(Q_\sigma,Q_\theta) = \frac{1}{2} (\sigma-\theta)^2 \Rightarrow b(\varepsilon,\theta) = \inf\{\frac{1}{2} (\sigma-\theta)^2; \; |\sigma-\theta| > \varepsilon\} = \frac{1}{2} \varepsilon^2$.
Nach B.1.1 gilt: $-\lim \frac{1}{n} \ell n \; \alpha_n(\varepsilon,\theta,T_n) = e(\varepsilon,\theta,(T_n)) = \frac{1}{2} \varepsilon^2 = b(\varepsilon,\theta)$,
$\forall \varepsilon > o$, $\forall \theta \Rightarrow (T_n)$ ist _abweichungsoptimal_ in (ε,θ), $\forall \varepsilon > o$, $\theta \in \Theta$.

b) _k-parametrische Exponentialfamilie_
Sei $f_\theta(x) = \frac{dQ_\theta}{d\mu} (x) = \exp(<\theta,x> - \psi(\theta))$, $\theta \in \Theta \subset \mathbb{R}^k$, sei Θ^* der natürliche Parameterraum $\Theta_1 := \{\theta \in \Theta^*; \; E_\theta|x| < \infty\}$; dann ist $\overset{\circ}{\Theta}{}^* \subset \Theta_1 \subset \Theta^*$ und
$\lambda: \Theta_1 \to \Lambda := \lambda(\Theta_1)$ der Mittelwertparameter, $\lambda(\theta) = E_\theta x$ ist ein Diffeomorphismus. Bei n-unabhängigen Beobachtungen ist für $\overline{x}_n \in \Lambda$,
$\theta_n^*(x) := \lambda^{-1}(\overline{x}_n)$ ML-Schätzer im Modell Θ^*. Weiter ist für $\eta \in \Theta_1$, $\theta \in \Theta^*$:
$I(\eta,\theta) = (\eta-\theta) \; \lambda(\eta) + \psi(\theta) - \psi(\eta)$. Der ML-Schätzer $\hat{\theta}_n$ im Modell Θ ist dann eine Minimumstelle der Abbildung $\Theta \to \mathbb{R}^1$, $\theta \to I(\underbrace{\lambda^{-1}(\overline{x}_n)}_{= \; \theta_n^*},\theta)$, falls $\overline{x}_n \in \Lambda$.

Für $\overline{x}_n \in \Lambda$ ist $\hat{\theta}_n(x)$ also die Kullback-Leibler-Projektion von $\theta_n^*(x)$ auf Θ und $\hat{\theta}_n(x)$ ist eindeutig bestimmt.

Sei $K(\theta) := \sup \{a; \; \overline{\{\eta; I(\eta,\theta) \leq a\}}$ ist kompakte Teilmenge von $\Theta^*\}$, dann ist $K(\theta)$ der Abstand von θ zum Rand von Θ^* bzgl. I.

LEMMA 2.3. Sei $\Theta \subset \Theta^*$ relativ abgeschlossen, konvex $\eta \in \Theta^*$. Wenn $I(\eta,\theta) < K(\theta)$ für ein $\theta \in \Theta \Rightarrow$ Die Kullback-Leibler-Projektion $\hat{\theta}(\eta)$ von η auf Θ existiert, $I(\eta,\hat{\theta}(\eta)) \leq I(\eta,\theta)$ und $\hat{\theta}(\eta) \in \Theta^*$. Insbesondere existiert also der ML-Schätzer $\hat{\theta}_n$, wenn $\overline{x}_n \in \lambda(\underset{\theta \in \Theta}{\cup} \{\eta; \; I(\eta,\theta) < K(\theta)\})$.

Beweis. Sei $I(\eta,\theta) < K(\theta)$ und sei π eine Minimumstelle von $I(\eta,\cdot)$ auf der kompakten Menge $\Theta \cap \{\gamma \in \Theta^*; \; I(\gamma,\theta) \leq I(\eta,\theta)\}$. Sei weiter $\xi \in \Theta$ mit $I(\xi,\theta) > I(\eta,\theta)$ und zu $\delta > o$ sei $\alpha_0 \in (o,1)$, so daß $I(\eta,\xi_{\alpha_0}) < I(\eta,\xi) + \delta$,
$\xi_\alpha := \alpha\xi + (1-\alpha)\theta$. Sei ξ_{α^*} eine Minimumstelle von $I(\eta,\cdot)$ auf $\{\xi_\alpha; \; o \leq \alpha \leq \alpha_0\} \subset \Theta^*$. Da $t \to I(\eta,t\xi_{\alpha^*} + (1-t)\theta)$, $o \leq t \leq 1$, minimal für $t = 1$ ist, folgt, daß die Ableitung in $t = 1$ nichtpositiv ist, d. h.
$(\xi_{\alpha^*} - \theta)^T(\lambda(\xi_{\alpha^*}) - \lambda(\eta)) \leq o$. Da $I(\xi_{\alpha^*},\theta) - I(\eta,\theta) = (\xi_{\alpha^*} - \theta)^T(\lambda(\xi_{\alpha^*}) - \lambda(\eta)) - I(\eta,\xi_{\alpha^*}) \Rightarrow \xi_{\alpha^*} \in \Theta \cap \{\gamma \in \Theta^*: \; I(\gamma,\theta) \leq I(\eta,\theta)\}$

$\Rightarrow I(n,\pi) \leq I(n,\xi_{\alpha_*}) \leq I(n,\xi_{\alpha_o}) < I(n,\xi) + \delta, \forall \delta > o$. Also folgt:

$I(n,\pi) \leq I(n,\xi)$, d. h. π ist Minimumstelle von $I(n,\cdot)$. Die Eindeutig-keit von $\pi = \hat{\theta}(n)$ folgt aus der Konvexität von Θ und der strikten Konvexität von $I(n,\cdot)$. $\quad\square$

<u>SATZ 2.4.</u> (<u>Optimalität des ML-Schätzers, Kester-Kallenberg</u>)

Sei $\overset{\circ}{\Theta} \subset \Theta^*$ relativ abgeschlossen, konvex, g: $\Theta \to \mathbb{R}^d$ stetig, $(\tilde{\theta}_n)$ eine Schätzfolge für θ, so daß $\tilde{\theta}_n = \hat{\theta}_n$, falls der ML-Schätzer $\hat{\theta}_n$ existiert und $T_n: = g(\tilde{\theta}_n)$. Dann ist <u>$(T_n)$ abweichungsoptimal</u> in (ε,θ), $\theta \in \Theta$, $\forall \varepsilon > o$ mit $b(\varepsilon,\theta) < K(\theta)$, d. h.

$$(5) \qquad -\lim \frac{1}{n} \ln P_\theta(|T_n - g(\theta)| > \varepsilon) = b(\varepsilon,\theta).$$

<u>Beweisskizze.</u> Da $\overset{\circ}{\Theta} \subset \Theta^*$ lokal kompakt ist, folgt nach Lemma 2.3 und nach einem Satz von Berk, daß für $\lambda^{-1}(\overline{x}_n) \in A: = \{n \in \Theta^*; I(n,\theta) < b\}$ mit $b < K(\theta)$ der ML-Schätzer $\hat{\theta}_n$ existiert und eindeutig ist, $P_\theta(\lambda^{-1}(\overline{x}_n) \in A) \to 1$ und $(\tilde{\theta}_n)$ ist konsistent für θ; also auch (T_n) konsistent für $g(\theta)$. Weiter gilt:

$P_\theta(I(\tilde{\theta}_n,\theta) \geq b) \leq P_\theta(I(\hat{\theta}_n,\theta) \geq b, \ \lambda^{-1}(\overline{x}_n) \in A) + P_\theta(\overline{x}_n \notin \lambda(A))$.

Für $\lambda^{-1}(\overline{x}_n) \in A$ gilt nach 2.3: $I(\hat{\theta}_n,\theta) \leq I(\theta_n^*,\theta) = I(\lambda^{-1}(\overline{x}_n),\theta) < b$

$\Rightarrow P_\theta(I(\tilde{\theta}_n,\theta) \geq b) \leq P_\theta(\overline{x}_n \notin \lambda(A))$. Nach einem Satz von Efron und Truax gilt in Verallgemeinerung von 1.1: $P_\theta(\overline{x}_n \notin \lambda(A)) = \exp(-n(b + o(1)))$.

$\Rightarrow -\overline{\lim} \frac{1}{n} \ln P_\theta(I(\tilde{\theta}_n,\theta) \geq b) \geq b$ für alle $b < K(\theta)$. Die Behauptung folgt dann aus dem nun folgenden Satz 2.5. $\quad\square$

<u>Bemerkung.</u> Ist $(I(T_n,\theta_o))$ konsistent für $I(\theta,\theta_o)$, dann gilt nach 2.2
$-\underline{\lim} \frac{1}{n} \ln P_{\theta_o}(I(T_n,\theta_o) > b) \leq \inf\{I(\sigma,\theta_o); \ \sigma \in \Theta, \ I(\sigma,\theta_o) > b\}$.
(Die rechte Seite in obiger Ungleichung ist $\geq b$). Die zum Schluß der obigen Beweisskizze angegebene Ungleichung bedeutet also in etwa die Optimalität von $I(T_n,\theta_o)$ als Schätzer von $I(\theta,\theta_o)$ in $\theta = \theta_o \in \Theta$. $\quad\square$

Ist $(I(T_n,\theta_o))$ abweichungsoptimal für $I(\theta,\theta_o)$, dann ist auch (T_n) abweichungsoptimal für θ.

<u>SATZ 2.5.</u> (<u>Bahadur</u>)
Sei g: $\Theta \to \mathbb{R}^d$ stetig, (T_n) konsistent für θ und für alle $b < b_o = b_o(\theta)$ gelte:

$$(6) \qquad -\overline{\lim} \, \frac{1}{n} \, \ell n \, P_\theta(I(T_n,\theta) \geq b) \geq b \;\Rightarrow\; (g(T_n))$$

ist abweichungsoptimal für $g(\theta)$, $\forall(\varepsilon,\theta)$ mit $b(\varepsilon,\theta) < b_0 = b_0(\theta)$.

<u>Beweis.</u> Sei $\Delta(\varepsilon,\theta): = \{\delta \in \Theta; \quad g(\delta) - g(\theta)| > \varepsilon\}$

$\Rightarrow \{|g(T_n) - g(\theta)| > \varepsilon\} \subset \{T_n \in \Delta(\varepsilon,\theta)\} \subset \{I(T_n,\theta) \geq b(\varepsilon,\theta)\}$,

da $b(\varepsilon,\theta) = \inf\{I(\delta,\theta); \; \delta \in \Delta(\varepsilon,\theta)\}$. Aus der Voraussetzung:
$-\overline{\lim} \, \frac{1}{n} \, \ell n \, P_\theta(I(T_n,\theta) \geq b) \geq b$, $\forall b < b_0$ folgt daher:

$$-\overline{\lim} \, \frac{1}{n} \, \ell n \, P_\theta\{|g(T_n) - g(\theta)| > \varepsilon\} \geq -\overline{\lim} \, \frac{1}{n} \, \ell n \, P_\theta\{I(T_n,\theta)$$

$\geq b(\varepsilon,\theta)\} \geq b(\varepsilon,\theta)$. Nach 2.2 folgt also:
$-\lim \frac{1}{n} \, \ell n \, P_\theta\{|g(T_n) - g(\theta)| > \varepsilon\} = b(\varepsilon,\theta)$, d. h. $(g(T_n))$ ist
abweichungsoptimal. $\quad\square$

<u>Bemerkung.</u> a) Kester, Kallenberg und Fu zeigen, daß die Konvexitäts-
annahme in 2.4 wesentlich ist. Im allgemeinen Fall ist für die
Optimalität des ML-Schätzers die <u>exponentielle Konvexität</u> der Verteilungsklasse $\mathbb{Q}$ von Bedeutung, d. h. mit $\theta,\eta \in \Theta$ folgt, daß

$$(7) \qquad \frac{dP_\alpha}{dP_\eta}(x): = \exp\{\alpha \, \ell n \, \frac{dP_\theta}{dP_\eta}(x) - \psi_\alpha\} \in \mathbb{Q}, \; \forall \alpha \in [0,1]$$

mit einer Normierungskonstanten ψ_α. Im Fall von Exponentialverteilungen
führt das auf die Annahme eines konvexen Parameterbereichs.

b) Da $b(\varepsilon,\theta)$ häufig schwierig zu bestimmen ist, konzentrieren sich
viele Arbeiten auf das Verhalten von $b(\varepsilon,\theta)$ für $\varepsilon \to o$. In genügend
glatten einparametrischen Verteilungsklassen gilt für $g(\theta) = \theta$:

$$(8) \qquad b(\varepsilon,\theta) = \frac{1}{2} \varepsilon^2 I(\theta) + o(\varepsilon^2), \; \varepsilon \to o, \; I(\theta) = \text{Fisher-Information.}$$

Für den MLE $(\hat{\theta}_n)$ gilt

$$(9) \qquad \lim_{\varepsilon \to 0} \frac{e(\varepsilon,\theta,(\hat{\theta}_n))}{b(\varepsilon,\theta)} = 1$$

nach einem Ergebnis von Bahadur. Von Fu und Perng wurde dieses Ergebnis auf k-parametrische Verteilungsklassen und auf andere Schätzer,
wie z. B. maximum probability Schätzer und reguläre asymptotische
Schätzer, übertragen.

c) Ist $\Theta = \Theta^*$ offen und ist $\{x: \sup_{\theta \in \Theta^*} (\theta^T x - \psi(\theta)) < \infty\}$ offen, dann folgt $K(\theta) = \infty$ für alle $\theta \in \Theta^*$ und daher ist nach 2.4 der ML-Schätzer (θ_n^*) abweichungsoptimal für alle $\varepsilon > 0$, $\theta \in \Theta^*$. ◻

Wir betrachten nun eine Verallgemeinerung der Bahadurschranke auf den allgemeinen Restriktionsfall $(M, A_{(n)})$. Dazu wird zunächst eine Verallgemeinerung des Satzes von Stein benötigt. Seien $P, Q \in M^1(M, A)$, $P_n: = P/A_{(n)}$, $Q_n: = Q/A_{(n)}$ und $r_n: = \dfrac{dQ_n}{dP_n}$ der verallgemeinerte Dichtequotient auf $A_{(n)}$. Sei

(10)
$$C_n(t): = \{x; \tfrac{1}{n} \ln r_n(x) \leq t\}, \quad -\infty \leq t \leq \infty$$
$$\Rightarrow Q(C_n(t)) = \int_{\{\frac{dQ_n}{dP_n} \leq e^{nt}\}} dQ_n \leq e^{nt}$$

$\Rightarrow Q(C_n(t)) \xrightarrow[n \to \infty]{} o$ für $t < o$ und $Q(C_n(\infty)) = 1$, $\forall n \in \mathbb{N}$. Also ist die folgende Definition sinnvoll.

<u>DEFINITION 2.6.</u>

(11) $\qquad K(Q, P): = \inf\{t \in \overline{\mathbb{R}}; \; Q(C_n(t)) \xrightarrow[n \to \infty]{} 1\}$

heißt <u>verallgemeinerter Kullback-Leibler</u> Abstand.   ◻

<u>Bemerkung.</u> Es ist $o \leq K(Q, P) \leq \infty$. Im iid-Fall $Q_n = Q_1^{(n)}$, $P_n = P_1^{(n)}$ konvergiert $\tfrac{1}{n} \ln r_n \to I(Q_1, P_1)$ bzgl. Q, also ist $K(Q, P) = I(Q_1, P_1)$. Auch bei typischen Anwendungen in (ergodischen) abhängigen Modellen gilt:

(12) $\qquad \tfrac{1}{n} \ln r_n \xrightarrow[Q]{} K(Q, P)$.   ◻

<u>SATZ</u> 2.7. (Verallgemeinerter Satz von Stein)
Sei $\varphi_n \in \phi(M, A_{(n)})$, $n \in \mathbb{N}$ und $\underline{\lim} \, E_Q \, \varphi_n > o$, dann folgt

(13) $\qquad \underline{\lim} \tfrac{1}{n} \ln E_P \, \varphi_n \geq -K(Q, P)$.

<u>Beweis.</u> O.E. sei $K: = K(Q, P) < \infty$. Für $t > K$ folgt dann:
$$E_P \, \varphi_n \geq \int_{C_n(t)} \varphi_n \, dP_n \geq \int_{C_n(t)} \varphi_n \, r_n \, e^{-nt} dP_n = e^{-nt} \int_{C_n(t)} \varphi_n \, dQ_n$$

$$\geq e^{-nt} \left[\int \varphi_n \, dQ_n - Q_n \, (C_n(t))^c \right]$$

$$\Rightarrow \underline{\lim} \frac{1}{n} \ell n \, E_p \, \varphi_n \geq -t + \underline{\lim} \frac{1}{n} \ell n \left[\int \varphi_n \, dQ_n - Q_n(C_n(t)^c) \right]. \text{ Da}$$

$\lim Q_n \{(C_n(t))^c\} \to 0$ und $\underline{\lim} \int \varphi_n \, dQ_n > 0 \Rightarrow \underline{\lim} \frac{1}{n} \ell n \, E_p \, \varphi_n \geq -t, \; \forall t > K.$ □

<u>Bemerkung.</u> Mit $\psi_n: = 1 - \varphi_n$ ist zu (13) äquivalent:
$$\overline{\lim} \, E_Q \, \psi_n < 1 \Rightarrow \underline{\lim} \frac{1}{n} \ell n \, E_p(1 - \psi_n) \geq -K(Q,P). \quad □$$

Sei nun $\mathbf{P} = \{P_\theta; \; \theta \in \Theta\} \subset M^1(M,\mathbf{A})$, $\mathbf{P}_n = \{P_{n,\theta}; \; \theta \in \Theta\}$, $P_{n,\theta}: = P_\theta/\mathbf{A}_{(n)}$,
$g: \Theta \to \Gamma$, (Γ,d) ein metrischer Raum mit Borelscher σ-algebra $\mathbf{B}$ und
sei $\alpha_n(\varepsilon,\theta,T_n) = P_\theta\{d(T_n,g(\theta)) \geq \varepsilon\}$ die Abweichungsfunktion für den
Schätzer $T_n:(M,\mathbf{A}_{(n)}) \to (\Gamma,\mathbf{B})$.

<u>SATZ</u> 2.8. (<u>Verallgemeinerte Bahadur-Schranke</u>)
Sei (T_n) eine konsistente Schätzfolge für g und
$$b(\varepsilon,\theta): = \inf\{K(P_\sigma,P_\theta); \; d(g(\sigma),g(\theta)) > \varepsilon\}$$

$$(14) \qquad \Rightarrow \underline{\lim} \frac{1}{n} \ell n \, \alpha_n(\varepsilon,\theta,T_n) \geq -b(\varepsilon,\theta).$$

<u>Beweis.</u> O.E. sei $b(\varepsilon,\theta) < \infty$. Sei $\sigma \in \Theta$ mit $d(g(\sigma),g(\theta)) > \varepsilon$. Da (T_n)
konsistent ist, folgt $\underline{\lim} P_\sigma\{d(T_n,g(\theta)) > \varepsilon\} = 1$. Wir betrachten
$\varphi_n: = 1_{\{d(T_n,g(\theta)) > \varepsilon\}}$ als Testfolge für $(\{P_\theta\},\{P_\sigma\})$. Dann ist
$\underline{\lim} E_\sigma \, \varphi_n = 1 > 0$. Nach 2.7 folgt: $\underline{\lim} \frac{1}{n} \ell n \, E_\theta \, \varphi_n \geq -K(P_\sigma,P_\theta). \quad □$

Es ist $b(\varepsilon,\theta) \geq 0$ und in regulären Fällen gilt: $b(\varepsilon,\theta) \to 0$, $\varepsilon \downarrow 0$.
Die typische Rate ist in der Umgebung von o von der Form:

$$(15) \qquad b(\varepsilon,\theta) = \frac{1}{2} c(\theta) \, \varepsilon^2(1 + o(1)), \; \varepsilon \downarrow o.$$

<u>KOROLLAR</u> 2.9. Ist (T_n) konsistent für g und gilt (15),
$$\Rightarrow \underline{\lim_{\varepsilon \to o}} \, \underline{\lim_{n \to \infty}} \, (n\varepsilon^2)^{-1} \ell n \, \alpha_n(\varepsilon,\theta,T_n) \geq -\frac{1}{2} c(\theta). \quad □$$

<u>BEISPIEL</u> 2.2. Sei $P_{n,\theta} = N(\theta \cdot 1, (\rho^{|i-j|})_{i,j \leq n})$ mit $\theta \in \Theta = \mathbb{R}^1$ und
$\rho \in \mathbb{R}^1$, $|\rho| < 1$, $\theta \cdot 1 = (\theta,\dots,\theta)^T$. Dann ist $T_n(x) = \bar{x}_n$ ein konsistenter
Schätzer für $g(\theta) = \theta$, denn $E_\theta \bar{x}_n = \theta$ und $\sigma_n^2: = V_\theta(\bar{x}_n) = $
$$= \frac{1}{n^2} \sum_{i,j=1}^{n} \rho^{|i-j|} = \frac{1}{n} \frac{1+\rho}{1-\rho} - \frac{1}{n^2} 2\rho \frac{1-\rho^n}{1-\rho} \to o.$$

Da $P_{n,\theta}^{\overline{x}_n} = N(\theta, \sigma_n^2)$ folgt: $\frac{1}{n} \ell n \; P_{n,\theta}\{|\overline{x}_n - \theta| > \varepsilon\} = \frac{1}{n} \ell n \; 2 \; P_{n,o}\{\overline{x}_n > \varepsilon\}$

$= \frac{1}{n} \ell n \; 2(1 - \phi(\frac{\varepsilon}{\sigma_n}))$. Da $n\sigma_n^2 \to \frac{1+\rho}{1-\rho}$ folgt aus der Beziehung:

$$\frac{1}{\sqrt{2\pi}} (\frac{1}{x} - \frac{1}{x^3}) e^{-x^2/2} < 1 - \phi(x) < \frac{1}{\sqrt{2\pi}} \frac{1}{x} e^{-x^2/2}, \; x > 0:$$

$$\overline{\lim} \; \frac{1}{n} \ell n \; 2(1 - \phi(\frac{\varepsilon}{\sigma_n})) \leq \overline{\lim} \; \frac{1}{n} \ell n \; \frac{1}{\sqrt{2\pi}} + \overline{\lim} \; \frac{1}{n} \ell n \; \frac{\sigma_n}{\varepsilon} - \underline{\lim} \; \frac{1}{n} \; \frac{\varepsilon^2}{2\sigma_n^2}$$

$$= - \frac{\varepsilon^2}{2 \frac{1+\rho}{1-\rho}} \quad \text{und} \; \underline{\lim} \; \frac{1}{n} \ell n \; 2(1 - \phi(\frac{\varepsilon}{\sigma_n})) \geq - \frac{\varepsilon^2}{2 \frac{1+\rho}{1-\rho}}$$

$$\Rightarrow e(\varepsilon, \theta, (\overline{x}_n)) = - \frac{\varepsilon^2}{2 \frac{1+\rho}{1-\rho}} \; .$$

Mit $\Sigma_n = \text{Cov} \; (P_{n,\theta}) = (\rho^{|i-j|})$ gilt für $\theta, \eta \in \Theta$

$$r_n(x) = \frac{dP_{n,\theta}}{dP_{n,\eta}} (x) = e^{- \frac{1}{2}(x-\theta 1)^T \Sigma_n^{-1}(x-\theta 1) + \frac{1}{2}(x-\theta 1)^T \Sigma_n^{-1}(x-\eta 1)}$$

$$\Rightarrow \ell n \; r_n(x) = \underbrace{(x - \theta 1)^T \Sigma_n^{-1}}_{=: Y} (\theta \cdot 1 - \eta \cdot 1) + \frac{1}{2}(\theta \cdot 1 - \eta \cdot 1)\Sigma_n^{-1}(\theta 1 - \eta 1) \; .$$

Es ist

$$\Sigma_n^{-1} = \frac{1}{1-\rho^2} \begin{pmatrix} 1 & -\rho & 0 & \cdots\cdots & 0 \\ -\rho & 1+\rho^2 & -\rho & & \cdot \\ 0 & -\rho & 1+\rho^2 & -\rho & \cdot \\ \cdot & 0 & & \ddots & \ddots & 0 \\ \cdot & \cdot & & & 1+\rho^2 & -\rho \\ 0 & 0 \; .. \; 0 & & -\rho & 1 \end{pmatrix}$$

und $P_{n,\theta}^Y = N(o, \Sigma_n^{-1})$, also $V(\frac{1}{n} \Sigma Y_j) = \frac{1}{n^2} \sum_{i,j} \text{Cov}(Y_i, Y_j) = \frac{1}{n} \frac{1-\rho}{1+\rho}$

$+ \frac{1}{n^2} \frac{2}{1+\rho} \Rightarrow \frac{1}{n} Y(\theta 1 - \eta 1) = (\theta - \eta) \frac{1}{n} \Sigma Y_j \xrightarrow[P_{n,\theta}]{} 0$

$\frac{1}{n} \frac{1}{2} (\theta 1 - \eta 1)\Sigma_n^{-1}(\theta 1 - \eta 1) = \frac{1}{2}(\theta - \eta)^2(\frac{1-\rho}{1+\rho} + \frac{1}{n} \frac{2}{1+\rho})$

$\Rightarrow \frac{1}{n} \ell n \; r_n \xrightarrow[P_{n,\theta}]{} \frac{1}{2}(\theta - \eta)^2 \frac{1-\rho}{1+\rho}$. Der verallgemeinerte Kullback-Leibler-

Abstand ist also: $K(P_\theta, P_\eta) = \frac{1}{2}(\theta - \eta)^2 \frac{1-\rho}{1+\rho}$ und $b(\varepsilon, \theta) =$

$\inf\{K(P_\eta, P_\theta), \; |\eta - \theta| > \varepsilon\} = \frac{1}{2} \varepsilon^2 \frac{1-\rho}{1+\rho} \Rightarrow (\overline{x}_n)$ ist abweichungsoptimal. $\quad \square$

Beispiel 2.3. Allgemeine Sanov-Mengen

Im iid-Fall sei $P_n = P_1^{(n)}$, $Q_n = Q_1^{(n)}$, $A_{(n)} = A_1^{(n)}$ und sei τ_o eine Topologie auf $M^1(X,A_1)$, so daß für das empirische Maß $\hat{P}_n$ das schwache Gesetz der großen Zahlen gilt, d. h. $\forall U \subset M^1(X,A_1)$ offen und $\forall Q = Q_1^{(\infty)}$, $Q_1 \in U$ gilt:

(16) $Q\{\hat{P}_n \in U\} \xrightarrow[n \to \infty]{} 1$.

Nach 2.7 folgt: $\underline{\lim} \frac{1}{n} \ln P\{\hat{P}_n \in U\} \geq -I(Q_1,P_1)$. Damit erhält man die folgende Schranke: $\forall U \in \tau_o$ gilt:

(17) $\underline{\lim} \frac{1}{n} \ln P\{\hat{P}_n \in U\} \geq \sup\{-I(Q_1,P_1); \ Q_1 \in U\} = -I(U,P_1)$.

Groeneboom, Oosterhoff und Ruymgaart zeigen, daß unter der Bedingung $I(U,P_1) = I(\overline{U},P_1)$ sogar die Gleichheit in (17) gilt, d. h. daß dann U eine Sanov-Menge ist. Alternativ kann auch 1.18 angewendet werden.

Sei $E = \{\pi, \ \pi = \{C_1,\ldots,C_k\}$ ist eine meßbare Partition von $X\}$. Für $\pi \in E$ und $P \in M^1(X,A_1)$, $\delta > o$ sei $B_\pi(P,\delta): = \{Q \in M^1(X,A_1): d_\pi(P,Q) < \delta\}$ mit $d_\pi(P,Q) = \max\{|P(C_i) - Q(C_i)|; \ C_i \in \pi\}$. Sei τ die von $\{B_\pi(P,\delta); \ \pi \in E, \ \delta > o, \ P \in M^1(X,A_1)\}$ erzeugte Topologie. Man kann zeigen, daß bzgl. τ das schwache Gesetz der großen Zahlen gilt: also ist jede τ-offene Menge U eine Sanov-Menge, falls $I(U,P_1) = I(\overline{U},P_1)$ gilt.

Ist speziell X ein polnischer Raum, A_1 die Borel σ-algebra, dann ist jede bzgl. der schwachen Topologie offene Menge in τ; ist X endlich dimensional, dann ist jede bzgl. der Topologie der glm. Konvergenz offene Menge in τ. □

Die Bahadurschranke ist nicht in allen Beispielen scharf. In Lokationsfamilien wurde eine andere Schranke von Sievers für äquivariante Schätzer gefunden. Sei $P = \{Q_\theta; \ \theta \in \mathbb{R}^1\}$, $Q_\theta = f(\cdot - \theta) \lambda^1$, $P_n = P^{(n)}$. Ein Schätzer T_n heißt äquivariant für θ, wenn

(18) $T_n(x + c \cdot 1) = c + T_n(x)$, $\forall c \in \mathbb{R}^1$, $1 = (1,\ldots,1)$.

Da $P_\theta\{|T_n - \theta| > \varepsilon\} = P\{|T_n| > \varepsilon\}$, $P = Q_o^{(\infty)}$, ist $\alpha_n(\varepsilon,\theta,T_n) = \alpha_n(\varepsilon,T_n)$ unabhängig von θ, also auch $e(\varepsilon,\theta,(T_n)) = e(\varepsilon,(T_n))$.

SATZ 2.10. (Sievers-Schranke)
Sei P eine Lokationsfamilie auf $(\mathbb{R}^1,B^1)$, (T_n) eine äquivariante

Schätzfolge für $g(\theta) = \theta \Rightarrow e(\varepsilon,(T_n)) \leq M(Q_{-\varepsilon},Q_\varepsilon)$ mit

$M(Q_{-\varepsilon},Q_\varepsilon): = \inf\{\max[I(R,Q_{-\varepsilon}), I(R,Q_\varepsilon)]; R \in M^1(\mathbb{R}^1,\mathbb{B}^1)\}$

$= -\ln \inf_{o<\alpha<1} \int f^\alpha(x-\varepsilon)f^{1-\alpha}(x+\varepsilon)d\lambda^1(x).$

<u>Beweis.</u> Sei $R \in M^1(\mathbb{R}^1,\mathbb{B}^1)$ und sei $\max[I(R,Q_{-\varepsilon}), I(R,Q_\varepsilon)] < \infty$

$\Rightarrow R \ll Q_\varepsilon$, also hat R eine λ^1-Dichte. Da T_n äquivariant ist

$\Rightarrow \lambda^n\{T_n = o\} = o \Rightarrow R^n\{T_n = o\} = o \Rightarrow \max\{\overline{\lim} R^n\{T_n > o\}, \overline{\lim} R^n\{T_n < o\}\} > 0.$

Nach dem Satz von Stein folgt:

$\overline{\lim} \frac{1}{n} \ln P_{-\varepsilon}\{T_n > o\} \geq -I(R,Q_{-\varepsilon})$ oder $\overline{\lim} \frac{1}{n} \ln P_\varepsilon\{T_n < o\} \geq -I(R,Q_\varepsilon).$

$\Rightarrow e(\varepsilon,(T_n)) = -\overline{\lim} \frac{1}{n} \ln P\{|T_n| > \varepsilon\} = \min\{-\overline{\lim} \frac{1}{n} \ln P(T_n < -\varepsilon),$

$-\overline{\lim} \frac{1}{n} \ln P(T_n > \varepsilon)\} = \min\{-\overline{\lim} \frac{1}{n} \ln P_\varepsilon(T_n < o), -\overline{\lim} \frac{1}{n} \ln P_{-\varepsilon}(T_n > o)\}$

$\leq \max[I(R,Q_\varepsilon), I(R,Q_{-\varepsilon})]$. Also folgt: $e(\varepsilon,(T_n)) \leq M(Q_{-\varepsilon},Q_\varepsilon)$. Der Rest
der Aussage folgt nun aus dem folgenden Lemma 2.11.   □

<u>LEMMA</u> 2.11. Seien $P = f\mu$, $Q = g\mu$ Wahrscheinlichkeitsmaße auf $(\mathbb{X},A)$,
dann folgt:

$$M(P,Q): = \inf\{\max[I(R,P), I(R,Q)]; R \in M^1(\mathbb{X},A)\}$$

(19)
$$= -\ln \inf_{o<\alpha<1} \int g^\alpha f^{1-\alpha}d\mu ,$$

falls $M(P,Q) < \infty$.

<u>Beweis.</u> Sei $Q \ll P$ und sei für $\alpha \in [0,1]$

(20)
$$\frac{dR_\alpha}{dP}: = \exp(\alpha \ln \tfrac{g}{f} - \psi(\alpha)), \quad \mathbb{R}: = \{R_\alpha; \alpha \in [0,1]\} = \mathbb{R}_{P,Q}$$

die Exponentialfamilie von P nach Q, falls $\int \ln \tfrac{g}{f} dP < \infty$. Es ist
$\psi(\alpha) = \ln \int g^\alpha f^{1-\alpha}d\mu$, $\alpha \in [0,1]$, $R_0 = P$, $R_1 = Q$. Da $\alpha \to I(R_\alpha,R_i)$ stetig,
monoton, $i = 0,1$, existiert ein $\alpha^* \in [0,1]$, so daß $\forall\alpha$:
$\max[I(R_{\alpha^*},P), I(R_{\alpha^*},Q)] \leq \max[I(R_\alpha,P), I(R_\alpha,Q)]$ und $I(R_{\alpha^*},P) = I(R_{\alpha^*},Q).$

Wegen $I(R_\alpha,P) = \int \ln \frac{dR_\alpha}{dP} dR_\alpha = \int [\alpha \ln \tfrac{g}{f} - \psi(\alpha)]dR_\alpha$ und wegen

$o = I(R_{\alpha^*},P) - I(R_{\alpha^*},Q) = \int \ln \frac{dQ}{dP} dR_{\alpha^*}$, folgt: $I(R_{\alpha^*},P) = -\psi(\alpha^*).$

Sei nun $R \in M^1(\mathbb{X},A)$ mit $I(R,P) < \infty$, $I(R,Q) < \infty$ und sei $I(R,Q) \leq I(R,P).$

$\Rightarrow I(R,P) - I(R,Q) = \int \ln \frac{dQ}{dP} dR \geq o \Rightarrow \int \ln \frac{dR_{\alpha^*}}{dP} dR = \int(\alpha^* \ln \frac{dQ}{dR} - \psi(\alpha^*)]dR$

$\geq -\psi(\alpha^*) = I(R_{\alpha^*},P) \Rightarrow I(R,P) = I(R,R_{\alpha^*}) + \int \ln \frac{dR_{\alpha^*}}{dP} dR \geq I(R,R_{\alpha^*})+I(R_{\alpha^*},P).$

Also ist: $\max(I(R,P), I(R,Q)) \geq \max(I(R_{\alpha^*},P),I(R_{\alpha^*},Q)) = -\psi(\alpha^*)$.
Der allgemeine Fall folgt durch leichte Modifikation des Falles $Q \ll P$. □

BEISPIEL 2.4. Sei $f(x) = e^{-x} {}_{[0,\infty)}(x)$ und P die Lokationsfamilie, die
durch $P = f \lambda^1$ erzeugt wird, dann ist die Bahadurschranke $b(\varepsilon) = \varepsilon$ und
der ML-Schätzer $T_n(x) = \min_{1 \leq i \leq n} x_i$ ist abweichungsoptimal (unter allen
konsistenten Schätzern). Die Sieversschranke ist $M(Q_{-\varepsilon},Q_{\varepsilon}) = 2\varepsilon$; sie
wird angenommen durch den äquivarianten aber nicht konsistenten Schätzer
$S_n(x) = \min_{1 \leq i \leq n} x_i - \varepsilon$. □

Es sollen nun die Abweichungsrate von M-Schätzern bestimmt werden und
dann gezeigt werden, daß es M-Schätzer gibt, die die Sievers-Schranke
annehmen.

DEFINITION 2.12. Sei $\psi: \mathbb{R}^1 \to \overline{\mathbb{R}}^1$, $\psi \uparrow$ und es gebe $x,y \in \mathbb{R}^1$ mit $\psi(x) < 0$,
$\psi(y) > 0$. Sei für $x \in \mathbb{R}^n$, $\lambda_n(t): = \sum_{i=1}^{n} \psi(x_i - t) = \lambda_{n,x}(t)$, dann heißt

$$(21) \qquad T_n(x): = T_n^{\psi}(x): = \sup\{t: \lambda_n(t) \geq o\}$$

der durch ψ induzierte M-Schätzer. □

M-Schätzer sind nach Definition äquivariant.
Sei $\gamma_\theta(t): = \ell n \int e^{t\psi} dQ_\theta$ die logarithmische moment-erzeugende Funktion
von ψ bzgl. Q_θ und sei

$$(22) \qquad e_\psi(\varepsilon): = \min\{-\inf_{t \geq o} \gamma_{-\varepsilon}(t), \ -\inf_{t \leq o} \gamma_\varepsilon(t)\},$$

dann gilt:

SATZ 2.13. Wenn $Q_\varepsilon\{\psi < o\} > o$ oder $Q_\varepsilon\{\psi = o\} = o$

$$(23) \qquad \Rightarrow e(\varepsilon,(T_n^\psi)) = e_\psi(\varepsilon).$$

Beweis. Sei $T_n = T_n^\psi$, $P = Q^{(\infty)}$, dann gilt: $P_\varepsilon(T_n = o) = o$, da $Q_\varepsilon \ll \lambda^1$.
Nach Definition von λ_n folgt: $P_\varepsilon(\lambda_n(o) < o) \leq P_\varepsilon(T_n < o) \leq P_\varepsilon(\lambda_n(o) \leq o)$.
BEHAUPTUNG 1. $\lim \frac{1}{n} \ell n \ P(T_n > \varepsilon) = \inf_{t \geq o} \gamma_{-\varepsilon}(t)$.
BEHAUPTUNG 2. $\lim \frac{1}{n} \ell n \ P(T_n < -\varepsilon) = \inf_{t \leq o} \gamma_\varepsilon(t)$.

Zu Behauptung 2. Wenn $Q_\varepsilon(\psi = o) = o$, $Q_\varepsilon(\psi < o) = o \Rightarrow P_\varepsilon(\lambda_n(o) = o) = o$
$\Rightarrow P(T_n < -\varepsilon) = P_\varepsilon(T_n < o) = P_\varepsilon(\lambda_n(o) < o) = o$.

In diesem Fall sind also beide Seiten von Behauptung 2 = $-\infty$.

Sei $Q_\varepsilon(\psi < o) > o$, $\psi > -\infty$; nach der Bemerkung b) nach 1.8
$\Rightarrow \lim \frac{1}{n} \ell n \, P_\varepsilon(\lambda_n(o) \leq n \, c_n) = \inf_{t \leq o} \gamma_\varepsilon(t)$, $\forall$ Folgen (c_n) mit
$\lim c_n = o$ und damit die Behauptung. Ist $Q_\varepsilon(\psi = -\infty) > o \Rightarrow \gamma_\varepsilon(t) = \infty$,
$\forall t < o$ und $P_\varepsilon(\lambda_n(o) < o) \rightarrow 1$, also Behauptung 2 gilt.

<u>Zu Behauptung 1.</u> Wegen $P(T_n > \varepsilon) = P_{-\varepsilon}(T_n > o) = P_{-\varepsilon}(\lambda_n(o) \geq o)$
folgt nach dem Cramerschen Satz die Behauptung 1. Aus Behauptung 1
folgt nun (23).   □

<u>KOROLLAR 2.14.</u> Sei $\psi_\varepsilon(x) := \ell n \, \frac{f(x - \varepsilon)}{f(x + \varepsilon)} \uparrow$ und sei $\psi_\varepsilon < \infty \, [Q_\varepsilon]$ oder
$\psi_\varepsilon > -\infty \, [Q_{-\varepsilon}] \Rightarrow e_{\psi_\varepsilon}(\varepsilon) = M(Q_{-\varepsilon}, Q_\varepsilon)$; der zugehörige M-Schätzer ist
also abweichungsoptimal unter allen äquivarianten Schätzern, falls
ψ_ε isoton ist.

<u>Beweis.</u> Nach 2.10 ist $M(Q_{-\varepsilon}, Q_\varepsilon) =$

$= -\ell n \inf_{o < \alpha < 1} \int \exp(\alpha \, \ell n \, \frac{f(x - \varepsilon)}{f(x + \varepsilon)}) f(x + \varepsilon) d\lambda^1(x)$. Wenn $\psi_\varepsilon > -\infty$ f.s.

$\Rightarrow \inf_{t \leq o} \gamma_\varepsilon(t) = \inf_{o \leq t} \gamma_{-\varepsilon}(t) = \inf_{o \leq t \leq 1} \gamma_{-\varepsilon}(t)$, denn $\inf_{t \leq o} \gamma_\varepsilon(t) =$

$= \inf_{t \leq o} \ell n \int \left(\frac{f(x - \varepsilon)}{f(x + \varepsilon)} \right)^t f(x - \varepsilon) d\lambda^1(x) = \inf_{t \geq o} \ell n \int \underbrace{(f(x + \varepsilon))^t f(x - \varepsilon)^{1-t} d\lambda^1(x)}_{=: H_t(Q_\varepsilon, Q_{-\varepsilon})}$

$t \rightarrow H_t(Q_\varepsilon, Q_{-\varepsilon})$ ist konvex, $H_o(Q_\varepsilon, Q_{-\varepsilon}) = H_1(Q_\varepsilon, Q_{-\varepsilon}) = 1$, also kann man
das infimum in $[0,1]$ finden; mit $t' = 1 - t$ erhält man dann:

$\inf_{o \leq t \leq 1} \gamma_{-\varepsilon}(t)$. $\Rightarrow e_{\psi_\varepsilon}(\varepsilon) = M(Q_{-\varepsilon}, Q_\varepsilon)$. Wenn $\psi_\varepsilon < \infty$ f.s.

$\Rightarrow \inf_{t \geq o} \gamma_{-\varepsilon}(t) = \inf_{o < t < 1} \gamma_\varepsilon(t) \Rightarrow e_{\psi_\varepsilon}(\varepsilon) = M(Q_{-\varepsilon}, Q_\varepsilon)$.   □

<u>Bemerkung.</u> Eine Modifikation des Beweises von 2.13 zeigt, daß für
$\varepsilon < \varepsilon_0$ die Aussage aus 2.13 auch für nichtmonotone ψ gültig bleibt,
falls $(\psi'(x) - \psi'(y)| \leq c|x - y|$, $\int \psi'(x) f(x) d\lambda(x) > o$ und $P(-\infty, o) = \frac{1}{2}$.   □

Im Fall $\psi_\varepsilon(x) := \ell n \, \frac{f(x - \varepsilon)}{f(x + \varepsilon)} \uparrow$ ist der zugehörige M-Schätzer sogar im
folgenden Sinne finit optimal.

SATZ 2.15. (M-Schätzer als Pitman-Schätzer)

Sei $\psi_\varepsilon(x) := \ell n \dfrac{f(x-\varepsilon)}{f(x+\varepsilon)} \uparrow$, $T_n^* := T_n^{\psi_\varepsilon}$ der zugehörige M-Schätzer. Ist T_n ein äquivarianter Schätzer für θ, dann gilt:

$$(24) \qquad P(|T_n| > \varepsilon) \geq P(|T_n^*| > \varepsilon)$$

oder, äquivalent hierzu,

$$P_\theta(|T_n - \theta| > \varepsilon) \geq P_\theta(|T_n^* - \theta| > \varepsilon), \quad \forall \theta \in \mathbb{R}^1 .$$

Beweis. Nach Definition von T_n^* gilt

$$(25) \qquad \{T_n^* > o\} \subset \{\lambda_n(o) > o\} \subset \{T_n^* \geq o\}$$

und $\lambda^n\{T_n^* = o\} = o$; also gilt in (25) f.s. Gleichheit bzgl. λ^n und deshalb auch bzgl. Q_θ^n, $\forall \theta \in \Theta = \mathbb{R}^1$. Damit folgt:

$$T_n^*(x) > o \iff \lambda_n(o) = \sum_{i=1}^n \psi_\varepsilon(x_i) = \ell n \prod_{i=1}^n \frac{f(x_i - \theta)}{f(x_i + \theta)} = \ell n \frac{dQ_\varepsilon^n}{dQ_{-\varepsilon}^n}(x) > o \text{ f.s.}$$

$\Rightarrow \varphi_n^* := 1_{\{T_n^* > o\}}$ ist Bayes-Test zur Vorbewertung $(\frac{1}{2}, \frac{1}{2})$ für

$$(\{Q_{-\varepsilon}^{(n)}\}, \{Q_\varepsilon^{(n)}\}) \Rightarrow P_\varepsilon\{T_n^* \leq o\} + P_{-\varepsilon}\{T_n^* > o\} = P\{T_n^* \leq -\varepsilon\} + P\{T_n^* \geq \varepsilon\} =$$

$$= P\{|T_n^*| > \varepsilon\} \leq P\{|T_n| > \varepsilon\} = P_\varepsilon\{T_n \leq o\} + P_\varepsilon\{T_n > o\}, \forall \text{ äquivarianten}$$

Schätzer T_n. $\square$

Das relative tail-Verhalten (Ausreißeranfälligkeit) von äquivarianten Schätzern in Lokationsmodellen wurde von Jurecková untersucht. Sei T_n äquivarianter Schätzer für θ,

$$(26) \qquad q(\varepsilon) := -\ell n\, Q((-\varepsilon, \varepsilon)^c)$$

der logarithmische tail von Q, dann heißt

$$(27) \qquad B(\varepsilon, T_n) := -\ell n\, P(|T_n| > \varepsilon)/q(\varepsilon) = \frac{-\ell n\, \alpha_n(\varepsilon, T_n)}{q(\varepsilon)}$$

der relative tail von T_n. Ist $B(\varepsilon, T_n)$ groß, dann ist T_n relativ stark in einer ε-Umgebung des wahren Parameters konzentriert.

SATZ 2.16. Sei T_n äquivariant für θ mit der Eigenschaft
$\min(x_1, \ldots, x_n) > o \Rightarrow T_n(x) > o$ und $\max(x_1, \ldots, x_n) < o \Rightarrow T_n(x) < o$.

(28) $\qquad \Rightarrow \quad 1 \leq \underline{\lim_{\varepsilon \to \infty}} B(\varepsilon, T_n) \leq \overline{\lim_{\varepsilon \to \infty}} B(\varepsilon, T_n) \leq n.$

<u>Beweis.</u> Es ist: $P(|T_n| > \varepsilon) = P(T_n > \varepsilon) + P(T_n < -\varepsilon) = P\{x: T_n(x-\varepsilon \cdot 1) > o\} +$

$+ P\{x: T_n(x+\varepsilon \cdot 1) < o\} \geq P\{x: \min\{x_i\} > \varepsilon\} + P\{x: \max\{x_i\} < -\varepsilon\} = Q(\varepsilon, \infty)^n +$

$+ Q(-\infty, -\varepsilon)^n \geq 2^{-n+1}(Q\{(-\varepsilon, \varepsilon)^c\})^n$, denn $\dfrac{a^n + b^n}{2} \geq (\dfrac{a+b}{2})^n$

$\Rightarrow \ell n \, P(|T_n| > \varepsilon) \geq (-n+1)\ell n \, 2 - n \, q(\varepsilon)$

$\Rightarrow \overline{\lim_{\varepsilon \to \infty}} \ \dfrac{-\ell n \, P(|T_n| > \varepsilon)}{q(\varepsilon)} \leq n.$

Analog gilt: $P(|T_n| > \varepsilon) \leq P(\max x_i \geq \varepsilon) + P(\min x_i \leq -\varepsilon) = Q(\varepsilon, \infty)^n + Q(-\infty, -\varepsilon)^n$

$= a^n + b^n \leq 2(1 - (1 - \dfrac{a+b}{2})^n)$, denn $(1 - \dfrac{a+b}{2})^n \leq \dfrac{(1-a)^n + (1-b)^n}{2} \leq \dfrac{1 - a^n + 1 - b^n}{2}$

$= 1 - \dfrac{a^n + b^n}{2}$. Daraus folgt

$\dfrac{-\ell n \, P(|T_n| > \varepsilon)}{q(\varepsilon)} \geq \dfrac{-\ell n \, 2}{q(\varepsilon)} - \dfrac{\ell n(1 - (1 - \dfrac{a+b}{2})^n)}{q(\varepsilon)} \sim \dfrac{-\ell n \, \dfrac{n}{2}}{q(\varepsilon)} - \dfrac{\ell n(a+b)}{q(\varepsilon)} \sim 1.$ $\quad \square$

Für $T_n(x) = \overline{x}_n$ wird man erwarten, daß $B(\varepsilon, T_n)$ groß wird für Verteilungen mit geringen (light) tails und klein für Verteilungen mit schweren (heavy) tails. Sei F die Verteilungsfunktion von Q.

<u>PROPOSITION</u> 2.17. Sei F symmetrisch um o.

a) Sei für ein $b > o$, $r \geq 1$: $\lim_{\varepsilon \to \infty} \dfrac{-\ell n(1 - F(\varepsilon))}{b\varepsilon^r} = 1$

(29) $\qquad \Rightarrow \lim_{\varepsilon \to \infty} B(\varepsilon, \overline{x}_n) = n$

b) Wenn $\lim_{\varepsilon \to \infty} \dfrac{-\ell n(1 - F(\varepsilon))}{m \, \ell n \, \varepsilon} = 1$ für ein $m > o$

(30) $\qquad \Rightarrow \lim_{\varepsilon \to \infty} B(\varepsilon, \overline{x}_n) = 1.$

<u>Beweis.</u> Zu b): $P(|\overline{x}_n| > \varepsilon) = P(\overline{x}_n > \varepsilon) + P(\overline{x}_n < -\varepsilon)$

$\geq P(x_1 > -\varepsilon, \ldots, x_{n-1} > -\varepsilon, \, x_n > (2n-1)\varepsilon) + P(x_1 < \varepsilon, \ldots, x_{n-1} < \varepsilon, \, x_n < -(2n-1)\varepsilon)$

$\geq (1 - F(-\varepsilon))^{n-1}(1 - F((2n-1)\varepsilon)) + F(\varepsilon-)^{n-1} \, F(-(2n-1)\varepsilon-) = 2F(\varepsilon-)^{n-1}F(-(2n-1)\varepsilon-).$

Da $1 - F(\varepsilon) \sim \varepsilon^{-m}$, $F(-\varepsilon) \sim \varepsilon^{-m} \Rightarrow Q(-\varepsilon, \varepsilon)^c = 1 - F(\varepsilon) + F(-\varepsilon) \sim \varepsilon^{-m} + \varepsilon^{-m} = 2\varepsilon^{-m}$

$\Rightarrow q(\varepsilon) \sim m \, \ell n \, \varepsilon \Rightarrow \dfrac{-\ell n \, P(|\overline{x}_n| > \varepsilon)}{q(\varepsilon)} \leq \dfrac{-\ell n(2 \, F(\varepsilon-)^{n-1} \, F(-(2n-1)\varepsilon-))}{q(\varepsilon)}$

$\sim \dfrac{m \, \ell n \, \varepsilon}{m \, \ell n \, \varepsilon} = 1$; also gilt nach 2.16: $\lim B(\varepsilon, \overline{x}_n) = 1.$

a) folgt aus 2.18. $\quad \square$

__Bemerkung.__

a) Im Fall a) ist $1 - F(\varepsilon) \sim e^{-b\varepsilon^r}$ ('light tails') und damit ist $\bar{x}_n$ optimal. Für $r = 2$ ist diese Voraussetzung für die Normalverteilung erfüllt, für $r = 1$ für die logistische und doppelt exponentielle Verteilung. Im Fall b) ist $1 - F(\varepsilon) \sim \varepsilon^{-m}$ ('heavy tails'). Enthalten sind hier für $m = 1$ die Cauchy-Verteilung und die t_m-Verteilung.

b) Der Beweis läßt sich leicht für den nicht symmetrischen Fall modifizieren. □

Für robuste Statistiken wie L-Schätzer und M-Schätzer lassen sich die Schranken von Satz 2.16 modifizieren. Wir behandeln den Fall von L-Statistiken.

__PROPOSITION 2.18   L-Statistiken__

Sei $T_n(x) := \sum\limits_{i=k+1}^{n-k} c_i x_{(i)}$, $x_{(1)} \leq \dots \leq x_{(n)}$ mit $\Sigma\, c_i = 1$, $c_i \geq 0$, und sei f symmetrisch um o

$$(31) \qquad \Rightarrow k+1 \leq \varliminf_{\varepsilon \to \infty} B(\varepsilon, T_n) \leq \varlimsup_{\varepsilon \to \infty} B(\varepsilon, T_n) \leq n - k.$$

Insbesondere gilt für den Median $T_n(x) = m_n$:

$$(32) \qquad \frac{n}{2} \leq \varliminf_{\varepsilon \to \infty} B(\varepsilon, m_n) \leq \varlimsup_{\varepsilon \to \infty} B(\varepsilon, m_n) \leq \frac{n}{2} + 1,\ n \text{ gerade}$$

$$\varlimsup_{\varepsilon \to \infty} B(\varepsilon, m_n) = \frac{n+1}{2},\ n \text{ ungerade}.$$

__Beweis.__ $P(|T_n| > \varepsilon) = P(T_n > \varepsilon) + P(T_n < -\varepsilon) \leq P(x_{(n-k)} > \varepsilon) +$

$$+ P(x_{(k+1)} < -\varepsilon) = 2n \binom{n-1}{k} \int_0^{1-F(\varepsilon)} t^k (1-t)^{n-k-1} dt \quad \text{(F symmetrisch)}$$

$$\leq 2^{-k} \binom{n}{k+1} (2(1 - F(\varepsilon)))^{k+1} \Rightarrow \varliminf_{\varepsilon \to \infty} - \frac{\ln P(|T_n| > \varepsilon)}{q(\varepsilon)}$$

$$\geq \varliminf \left\{ - \frac{\ln(2^{-k}\binom{n}{k+1}))}{q(\varepsilon)} - \frac{(k+1)\ln(2(1 - F(\varepsilon)))}{q(\varepsilon)} \right\} = k + 1.$$

Andererseits ist:

$$P(|T_n| > \varepsilon) \leq P(x_{(k+1)} > \varepsilon) + P(x_{(n-k)} < -\varepsilon) = 2n \binom{n-1}{k} \int_0^{1-F(\varepsilon)} t^{n-k-1}(1-t)^k dt$$

$$\geq 2^{-n+k+1} \binom{n}{k} (F(\varepsilon))^k (2(1 - F(\varepsilon)))^{n-k}$$

$$\Rightarrow \varlimsup_{\varepsilon \to \infty} - \frac{\ln P(|T_n| > \varepsilon)}{q(\varepsilon)} \leq \varlimsup \left\{ - \frac{\ln[2^{-n+k+1}\binom{n}{k}]}{q(\varepsilon)} - \frac{k \ln F(\varepsilon)}{q(\varepsilon)} - \right.$$

$$\left. - \frac{(n-k)\ln[2(1 - F(\varepsilon))]}{q(\varepsilon)} \right\} = n - k. \quad □$$

Analog zu 2.17 erhält man im 'light tails'-Fall die optimale Rate $n - k$ und im 'heavy tails'-Fall die Rate $k + 1$. Die getrimmten Schätzer sind also im günstigen Fall von leichten Tails schlechter als die nicht getrimmten, sie sind aber im heavy tail-Fall (z. B. verursacht durch Ausreißer) nicht so schlecht.

Sei nun $\psi_\varepsilon(x) := \ln \dfrac{f(x - \varepsilon)}{f(x + \varepsilon)} \uparrow$ und $T_n^\varepsilon := T_n^{\psi_\varepsilon}$ der M-Schätzer zu ψ_ε. In 2.14 wurde gezeigt, daß T_n^ε optimal bzgl. der Abweichungsrate unter allen äquivarianten Schätzern ist und nach 2.15 sogar finit optimal bezüglich dem Verlust $P(|T_n| \geq \varepsilon)$. Nach 2.17 ist zu vermuten, daß im Fall von 'light tails' für $\varepsilon \to \infty, T_n^\varepsilon$ gegen den optimalen Schätzer $\overline{x}_n$ - bzgl. der relativen Abweichungsrate - konvergiert.

<u>PROPOSITION</u> 2.19. Sei $\ln f$ konkav und sei $-\ln f(x) = b|x|^r(1 + g(x))$, $g(x) \to 0$ für $|x| \to \infty$, für ein $b > 0$, $r \geq 1$ und so, daß $g(x - \varepsilon) = = g(x + \varepsilon) + o(\frac{1}{\varepsilon})$, $\varepsilon \to \infty$

$$(33) \qquad \Rightarrow \lim_{\varepsilon \to \infty} T_n^{\psi_\varepsilon}(x) = \overline{x}_n = \frac{1}{n} \sum_{i=1}^{n} x_i .$$

<u>Beweis.</u> Für $\varepsilon \to \infty$ gilt die folgende Beziehung:

$$(34) \qquad \psi_\varepsilon(x) = 2b\, r\varepsilon^{r-1}x \,(1 + o(1)),$$

denn $\psi_\varepsilon(x) = \ln \dfrac{f(x - \varepsilon)}{f(x + \varepsilon)} = -b(\varepsilon - x)^r(1 + g(x + \varepsilon) + o(\frac{1}{\varepsilon}))$
$+ b(\varepsilon + x)^r(1 + g(x + \varepsilon) + o(\frac{1}{\varepsilon})) = b\{(\varepsilon + x)^r - (\varepsilon - x)^r\}(1 + o(1)) + o(\varepsilon^{r-1})$
$= 2b\, r\, x\varepsilon^{r-1}(1 + o(1)).$

Für $\delta > 0$ gilt weiter:

$$(35) \qquad \sum_{i=1}^{n} \psi_\varepsilon(x_i - \overline{x}_n - \delta) = 2b\, r\varepsilon^{r-1} \sum_{i=1}^{n} (x_i - \overline{x}_n - \delta)(1 + o(1))$$
$$= -2b\, r\varepsilon^{r-1} n\delta \,(1 + o(1)) < 0$$

für $\varepsilon > \varepsilon_0$ und analog: $\sum_{i=1}^{n} \psi_\varepsilon(x_i - \overline{x}_n + \delta) > 0$ für $\varepsilon > \varepsilon_0$. Daher gilt für $\varepsilon > \varepsilon_0$: $|T_n^{\psi_\varepsilon}(x) - \overline{x}_n| < \delta \Rightarrow$ Behauptung. $\quad\square$

§ 3 Nichtlokale Testtheorie

Wir betrachten ein Testproblem $\Theta = \Theta_0 + \Theta_1$ im asymptotischen Modell.
Für $\tilde{\varphi} = (\varphi_n) \in \tilde{\phi}$ sei

$$(1) \qquad \alpha_n(\theta) := E_\theta \, \varphi_n, \quad \alpha_n := \sup_{\theta \in \Theta_0} E_\theta \, \varphi_n \quad \text{und} \quad \beta_n(\theta) := 1 - E_\theta \, \varphi_n.$$

Es ist $\alpha_n = \alpha_{n,\varphi_n}$, $\beta_n = \beta_{n,\varphi_n}$.

<u>DEFINITION</u> 3.1. Sei $\tilde{\varphi} = (\varphi_n) \in \tilde{\phi}$, $0 \leq A \leq \infty$.

a) $\tilde{\varphi}$ ist von der <u>Rate A</u>

$$\Leftrightarrow \quad \begin{cases} \overline{\lim} \; \alpha_n < 1 & \text{falls } A = 0 \\[2mm] \overline{\lim} \; \frac{1}{n} \ell n \; \alpha_n \leq -A & \text{falls } A > 0. \end{cases}$$

Sei $\tilde{\phi}_A := \{\tilde{\varphi} \in \tilde{\phi}; \; \tilde{\varphi} \text{ ist von der Rate A}\} = \tilde{\phi}_A(\Theta_0)$.

b) Sei für $\theta \in \Theta_1$, $B(A,\theta,\Theta_0) := -\inf_{\tilde{\varphi} \in \tilde{\phi}_A} \lim \frac{1}{n} \ell n \; (1 - E_\theta \, \varphi_n)$

$\tilde{\varphi} \in \tilde{\phi}_A$ heißt <u>ERO</u> in $\theta \in \Theta_1$ (von exponentieller Rate optimal in θ)

$$\Leftrightarrow \lim \frac{1}{n} \ell n \; (1 - E_\theta \, \varphi_n) = -B(A,\theta,\Theta_0). \qquad \square$$

Wir verwenden im folgenden für Wahrscheinlichkeitsmaße P die Schreibweise $\alpha_n(P)$, $\beta_n(P)$, $B(A,P,\mathbf{P}_0)$ in Analogie zur parametrischen Situation. Wir konzentrieren uns im folgenden auf den <u>iid-Fall</u>: $P_\theta = Q_\theta^{(\infty)}$.

<u>Bemerkung.</u> Ist $P_\theta = Q_\theta^{(\infty)}$, dann folgt nach dem Satz von Stein:

$$(2) \qquad B(0,\theta_1,\{\theta_0\}) = I(\theta_0,\theta_1) = \int \ell n \; \frac{dQ_{\theta_0}}{dQ_{\theta_1}} \, dQ_{\theta_0}.$$

Im (abhängigen) Restriktionsmodell mit der Zusatzannahme, daß

$$\frac{1}{n} \ell n \; r_n \xrightarrow[P_{\theta_1}]{} K(\theta_0,\theta_1) \quad \text{mit } r_n := \frac{dP_{\theta_0}|^{\mathbf{A}}(n)}{dP_{\theta_1}|^{\mathbf{A}}(n)} \quad \text{und } K(\theta_0,\theta_1) \text{ dem verallgemei-}$$

nerten Kullback-Leibler-Abstand, gilt eine zu (2) analoge Aussage. $\qquad \square$

Für $0 \leq A \leq \infty$ definieren wir eine Umgebung von $\mathbf{P}_0 := \{Q_\theta, \; \theta \in \Theta_0\}$ bezüglich des Kullback-Leibler-Abstandes.

$$(3) \qquad \begin{aligned} \mathbf{P}_A &:= \{R \in M^1(\Omega,\mathbf{A}); \; I(R,\mathbf{P}_0) < A\} \quad \text{für } A > 0 \\[2mm] \mathbf{P}_A &:= \{R \in M^1(\Omega,\mathbf{A}); \; I(R,\mathbf{P}_0) = 0\} =: \mathbf{P}_{A,0} \quad \text{für } A = 0 \end{aligned}$$

mit $I(R,P_0) = \inf\{I(R,P);\ P \in P_0\}$.

__SATZ__ 3.2. $\forall Q \in M^1(\Omega,A),\ 0 \le A \le \infty$ gilt:

(4) $\qquad B(A,Q,P_0) \le I(P_A,Q)$.

__Beweis.__ __1. Fall: $0 < A \le \infty$.__

Sei $(\varphi_n) \in \tilde{\phi}_A$, dann gilt:

(5) $\qquad \forall R \in P_A:\ \lim \alpha_n(R) = \lim \alpha_{n,\varphi_n}(R) = 0$.

Denn angenommen: $\overline{\lim}\ \alpha_{n,\varphi_n}(R) > 0 \Rightarrow \exists (n_k) \subset \mathbb{N}:\ \lim \beta_{n_k}(R) = \lim(1-\alpha_{n_k}(R)) < 1$.
Mit $\tilde{\varphi}_n := 1 - \varphi_{n_k}$ für $n_k \le n < n_{k+1}$ folgt: $(\tilde{\varphi}_n) \in \tilde{\phi}_0(\{R\})$. Nach dem Satz von
Stein folgt für alle $P_0 \in M^1(\Omega,A)$:

(6) $\qquad \underline{\lim} \dfrac{1}{n_k} \ln \alpha_{n_k,\varphi_{n_k}}(P_0) = \underline{\lim} \dfrac{1}{n} \ln \beta_{n,\tilde{\varphi}_n}(P_0) \ge -B(0,P_0,\{R\}) =$

$\qquad = -I(R,P_0)$.

Zu $R \in P_A$ existiert aber ein $P_0 \in P_0$ mit $I(R,P_0) < A$, so daß (6) zu einem
Widerspruch zur Annahme $(\varphi_n) \in \phi_A$ führt.

Also gilt für $R \in P_A$, $(\varphi_n) \in \tilde{\phi}_A(P_0)$: $\lim \alpha_{n,\varphi_n}(R) = 0$, d. h. $(\varphi_n) \in \tilde{\phi}_0(R)$
$\Rightarrow B(A,Q,P_0) \le B(0,Q,\{R\}) = I(R,Q) \Rightarrow B(A,Q,P_0) \le \inf_{R \in P_A} I(R,Q) = I(P_A,Q)$.

__2. Fall: $A = 0$.__
Sei $(\varphi_n) \in \tilde{\phi}_A$, $R \in P_{A,0}$, also $I(R,P_0) = 0 \Rightarrow B(0,Q,P_0) \le B(0,Q,\{R\}) = I(R,Q)$
$\qquad\qquad\qquad\qquad\qquad\qquad$ (wie im ersten Fall)
$\Rightarrow B(0,Q,P_0) \le \inf_{R \in P_{A,0}} I(R,Q) = I(P_A,Q)$. $\quad\square$

Wir benötigen noch einige Eigenschaften des Kullback-Leibler-Informations-
abstandes.

__LEMMA__ 3.3. $A_1 \subset A_2 \subset A$, $P,Q \in M^1(\Omega,A)$ und es seien $P_i := P/A_i$, $Q_i := Q/A_i$,
$i = 1,2, \Rightarrow I(P_1,Q_1) \le I(P_2,Q_2)$.

__Beweis.__ O.E. sei $I(P_2,Q_2) < \infty$ und daher $P_i \ll Q_i$. $I(P_1,Q_1) = \int \ln \dfrac{dP_1}{dQ_1}\ dP_1 =$

$= \int \ln E_{Q_1}(\dfrac{dP}{dQ} \mid A_1)dP_1 = \int \ln E_{Q_1}(E_{Q_1}(\dfrac{dP}{dQ} \mid A_2) \mid A_1)dP_2 \le \int \ln E_{Q_1}(\dfrac{dP}{dQ} \mid A_2)dP_2$

$= I(P_2,Q_2)$ nach der Jensen-Ungleichung für bedingte Erwartungswerte.   □

PROPOSITION 3.4. (Pinsker)

Sei $A_n \uparrow A$, $P,Q \in M^1(\Omega,A)$ und $I_n(P,Q) := I(P|A_n, Q|A_n) \Rightarrow I_n(P,Q) \uparrow I(P,Q)$.

Beweis. Sei $L_n := \dfrac{dP_n}{dQ_n}$ die verallgemeinerte RN-Dichte. O.E. ist $P_n \ll Q_n$

und $I_n(P,Q) < \infty$, $\forall n \in \mathbb{N}$. Sei $f(x) := x \ln x + 1 - x$, $x \geq 0$; dann ist $f \geq 0$ und

f ist konvex. $Z_n := f(L_n)$ ist ein Submartingal bzgl. Q und

$Z_n \to Z_\infty := f(L_\infty)$ $[P+Q]$. $E_Q Z_n = \int (L_n \ln L_n + 1 - L_n) dQ_n = \int \ln \dfrac{dP_n}{dQ_n} dP =$

$= I(P_n,Q_n)$ ist nach 3.3 isoton, also $E_Q Z_n \uparrow b$, $b \leq \infty$. Wenn $b < \infty$, dann ist

(L_n) gleichgradig integrierbar bzgl. Q, denn: $\displaystyle\int_{\{L_n > a\}} L_n \, dQ \leq \dfrac{1}{c} \int_{\{L_n > a\}} f(L_n) dQ$

$\leq \dfrac{1}{c} \sup_n E_Q Z_n = \dfrac{1}{c} b = \varepsilon$, für a so groß, daß $\dfrac{f(x)}{x} > c$ für $x > a$.

$\Rightarrow \lim_{a \to \infty} \displaystyle\int_{\{L_n > a\}} L_n dQ \leq \lim \dfrac{a}{f(a)} b = 0$, also gilt $1 = E_Q L_n \to E_Q L_\infty$, also

$P \ll Q$. Nach dem Lemma von Fatou folgt: $I(P,Q) = \int Z_\infty \, dQ \leq \lim_{n \to \infty} \int Z_n \, dQ$

$= \lim_{n \to \infty} I_n(P,Q) \leq I(P,Q)$ (nach 3.3), also gilt: $I(P,Q) = \lim I_n(P,Q)$.

Ist $b = \infty$, dann ist die Aussage von 3.4 trivial.   □

Sei $A_1,\ldots,A_m \in A$ eine meßbare Partition von Ω, $m = m_n$ und

$A_n := A(A_1,\ldots,A_m)$. Für $P,Q \in M^1(\Omega,A)$

$$(7) \qquad \Rightarrow I_n(P,Q) = \sum_{i=1}^{m} P(A_i) \ln \frac{P(A_i)}{Q(A_i)} \qquad (\tfrac{0}{0} := 0, \ 0 \ln 0 := 0).$$

Sei $\hat{P}_n(A) = \hat{P}_{n,x}(A) = \dfrac{1}{n} \sum_{i=1}^{n} 1_A(x_i)$ das empirische Maß und sei

$\hat{I}_n := I_n(\hat{P}_{n,x},P_0) = I(\hat{P}_{n,x}|A_n, P_0|A_n)$ der Abstand von $\hat{P}_n$ zu P_0.

PROPOSITION 3.5. Sei $\varphi_n := \begin{cases} 1 & \hat{I}_n \geq A \\ 0 & \hat{I}_n < A \end{cases}$, $0 < A \leq \infty$, und $A_n = A(A_1,\ldots,A_m)$,

$\lim_{n \to \infty} m_n \dfrac{\ln n}{n} = 0 \Rightarrow (\varphi_n) \in \tilde{\Phi}_A$ und für $Q \in M^1(\Omega,A)$ gilt:

$$(8) \qquad \overline{\lim} \, \tfrac{1}{n} \ln (1 - E_Q \varphi_n) \leq -\underline{\lim} \, I_n(P_{A,n},Q) \text{ mit}$$

$$P_{A,n} := \{P \in M^1(\Omega,A); \ I_n(P,P_0) < A\}.$$

Beweis. $(\hat{P}_n(A_1),\ldots,\hat{P}_n(A_m))$ ist bzgl. P^n $M(m,P(A_1),\ldots,P(A_m))$-verteilt.

Nach 1.12 gilt:

- 122 -

$$(9) \qquad P^n(\hat{I}_n \geq A) \leq (n+1)^m \, e^{-nA}, \quad m = m_n.$$

Da $m_n \dfrac{\ell n \, n}{n} \to 0$ folgt, daß $(\varphi_n) \in \tilde{\phi}_A$. Mit $B_n := I_n(\mathbf{P}_{A,n}, Q)$ gilt:

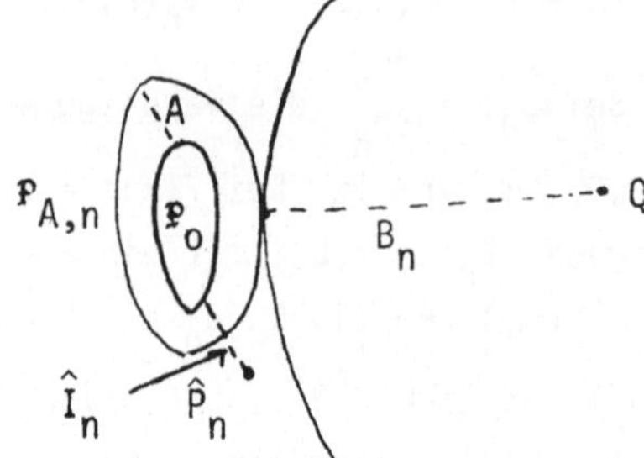

$$\mathbf{P}_{A,n} \subset \{ R \in M^1(\Omega, A); \ I_n(R,Q) \geq B_n \}$$

$$\Rightarrow Q^n \{ I_n(\hat{P}_n, \mathbf{P}_0) < A \} = Q^n \{ \hat{P}_n \in \mathbf{P}_{A,n} \}$$

$$\leq Q^n \{ I_n(\hat{P}_n, Q) \geq B_n \} \leq (n+1)^m \, e^{-nB_n}$$

$$\Rightarrow \overline{\lim} \, \frac{1}{n} \, \ell n \, (1 - E_Q \, \varphi_n) \leq -\underline{\lim} \, B_n$$

$$= -\underline{\lim} \, I_n(\mathbf{P}_A, Q). \qquad \square$$

Als Korollar erhält man eine untere Schranke für $B(A,Q,\mathbf{P}_0)$.

<u>KOROLLAR</u> 3.6. $B(A,Q,\mathbf{P}_0) \geq \underline{\lim} \, I_n(\mathbf{P}_{A,n}, Q)$.

<u>Beweis.</u> Sei φ_n der Test aus 3.5, dann gilt:
$$B(A,Q,\mathbf{P}_0) = - \inf_{(\varphi_n') \in \tilde{\phi}_A} \overline{\lim} \, \frac{1}{n} \, \ell n \, (1 - E_Q \, \varphi_n') \geq -\underline{\lim} \, \frac{1}{n} \, \ell n \, (1 - E_Q \, \varphi_n)$$

$$\geq -\overline{\lim} \, \frac{1}{n} \, \ell n \, (1 - E_Q \, \varphi_n) \geq \underline{\lim} \, I_n(\mathbf{P}_{A,n}, Q) \ \text{nach 3.5.} \qquad \square$$

3.2 und 3.6 legen nun nahe, Bedingungen zu untersuchen, unter denen $I_n(\mathbf{P}_{A,n}, Q)$ gegen $I(\mathbf{P}_A, Q)$ konvergiert.

<u>DEFINITION</u> 3.7.

1. Sei $E \subset A$ ein System von Teilmengen und $(P_n)_{n \geq 0} \subset M^1(\Omega, A)$. Dann definieren wir die Topologie der <u>mengenweisen Konvergenz auf E</u> durch:

$$(10) \qquad P_n \xrightarrow{E} P_0 \iff P_n(A) \to P_0(A), \ \forall A \in E.$$

2. Sei $A_n = A(A_1, \ldots, A_m) \uparrow A$, $(A_i) = (A_{i,n})$ eine meßbare Partition von Ω. (A_n) heißt <u>adäquat bzgl. $\mathbf{P}_0$</u>

$$(11) \qquad \iff \mathbf{P}_0 \text{ ist abgeschlossen bzgl. } \xrightarrow{\tilde{A}} \text{ mit } \tilde{A} := \cup A_n. \qquad \square$$

<u>SATZ</u> 3.8. Sei (A_n) adäquat bzgl. $\mathbf{P}_0$.

a) $\forall Q \in M^1(\Omega, A)$ und $0 \leq a < A \leq \infty$ gilt: $\lim\limits_{n \to \infty} I_n(\mathbf{P}_{a,n}, Q) \geq I(\mathbf{P}_A, Q)$.

b) Wenn $m_n \dfrac{\ell n \, n}{n} \to 0$ und wenn A eine Stetigkeitsstelle von $B(\cdot, Q, \mathbf{P}_0)$ ist,

$$\Rightarrow \varphi_n = \begin{cases} 1 & \hat{I}_n \geq A \\ 0 & \hat{I}_n < A \end{cases} \text{ ist ERO in Q bzgl. } \tilde{\phi}_A.$$

c) Für $o \leq a < A \leq \infty$ und $Q \in M^1(\Omega, A)$ gilt: $I(P_A, Q) \leq B(a, Q, P_o) \leq I(P_a, Q)$.

Beweis.

a) Die Folge $B_n := I_n(P_{a,n}, Q)$ ist isoton nach 3.3 und $B_n \leq I(P_a, Q)$, also existiert $\lim B_n$. Es reicht zu zeigen:

(12) $\qquad \forall B$ mit $\lim_n B_n < B < \infty$ existiert ein $R \in P_A$ mit $I(R, Q) \leq B$.

Seien dazu $P_n \in P_o$, $R_n \in P_{a,n}$, so daß $I_n(R_n, Q) < B$, $I_n(R_n, P_n) < a$.

Da A_j endlich ist, gibt es für $j \in \mathbb{N}$ eine konvergente Teilfolge von $P_n | A_j$, $Q_n | A_j$. Mit dem Diagonalverfahren gibt es dann sogar eine konvergente Teilfolge von $P_n | \tilde{A}$, $R_n | \tilde{A}$, $\tilde{A} = \cup A_j$. Sei $(n_k) \subset \mathbb{N}$ eine solche Teilfolge. Da (A_n) adäquat ist bzgl. P_o, existiert ein $P_o \in P_o$ mit $P_{n_k} \xrightarrow{\tilde{A}} P_o$. Sei $R_o(A) := \lim_{n_k} R_{n_k}(A)$, $A \in \tilde{A}$. Wir zeigen nun:

(13) $\qquad \exists R \in M^1(\Omega, A)$ mit $R/\tilde{A} = R_o$.

Sei $r_n(x) := \sum_{i=1}^{m} 1_{A_i}(x) \dfrac{R_o(A_i)}{Q(A_i)}$. Da o.E. $R_o | \tilde{A} << Q | \tilde{A}$ ist (r_n, A_n) ein

Martingal bzgl. Q, $r_n = \dfrac{dR_o | A_n}{dQ | A_n}$. Definiere für $o < u, v < 1$, $f(u, v) := u \ln \dfrac{u}{v}$

$f(o, v) := o$, $f(u, o) := \infty$, $f(o, o) := o \Rightarrow f$ ist halbstetig nach unten (hnu)

(d. h. $u_j \to u$, $v_j \to v \Rightarrow f(u, v) \leq \underline{\lim} f(u_j, v_j)$). Da $\sum_{i=1}^{m} R_n(A_i) \ln \dfrac{R_n(A_i)}{Q(A_i)} =$

$= I_n(R_n, Q) < B$,

(14) $\qquad \Rightarrow \sum_{i=1}^{m} R_o(A_i) \ln \dfrac{R_o(A_i)}{Q(A_i)} \leq B$, $\forall m = m_n$.

Weiter ist für $C > 1$: $\displaystyle\int_{\{r_n > C\}} r_n \, dQ \leq \dfrac{1}{\ln C} \int_{\{r_n > C\}} r_n \ln r_n \, dQ =$

$= \dfrac{1}{\ln C} [\int r_n \ln r_n \, dQ - \int_{\{r_n \leq C\}} r_n \ln r_n \, dQ] \leq \dfrac{1}{\ln C} [\int r_n \ln r_n \, dQ + 1]$

$\qquad\qquad\qquad\qquad\qquad\qquad\qquad$ (da $t \ln t \geq -1$)

$\leq \dfrac{1}{\ln C} (B + 1) < \infty$

$\Rightarrow (r_n)$ ist gleichgradig integrierbar bzgl. Q. Nach dem Martingalkonvergenzsatz folgt: $\lim r_n = r$ existiert Q f.s. und in $L^1(Q)$. $R(A) := \int_A r \, dQ$ erfüllt die Behauptung (13), denn $R | \tilde{A} = R_o$ nach dem Abschlußsatz für Martingale.

Damit gilt: $I_n(R, Q) \leq B$ nach (14) und in Analogie zu (14) gilt auch: $I_n(R, P_o) \leq a < A$. Nach dem Satz von Pinsker 3.4 folgt dann:

$I_n(R,Q) \uparrow I(R,Q)$, also auch $I(R,Q) \leq B$ und $I(R,\mathbb{P}_0) \leq \underline{\lim}\, I_n(R,\mathbb{P}_0) \leq a < A$, d. h. $R \in \mathbb{P}_A$.

b) $\forall A' > A$ gilt: $\overline{\lim} \frac{1}{n} \ell n\, (1 - E_Q\, \varphi_n) \underset{3.5}{\leq} -\underline{\lim}\, I_n(\mathbb{P}_{A,n},Q) \underset{a)}{\leq} -I(\mathbb{P}_{A'},Q)$ $\underset{3.2}{\leq} -B(A',Q,\mathbb{P}_0)$. Ist A eine Stetigkeitsssstelle von $B(\cdot,Q,\mathbb{P}_0)$ (es reicht hier rechtsseitige Stetigkeit), dann folgt: $\overline{\lim} \frac{1}{n} \ell n\, (1 - E_Q\, \varphi_n) \leq -B(A,Q,\mathbb{P}_0)$; also ist (φ_n) ERO in Q.

c) folgt nun aus: $I(\mathbb{P}_A,Q) \underset{a)}{\leq} \lim I_n(\mathbb{P}_{a,n},Q) \underset{3.6}{\leq} B(a,Q,\mathbb{P}_0) \underset{3.2}{\leq} I(\mathbb{P}_a,Q)$. $\square$

Es reicht also nach c) die Stetigkeit von $I(\mathbb{P}_a,Q)$ in A zu zeigen.

<u>Bemerkung.</u>

a) Brown und Bahadur zeigten, daß unter topologischen Voraussetzungen der LQ-Test ERO ist. Kallenberg untersuchte die Optimalität des LQ-Tests in Exponentialfamilien. Hoeffding und Oosterhoff, van Zwet wiesen die Optimalität des LQ-Tests in Multinomialverteilungen nach. Der Begriff der Adäquatheit von σ-Algebren stammt von Tusnady. Tusnady behandelt darüber hinaus auch den Fall von zusammengesetzten Hypothesen und Alternativen. Die Voraussetzungen von Tusnady wurden von Birge verallgemeinert. Birge betrachtet ein abzählbares 'dichtes' Funktionensystem $F = \{f_1, f_2, \dots\}$ und zeigt die Optimalität der Tests $\varphi_n := 1_{[A_n,\infty)}(T_n)$ mit

$$T_n(x) := \inf_{\theta \in \Theta_0} \sup_{1 \leq i \leq k_n} [\frac{1}{n} \sum_{j=1}^{n} f_i(x_j) - \int f_i\, dP_\theta] \text{ für eine Folge } k_n \to \infty,$$

$\ell n\, k_n/n \to o$.

b) Zwei Testfolgen (φ_n), $(\psi_n) \in \tilde{\phi}_A$ kann man vergleichen durch den Quotienten ihrer exponentiellen Rate in $\theta \in \Theta_1$, d. h. durch

$$\tilde{e}(\theta,\varphi_n,\psi_n) := \frac{\lim \frac{1}{n} \ell n\, (1 - E_\theta\, \varphi_n)}{\lim \frac{1}{n} \ell n\, (1 - E_\theta\, \psi_n)} . \quad \square$$

Für Testfolgen der Form $\varphi_n = 1_{\{T_n \geq t_n\}}$ für eine Hypothese $\mathbb{P}_0$ stammt ein stochastisches Maß für die Güte von φ_n der 'exakte slope' von Bahadur. <u>DEFINITION</u> 3.9. Sei $G_n(t) := \sup_{P \in \mathbb{P}_0} P^n\{T_n \geq t\}$

a) (T_n) hat <u>exakten slope $c = c(Q)$</u> bzgl. Q

(15) $\qquad \Longleftrightarrow \lim \frac{1}{n} \ell n \, G_n(T_n) = -\frac{1}{2} c(Q) \quad [Q^\infty]$.

b) Haben (S_n), (T_n) exakten slope c_1, c_2 bzgl. Q, dann heißt

$e_B(S_n, T_n) := \frac{c_1}{c_2}$ (exakte) Bahadur ARE von (S_n) bzgl. (T_n) in Q. $\quad\square$

<u>Bemerkung.</u>

a) $G_n(T_n)$ ist die maximale Wahrscheinlichkeit unter der Hypothese P_0 einen größeren Wert als den beobachteten level T_n zu erhalten. Typischerweise hat $G_n(T_n)$ unter der Hypothese eine nicht entartete Limesverteilung während bzgl. der Alternative Q exponentielle Konvergenz gegen o vorliegt. Ist $Q = Q_\theta$, $\theta \in \Theta_1$, dann schreiben wir auch $c(Q) = c(\theta)$.

b) Haben (S_n), (T_n) exakten slope c_1, c_2 und ist $h(n)$ der Stichprobenumfang, so daß $(T_{h(n)})$ as. denselben slope hat wie (S_n), d. h.

$\frac{1}{n} \ell n \, G_{h(n)}(T_{h(n)}) \to -\frac{1}{2} c_1(Q) \Rightarrow \frac{h(n)}{n} \xrightarrow[n\to\infty]{} \frac{c_1(Q)}{c_2(Q)}$. $\quad\square$

<u>PROPOSITION</u> 3.10. Für $\varepsilon \in (0,1)$ sei $N(\varepsilon) := \inf\{m \in \mathbb{N}: G_n(T_n) < \varepsilon,$ $\forall n \geq m\}$. Hat (T_n) exakten slope $c(Q)$ in Q, $o < c(Q) < \infty$

$\Rightarrow \lim_{\varepsilon \to o} - \frac{2 \, \ell n \, \varepsilon}{N(\varepsilon)} = c(Q)$.

<u>Beweis.</u> $\frac{1}{n} \ell n \, G_n(T_n) \to - \frac{c(Q)}{2} \quad [Q^\infty]$; also gilt $G_n(T_n) > o$ für $n \geq n_0(\omega)$ und $G_n(T_n) \to o \quad [Q^\infty]$. Daher ist $N(\varepsilon) = N(\varepsilon, \omega) < \infty$ für alle $\varepsilon > o$, $\lim_{\varepsilon \to o} N(\varepsilon, \omega) = \infty$, so daß $2 \leq N(\varepsilon, \omega) < \infty$ für $\varepsilon < \varepsilon_1(\omega) = \varepsilon_1$. Nach Definition ist $G_{N(\varepsilon)}(T_{N(\varepsilon)}) < \varepsilon \leq G_{N(\varepsilon)-1}(T_{N(\varepsilon)-1}) \Rightarrow \frac{1}{N(\varepsilon)} \ell n \, G_{N(\varepsilon)}(T_{N(\varepsilon)})$

$< \frac{\ell n \, \varepsilon}{N(\varepsilon)} \leq \frac{1}{N(\varepsilon)} \ell n \, G_{N(\varepsilon)-1}(T_{N(\varepsilon)-1})$. Für $\varepsilon \to o$ folgt daraus:

$\frac{\ell n \, \varepsilon}{N(\varepsilon)} \to - \frac{1}{2} c(Q)$. $\quad\square$

<u>BEISPIEL</u> 3.1. Sei $\Theta_0 = \{o\}$, $\Theta_1 = (o, \infty)$, Q ein Wahrscheinlichkeitsmaß auf $(\mathbb{R}^1, \mathbb{B}^1)$ mit stetiger Vfkt. F, $Q_\theta = \varepsilon_\theta * Q$ die Translation um θ.

Sei $T_n(x) := \sqrt{n} \, \frac{\bar{x}_n}{\sigma_F}$ mit $o < \sigma_F^2 := V_F(x) < \infty$ und $EX_1 = 0$. Dann ist

$G_n(t) = Q^n(T_n \geq t) =: 1 - F_{o,n}(t)$, also $Q^n\{G_n(T_n) \leq t\} = Q^n\{1 - F_{o,n}(T_n) \leq t\}$

$= Q^n\{T_n \geq F_{o,n}^{-1}(1-t)\} = 1 - F_{o,n} \circ F_{o,n}^{-1}(1-t) = t$. Also ist $G_n(T_n)$

$R(o,1)$-verteilt, während $T_n \xrightarrow{D} N(o,1)$ bzgl. Q^∞ .

Für $\theta \in \Theta_1$ gilt nach dem SLLN: $\frac{T_n}{\sqrt{n}} \to \theta$ $[Q_\theta^\infty]$, so daß bzgl. Q_θ^∞ asymptotisch für $G_n(T_n)$ zu erwarten ist: $G_n(T_n) \sim 1 - \phi(\sqrt{n}\,\theta) \sim \frac{1}{\theta\sqrt{2\pi n}} \, e^{-(n\theta^2)/2}$ (die letzte Zeile ist noch genauer zu begründen). □

Mit den Fehlern erster und zweiter Art für die Tests $\varphi_n = 1_{\{T_n \geq t_n\}}$,

$$\alpha_n := \sup_{R \in \mathbf{P}_o} E_{R^n}\,\varphi_n = \sup_{R \in \mathbf{P}_o} R^n\{T_n \geq t_n\} = G_n(t_n), \quad \beta_n = \beta_n(Q) = Q^n\{T_n < t_n\}$$

besteht der folgende Zusammenhang:

PROPOSITION 3.11. (T_n) habe exakten slope $c(Q)$ bzgl. Q

a) wenn $\frac{1}{n}\ln\alpha_n \to d$ und $d < -\frac{1}{2}c(Q) \Rightarrow \beta_n(Q) \to o$; $d > -\frac{1}{2}c(Q) \Rightarrow \beta_n(Q) \to 1$;

b) wenn $\frac{1}{n}\ln\alpha_n \to d$ und $\beta_n(Q) \to \beta(Q)$, $o < \beta(Q) < 1 \Rightarrow d = -\frac{1}{2}c(Q)$.

Beweis.

a) $\beta_n = \beta_n(Q) = Q^n\{T_n < t_n\} = Q^n\{G_n(T_n) < \underbrace{G_n(t_n)}_{=\,\alpha_n}\} = Q^n\{\frac{1}{n}\ln G_n(T_n) < \frac{1}{n}\ln\alpha_n\}$.

Da $\frac{1}{n}\ln G_n(T_n) \to -\frac{1}{2}c(Q)$, folgt die Behauptung.
b) folgt analog zu a). □
Der Bestimmung der exakten slopes dient die folgende Aussage.

PROPOSITION 3.12. Es gelte:

a) $\forall P \in \mathbf{P}_1: \frac{T_n}{\sqrt{n}} \to b(P)$ $[P^\infty]$, $-\infty < b(P) < \infty$.

b) $\exists$ offenes Intervall $I \supset \{b(P); P \in \mathbf{P}_1\}$ und $g: I \to \mathbb{R}^1$ stetig:

$\lim \frac{1}{n}\ln G_n(\sqrt{n}\,t) = g(t)$, $t \in I$

$\Rightarrow \frac{1}{n}\ln G_n(T_n) \to g(b(Q))$, d. h. der exakte slope ist $c(Q) = -2g(b(Q))$.

Beweis. Sei $Q \in \mathbf{P}_1$, dann folgt: $\frac{T_n}{\sqrt{n}} \to b(Q)$ $[Q^\infty]$

$\Rightarrow \sqrt{n}(b(Q) - \varepsilon) < T_n < \sqrt{n}(b(Q) + \varepsilon)$ für $n \geq n_o(\omega) \Rightarrow \frac{1}{n}\ln G_n(\sqrt{n}(b(Q) + \varepsilon))$

$\leq \frac{1}{n}\ln G_n(T_n) \leq \frac{1}{n}\ln G_n(\sqrt{n}(b(Q) - \varepsilon))$ für $n \geq n_o(\omega)$. Für $\varepsilon < \varepsilon_o$ ist

$b(Q) + \varepsilon$, $b(Q) - \varepsilon \in I$, so daß nach Voraussetzung b)

$g(b(Q) + \varepsilon) \leq \underline{\lim}\,\frac{1}{n}\ln G_n(T_n) \leq \overline{\lim}\,\frac{1}{n}\ln G_n(T_n) \leq g(b(Q) - \varepsilon)$. Aus der Stetigkeit von g folgt die Behauptung. □

Die zweite Bedingung in 3.12 ist ein Problem der Wahrscheinlichkeiten großer Abweichungen, so daß die Berechnung von exakten slopes hierauf zurückgeführt werden kann.

BEISPIEL 3.2. Sei in Beispiel 3.1 $Q_\theta = N(\theta,1)$, also $\mathcal{P} = \{Q_\theta; \theta \in \mathbb{R}^1\}$ ein normales Lokationsmodell.

a) Wenn $T_{1,n} := \sqrt{n}\,\bar{x}_n$, dann gelten nach Beispiel 3.1 und dem Satz von Cramer die Bedingungen a), b) aus Proposition 3.12 mit $b(P_\theta) = \theta$, $g(t) = t^2/2$. Also hat $T_{1,n}$ den exakten slope $c_1(P_\theta) = -\theta^2$.

b) $T_{2,n} := \sqrt{n}\,\dfrac{\bar{x}_n}{s_n(x)}$ hat den exakten slope $c_2(P_\theta) = -\ln(1+\theta^2) > -\theta^2$ $= c_1(P_\theta)$. Also ist $e_B(T_{2,n},T_{1,n}) = \dfrac{\ln(1+\theta^2)}{\theta^2} < 1$.

c) Für $V_n := \dfrac{1}{n} \sum\limits_{i=1}^n 1_{(0,\infty)}(x_i)$ und $T_{3,n} := \sqrt{n}(2V_n - 1)$, die <u>Vorzeichen-</u> <u>Test</u>-Statistik, gilt: $c_3(P_\theta) = -2\ln[2\phi(\theta)^{\phi(\theta)}(1-\phi(\theta))^{1-\phi(\theta)}]$.

Denn es gilt Voraussetzung a) von Proposition 3.12 mit $b(P_\theta) = 2\phi(\theta) - 1$ und $\dfrac{1}{n}\ln G_n(\sqrt{n}\,t) = P^n\{V_n > \dfrac{t+1}{2}\} \to -\ln H(\dfrac{1+t}{2})$ mit $H(t) := 2t^t(1-t)^{1-t}$, $o < t < 1$ nach dem Satz von Cramer. Es gilt:

$$e_B(T_{3,n},T_{1,n}) \to \begin{cases} \dfrac{2}{\pi} = e(T_{1,n},T_{3,n}) & \text{für } \theta \to o \\ o & \theta \to \infty \end{cases}$$

Für $\theta \to o$ erhält man also im Limes die ARE oder auch Pitman-Effizienz. □

Von Raghavachari stammt die folgende obere Schranke für den slope.

SATZ 3.13. $\lim \dfrac{1}{n} \ln G_n(T_n) \geq -I(Q,\mathcal{P}_0) \;[Q^\infty]$, d. h.

(16) $c(Q) \leq 2\,I(Q,\mathcal{P}_0)$.

<u>Beweis</u>. O.E. sei $I(Q,\mathcal{P}_0) < \infty$. Zu $\varepsilon > o$ existiert dann ein $P_0 \in \mathcal{P}_0$ mit $o \leq I(Q,P_0) < I(Q,\mathcal{P}_0) + \varepsilon < \infty$. Also ist $Q \ll P_0$ und mit $r := \dfrac{dQ}{dP_0}$, $r_n := \dfrac{dQ^n}{dP_0^n}$ gilt: $\lim \dfrac{1}{n}\ln r_n = I(Q,P_0)\;[Q^\infty]$.

Seien $A_n := \{G_n(T_n) < \exp(-n(I(Q,P_0) + 2\varepsilon))\}$,
$B_n := \{r_n < \exp[n(I(Q,P_0) + \varepsilon)]\} \Rightarrow Q^n(B_n) \to 1$ und

$$Q^n\{A_n \cap B_n\} = \int_{A_n B_n} r_n\, dP_0^n \leq \exp\{n(I(Q,P_0) + \varepsilon)\}P_0^n(A_n \cap B_n)$$

$$\leq e^{n(I(Q,P_0)+\varepsilon)}\, P_0^n\{G_n(T_n) < e^{-n(I(Q,P_0)+2\varepsilon)}\}.$$

Ist F_n die Ffkt. von $(P_o^n)^{T_n}$, dann ist $P_o^n\{G_n(T_n) < u\} \leq P_o^n\{1 - F_n(T_n-) < u\} \leq u$

$\Rightarrow Q^n\{A_n \cap B_n\} \leq e^{-n\varepsilon}$, also $\sum\limits_n Q^n\{A_n \cap B_n\} < \infty$. Nach dem Borel-Cantelli-Lemma

folgt: $\underline{\lim} \dfrac{G_n(T_n)}{\exp\{-n(I(Q,P_o) + 2\varepsilon)\}} \geq 1 \; [Q^\infty] \Rightarrow \underline{\lim} \dfrac{1}{n} \ell n \, G_n(T_n) \geq -I(Q,P_o) - 2\varepsilon$

$\geq -I(Q,P_o) - 3\varepsilon \; [Q^\infty]$. $\quad \square$

Existiert eine adäquate Folge von σ-algebren (A_n), so ist der mittels $\hat{I}_n$ definierte Test φ_n auch optimal bzgl. des exakten slopes.

__SATZ 3.14.__ Sei (A_n) adäquat für Q und $m_n \dfrac{\ell n \, n}{n} \to 0 \Rightarrow$ Der exakte slope von $\hat{I}_n = I_n(\hat{P}_{n,x}, P_o)$ ist $2I(Q,P_o)$.

__Beweis.__ Nach Satz 3.13 reicht es zu zeigen, daß $\overline{\lim} \dfrac{1}{n} \ell n \, G_n(\hat{I}_n) \leq -I(Q,P_o) \; [Q^\infty]$ mit $G_n(t) := \sup\limits_{P \in P_o} P^n(\hat{I}_n \geq t)$. Sei $o < a < A < I(Q,P_o)$. Der Test $\varphi_n := 1_{[a,\infty)}(\hat{I}_n)$ ist nach 3.4 von der Rate a, d. h. $(\tilde{\varphi}_n) \in \tilde{\phi}_a \Rightarrow \overline{\lim} \dfrac{1}{n} \ell n \, G_n(a) \leq -a$. Es reicht also zu zeigen, daß: $\underline{\lim} \, \hat{I}_n \geq a \; [Q^\infty]$ (da dann $\overline{\lim} \dfrac{1}{n} \ell n \, G_n(\hat{I}_n)$

$\leq \overline{\lim} \dfrac{1}{n} \ell n \, G_n(a) \leq -a, \; \forall \, a < I(Q,P_o)$, also $\overline{\lim} \dfrac{1}{n} \ell n \, G_n(\hat{I}_n) \leq -I(Q,P_o))$.

Nach 3.2, 3.8 gilt: $\overline{\lim} \dfrac{1}{n} \ell n \, Q^n\{\hat{I}_n < a\} \leq -I(P_A,Q)$ und nach dem Beweis zu 3.8 gilt: $\lim I_n(Q,P_o) = I(Q,P_o) \Rightarrow \exists n: A < I_n(Q,P_o) \Rightarrow M := \{(R(A_1),\ldots,R(A_m))$; $I_n(R,P_o) \leq A\}$ ist abgeschlossen und $(Q(A_1),\ldots,Q(A_m)) \notin M \Rightarrow I(P_A,Q)$

$\geq I_n(P_{A,n},Q) > o$. Damit gilt: $Q^n\{\hat{I}_n < a\} \leq e^{-n(I(P_A,Q)-\varepsilon)}$ für alle $n \geq n_o$. Für $o < \varepsilon < \varepsilon_o$ gilt daher: $\sum\limits_n Q^n\{\hat{I}_n < a\} < \infty$, so daß nach Borel-Cantelli $\underline{\lim} \, \hat{I}_n \geq a \; [Q^\infty]$. $\quad \square$

Der auf $\hat{I}_n$ basierende Test hat also auch einen optimalen exakten slope. Bahadur und Raghavachari wiesen unter Regularitätsannahmen nach, daß auch der LQ-Test optimalen exakten slope hat. Die Bedingungen für die Optimalität des LQ-Tests sind in etwa analog zu den Bedingungen für die asymptotische Effizienz des ML-Schätzers in II.3 und betreffen im wesentlichen 'reguläre' parametrische Modelle. Die Optimalität des auf $\hat{I}_n$ basierenden Tests bezieht sich dagegen im wesentlichen auf nichtparametrische Modelle. Ein Beispiel, wo beide Tests übereinstimmen, sind die von Hoeffding untersuchten Multinomialverteilungen.

<u>BEISPIEL</u> 3.3. (Multinomialverteilungen)

Sei $\Theta = \{\theta = (\theta_1, \ldots, \theta_k); \theta_i \geq o, \Sigma \theta_i = 1\} = \Delta$, sei bzgl. P_θ X_n eine $M(n,\theta)$-verteilte ZV'e und $V_n := \frac{1}{n} X_n$, also

$$P_\theta(V_n = v) = n! \prod_{i=1}^{k} \theta_i^{r_i}/r_i! \quad \text{für } v = \frac{1}{n}(r_1, \ldots, r_k) \in \Delta_n \subset \Theta \text{ (vgl. 1.12)}.$$

Wegen der Beziehung $P_\theta(V_n = v) = P_v(V_n = v)e^{-nI(v,\theta)}$ basiert der LQ-Test φ_n^* für (Θ_0, Θ_1) auf der Statistik

$$(17) \qquad \frac{\displaystyle\sup_{\theta \in \Theta_0} P_\theta(V_n = v)}{\displaystyle\sup_{\theta \in \Theta} P_\theta(V_n = v)} = e^{-nI(v,\Theta_0)};$$

also ist $\varphi_n^*(v) = \left\{ \begin{array}{c} 1 \\ 0 \end{array} \right. \quad I(v,\Theta_0) \begin{array}{c} \geq \\ < \end{array} c_n.$

Für einen Test $\varphi_n := 1_{B_n}$, $B_n \subset \Delta_n$ gilt nach 1.12

$\alpha_n = \displaystyle\sup_{\theta \in \Theta_0} E_\theta \varphi_n = \exp(-nI(B_n,\Theta_0) + 0(\ell n \, n))$. Mit der speziellen Wahl

$c_n = I(B_n,\Theta_0)$ gilt dann für $A_n := \{v: I(v,\Theta_0) \geq c_n\} = A_n(c_n)$:

$I(A_n,\Theta_0) = c_n$ und daher $A_n \supset B_n$ und $\alpha_n^* = \displaystyle\sup_{\theta \in \Theta_0} E_\theta \varphi_n^* =$

$= \exp(-nI(A_n,\Theta_0) + 0(\ell n \, n)) = \exp(-nc_n + 0(\ell n \, n))$. Damit gilt:

<u>PROPOSITION</u> 3.15. Zu jedem nichtrandomisierten Test $\varphi_n = 1_{B_n}$, $B_n \subset \Theta$

zum Niveaus $\alpha_n = \exp(-nc_n + 0(\ell n \, n))$ existiert ein LQ-Test

$\varphi_n^* = 1_{A_n}$, $A_n = \{\theta \in \Delta_n; I(\theta,\Theta_0) \geq c_n\} = A_n(c_n)$, so daß:

$\alpha_n^* = \displaystyle\sup_{\theta \in \Theta_0} E_\theta \varphi_n^* = \exp(-nc_n + 0(\ell n \, n))$ und

$E_\theta(1 - \varphi_n^*) = \exp(-nI(A_n^C,\theta) + 0(\ell n \, n)) \geq E_\theta(1 - \varphi_n), \forall \theta \in \Theta_1, n \in \mathbb{N}.$ □

Ist $\frac{\ell n \, n}{n \, c_n} = o(1)$, dann haben φ_n, φ_n^* asymptotisch die gleiche Fehlerrate

$\frac{1}{n}(\ell n \, \alpha_n^* - \ell n \, \alpha_n) \xrightarrow[n \to \infty]{} o$. Gilt für jede Folge $c_n' \geq o$ mit $\frac{\ell n \, n}{n \, c_n'} \to o$ und

$\alpha_n = \exp(-nc_n' + 0(\ell n \, n))$

$$(18) \qquad \lim_{n \to \infty} \frac{I(A_n^C(c_n'),\theta)}{I(A_n^C(c_n),\theta)} = 1, \forall \theta \in \Theta_1,$$

d. h.. der LQ-Test ist unabhängig von der speziellen Darstellung von α_n bzgl. der Alternative, dann ist der LQ-Test $\varphi_n^* = 1_{A_n(c_n)}$ sogar glm. optimal für alle Tests zum as. Niveau α_n. (18) ist eine Regularitätsannahme an die Hypothese Θ_0. □

Für endliche Hypothesen kann man im iid-Fall das asymptotische Verhalten des Risikos von minimax-Tests explizit beschreiben. Seien $\Theta_0 = I$, $\Theta_1 = J$ endliche Mengen, $\dfrac{dQ_\theta}{d\mu} = f_\theta$, $\forall \theta \in \Theta = \Theta_0 + \Theta_1$ und $P_{n,\theta} = Q_\theta^{(n)}$.

SATZ 3.16. (Minimax-Risiko für endliche Hypothesen)

Seien $\Theta_0 = I$, $\Theta_1 = J$ endlich und sei $R_n : = \inf\limits_{\varphi_n} \max\{\max\limits_{\theta \in \Theta_0} E_\theta \varphi_n, \max\limits_{\theta \in \Theta_1} (1 - E_\theta \varphi_n)\}$ das minimax-risiko. Für $t \in [o,1]$ und $i \in I$, $j \in J$ sei $H_t(Q_i, Q_j) : = \int f_i^t f_j^{1-t} d\mu$ die Hellinger-transformierte und $\max\limits_{i,j} \inf\limits_{o<t<1} H_t(Q_i, Q_j) = \inf\limits_{o<t<1} H_t(Q_{i_0}, Q_{j_0}) = H_{t^*}(Q_{i_0}, Q_{j_0})$. Dann gilt:

a) $\lim \dfrac{1}{n} \ell n\, R_n = H_{t^*}(Q_{i_0}, Q_{j_0})$;

b) Für den Bayes-Test $\hat{\varphi}_n(x) : = \begin{cases} 1 \\ o \end{cases} \prod\limits_{i=1}^{n} \dfrac{f_{j_0}(x_i)}{f_{i_0}(x_i)} \begin{matrix} \geq \\ < \end{matrix} 1$ für $(\{Q_{i_0}\}, \{Q_{j_0}\})$

zur Vorbewertung $(\frac{1}{2}, \frac{1}{2})$ und das zugehörige Bayes-Risiko $R_n(\hat{\varphi}_n)$ gilt: $\lim \dfrac{1}{n} \ell n\, R_n(\hat{\varphi}_n) = H_{t^*}(Q_{i_0}, Q_{j_0})$; $(\hat{\varphi}_n)$ ist also asymptotischer minimax-Test bzgl. der exponentiellen Konvergenzrate.

Beweis. Sei $\lambda^{(n)} = (\lambda_i^{(n)})_{i \in I}$, $v^{(n)} = (v_j^{(n)})_{j \in J}$ eine ungünstige a-priori-Verteilung auf Θ_0, Θ_1, so daß für den zugehörigen Bayes-Test φ_n

$$R_n = R_{\lambda^{(n)}, v^{(n)}}(\varphi_n) = \int \varphi_n\, dP_{\lambda^{(n)}} + 1 - \int \varphi_n\, dP_{v^{(n)}} =$$

$$= 1 - \int \varphi_n \Big(\sum_{i \in I} \lambda_i^{(n)} f_i^{(n)} - \sum_{j \in J} v_j^{(n)} f_j^{(n)} \Big) d\mu^{(n)} \quad (\text{mit } f_i^{(n)}(x) = \prod_{r=1}^{n} f_i(x_r))$$

$$= 1 - \int \Big(\sum_{i \in I} \lambda_i^{(n)} f_i^{(n)} - \sum_{j \in J} v_j^{(n)} f_j^{(n)} \Big)_+ d\mu^{(n)} =$$

$$= \int \min \Big(\frac{\sum\limits_{I} \lambda_i^{(n)} f_i^{(n)}}{\sum\limits_{J} v_j^{(n)} f_j^{(n)}} \,,\, 1 \Big) \sum_{J} v_j^{(n)} f_j^{(n)} d\mu^{(n)}.$$

Für $t \in [o,1]$, $z_i \geq o$ gilt: $\min(\Sigma z_i, 1) \leq \Sigma z_i^t$, und daher folgt mit

$$z_i = \frac{\lambda_i^{(n)} f_i^{(n)}}{\sum_j v_j^{(n)} f_j^{(n)}} \leq \frac{\lambda_i^{(n)} f_i^{(n)}}{v_j^{(n)} f_j^{(n)}} :$$

$$R_n \leq \sum_{i \in I} \sum_{j \in J} (\lambda_i^{(n)})^t (v_j^{(n)})^{1-t} (H_t(Q_i, Q_j))^n \leq |I| \, |J| \cdot \max_{i,j} (H_t(Q_i, Q_j))^n$$

$$\Rightarrow \overline{\lim_n} \frac{1}{n} \ell n \, R_n \leq \ell n \max_{i,j} \inf_{o<t<1} H_t(Q_i, Q_j) = \ell n \, H_{t*}(Q_{i_o}, Q_{j_o})$$

Für den Bayes-Test $\hat{\varphi}_n$ für $(\{P_{i_o,n}\}, \{P_{j_o,n}\})$ zur Vorbewertung $(\frac{1}{2}, \frac{1}{2})$ gilt:

$$\hat{\varphi}_n(x) = \begin{cases} 1 \\ o \end{cases} \quad \prod_{i=1}^{n} \frac{f_{j_o}(x_i)}{f_{i_o}(x_i)} \begin{array}{c} \geq \\ < \end{array} 1$$

$$= \begin{cases} 1 \\ o \end{cases} \quad \sum_{i=1}^{n} \ell n \frac{f_{j_o}}{f_{i_o}} (x_i) \begin{array}{c} \geq \\ < \end{array} o$$

Nach dem Satz von Cramer (Korollar 1.4) gilt:

$$\frac{1}{n} \ell n \, E_{i_o} \hat{\varphi}_n \rightarrow \ell n \inf \{E_{i_o} \exp(t \, \ell n \frac{f_{j_o}}{f_{i_o}}); \, t \geq o\} = \ell n \, H_{t*}(Q_{i_o}, Q_{j_o})$$

und $\frac{1}{n} \ell n \, E_{j_o}(1 - \hat{\varphi}_n) \rightarrow \ell n \, H_{t*}(Q_{i_o}, Q_{j_o})$, also $\frac{1}{n} \ell n \, R_n(\hat{\varphi}_n) \rightarrow \ell n \, H_{t*}(Q_{i_o}, Q_{j_o})$

$$\Rightarrow \ell n \, H_{t*}(Q_{i_o}, Q_{j_o}) = \lim \frac{1}{n} \ell n \, R_n(\hat{\varphi}_n) \leq \overline{\lim} \frac{1}{n} \ell n \, R_n \leq \ell n \, H_{t*}(Q_{i_o}, Q_{j_o}),$$

also gilt die Gleichheit. $\square$

IV. LOKAL ASYMPTOTISCHE THEORIE

Die wesentliche Idee der lokalen asymptotischen Statistik ist es, ein
statistisches Experiment umzuparametrisieren und damit in eine 'konvergente'
Folge von Experimenten einzubetten. Konvergenz bedeutet dabei die Konvergenz
der Likelihood-Quotientenprozesse. Der klassische Weg der asymptotischen
Analyse solcher Experimente basiert auf der Approximation der Likelihood-
prozesse durch die Likelihoodprozesse von statistisch wohlbekannten Experimenten - den Exponentialfamilien - und einer Rückführung auf die Analyse
von Exponentialfamilien. Dieser Weg soll hier im folgenden im wesentlichen
dargestellt werden.

Der neuere Weg der asymptotischen Analyse statistischer Experimente wird
durch die asymptotische Entscheidungstheorie geliefert. Hierbei wird die
asymptotische Analyse in drei separaten Schritten durchgeführt. Erstens,
die Konvergenz der Likelihoodprozesse gegen den Likelihoodprozeß eines
Limes-Experimentes (typischerweise ein Gaußsches Shift-Experiment).
Mathematisch handelt es sich hierbei um den Beweis von Grenzwertsätzen,
wobei in der Regel Martingalmethoden zur Anwendung kommen. Als zweiter
Bestandteil wird dann das Limes-Experiment analysiert, also z. B. beste
Tests oder Schätzer hergeleitet. Dabei handelt es sich um ein Problem
aus der finiten Statistik. Es wird dann schließlich gezeigt, wie aus
einer Lösung für das Limes-Experiment eine asymptotisch optimale Lösung
für das Ausgangsproblem gefunden werden kann. Dieser Weg der asymptotischen
Entscheidungstheorie hat eine schöne Darstellung in dem Buch von Strasser
gefunden.

In § 1 wird die Theorie der Benachbartheit dargestellt, insbesondere
also der Zusammenhang von Benachbartheit mit den Likelihood-Quotienten,
die Le Cam'schen Lemmata und als Konsequenz die Anwendung auf die
Bestimmung von Limesverteilungen von Statistiken in dem lokalen (umpara-
metrisierten) Modell. Die Benachbartheit sichert die Nicht-Trivialität
des Limes-Experimentes und damit die Brauchbarkeit der Einbettung des
Ausgangsexperimentes.

In § 2 werden lokal asymptotisch normale (LAN) Familien und deren
Approximation durch Exponentialfamilien behandelt. Als Anwendung
werden in § 3 asymptotisch optimale Tests hergeleitet für LAN-Modelle.

Mit Hilfe des uniform-weak-compactness-Lemmas lassen sich Optimalitätseigenschaften für Tests im Limes-Problem (d. h. im Gaußschen Shift-Experiment) übertragen auf die Konstruktion von asymptotisch optimalen
Tests. In § 4 werden speziell die Likelihoodentwicklungen im unabhängigen regulären Fall diskutiert. In § 5 wird ein fundamentaler und
überraschender Satz von Le Cam bewiesen, der zeigt, unter welchen Voraussetzungen die lokale asymptotische Normalität vorliegt. Es wird
weiter der Begriff der lokalen und globalen asymptotischen Suffizienz
eingeführt. Die Konstruktion von asymptotisch suffizienten Statistiken
beruht auf effizienten Schätzfolgen - den ACS-Folgen. Es läßt sich
hiermit präzisieren, in welchem Sinn ML-Schätzer asymptotisch suffizient sind. Es werden einige Anwendungen auf asymptotische Entschei-
dungsprobleme diskutiert.

In § 6 werden asymptotisch effiziente Schätzer untersucht. Der Satz von
Bahadur/Le Cam, der Konvolutionssatz von Hajek und Le Cam und der
asymptotische Minimaxsatz von Hajek bilden die wesentliche Grundlage
für die Definition und Konstruktion von asymptotisch optimalen Schätzern.
Basierend auf der Beweisidee des Satzes von Bahadur und Le Cam lassen
sich optimale asymptotische mediantreue Schätzer konstruieren. Wir
diskutieren zunächst ausführlich den parametrischen Fall. Im nichtparametrischen Fall lassen sich entsprechende Schranken für das Schätzen
reeller Funktionale mit dem Begriff des Tangentenvektors auf den parametrischen Fall zurückführen. Für Schätzer mit stochastischer Entwicklung erhält man sehr einfache Beweise. Das Problem der Adaptivität
wird hier nicht untersucht. Bezüglich der Behandlung nichtparametrischer
Modelle findet man eine systematische Darstellung des Konvolutionssatzes
in dem Buch von Pfanzagl, wo auch in einer Reihe von Beispielen optimale
Schätzer (und Tests) konstruiert werden.

Zur Erläuterung der Lokalisierung (Renormalisierung) sei $\Theta = \Theta_0 + \Theta_1 = \mathbb{R}^1$,
$\Theta_0 = (-\infty, \theta_0]$, $\Theta_1 = (\theta_0, \infty)$ ein Testproblem mit $P_{n,\theta} = Q_\theta^{(n)}$. Im Abschnitt
über $\sqrt{n}$-konsistente Schätzer hatte sich ergeben, daß sich Folgen (σ_n)
mit $\sqrt{n}(\sigma_n - \theta_0) \to o$ unter Regularitätsannahmen an $\mathbb{P} = \{Q_\theta; \theta \in \Theta\}$ nicht
durch Tests von θ_0 trennen lassen. Interessante Folgen zur Unterschei-
dung von Tests sind von der Form $\theta_n = \theta_{n,t} = \theta_0 + \dfrac{t}{\sqrt{n}}$, $t \in \mathbb{R}^1$. Auf diese

wird ein $\theta \in \Theta$ parametrisiert durch den lokalen Parameter $t = \sqrt{n}(\theta - \theta_0)$ bzgl. des Fußpunktes θ_0. Ist (T_n) $\sqrt{n}$-konsistent für θ und gilt darüberhinaus

$$(1) \qquad (Q_{\theta_n}^n)^{\sqrt{n}(T_n - \theta_n)} \xrightarrow{\;D\;} N(o, \sigma^2(\theta_0)),$$

dann gilt für die Testfolge

$$(2) \qquad \varphi_n := \left\{ \begin{matrix} 1 \\ o \end{matrix} \right. \quad \sqrt{n}(T_n - \theta_0) \begin{matrix} \geq \\ < \end{matrix} \sigma(\theta_0) u_\alpha$$

mit $u_\alpha = u_\alpha(\phi) = \phi^{-1}(1-\alpha)$ als α-Fraktil der $N(o,1)$-Verteilung

$$(3) \qquad E_{\theta_n} \varphi_n \to 1 - \phi(u_\alpha - \frac{t}{\sigma(\theta_0)}) \;.$$

Bezüglich des lokalen Parameters t ergibt sich also im Limes eine nichttriviale Gütefunktion und die 'Limes-Gütefunktion' von (φ_n) ist isoton.

Sei $\theta_1 = \theta_0 + \Delta > \theta_0$ und $\alpha < \beta < 1$. Zur Behandlung der Frage: "Wie groß muß der Stichprobenumfang n sein, damit der Test φ_n die Alternative $\theta_1 = \theta_0 + \Delta$ mit der Wahrscheinlichkeit β erkennt?" liefert die Lokalisierung die folgende approximative Lösung. Sei zunächst t_β so gewählt, daß

$$(4) \qquad E_{\theta_0 + t_{\beta/\sqrt{n}}} \varphi_n \approx \beta, \text{ d. h. } \phi(u_\alpha + \frac{t_\beta}{\sigma(\theta_0)}) = \beta; \text{ also}$$

$$(5) \qquad t_\beta = (\phi^{-1}(\beta) - u_\alpha)\sigma(\theta_0) = (u_{1-\beta} - u_\alpha)\sigma(\theta_0).$$

Wählt man dann n aus der Beziehung $t_\beta/\sqrt{n} = \Delta$, also

$$(6) \qquad n = \frac{t_\beta}{\Delta^2} = \frac{(u_{1-\beta} - u_\alpha)^2}{\Delta^2} \sigma^2(\theta_0),$$

dann ist $E_{\theta_1} \varphi_n = E_{\theta_0 + \Delta} \varphi_n \approx \beta$ und damit die obige Frage approximativ gelöst. Die Methode der Lokalisierung erweist sich damit auch von eminenter praktischer Relevanz.

Hat eine weitere Folge (ψ_n) von Tests in (1) eine Limesvarianz $\tau^2(\theta_0)$, dann ist der Quotient der benötigten Stichprobenumfänge approximativ gleich

$$(7) \qquad \frac{n}{n'} \approx \frac{\sigma^2(\theta_o)}{\tau^2(\theta_o)} \qquad \text{(unabhängig von } \beta \text{ und } \Delta!),$$

also gleich der <u>Pitman-Effizienz</u> von (ψ_n) bzgl. (φ_n). Die Approximation an die Gütefunktion in θ_1 wird um so besser sein, je näher θ_1 am Fußpunkt der Lokalisierung liegt, da dann das zugehörige n relativ groß ist.

§ 1   Benachbartheit

Es werden Folgen $P_n, Q_n \in M^1(M_{(n)}, A_{(n)})$, $n \in \mathbb{N}$, betrachtet.

__DEFINITION__ 1.1. (Q_n) heißt __benachbart__ zu (P_n)

(1) $\qquad \Longleftrightarrow \forall B_n \in A_{(n)}$, $n \in \mathbb{N}$, mit $P_n(B_n) \to o$ gilt: $Q_n(B_n) \to o$.

Schreibweise: $(Q_n) \triangleleft (P_n)$.   □

__Bemerkung.__ a) $(Q_n) \triangleleft (P_n) \Longleftrightarrow \forall T_n : (M_{(n)}, A_{(n)}) \to (\mathbb{R}^1, \mathbb{B}^1)$ gilt:
$T_n \xrightarrow[P_n]{} o \Rightarrow T_n \xrightarrow[Q_n]{} o$.

b) __Benachbartheit und Stetigkeit__
Wenn $(Q_n) \triangleleft (P_n) \Rightarrow \exists(\tilde{Q}_n)$ mit

$$\text{1. } \tilde{Q}_n \ll P_n, \; \forall n \in \mathbb{N},$$

(2) $\qquad$ 2. $\| Q_n - \tilde{Q}_n \| \to o \quad$ und

$$\text{3. } (\tilde{Q}_n) \triangleleft (P_n).$$

__Beweis.__ Sei $f_n := \dfrac{dP_n}{d\mu_n}$ mit $P_n \ll \mu_n$. Da $P_n\{f_n = o\} = o \Rightarrow Q_n\{f_n = o\} \to o$.
Definiere: $\tilde{Q}_n(A) := \dfrac{1}{Q_n(f_n \neq o)} Q_n(A \cap \{f_n \neq o\})$, $n \geq n_0$, $A \in A_{(n)}$. Dann
folgt die Behauptung.

c) __Benachbartheit und LQ-Tests__
Sei $f_n := \dfrac{dP_n}{d\mu_n}$, $g_n := \dfrac{dQ_n}{d\mu_n}$ und sei $A_n \in A_{(n)}$ mit $\alpha_n := P_n(A_n) \to o$. Es gibt
dann einen LQ-Test $\varphi_n := \begin{cases} 1 & > \\ \gamma_n & g_n = k_n f_n \\ o & < \end{cases}$ mit $E_{P_n} \varphi_n = \alpha_n$. Nach dem
NP-Lemma gilt $Q_n(A_n) \leq \int \varphi_n \, dQ_n$. Benachbartheit gilt also, falls für
LQ-Tests (φ_n) mit $E_{P_n} \varphi_n \to o$ folgt $E_{Q_n} \varphi_n \to o$.

d) $\left| \dfrac{dQ_n}{dP_n} \right| \leq M < \infty \Rightarrow (Q_n) \triangleleft (P_n)$.

__Beweis.__ $\left| \dfrac{dQ_n}{dP_n} \right| \leq M < \infty \Rightarrow Q_n \ll P_n$. Wenn $P_n(A_n) \to o \Rightarrow o \leq Q_n(A_n) =$
$= \displaystyle\int_{A_n} \dfrac{dQ_n}{dP_n} \, dP_n \leq M \, P_n(A_n) \to o$.   □

e) Der verallgemeinerte Dichtequotient $L_n := \dfrac{dQ_n}{dP_n}$ hat Werte in $(\overline{\mathbb{R}}, \overline{\mathcal{B}})$.
Für Wahrscheinlichkeitsmaße $R_n \in M^1(\overline{\mathbb{R}}^m, \overline{\mathcal{B}}^m)$, $R \in M^1(\mathbb{R}^m, \mathcal{B}^m)$ definieren
wir <u>Verteilungskonvergenz</u>:

$$(3) \qquad R_n \xrightarrow{\ D\ } R : \iff 1.\ R_n(\mathbb{R}^m) \to 1 \qquad \text{und}$$

$$2.\ \frac{1}{R_n(\mathbb{R}^m)}\ R_{n\,|\,\mathbb{R}^m} \xrightarrow{\ D\ } R.$$

f) Ist $T_n : (M_{(n)}, A_{(n)}) \to (\overline{\mathbb{R}}, \overline{\mathcal{B}})$ mit $\sup\limits_n \int |T_n|\,dP_n < \infty$ und $(P_n(B_n) \to 0$
$\Rightarrow \int\limits_{B_n} |T_n|\,dP_n \to 0)$, dann ist (T_n) <u>gleichgradig integrierbar</u> bzgl. (P_n). $\quad\square$

Der folgende Satz verallgemeinert Bemerkung d).

<u>SATZ 1.2.</u> Sei $L_n = \dfrac{dQ_n}{dP_n}$; $f_n = \dfrac{dP_n}{d\mu_n}$, $g_n = \dfrac{dQ_n}{d\mu_n}$

a) $(P_n^{L_n})$ ist straff (in $(\mathbb{R}^1, \mathcal{B}^1)$).

b) Die folgenden Beziehungen sind äquivalent:

$$\begin{aligned}
&1.\ (Q_n) \lhd (P_n)\\
(4)\quad &2.\ (L_n) \text{ ist gleichgradig integrierbar bzgl. } (P_n) \text{ und } Q_n(f_n = 0) \to 0\\
&3.\ (Q_n^{L_n}) \text{ ist straff.}
\end{aligned}$$

<u>Beweis.</u> a) Sei $\varepsilon > 0$ und $n \in \mathbb{N}$ $\Rightarrow$ $P_n^{L_n}([0, \tfrac{1}{\varepsilon}]^c) = P_n(L_n > \tfrac{1}{\varepsilon})$

$= \int\limits_{\{L_n > \frac{1}{\varepsilon}\}} dP_n \le \varepsilon \int\limits_{\{L_n > \frac{1}{\varepsilon}\}} \dfrac{dQ_n}{dP_n}\,dP_n \le \varepsilon$. Also ist $P_n^{L_n}$ straff.

b) <u>3. $\Rightarrow$ 1.</u> Sei $B_n \in A_{(n)}$ mit $P_n(B_n) \to 0$ und sei $\varepsilon > 0$. Dann existiert ein

$c \in \mathbb{R}$ mit $Q_n(L_n > c) \le \tfrac{\varepsilon}{2}$, $\forall n \in \mathbb{N}$ $\Rightarrow$ $Q_n(B_n) \le Q_n(B_n \cap \{L_n \le c\}) + Q_n(L_n > c)$

$\le \int\limits_{B_n\{L_n \le c\}} \dfrac{dQ_n}{dP_n}\,dP_n + \tfrac{\varepsilon}{2} \le c \cdot P_n(B_n) + \tfrac{\varepsilon}{2} < \varepsilon$ für $n \ge n_0$.

<u>2. $\Rightarrow$ 3.</u> $Q_n(L_n > c) \le Q_n(L_n > c, \dfrac{dQ_n}{dP_n} < \infty) + Q_n(L_n = \infty)$. Für $n \ge n_0$ ist

$Q_n(L_n = \infty) = Q_n(f_n = 0) \le \tfrac{\varepsilon}{2}$, da $Q_n(f_n = 0) \to 0$. Für $c \ge c_0$ ist

$Q_n(L_n > c, \dfrac{dQ_n}{dP_n} < \infty) \le \int\limits_{\{L_n > c\}} L_n\,dP_n \le \tfrac{\varepsilon}{2}$, da (L_n) gleichgradig integrierbar

- 138 -

bzgl. (P_n). Also ist $(Q_n^{L_n})$ straff.

1. $\Rightarrow$ 2. $\forall n \in \mathbb{N}$: $\int L_n \, dP_n \leq \int g_n \, d\mu_n = 1$. Sei $P_n(B_n) \to o \Rightarrow \int_{B_n} L_n \, dP_n \leq Q_n(B_n) \to o$.
Nach Bemerkung f) ist daher (L_n) gleichgradig integrierbar bzgl. (P_n). Da
$P_n(L_n = o) = o$, folgt aus der Benachbartheit: $Q_n(L_n = o) \to o$. $\square$

<u>SATZ</u> 1.3. Sei $P \in M^1(\mathbb{R}^1, \mathbb{B}^1)$ und $P_n^{L_n} \xrightarrow{D} \tilde{P}$. Dann sind die folgenden Beziehungen
äquivalent:

$$
\begin{array}{ll}
& 1. \ (Q_n) \triangleleft (P_n), \\
(5) & 2. \ \int y \, d\tilde{P}(y) = 1, \\
& 3. \ Q_n^{L_n} \xrightarrow{D} \tilde{Q} \text{ mit } \tilde{Q} \ll \tilde{P} \text{ und } \dfrac{d\tilde{Q}}{d\tilde{P}}(y) = y, \ y \in \mathbb{R}^1.
\end{array}
$$

<u>Beweis.</u> 3. $\Rightarrow$ 2. Wenn $Q_n^{L_n} \xrightarrow{D} \tilde{Q}$, dann ist nach Definition $\tilde{Q} \in M^1(\mathbb{R}^1, \mathbb{B}^1)$
also $1 = \tilde{Q}(\mathbb{R}^1) = \int y \, d\tilde{P}(y)$.

2. $\Rightarrow$ 1. $1 = \int y \, d\tilde{P}(y) = \int |y| \, d\tilde{P}(y)$, da $\tilde{P}$ auf $\mathbb{R}_+$ konzentriert ist. Für
$R_n \xrightarrow{D} R$ und $f \geq o$ stetig gilt aber: $\underline{\lim} \int f \, dR_n \geq \int f \, dR$. In obigem Fall folgt:

$$
\begin{array}{ll}
& 1 \leq \underline{\lim} \int |y| \, dP_n^{L_n}(y) = \underline{\lim} \int L_n \, dP_n \\
(6) & \quad \leq \overline{\lim} \int L_n \, dP_n = \overline{\lim} \int_{\{f_n > o\}} g_n \, d\mu_n \leq 1 \\
& \Rightarrow \int y \, dP_n^{L_n} \to 1 = \int y \, d\tilde{P}(y).
\end{array}
$$

$\Rightarrow \displaystyle\int_{\{L_n \geq c\}} L_n \, dP_n \to \int_{[c,\infty)} y \, d\tilde{P}(y)$ für alle Stetigkeitsstellen c von $F_{\tilde{P}}$.

Da $L_n \geq o$ ist, folgt daher, daß (L_n) gleichgradig integrierbar ist bzgl. (P_n).
Weiter gilt: $Q_n(f_n = o) = 1 - Q_n(f_n > o) = 1 - \displaystyle\int_{\{f_n > o\}} g_n \, d\mu_n \to o$ nach (6).
Nach 1.2. b) folgt: $(Q_n) \triangleleft (P_n)$.

1. $\Rightarrow$ 3. Aus 1. folgt: $Q_n(L_n = \infty) = Q_n(f_n = o) \to o$. Sei $\tilde{L}_n := L_n \, 1_{\{L_n < \infty\}}$.
Wir zeigen: $Q_n^{\tilde{L}_n} \xrightarrow{D} \tilde{Q}$.

Sei $f \in C_K(\mathbb{R}^1)$, d. h. f stetig mit kompaktem Träger

$\Rightarrow \displaystyle\int f \, dQ_n^{\tilde{L}_n} = \int_{\{f_n > o\}} f(\tilde{L}_n) dQ_n + \int_{\{f_n = o\}} f(\tilde{L}_n) dQ_n$. Es ist:

$\displaystyle\int_{\{f_n = o\}} f(\tilde{L}_n) dQ_n = f(o) Q_n(f_n = o) \to o$ und $\displaystyle\int_{\{f_n > o\}} f(\tilde{L}_n) dQ_n = \int_{\{f_n > o\}} f(\tilde{L}_n) \frac{g_n}{f_n} f_n \, d\mu_n$

$$= \int f(\tilde{L}_n)\tilde{L}_n \, dP_n = \int f(y)y \, dP_n^{\tilde{L}_n}(y) \to \int f(y)y \, d\tilde{P}(y) = \int f(y)d\tilde{Q}(y), \text{ da } y \to yf(y)$$

stetig beschränkt. Da $(Q_n^{\tilde{L}_n})$ nach 1.2. b) straff, folgt: $Q_n^{\tilde{L}_n} \xrightarrow{D} \tilde{Q}$. $\square$

In den meisten Fällen ist es einfacher, die Verteilungskonvergenz von $\ell n \, L_n$ nachzuweisen.

<u>SATZ 1.4.</u> (<u>Erstes Le Cam-Lemma</u>)

Sei $\overline{P} \in M^1(\mathbb{R}^1, \mathbb{B}^1)$ und $P_n^{\ell n L_n} \xrightarrow{D} \overline{P}$. Dann sind äquivalent:

$$\begin{aligned}
&\quad 1. \ (Q_n) \triangleleft (P_n), \\
(7) \quad &\quad 2. \ \int e^y \, d\overline{P}(y) = 1, \\
&\quad 3. \ Q_n^{\ell n L_n} \xrightarrow{D} \overline{Q} \text{ mit } \overline{Q} \ll \overline{P} \text{ und } \frac{d\overline{Q}}{d\overline{P}}(y) = e^y, \ y \in \mathbb{R}^1.
\end{aligned}$$

<u>Beweis.</u> Seien $f,g: \mathbb{R}^1 \to \mathbb{R}^1$, $f(y) := e^y$, $g(y) := (\ell n \, y)1_{(0,\infty)}(y)$,

$\widetilde{\ell n \, L}_n := (\ell n \, L_n)1_{\mathbb{R}^1}(\ell n \, L_n) = g(\tilde{L}_n)$. Da $P_n^{\ell n L_n} \xrightarrow{D} \overline{P}$, folgt:

$$\left\{ \begin{array}{l} P_n^{g(\tilde{L}_n)} \xrightarrow{D} \overline{P} \quad \text{und} \\ P_n(\ell n \, L_n \notin \mathbb{R}^1) \to o \end{array} \right. \Rightarrow P_n^{f \circ g(\tilde{L}_n)} \xrightarrow{D} \overline{P}^f, \text{ da } f \text{ stetig und}$$

$$P_n(f \circ g(\tilde{L}_n) \neq \tilde{L}_n) = P_n(\tilde{L}_n = o) = P_n(\ell n \, L_n \notin \mathbb{R}^1) \to o$$

$$\Rightarrow P_n^{\tilde{L}_n} \xrightarrow{D} \overline{P}^f =: \tilde{P}; \text{ es ist also die Voraussetzung von Satz 1.3. erfüllt.}$$

$1. \Rightarrow 2.$ $\int e^y \, d\overline{P}(y) = \int z \, d\overline{P}^f(z) = \int z \, d\tilde{P}(z) = 1$ nach Satz 1.3.

$2. \Rightarrow 3.$ Da $\int y \, d\tilde{P}(y) = \int y \, d\overline{P}^f(y) = \int e^z d\overline{P}(z) = 1$, folgt nach 1.3:

$Q_n^{\tilde{L}_n} \xrightarrow{D} \tilde{Q}$ mit $\tilde{Q} \ll \tilde{P}$ und $\frac{d\tilde{Q}}{d\tilde{P}}(y) = y, \ y \in \mathbb{R}^1$.

$\Rightarrow Q_n^{\tilde{L}_n} \xrightarrow{D} \tilde{Q}$ und $Q_n(L_n = \infty) \to o$. Da $\tilde{Q}(\{o\}) = \int_{\{o\}} y \, d\tilde{P}(y) = o$

$\Rightarrow g$ ist $\tilde{Q}$ f.s. stetig $\Rightarrow Q_n^{\widetilde{\ell n L}_n} = Q_n^{g(\tilde{L}_n)} \xrightarrow{D} \tilde{Q}^g$ und

$Q_n(\ell n \, L_n \notin \mathbb{R}^1) = \underbrace{Q_n(L_n = o)}_{= o} + Q_n(L_n = \infty) \to o \Rightarrow Q_n^{\ell n L_n} \xrightarrow{D} \tilde{Q}^g =: \overline{Q}.$

Für $A \in \mathbb{B}^1$ gilt: $\overline{Q}(A) = \int_{g^{-1}(A)} y \, d\tilde{P}(y) = \int_{g^{-1}(A)} y \, d\overline{P}^f(y) =$

$= \int_{(g \circ f)^{-1}(A)} f(z)d\overline{P}(z) = \int_A f(z)d\overline{P}(z) \Rightarrow \frac{d\overline{Q}}{d\overline{P}}(z) = e^z$ und $\overline{Q} \ll \overline{P}$.

3. $\Rightarrow$ 1. $Q_n \overset{\ell n L_n}{\xrightarrow{\quad\;\; D\;\;}} \overline{Q}$ und $\dfrac{d\overline{Q}}{d\overline{P}}(y) = e^y \Rightarrow Q_n \overset{g(\tilde{L}_n)}{\xrightarrow{\quad\; D\;\;}} \overline{Q}$ und $Q_n(\ell n\, L_n \notin \mathbb{R}^1) \to o$

$\Rightarrow Q_n \overset{f\,\circ\,g(\tilde{L}_n)}{\xrightarrow{\quad\;\; D\;\;}} \overline{Q}^f$ und $Q_n(f \circ g(\tilde{L}_n) \neq \tilde{L}_n) = Q_n(\ell n\, L_n \notin \mathbb{R}^1) \to o$

$\Rightarrow Q_n^{\tilde{L}_n} \overset{D}{\longrightarrow} \overline{Q}^f$ und daher auch $Q_n^{L_n} \overset{D}{\longrightarrow} \tilde{Q}$. Nach 1.2 folgt: $(Q_n) \lhd (P_n)$. $\quad\square$

Eine symmetrische Definition der Benachbartheit ist die folgende

<u>DEFINITION</u> 1.5. (Q_n) <u>und</u> (P_n) heißen benachbart

$\Longleftrightarrow (Q_n) \lhd (P_n)$ und $(P_n) \lhd (Q_n)$. Schreibweise: $(Q_n) \Diamond (P_n)$. $\quad\square$

<u>KOROLLAR</u> 1.6. Sei $P_n \overset{\ell n L_n}{\xrightarrow{\quad\; D\;\;}} \overline{P}$. Dann gilt: $(Q_n) \lhd (P_n) \Longleftrightarrow (Q_n) \Diamond (P_n)$.

<u>Beweis.</u> Sei $(Q_n) \lhd (P_n)$; nach 1.4 folgt dann:

$Q_n \overset{\ell n L_n}{\xrightarrow{\quad\; D\;\;}} \overline{Q}$ mit $\overline{Q} \ll \overline{P}$ und $\dfrac{d\overline{Q}}{d\overline{P}}(y) = e^y$, $y \in \mathbb{R}^1$. Mit $L_n = \dfrac{g_n}{f_n} = \dfrac{dQ_n}{dP_n}$ ist

$\dfrac{1}{L_n} = \dfrac{f_n}{g_n} = \dfrac{dP_n}{dQ_n}$. Wegen $P_n(\ell n\, L_n = -\infty) \to o$, $P_n(\ell n\, L_n = \infty) \to o$

$\Rightarrow Q_n(\ell n\, L_n = -\infty) \to o$, $Q_n(\ell n\, L_n = \infty) \to o \Rightarrow P_n^{\ell n(1/L_n)} = P_n^{-(\ell n L_n)} \overset{D}{\longrightarrow} \overline{P}^S$ mit

$S(x) := -x$ und ebenso: $Q_n^{\ell n(1/L_n)} = Q_n^{-(\ell n L_n)} \overset{D}{\longrightarrow} \overline{Q}^S$. Weiter gilt:

$\overline{P}^S(B) = \overline{P}(-B) = \displaystyle\int_{-B} e^{-y} d\overline{Q}(y) = \int_B e^y d\overline{Q}^S(y)$, $\forall B \in \mathcal{B}^1$.

$\Rightarrow \overline{P}^S \ll \overline{Q}^S$ und $\dfrac{d\overline{P}^S}{d\overline{Q}^S}(y) = e^y$. Nach 1.4. folgt: $(P_n) \lhd (Q_n)$. $\quad\square$

<u>LEMMA</u> 1.7. $P_n \overset{\ell n L_n}{\xrightarrow{\quad\; D\;\;}} N(\mu, \sigma^2)$. Dann gilt: $(Q_n) \lhd (P_n) \Longleftrightarrow \mu = -\tfrac{1}{2}\sigma^2$.

<u>Beweis.</u> Nach 1.4 ist $(Q_n) \lhd (P_n)$ äquivalent zu $\int e^y d\overline{P}(y) = 1$ mit $\overline{P} = N(\mu, \sigma^2)$.
Ist $\sigma^2 > o$, dann folgt:

$$
\begin{aligned}
1 &= \int e^y \, \frac{1}{\sqrt{2\pi\sigma^2}} \; e^{-\frac{(y-\mu)^2}{2\sigma^2}} \, dy \\
(8) \qquad &= \exp\left(\frac{\sigma^2 + 2\mu}{2}\right) \frac{1}{\sqrt{2\pi\sigma^2}} \int e^{-\frac{(y-(\mu+\sigma^2))^2}{2\sigma^2}} \, dy = \exp\left(\frac{\sigma^2 + 2\mu}{2}\right)
\end{aligned}
$$

$\Longleftrightarrow \mu = -\dfrac{\sigma^2}{2}$. Ist $\sigma^2 = o$, also $N(\mu, \sigma^2) = N(\mu, o) = \varepsilon_{\{\mu\}}$

$\Rightarrow (1 = \int z\, d\overline{Q}(z) = e^\mu \Longleftrightarrow \mu = o)$. $\quad\square$

<u>Bemerkung.</u> Wenn $P_n \overset{\ell n L_n}{\xrightarrow{\quad\; D\;\;}} N(-\tfrac{1}{2}\sigma^2, \sigma^2)$

$$(9) \qquad \xRightarrow[(8),1.4,1.6]{} (Q_n) \Diamond (P_n) \text{ und } Q_n \overset{\ell n L_n}{\xrightarrow{\quad\; D\;\;}} N\left(\frac{\sigma^2}{2}, \sigma^2\right).$$

Die obige Voraussetzung weist man oft durch <u>stochastische Entwicklung</u> nach:

$$(10) \qquad \ln L_n = -\frac{\sigma^2}{2} + \sigma Z_n + o_{P_n}(1) \quad \text{mit} \quad P_n^{Z_n} \xrightarrow{D} N(o,1).$$

<u>BEISPIEL</u> 1.1. (<u>Kanonische Exponentialfamilie</u>)

Sei $\frac{dP_\theta}{d\mu}(x) = \exp(\theta^T x - \psi(\theta))$, $\theta \in \Theta \subset \mathbb{R}^k$, $x \in \mathbb{R}^k$, ψ Kumulantentransformation, $\overset{\circ}{\Theta} \neq \phi$. Seien $\theta_n, \eta_n \in \overset{\circ}{\Theta}$, $\{\eta_n\}$ beschränkt und $P_n := P_{\theta_n}^{(n)}$, $Q_n := Q_{\eta_n}^{(n)}$. Dann gilt:

$$(11) \qquad (P_n) \vartriangleleft\vartriangleright (Q_n) \Longleftrightarrow \{\sqrt{n} \, \|\theta_n - \eta_n\|\} \text{ ist beschränkt.}$$

<u>Beweis.</u> Sei $\mu(\theta) := \int x \, dP_\theta(x) \in \mathbb{R}^k$, $\Sigma_\theta := \mathrm{Cov}(P_\theta) = (\sigma_{ij}(\theta))$, dann ist für $\theta \in \overset{\circ}{\Theta}$ $\mu_i(\theta) = \frac{\partial\psi}{\partial\theta_i}(\theta)$, $\sigma_{ij}(\theta) = \frac{\partial^2\psi}{\partial\theta_i\partial\theta_j}(\theta)$

"$\Leftarrow$" $\ln L_n(x) = \ln \frac{dP_n}{dQ_n}(x) = (\theta_n - \eta_n)^T \sum_{j=1}^{n} x_j - n(\psi(\theta_n) - \psi(\eta_n))$

$\Rightarrow E_{P_n}(\ln L_n) = n[(\theta_n - \eta_n)^T \mu(\theta_n) - \psi(\theta_n) + \psi(\eta_n)]$

$V_{P_n}(\ln L_n) = n(\theta_n - \eta_n)^T \Sigma_{\theta_n}(\theta_n - \eta_n)$. Mit Taylorentwicklung folgt:

$\exists \, t_n \in (o,1)$, so daß mit $\xi_n := t_n\theta_n + (1 - t_n)\eta_n$ gilt:

$E_{P_n}(\ln L_n) = -\frac{1}{2} n(\theta_n - \eta_n)^T \Sigma_{\xi_n}(\theta_n - \eta_n)$. Nach Voraussetzung sind

$\{\eta_n\}$, $\{\theta_n\}$ und $\{\xi_n\}$ beschränkt $\Rightarrow \{\Sigma_{\theta_n}\}$, $\{\Sigma_{\xi_n}\}$ beschränkt

$\Rightarrow \{E_{P_n}(\ln L_n)\}$, $\{V_{P_n}(\ln L_n)\}$ beschränkt. Nach der Tschebycheff-Ungleichung ist daher $\{P_n^{\ln L_n}\}$ straff, so daß nach 1.2 $(P_n) \vartriangleleft (Q_n)$. Analog erhält man auch $(Q_n) \vartriangleleft (P_n)$.

"$\Rightarrow$" Sei $s_n := \|\theta_n - \eta_n\|$ und sei o.E. $\sqrt{n}\, s_n \to \infty$. Mit $y_n := \frac{\theta_n - \eta_n}{s_n}$

definiere $T_n(x) := n^{-1/2} y_n^T (\sum_{j=1}^{n} x_j - n\mu(\eta_n))$

$\Rightarrow E_\theta T_n = n^{1/2} y_n^T(\mu(\theta) - \mu(\eta_n))$, $V_\theta(T_n) = y_n^T \Sigma_\theta y_n$. Da $\|y_n\| = 1$, $\forall n \in \mathbb{N}$ und $\theta \to \Sigma_\theta$ stetig, folgt:

$\{Q_n^{T_n}\}$ ist straff (denn $\{V_{\eta_n}(T_n)\}$ und $\{E_{\eta_n} T_n\}$ sind beschränkt).

Wir zeigen nun: $T_n \xrightarrow[n \, P_n]{} \infty$ im Widerspruch zu $(Q_n) \vartriangleleft (P_n)$. Sei zunächst $s_n \to o$; $\exists t_n \in (o,s_n)$, so daß mit $\xi_n := \eta_n + t_n y_n$ gilt:

$E_{\theta_n} T_n = n^{1/2} s_n y_n^T \Sigma_{\xi_n} y_n$. Wegen $\theta_n - \eta_n \to 0$ ist $\{\xi_n\}$ beschränkt und daher

$\underline{\lim} \, y_n^T \Sigma_{\xi_n} y_n > 0$, also $E_{\theta_n} T_n \to \infty$. Da $\{V_{\theta_n}(T_n)\}$ beschränkt ist, folgt nach

der Tschebyscheff-Unbleichung, daß $T_n \xrightarrow[P_n]{} \infty$.

Die Verteilungsklasse $\{(P^{(n)}_{\eta_n + t y_n})^{T_n}; \, 0 \leq t \leq s_n\}$ hat einen monotonen

Dichtequotienten in der Identität. Für $t \leq s_n$ ist also $(P^{(n)}_{\eta_n + t y_n})^{T_n}$

stochastisch kleiner als $(P^{(n)}_{\eta_n + s_n y_n})^{T_n} = (P^{(n)}_{\theta_n})^{T_n}$. Sei $0 \leq t_n \leq s_n$ so,

daß $n^{1/2} t_n \to \infty$ und $t_n \to 0$. Nach dem ersten Teil des Beweises folgt dann:

$T_n \xrightarrow[\eta_n + t y_n]{} \infty$; also wegen der stochastischen Ordnung auch: $T_n \xrightarrow[\theta_n]{} \infty$. $\square$

SATZ 1.8. (Drittes Le Cam-Lemma)
Seien $\hat{P} \in M^1(\mathbb{R}^{m+1}, \mathbb{B}^{m+1})$, $T_n: (M_{(n)}, A_{(n)}) \to (\mathbb{R}^m, \mathbb{B}^m)$, $n \in \mathbb{N}$, und es gelten:

$P_n \xrightarrow[]{(T_n, \ell n L_n)} \xrightarrow{D} \hat{P}$, $(Q_n) \lhd (P_n)$

$\Rightarrow Q_n \xrightarrow[]{(T_n, \ell n L_n)} \xrightarrow{D} \hat{Q}$ mit $\hat{Q} \ll \hat{P}$ und

$$(12) \qquad \frac{d\hat{Q}}{d\hat{P}}(t,y) = e^y, \quad t \in \mathbb{R}^m, \, y \in \mathbb{R}^1.$$

Beweis. Sei $\pi(t,y) := y$, $t \in \mathbb{R}^m$, $y \in \mathbb{R}^1$. Nach Voraussetzung folgt:

$P_n \xrightarrow[]{\widetilde{\ell n L}_n} \xrightarrow{D} \hat{P}\pi =: \overline{P}$ und $P_n(\ell n \, L_n \in \mathbb{R}) \to 1$, also auch $P_n \xrightarrow[]{\ell n L_n} \xrightarrow{D} \overline{P}$. Wegen

$(Q_n) \lhd (P_n)$ folgt nach 1.4: $Q_n \xrightarrow[]{\ell n L_n} \xrightarrow{D} \overline{Q}$, $\overline{Q} \ll \overline{P}$ und $\frac{d\overline{Q}}{d\overline{P}}(y) = e^y$, $y \in \mathbb{R}^1$.

$\Rightarrow \int_{\mathbb{R}^{m+1}} e^y \, d\hat{P}(t,y) = \int_{\mathbb{R}} e^y \, d\overline{P}(y) = \overline{Q}(\mathbb{R}^1) = 1$. Also ist $\hat{Q}$ ein Wahrschein-

lichkeitsmaß und $Q_n(\ell n \, L_n \notin \mathbb{R}^1) \to 0$.

Für $h \in C_K(\mathbb{R}^{m+1})$ folgt: $\int h \, dQ_n^{(T_n, \widetilde{\ell n L}_n)} = \int_{\{\ell n L_n \in \mathbb{R}^1\}} h(T_n, \ell n \, L_n) dQ_n$

$+ \int_{\{\ell n L_n \notin \mathbb{R}^1\}} h(T_n, \widetilde{\ell n L}_n) dQ_n =: I_n + II_n$. $|II_n| \leq \sup |h| \cdot Q_n \{\ell n \, L_n \notin \mathbb{R}^1\} \to 0$

$I_n = \int_{\{\ell n L_n \in \mathbb{R}^1\}} h(T_n, \ell n \, L_n) L_n \, dP_n = \int h(t,y) e^y \, dP_n^{(T_n, \widetilde{\ell n L}_n)}(t,y)$

$- \int_{\{\ell n L_n \notin \mathbb{R}^1\}} h(T_n, \widetilde{\ell n L}_n) dP_n$. Da $h(t,y) e^y$ stetig und beschränkt ist und

$P_n\{\ell n \, L_n \notin \mathbb{R}^1\} \to 0 \Rightarrow I_n \to \int h(t,y) e^y \, d\hat{P}(t,y) = \int h(t,y) d\hat{Q}(t,y)$. Da

$\hat{Q}(\mathbb{R}^{m+1}) = 1 \Rightarrow Q_n^{(T_n, \widetilde{\ell n L}_n)} \xrightarrow{D} \hat{Q} \Rightarrow Q_n^{(T_n, \ell n L_n)} \xrightarrow{D} \hat{Q}$. $\square$

$\underline{\text{KOROLLAR}}$ 1.9. Es sei $S_n : (M_{(n)}, A_{(n)}) \to (\mathbb{R}^1, \mathbb{B}^1)$, $n \in \mathbb{N}$, $I \in [0, \infty)$ mit:

$$\ell n\, L_n - S_n + \tfrac{1}{2} I \xrightarrow[P_n]{} o \quad \text{und} \quad P_n^{\ell n L_n} \xrightarrow{D} N(-\tfrac{1}{2} I, I)$$

$$\Rightarrow 1.\ P_n^{S_n} \xrightarrow{D} N(o, I)$$

$\quad$ 2. $(Q_n) \Diamond (P_n)$

$\quad$ 3. $Q_n^{\ell n L_n} \xrightarrow{D} N(\tfrac{1}{2} I, I)$

$\quad$ 4. $Q_n^{S_n} \xrightarrow{D} N(I, I)$

$\underline{\text{Beweis.}}$ 1. ist trivial.

2., 3. Nach (9) gilt $(Q_n) \Diamond (P_n)$ und $Q_n^{\ell n L_n} \xrightarrow{D} N(\tfrac{1}{2} I, I)$.

4. Nach 2. gilt auch: $\ell n\, L_n - S_n + \tfrac{1}{2} I \xrightarrow[Q_n]{} o$

$\Rightarrow Q_n^{S_n} \xrightarrow{D} N(I, I)$. $\quad \square$

3.

Die wichtigsten Anwendungsbeipiele von 1.8 betreffen den Fall, daß $\hat{P}$ eine mehrdimensionale Normalverteilung ist.

$\underline{\text{LEMMA}}$ 1.10. Sei $\hat{P} = N(a, \gamma)$ mit $\gamma = \begin{pmatrix} \gamma_o & c \\ c^T & \sigma^2 \end{pmatrix}$ positiv semidefinit,

$a = \begin{pmatrix} \tilde{a} \\ -\sigma^2/2 \end{pmatrix}$, $\dfrac{d\hat{Q}}{d\hat{P}}(t, y) = e^y$, $t \in \mathbb{R}^m$, $y \in \mathbb{R}^1$ (wie in Satz 1.8)

$$(13) \qquad \Rightarrow \hat{Q} = N(b, \gamma) \text{ mit } b = \begin{pmatrix} \tilde{a} + c \\ \sigma^2/2 \end{pmatrix}.$$

$\underline{\text{Beweis.}}$ Sei $\gamma = AA$, A symmetrisch $(m+1) \times (m+1)$, $P^N = N(0, I)$, $I = I_{m+1, m+1}$ die Einheitsmatrix, also $\hat{P} = P^{a+AN} = P^{(T(N), -\frac{1}{2} h^T \gamma h + (h^T A)N)}$ mit

$h = \begin{pmatrix} o \\ \vdots \\ o \\ 1 \end{pmatrix} \in \mathbb{R}^{m+1}$ und $T(N) = $ die ersten m Komponenten von $a + AN$

(wir benutzen aus schreibtechnischen Gründen gelegentlich die Zeilen-vektorschreibweise). Für $B = B_1 \times B_2 \in \mathbb{B}^m \otimes \mathbb{B}^1$ folgt:

$$\hat{Q}(B) = \int 1_{B_1}(t) 1_{B_2}(y) e^y \, dP^{(T(N), -\frac{1}{2} h^T \gamma h + h^T AN)}(t, y)$$

$$= \int 1_{B_1}(T(z)) 1_{B_2}(-\tfrac{1}{2} h^T \gamma h + h^T Az) e^{-\frac{1}{2} h^T \gamma h + h^T Az} \, dP^N(z)$$

$$= (2\pi)^{-\frac{m+1}{2}} \int 1_{B_1}(T(z)) 1_{B_2}(-\tfrac{1}{2} h^T \gamma h + h^T Az) \underbrace{e^{-\frac{1}{2} h^T \gamma h + h^T Az} \; e^{-\frac{1}{2} z^T z}}_{e^{-\frac{1}{2} (z - Ah)^T (z - Ah)}} \, d\lambda^{m+1}(z)$$

$$= \int 1_{B_1}(T(\tilde{z}+Ah))1_{B_2}(-\tfrac{1}{2}h^T\gamma h + h^T A(\tilde{z}+Ah))e^{-\frac{1}{2}\tilde{z}^T\tilde{z}}(2\pi)^{-\frac{m+1}{2}}d\lambda^{m+1}(\tilde{z})$$

$$\text{(mit } \tilde{z}:=z-Ah)$$

$$= \int 1_{B_1}(T(z+Ah))1_{B_2}(\tfrac{1}{2}h^T\gamma h + h^T Az)dP^N(z)$$

$$= \int 1_{B_1}(t)1_{B_2}(y)dP^{(T(N+Ah),\,\frac{1}{2}h^T\gamma h + h^T AN)}(t,y)$$

$$\Rightarrow \hat{Q} = P^{(T(N+Ah),\,\frac{1}{2}h^T\gamma h + h^T AN)}$$

$$= P^{(\tilde{a}+\tilde{\gamma}h+\widetilde{AN},\,\frac{1}{2}\sigma^2 + h^T AN)} = N((\tilde{a}+c,\tfrac{\sigma^2}{2}),\gamma) \quad \text{(die obere Schlange}$$

bezeichnet die ersten m-Komponenten). □

Unter der Voraussetzung von 1.8 mit $\hat{P} = N(a,\gamma)$ unterscheidet sich die Limesverteilung von T_n bzgl. Q_n nur durch einen <u>Shift</u> von der bzgl. P_n.

§ 2   Lokale asymptotische Normalität

Einige wichtige Klassen von statistischen Modellen haben die Eigenschaft,
daß die Likelihood-Prozesse der lokalen Parametrisierungen durch den
Likelihood-Prozeß eines Gaußschen Shift-Experimentes approximiert werden
können.

DEFINITION 2.1. Sei $(H, <,>)$ ein euklidischer Raum, $\mathcal{B}$ die Borelsche
σ-Algebra auf H und $\mathcal{P} := \{Q_h;\ h \in H\}$ ein statistisches Experiment auf
$(\Omega, \mathcal{A})$. $\mathcal{P}$ heißt Gaußsches Shift-Experiment
$\Longleftrightarrow \exists\ Z: (\Omega, \mathcal{A}) \to (H, \mathcal{B})$, so daß mit $Q := Q_0$

$$
\begin{aligned}
&1.\quad Q^Z = N_H, \text{ die } \underline{\text{Standard-Normalverteilung}} \text{ auf } H\\
&2.\quad \frac{dQ_h}{dQ} = \exp(<h,Z> - \tfrac{1}{2}\|h\|^2),\ h \in H,\ Z \text{ heißt}
\end{aligned}
$$

(1)

$\qquad\qquad\underline{\text{zentrale Zufallsvariable}}$ von $\mathcal{P}$. $\square$

Bemerkung. a) Die Standard-Normalverteilung hat die charakteristische
Funktion $\varphi(t) = \int e^{i<t,x>} dN_H(x) = e^{-\frac{1}{2}\|t\|^2}$, d. h. für $X \sim N_H$ gilt:
$<t,X> \sim N(o, \|t\|^2)$. Ist $H = \mathbb{R}^k$, Σ positiv definiert und $<s,t> = s^T \Sigma^{-1} t$,
dann ist $N_H = N(0,\Sigma)$. N_H hat eine Dichte $c \cdot e^{-\frac{1}{2}\|x\|^2}$ bzgl. des
Haarschen Maßes λ auf dem Träger von N_H.

b) Für ein Gaußsches Shift-Experiment gilt:

$$(2)\qquad Q_h^Z = \varepsilon_h * N_H,$$

d. h. $\{Q_h^Z;\ h \in H\}$ ist das (übliche) von N_H erzeugte Shift-Experiment.

Beweis. Es ist $\dfrac{dQ_h^Z}{dQ^Z}(x) = \exp(<h,x> - \tfrac{1}{2}\|h\|^2)$, $x \in H$ und

$\dfrac{dQ^Z}{d\lambda}(x) = c\,e^{-\frac{1}{2}\|x\|^2}$, λ das Haarsche Maß auf $S(N_H)$

$\Rightarrow \dfrac{dQ_h^Z}{d\lambda}(x) = c\,e^{-\frac{1}{2}\|h-x\|^2}$, d. h. $Q_h^Z = \varepsilon_h * N_H$.

c) Lokalisierung eines Gaußschen Shift-Experiments
Sei $\theta_0 \in H$, $\theta_n = \theta_{n,t} = \theta_0 + \dfrac{t}{\sqrt{n}}$ und $P_t := Q^n_{\theta_{n,t}}$, dann ist

$$(3)\qquad \mathcal{P}_n := \{P_t;\ t \in H\}$$

wieder ein Gaußsches Shift-Experiment, denn $\dfrac{dP_t}{dP_0}(x) = \dfrac{dQ^n_{\theta_0,t}}{dQ^n_{\theta_0}}(x)$

$$= \exp(<t, \underbrace{\frac{1}{\sqrt{n}} \sum_{i=1}^{n} (Z(x_i) - \theta_0)}_{=: \tilde{Z}}> - \frac{1}{2}\|t\|^2), \quad x = (x_1,\ldots,x_n)$$

und $P_0^{\tilde{Z}} = N_H$. Die Lokalisierung eines Gaußschen Shift-Experimentes ist wieder ein Gaußsches Shift-Experiment. $\quad\Box$

d) Die Benutzung der Hilbertraumschreibweise ist eine Vorbereitung für Verallgemeinerungen des Gaußschen Shift-Experimentes auf Hilberträume, die für Anwendungen auf nichtparametrische Modelle benötigt werden (vgl. Strasser).

<u>DEFINITION</u> 2.2 (<u>Asymptotische Normalität, LAN</u>)

Sei $(H, <,>)$ ein euklidischer Raum, $T_n \subset H$, $T_n \uparrow H$.

a) Sei $\mathcal{E}_n = (M_{(n)}, \mathcal{A}_{(n)}, \mathcal{P}_n)$, $\mathcal{P}_n = \{P_{n,t}; \; t \in T_n\}$ homogen. $(\mathcal{P}_n)$ heißt <u>asymptotisch normal</u>

$\Longleftrightarrow \exists Z_n: (M_{(n)}, \mathcal{A}_{(n)}) \to (H, \mathcal{B})$ mit:

$\quad$ 1. $\dfrac{dP_{n,t}}{dP_{n,0}} = \exp(<t, Z_n> - \frac{1}{2}\|t\|^2 + R_n)$ mit $R_n \xrightarrow[P_{n,0}]{} 0$,

$\qquad R_n = R_{n,t}, \; t \in H,$

$\quad$ 2. $P_{n,0}^{Z_n} \xrightarrow{D} N_H$

(Z_n) heißt <u>zentrale Folge</u> von $(\mathcal{P}_n)$.

b) Sei $\mathcal{P}_n = \{P_{n,\theta}; \; \theta \in \Theta \subset H\}$, $\theta_0 \in \Theta$ und $T_n(\theta_0) := \{t \in H; \; \theta_0 + \dfrac{t}{\sqrt{n}} =: \theta_{n,t} \in \Theta\}$ $(\mathcal{P}_n)$ heißt <u>lokal asymptotisch normal in</u> θ_0 <u>(LAN)</u>

(3) $\qquad \Longleftrightarrow \mathcal{Q}_n := \{Q_{n,t} := P_{n,\theta_0 + \frac{t}{\sqrt{n}}}; \; t \in T_n(\theta_0)\}$

ist asymptotisch normal, d. h. die Lokalisierung in θ_0 ist asymptotisch normal. $(\mathcal{P}_n)$ heißt <u>gleichmäßig lokal asymptotisch normal in</u> θ_0 <u>(ULAN)</u>

$\qquad \Longleftrightarrow$ 1. $L_n(\theta_0 + \dfrac{t_n}{\sqrt{n}}, \theta_0) := \dfrac{dP_{n,\theta_0 + \frac{t_n}{\sqrt{n}}}}{dP_{n,\theta_0}}$

(4) $\qquad\qquad = \exp(<t, Z_n> - \frac{1}{2}\|t\|^2 + R_{n,t_n})$ mit

$$R_{n,t_n} \xrightarrow[P_{n,o}]{} o \text{ für } t_n \in T_n(\theta_o), \; t_n \to t$$

$$2. \; P_{n,\theta_o}^{Z_n} \xrightarrow{\mathcal{D}} N_H. \quad \square$$

Bemerkung. a) <u>Konvergenz des LQ-Prozesses</u>

Sei $\mathbb{P}_n = \{P_{n,t}; \; t \in T_n\}$ asymptotisch normal und $\mathbb{P} = \{Q_t; \; t \in H\}$ ein Gaußsches Shift-Experiment. Mit $L_n(t): = \dfrac{dP_{n,t}}{dP_{n,o}}$ und $L(t): = \dfrac{dQ_t}{dQ_o}$ gilt dann:

$$(5) \qquad P_{n,o}^{L_n(t)} \xrightarrow{\mathcal{D}} Q_o^{L(t)} = Q_o^{\exp(<t,Z> - \frac{1}{2} \|t\|^2)} = Q_t.$$

Wegen der Linearität von $\ell n \, L_n(t)$ in t folgt damit, nach dem Cramer-Wold-device, die Konvergenz der endlichdimensionalen Randverteilungen des LQ-Prozesses $(L_n(t))_{t \in T_n}$:

$$(6) \qquad P_{n,o}^{(L_n(t_1),\ldots,L_n(t_k))} \xrightarrow{\mathcal{D}} Q_o^{(L(t_1),\ldots,L(t_k))}$$

für $t_1,\ldots,t_k \in T_n$, $n \in \mathbb{N}$. Es erweist sich im allgemeinen (nicht LAN-) Fall, daß Bedingung (6) eine 'Übertragung' der statistischen Aussagen im Limesmodell $\mathbb{P}$ auf das asymptotische Modell $\mathbb{P}_n$ ermöglicht.

b) <u>Limesmodell</u>

Ist $\mathbb{P}_n$ LAN in θ_o mit zentraler Folge (Z_n), dann gilt mit $\overline{P}_t: = \varepsilon_t * N_H$ und $\theta_n = \theta_{n,t} = \theta_o + \dfrac{t}{\sqrt{n}}$: $P_{n,\theta_o}^{Z_n} \xrightarrow{\mathcal{D}} \overline{P}_o = N_H$, also

$$P_{n,\theta_o}^{\ell n L_n(t)} \xrightarrow{\mathcal{D}} N(-\tfrac{1}{2}\|t\|^2, \|t\|^2)$$

$\Rightarrow (P_{n,\theta_n}) \lhd (P_{n,\theta_o})$; also $P_{n,\theta_n}^{\ell n L_n(t)} \xrightarrow{\mathcal{D}} N(\tfrac{1}{2}\|t\|^2, \|t\|^2)$ und damit:

$$P_{n,\theta_n}^{Z_n} \xrightarrow{\mathcal{D}} \overline{P}_t, \; t \in H.$$ Das Gaußsche Shift-Experiment $\overline{\mathbb{P}}: = \{\overline{P}_t; \; t \in H\}$ heißt <u>Limesmodell</u> von $(\mathbb{P}_n)$.

c) Es ist möglich, andere Normalisierungsraten δ_n als die in regulären Modellen typische Rate $\dfrac{1}{\sqrt{n}}$ zu betrachten, d. h. in (4) allgemeiner zu untersuchen, ob eine Darstellung der Form

$$(7) \qquad L_n(\theta_o + \delta_n t_n, \theta_o) = \exp(<t,Z_n> - \tfrac{1}{2}\|t\|^2 + R_{n,t_n})$$

gilt für $t_n \to t$ mit $R_{n,t_n} \xrightarrow[P_{n,o}]{} o$, $P_{n,o}^{Z_n} \xrightarrow{\mathcal{D}} N_H.$

d) <u>Taylorentwicklung des LQ-Prozesses im iid-Fall</u>

1. Sei $\mathbf{P} = \{Q_\theta,\ \theta \in \Theta\}$, $\Theta \subset \mathbb{R}^1$ offen ein reguläres statistisches Experiment

mit $\dfrac{dQ_\theta}{d\mu} = f_\theta$, $\Lambda_\theta := \ell n f_\theta$ und der Fisher-Information

$$I(\theta) = - \int \ddot{\Lambda}_\theta dQ_\theta = \int (\dot{\Lambda}_\theta)^2 dQ_\theta \quad \text{o, mit } \dot{\Lambda}_\theta := \frac{\partial}{\partial \theta} \Lambda_\theta,\ \ddot{\Lambda}_\theta := \frac{\partial^2}{\partial \theta^2} \Lambda_\theta.$$

Das folgende Argument zeigt, daß typischerweise

$\mathbf{P}_n = \{P_{n,\theta};\ \theta \in \Theta\}$, $P_{n,\theta} = Q_\theta^{(n)}$, LAN in $\theta_0 \in \Theta$ ist. Mit Taylorentwicklung erhält man:

$$L_n\left(\theta_0 + \frac{t}{\sqrt{n}},\ \theta_0\right) = \frac{dQ^{(n)}_{\theta_0 + t/\sqrt{n}}}{dQ^{(n)}_{\theta_0}}(x) =$$

$$= \exp\left[\ \sum_{i=1}^n \left(\Lambda_{\theta_0 + \frac{t}{\sqrt{n}}}(x_i) - \Lambda_{\theta_0}(x_i)\right)\right]$$

$$(8)\qquad = \exp\left\{\frac{t}{\sqrt{n}} \sum_{i=1}^n \dot{\Lambda}_{\theta_0}(x_i) + \frac{t^2}{2n} \sum_{i=1}^n \ddot{\Lambda}_{\theta_0}(x_i) + R_n\right\}$$

$$= \exp\left\{ t \frac{1}{\sqrt{n}} \sum_{i=1}^n \dot{\Lambda}_{\theta_0}(x_i) - \frac{t^2}{2} I(\theta_0) + \tilde{R}_n\right\}$$

$$= \exp\left\{ t\, X_{n,\theta_0}(x) - \frac{t^2}{2} I(\theta_0) + \tilde{R}_n\right\}$$

mit $X_{n,\theta_0}(x) := \dfrac{1}{\sqrt{n}} \sum_{i=1}^n \dot{\Lambda}_{\theta_0}(x_i)$.

Mit $\langle s,t\rangle := s\, t\, I(\theta_0)$ und $Z_{n,\theta_0} := \dfrac{1}{I(\theta_0)} X_{n,\theta_0}$ gilt:

$$L_n\left(\theta_0 + \frac{t}{\sqrt{n}},\ \theta_0\right) = \exp\left\{\langle t, Z_{n,\theta_0}\rangle - \frac{1}{2}\|t\|^2 + \tilde{R}_n\right\} \text{ und}$$

$$(9)\qquad Z_{n,\theta_0} \xrightarrow[P_{n,\theta_0}]{D} N\left(o, \frac{1}{I(\theta_0)}\right) = N_H.$$

Gilt nun $\tilde{R}_n \xrightarrow[P_{n,\theta_0}]{} o$, dann ist also $\mathbf{P}_n$ LAN in θ_0. Bedingungen, die

$\tilde{R}_n \xrightarrow[P_{n,\theta_0}]{} o$ implizieren, wurden im Abschnitt über ML-Schätzer

untersucht.

2. <u>$\Theta \subset \mathbb{R}^k$ offen.</u> Mit $\ddot{\Lambda}_\theta := \left(\dfrac{\partial}{\partial \theta_i}\ \dfrac{\partial}{\partial \theta_j} \Lambda_\theta\right)$ und $I(\theta) = - \int \ddot{\Lambda}_\theta\, dQ$ positiv

definit und mit $\langle s,t\rangle := s^T I(\theta_0) t = \langle s,t\rangle_{\theta_0}$,

$Z_{n,\theta_0}(x) := I^{-1}(\theta_0) \dfrac{1}{\sqrt{n}} \sum_{i=1}^n \dot{\Lambda}_{\theta_0}(x_i)$ gilt in Analogie zu (9)

$$(10) \qquad \frac{dQ^{(n)}_{\theta_o + t/\sqrt{n}}}{dQ^{(n)}_{\theta_o}} = \exp\{<t,Z_{n,\theta_o}> - \frac{1}{2}\|t\|^2 + \tilde{R}_n\}$$

und $P^{Z_{n,\theta_o}}_{n,\theta_o} \xrightarrow{\mathcal{D}} N(o,I^{-1}(\theta_o)) = N_H$. Ist $\tilde{R}_n \xrightarrow[P_{n,\theta_o}]{} o$, dann ist $\mathcal{P}_n$

LAN in θ_o. □

<u>BEISPIEL</u> 2.1. (<u>Autoregressiver Prozeß</u>)

Seien $(Y_j)_{j\in \mathbb{N}_o}$ iid, $Y_j \sim N(o,1)$ und für $\theta \in \Theta = \mathbb{R}^1$ sei:

$Z_{o,\theta} := Y_o$, $Z_{n,\theta} := \theta Z_{n-1,\theta} + Y_n$, $n \in \mathbb{N}$. $(Z_{n,\theta})_{n\in \mathbb{N}_o}$ ist eine

Markovkette - der <u>autoregressive Prozeß</u> der Ordnung 1 - mit

$P^{Z_{o,\theta}} = N(o,1)$, $P^{Z_{n,\theta}|Z_{n-1,\theta}=z} = N(\theta z,1)$. Sei $P_{n,\theta} := P^{(Z_{o,\theta},\ldots,Z_{n,\theta})}$

$$\Rightarrow \frac{dP_{n,\theta}}{d\lambda^n}(x) = (2\pi)^{-(n+1)} \exp(-\frac{1}{2}\sum_{j=1}^{n}(x_j - \theta x_{j-1})^2 - \frac{1}{2}x_o^2), \quad x \in \mathbb{R}^n$$

$$= (2\pi)^{-(n+1)} \exp(\theta \sum_{j=1}^{n} x_j x_{j-1} - \frac{\theta^2}{2}\sum_{j=1}^{n} x_{j-1}^2 - \frac{1}{2}\sum_{j=0}^{n} x_j^2). \text{ Der ML-}$$

Schätzer für θ ist: $\hat{\theta}_n(x) = \dfrac{\sum\limits_{j=1}^{n} x_j x_{j-1}}{\sum\limits_{j=1}^{n} x_{j-1}^2}$. Es ist:

$$c_n(\theta) := E_\theta(\sum_{j=1}^{n} x_{j-1}^2) \sim \begin{cases} n(1-\theta^2)^{-1} & \text{falls } |\theta| < 1 \\ \theta^{2n}(\theta^2-1)^{-2} & \text{falls } |\theta| > 1 \end{cases}$$

$$c_n^{-1}(\theta) \sum_{j=1}^{n} x_{j-1}^2 \to \begin{cases} 1, & |\theta| < 1 \\ x_1^2, & |\theta| > 1 \end{cases} \quad \text{und } \hat{\theta}_n \to \theta \quad \text{f.s.}$$

Der Nachweis dieser Eigenschaften beruht auf folgenden Punkten (im Fall $|\theta| < 1$):

1. Bzgl. $P_{n,\theta}$ ist $S_{n,\theta} := \sum\limits_{i=1}^{n}(x_i - \theta x_{i-1})x_{i-1}$ ein Martingal mit

   $E_\theta S_{n,\theta} = o$. Nach dem starken Gesetz der großen Zahlen für Martingale folgt: $\frac{1}{n} S_{n,\theta} \to o$ f.s. bzgl. $P_{n,\theta}$.

2. Nach dem starken Gesetz der großen Zahlen für Markovketten

   gilt: $\frac{1}{n}\sum\limits_{i=1}^{n} x_{i-1}^2 \to \sum\limits_{k=0}^{\infty} \theta^{2k} = \frac{1}{1-\theta^2}$ für $|\theta| < 1$

   $\Rightarrow \hat{\theta}_n \to \theta$ f.s. bzgl. $P_{n,\theta}$.

3. $\sqrt{n}\,(\hat{\theta}_n - \theta) \xrightarrow{D} N(o, 1 - \theta^2)$ für $|\theta| < 1$, denn:

$$\sqrt{n}(\hat{\theta}_n - \theta) = \frac{1}{\sqrt{n}} S_{n,\theta} (\tfrac{1}{n} A_n)^{-1} \text{ mit } A_n := \sum_{k=1}^{n} x_{k-1}^2. \text{ Da}$$

$$\frac{1}{n} A_n \xrightarrow[P_{n,\theta}]{} \frac{1}{1-\theta^2} \text{ , reicht es zu zeigen, daß } \frac{1}{\sqrt{n}} S_{n,\theta} \xrightarrow{D} N(o, \frac{1}{1-\theta^2}).$$

Es ist: $V_\theta(\frac{S_{n,\theta}}{\sqrt{n}}) = \frac{1}{n} \sum_{i=1}^{n} EX_{i-1}^2 \to \frac{1}{1-\theta^2}$. Die obige Behauptung folgt dann nach dem CLT für Martingale.

Weiter ist: $\ell n \frac{dP_{n,\theta}}{dP_{n,\theta_o}}(x) = (\theta - \theta_o) \sum_{j=1}^{n} x_j x_{j-1} - \frac{1}{2}(\theta^2 - \theta_o^2) \sum_{j=1}^{n} x_{j-1}^2$

$$= (\theta - \theta_o) \frac{\sum x_j x_{j-1}}{\sum x_{j-1}^2} \sum x_{j-1}^2 - \frac{1}{2}(\theta^2 - \theta_o^2) \sum x_{j-1}^2$$

$$= \begin{cases} (\theta - \theta_o)\hat{\theta}_n(x)c_n(\theta) - \frac{1}{2}(\theta^2 - \theta_o^2)c_n(\theta) + o_{\theta_o}(1), & |\theta| < 1 \\ (\theta - \theta_o)\hat{\theta}_n(x)c_n(\theta)x_1^2 - \frac{1}{2}(\theta^2 - \theta_o^2)c_n(\theta)x_1^2 + o_{\theta_o}(1), & |\theta| > 1 \end{cases}$$

Für $\theta_n = \theta_o + \frac{h}{\sqrt{n}}$ folgt dann für $|\theta_o| < 1$

$$\ell n \frac{dP_{n,\theta_n}}{dP_{n,\theta_o}}(x) = (\theta_n - \theta_o)c_n(\theta)(\hat{\theta}_n - \theta_o) - \frac{1}{2}(\theta_n - \theta_o)^2 c_n(\theta) + o_{\theta_o}(1)$$

$$= h \cdot \frac{c_n(\theta)}{n} \sqrt{n}(\hat{\theta}_n - \theta_o) - \frac{1}{2} h^2 \frac{c_n(\theta)}{n} + o_{\theta_o}(1)$$

$$= \langle h, Z_n(x) \rangle - \frac{1}{2} \| h \|^2 + o_{\theta_o}(1) \text{ mit } \langle s,t \rangle = st \frac{1}{1-\theta_o^2} \text{ und}$$

$Z_n := \sqrt{n}(\hat{\theta}_n - \theta_o)$. Nach dem obigen Punkt 3 gilt:

$$Z_n \xrightarrow[P_{n,\theta_o}]{D} N_H = N(o, 1 - \theta_o^2) \text{ und damit die LAN-Bedingung. Im 'explosiven'}$$

Fall $|\theta_o| > 1$ ist dagegen die LAN-Bedingung nicht erfüllt, sondern nur eine Verallgemeinerung der LAN-Bedingung, die LAMN-Bedingung (vgl. das Buch von Basawa, Scott). $\square$

Die Definition von LAN legt es nahe, die Verteilungen $Q_{n,t}$ in der Lokalisierung (3) durch eine Exponentialfamilie der Form $B_n(t)\exp(\langle t, Z_n \rangle)$ zu approximieren. Im allgemeinen ist jedoch $E_{\theta_o} \exp(\langle t, Z_n \rangle)$ nicht endlich, $Z_n = Z_{n,\theta_o}$.

SATZ 2.3. (<u>Approximation durch Exponentialfamilien</u>)

Sei $\mathcal{P}_n$ ULAN in $\theta_o \in \Theta \subset \mathbb{R}^k = H$, dann existiert eine Exponentialfamilie $\tilde{\mathcal{P}}_n = \{Q_{n,t}; \ t \in \Theta\}$ auf $(M_{(n)}, \mathcal{A}_{(n)})$, $\tilde{\mathcal{P}}_n \ll \nu_n := P_{n,\theta_o}$ mit

$$\frac{dQ_{n,t}}{d\nu_n} = \exp(<t, Z_n^*> - B_n(t)), \ \forall t \in \Theta, \ Z_n^* : (M_{(n)}, \mathcal{A}_{(n)}) \to (H, \mathcal{B}) \text{ und}$$

$B_n(t) \in \mathbb{R}$, so daß $\forall M \in (o, \infty)$ gilt:

$$(11) \qquad \sup_{\substack{t \in H \\ \|t\| \leq M}} D(P_{n,\theta_o + \frac{t}{\sqrt{n}}}, \ Q_{n,t}) \xrightarrow[n \to \infty]{} o.$$

Z_n^* kann als Funktion von Z_n gewählt werden, $Z_n^* - Z_n \xrightarrow[P_{n,\theta_o}]{} o.$

<u>Beweis.</u> Wir führen den Beweis von 2.3 nur im Fall $\underline{k = 1}$.

Sei $<s,t> = st \, I(\theta_o)$ mit $o < I(\theta_o)$, also $N_H = N(o, \frac{1}{I(\theta_o)})$. Da $\mathcal{P}_n$ ULAN, folgt für $t_n \to t$ und

$$\Lambda_{n,t_n} = \ln \frac{dP_{n,\theta_o + \frac{t_n}{\sqrt{n}}}}{dP_{n,\theta_o}} = \ln L_n(\theta_o + \frac{t_n}{\sqrt{n}}, \theta_o) = \ln L_{n,t_n}$$

$$P_{n,\theta_o} \xrightarrow{\Lambda_{n,t_n} \ D} N(-\frac{1}{2}\|t\|^2, \ \|t\|^2) = N(-\frac{1}{2}t^2 I(\theta_o), \ t^2 I(\theta_o)).$$

Nach § 1, (9) folgt: $(P_{n,\theta_n}) \triangleleft (P_{n,\theta_o})$ mit $\theta_n := \theta_o + \frac{t_n}{\sqrt{n}}$.

Der Beweis von (11) folgt nun aus einer Reihe von Lemmata. Das erste Lemma folgt aus Standardabschätzungen für N_H.

<u>LEMMA</u> 1. Sei $k = 1$, $\tau_a(z) := z I_{[o,a]}(|z|)$, $N = N_H$, dann gilt:

a) $\int e^{h\tau_a(z)} \, dP_{n,\theta_o}^{Z_n}(z) \to \int e^{h\tau_a(z)} \, dN(z)$ gleichmäßig in $h \in [-M,M]$, $\forall M > o$.

b) $\int e^{h\tau_a} \, dN \xrightarrow[a \to \infty]{} \int e^{hz} \, dN(z)$ gleichmäßig in $h \in [-M,M]$, $\forall M > o$.

<u>LEMMA</u> 2. Sei $k = 1$ und seien $M_m \uparrow \infty$, $a_m \uparrow \infty$, $\varepsilon_m \downarrow o$ und $n_m \uparrow \infty$, so daß:

$$\sup_{h \in [-M_m, M_m]} |\int e^{h\tau_{a_m}(z)} \, dP_{n,\theta_o}^{Z_n}(z) - \int e^{h\tau_{a_m}(z)} \, dN(z)| < \varepsilon_n, \ \forall n \geq n_m.$$

Sei $\tau_n^*(z) := \begin{cases} \tau_{a_m}(z), & n_m \leq n < n_{m+1} \\ o & \text{sonst} \end{cases}$ und $Z_n^* := \tau_n^*(Z_n)$, dann gilt:

a) $P_{n,\theta_o}(Z_n \neq Z_n^*) \to o;$

b) $P_{n,\theta_o}^{Z_n^*} \xrightarrow{\;D\;} N$;

c) $E_{\theta_o} \exp(hZ_n^*) \to \int e^{hz} dN(z)$ gleichmäßig in $h \in [-M,M]$, $\forall M > o$;

d) $\int e^{hz} dN(z) = e^{1/2 \|h\|^2}$, $\forall h \in \mathbb{R}^1$;

e) $\forall h \in \mathbb{R}^1$, $h_n \to h$ gilt: $E_{\theta_o} e^{h_n Z_n^*} \to \int e^{hz} dN(z)$;

f) $E_{\theta_o} Z_n^* \to o$, $E_{\theta_o} (Z_n^*)^2 \to I(\theta_o)$.

Beweis.

a) Da $P_{n,\theta_o}^{Z_n} \xrightarrow{\;D\;} N \Rightarrow (P_{n,\theta_o}^{Z_n})$ ist straff

$\Rightarrow \forall \varepsilon > o:\ \exists a_o > o:\ P_{n,\theta_o}(|Z_n| > a_o) \leqq \varepsilon,\ \forall n \in \mathbb{N}$. Da $a_m \xrightarrow{\to \infty} \Rightarrow \exists m \in \mathbb{N}: a_m \geqq a_o$

$\Rightarrow \forall n \geqq n_m:\ P_{n,\theta_o}(Z_n \neq Z_n^*) \leqq P_{n,\theta_o}(|Z_n| > a_m) \leqq P_{n,\theta_o}(|Z_n| > a_o) \leqq \varepsilon$.

b) folgt aus a) und $P_{n,\theta_o}^{Z_n} \xrightarrow{\;D\;} N$.

c) $\forall M > o,\ \varepsilon > o:\ \exists m_o \in \mathbb{N}:\ \forall m \geqq m_o$ gilt: $\varepsilon_m \leqq \frac{\varepsilon}{2}$, $M_m \geqq M$ und

$$\sup_{h \in [-M,M]} |\int e^{h\tau_{a_m}(z)} dN(z) - \int e^{hz} dN(z)| \leqq \frac{\varepsilon}{2} \quad \text{(nach Lemma 1.b)}$$

$\Rightarrow \forall n \geqq n_o: = n_{m_o}$ mit $m \geqq m_o$, so daß $n_m \leqq n \leqq n_{m+1}$ gilt:

$$\sup_{h \in [-M,M]} |E_{\theta_o} e^{hZ_n^*} - \int e^{hz} dN(z)| \leqq \sup_{h \in [-M,M]} |E_{\theta_o} e^{hZ_n^*} - \int e^{h\tau_{a_m}(z)} dN(z)|$$

$$+ \sup_{h \in [-M,M]} |\int e^{h\tau_{a_m}(z)} dN(z) - \int e^{hz} dN(z)|$$

$$\leqq \sup_{h \in [-M_m,M_m]} |\int e^{h\tau_{a_m}(z)} dP_{n,\theta_o}^{Z_n}(z) - \int e^{h\tau_{a_m}(z)} dN(z)| + \frac{\varepsilon}{2} \leqq \varepsilon_m + \frac{\varepsilon}{2} \leqq \varepsilon.$$

d) ist wohlbekannt.

e) folgt aus c).

f) Nach b) folgt: $P_{n,\theta_o}^{\exp(Z_n^*)} \xrightarrow{\;D\;} N^{\exp}$ und nach c) folgt:

$$E_{\theta_o} e^{Z_n^*} \to \int e^z dN(z) = \int y\, dN^{\exp}(y) \Rightarrow (\exp(Z_n^*)) \text{ ist gleichgradig}$$

integrierbar bzgl. (P_{n,θ_o}). Ebenso ist $(\exp(-Z_n^*))$ gleichgradig

integrierbar bzgl. $(P_{n,\theta_o}) \Rightarrow (\exp(|Z_n^*|))$ gleichgradig integrierbar bzgl. (P_{n,θ_o}). Wegen $e^{|z|} \geq 1 + |z| + \frac{z^2}{2}$ folgt: $|Z_n^*| \leq \exp(|Z_n^*|)$,

$(Z_n^*)^2 \leq 2 \exp(|Z_n^*|) \Rightarrow (Z_n^*)$, $(Z_n^*)^2$ ist gleichgradig integrierbar

bzgl. $(P_{n,\theta_o}) \Rightarrow E_{\theta_o} Z_n^* \rightarrow \int z \, dN(z) = o$ und $E_{\theta_o}(Z_n^*)^2 \rightarrow \int z^2 dN(z) = I(\theta_o)$. $\square$

LEMMA 3. Sei $k = 1$, $B_n(h) := \ln E_{\theta_o} \exp(\langle h, Z_n^* \rangle)$, $h \in \mathbb{R}^1$, $n \in \mathbb{N}$,

$L_{n,h}^* := \exp(\langle h, Z_n^* \rangle - B_n(h))$, dann gilt für alle $h \in \mathbb{R}^1$, $h_n \rightarrow h$

a) $L_{n,h_n} - L_{n,h_n}^* \xrightarrow[P_{n,\theta_o}]{} o$;

b) (L_{n,h_n}), (L_{n,h_n}^*) sind gleichgradig integrierbar bzgl. (P_{n,θ_o});

c) $(L_{n,h_n} - L_{n,h_n}^*)$ ist gleichgradig integrierbar bzgl. (P_{n,θ_o}).

Beweis.

a) $R_{n,h_n} := \ln L_{n,h_n} - \langle h_n, Z_n \rangle + \frac{1}{2} \|h_n\|^2 \xrightarrow[P_{n,\theta_o}]{} o$

$\Rightarrow L_{n,h_n} = e^{\langle h_n, Z_n^* \rangle - \frac{1}{2}\|h_n\|^2} \underbrace{e^{\langle h_n, Z_n - Z_n^* \rangle} e^{R_{n,h_n}}}_{=: 1 + \tilde{R}_n}$

mit $\tilde{R}_n \xrightarrow[P_{n,\theta_o}]{} o$ (nach Lemma 2)

$\Rightarrow \tilde{\tilde{R}}_n := \tilde{R}_n e^{\langle h_n, Z_n^* \rangle - \frac{1}{2}\|h_n\|^2} \xrightarrow[P_{n,\theta_o}]{} o$ (nach Lemma 2)

$\Rightarrow L_{n,h_n} - L_{n,h_n}^* = e^{\langle h_n, Z_n^* \rangle}(e^{-\frac{1}{2}\|h_n\|^2} - e^{B_n(h_n)}) + \tilde{\tilde{R}}_n$.

Nach Lemma 2.c), d) $\Rightarrow E_{\theta_o} e^{\langle h_n, Z_n^* \rangle} - e^{-\frac{1}{2}\|h_n\|^2} \rightarrow o$. Da $(e^{\langle h_n, Z_n^* \rangle})$

verteilungskonvergent bzgl. (P_{n,θ_o}), folgt, daß $L_{n,h_n} - L_{n,h_n}^* \xrightarrow[P_{n,\theta_o}]{} o$.

b), c) Sei $\theta_n = \theta_o + \frac{h_n}{\sqrt{n}}$; da $(P_{n,\theta_o}) \triangleleft (P_{n,\theta_o}) \Rightarrow (L_{n,h_n})$ ist gleichgradig

integrierbar bzgl. (P_{n,θ_o}). Da weiter

$\ln L_{n,h_n} \xrightarrow[P_{n,\theta_o}]{D} N(-\frac{1}{2}\|h\|^2, \|h\|^2) =: \tilde{Q} \Rightarrow L_{n,h_n} \xrightarrow[P_{n,\theta_o}]{D} \tilde{Q}^{\exp} \underset{a)}{\Longrightarrow} L_{n,h_n}^* \xrightarrow[P_{n,\theta_o}]{D} Q^{\exp}$.

Wegen $E_{\theta_o} L_{n,h_n}^* = 1 = \int e^z d\tilde{Q}(z) = \int z d\tilde{Q}^{\exp}(z)$ folgt: (L_{n,h_n}^*) ist gleich-

gradig integrierbar bzgl. $(P_{n,\theta_o}) \Rightarrow (L_{n,h_n} - L_{n,h_n}^*)$ ist gleichgradig

integrierbar bzgl. (P_{n,θ_o}). $\square$

Wir definieren nun: $\dfrac{dQ_{n,h}}{dP_{n,\theta_0}} := L_{n,h}^* = \exp(\langle h, Z_n^* \rangle - B_n(h))$

$\Rightarrow \{Q_{n,h}; h \in \Theta\}$ ist eine einparametrische Exponentialfamilie. Wenn ein

$M > o$ existiert, so daß: $\overline{\lim} \sup_{h \in [-M,M]} D(P_{n,\theta_n}, Q_{n,h}) =: c > o$,

$\theta_n = \theta_0 + \dfrac{h}{\sqrt{n}} = \theta_{n,h} \Rightarrow \exists(n_j) \subset \mathbb{N}: \sup_{h \in [-M,M]} D(P_{n_j, \theta_{n_j}}, Q_{n_j, h}) \geq \dfrac{c}{2}$, $\forall j$

$\Rightarrow \forall j: \exists \tilde{h}_j \in [-M,M]: D(P_{n_j, \theta_{n_j}}, Q_{n_j, \tilde{h}_j}) \geq \dfrac{c}{4} > o$. Da $(\tilde{h}_j)$ beschränkt ist,

sei ohne Einschränkung $\tilde{h}_j \to h_0$. Für $h \in \mathbb{R}^1$ ist:

$$\dfrac{dQ_{n,h}}{dv_n} = L_{n,h}^* \; \dfrac{dP_{n,\theta_0}}{dv_n} = L_{n,h}^* \, f_{n,\theta_0}$$

$\Rightarrow D(P_{n,\theta_0 + \tilde{h}_n/\sqrt{n}}, Q_{n,\tilde{h}_n}) = \int |f_{n,\tilde{\theta}_n} - L_{n,\tilde{h}_n}^* \, f_{n,\theta_0}| \, dv_n$

$$= \int_{\{f_{n,\theta_0} > o\}} |\dfrac{f_{n,\tilde{\theta}_n}}{f_{n,\theta_0}} - L_{n,\tilde{h}_n}^*| f_{n,\theta_0} \, dv_n + \int_{\{f_{n,\theta_0} = o\}} f_{n,\tilde{\theta}_n} \, dv_n$$

$= \int |L_{n,\tilde{h}_n} - L_{n,\tilde{h}_n}^*| \, dP_{n,\theta_0} + P_{n,\tilde{\theta}_n} \{f_{n,\theta_0} = o\}$. Da $(P_{n,\tilde{\theta}_n}) \lhd (P_{n,\theta_0})$,

konvergiert der zweite Term gegen o, da weiter der erste Integrand
stochastisch gegen o konvergiert und nach Lemma 3 gleichgradig
integrierbar ist, konvergiert auch der erste Term gegen o im Widerspruch zur Annahme. Damit ist Satz 2.3 bewiesen. □

<u>Bemerkung.</u>

a) Der Beweis von 2.3 zeigt, daß $Z_n^* = \tau_n^{a_n}(Z_n)$ mit $\tau_n^{a_n}(Z_n) = Z_n 1_{\{|Z_n| \leq a_n\}}$
und $\dfrac{dQ_{n,h}}{P_{n,\theta_0}} = \exp(\langle h, Z_n^* \rangle - B_n(h))$ ist.

b) Unter der Annahme, daß P_n LAN in θ_0 ist, gibt es in Analogie zu 2.3
eine (nicht gleichmäßige) Exponentialapproximation. □

Als Folgerung der Exponentialapproximation ergibt sich die asymptotische
Suffizienz von $Z_n = Z_{n,\theta_0}$ im in θ_0 lokalisierten Modell.

<u>SATZ</u> 2.4. (<u>Lokale asymptotische Suffizienz von (Z_n)</u>)

Sei P_n ULAN und $\psi_n := \{\varphi_n: (M_{(n)}, A_{(n)}) \to (\mathbb{R}^1, \mathbb{B}^1), |\varphi_n| \leq 1\}$. Sei
$B \subset \mathbb{R}^k$ beschränkt, $\varphi_n \in \psi_n$, $n \in \mathbb{N}$

$\Rightarrow$ Für $\overline{\varphi}_n := E_{\theta_0}(\varphi_n|Z_n)$ gilt:

$$(12) \qquad \sup\{|E_{\theta_{n,h}}\varphi_n - E_{\theta_{n,h}}\overline{\varphi}_n|; \; h \in B\} \to o.$$

<u>Beweis.</u> Sei $\theta_n = \theta_{n,h} = \theta_0 + \dfrac{h}{\sqrt{n}} \Rightarrow E_{\theta_n}(\varphi_n - \overline{\varphi}_n) = I_1 + I_2 + I_3$ mit

$I_1 := E_{\theta_n}\varphi_n - E_{Q_{n,h}}\varphi_n$, $I_2 := E_{Q_{n,h}}(\varphi_n - \overline{\varphi}_n)$ und $I_3 := E_{Q_{n,h}}\overline{\varphi}_n - E_{\theta_n}\overline{\varphi}_n$.

Da $P_{n,\theta_n}, Q_{n,h} \ll P_{n,\theta_0}$

$\underset{2.3}{\Rightarrow} \; \underset{h \in B}{\sup} I_1 \leq \underset{h \in B}{\sup} D(P_{n,\theta_n}, Q_{n,h}) \to o$ und ebenso $\underset{h \in B}{\sup} I_3 \to o.$

Weiter ist: $E_{Q_{n,h}}\overline{\varphi}_n = E_{Q_{n,h}}E_{\theta_0}(\varphi_n|Z_n)$

$= \int E_{\theta_0}(\varphi_n|Z_n)e^{-B_n(h)}\exp(\langle h, Z_n^*\rangle)dP_{n,\theta_0} = \int E_{\theta_0}(\varphi_n e^{-B_n(h)}\exp(\langle h, Z_n^*\rangle)|Z_n)dP_{n,\theta_0}$

$= E_{\theta_0}\varphi_n \, e^{-B_n(h)} \exp(\langle h, Z_n^*\rangle) = E_{Q_{n,h}}\varphi_n$, da Z_n^* eine Funktion von Z_n ist.

Also ist $I_2 = o.$ $\quad \square$

<u>Bemerkung.</u>

a) Sei $\varphi_n : (\mathbb{R}^k, \mathbb{B}^k) \to ([o,1], [o,1]\mathbb{B}^1), \; n \in \mathbb{N}$

$$(13) \qquad \begin{aligned} &\Rightarrow \sup\{E_{\theta_{n,h}}|\varphi_n(Z_n) - \varphi_n(Z_n^*)|; \; h \in B\} \\ &\leq 2 \underset{h \in B}{\sup} \, P_{\theta_{n,h}}(Z_n \neq Z_n^*) \to o, \end{aligned}$$

da nach Lemma 2: $P_{n,\theta_0}(Z_n \neq Z_n^*) \to o$ und wegen der ULAN-Annahme gilt:

$\{P_{n,\theta_{n,h_n}}\} \lhd \{P_{n,\theta_0}\}$. Es ist also äquivalent im lokalen Modell

Tests auf Z_n oder Z_n^* zu basieren.

b) Ist P_n LAN, so gilt die (nicht gleichmäßige) lokale asymptotische

Suffizienz von (Z_n), d. h. $E_{\theta_{n,h}}(\varphi_n - \overline{\varphi}_n) \to o$, $\forall h \in H$, $\theta_{n,h} = \theta_0 + \dfrac{h}{\sqrt{n}}$. $\quad \square$

Es ist von Interesse, die zentralen Folgen eines asymptotisch normalen
Experimentes zu charakterisieren, da nach 2.4 die zentralen Folgen im
lokalen asymptotischen Modell asymptotisch suffizient sind. Hierauf
basierend wird dann in § 5 untersucht, wann zentrale Folgen 'unabhängig'
von der Lokalisierung - und damit global asymptotisch suffiziente
Statistiken - gefunden werden können.

__LEMMA__ 2.5. Sei $\mathcal{P}_n = \{P_{n,t}; \ t \in T_n\}$, $T_n \uparrow H$ asymptotisch normal.

a) Eine Folge $Z_n \colon (M_{(n)}, A_{(n)}) \to (H, B)$ ist genau dann zentral für $(\mathcal{P}_n)$,

wenn $\forall h, t \in H$ gilt: $P_{n,o}^{(\ell n \frac{dP_{n,h}}{dP_{n,o}}, \ <t, Z_n>)} \xrightarrow{\ \mathcal{D}\ } N\left(\begin{pmatrix} -\frac{1}{2}\|h\|^2 \\ o \end{pmatrix}, \begin{pmatrix} \|h\|^2 & <h,t> \\ <h,t> & \|t\|^2 \end{pmatrix}\right)$

b) Ist (Z_n) zentral für $(\mathcal{P}_n)$, dann gilt:

$$P_{n,h}^{(\ell n \frac{dP_{n,h}}{dP_{n,o}}, \ <t, Z_n>)} \xrightarrow{\ \mathcal{D}\ } N\left(\begin{pmatrix} -\frac{1}{2}\|h\|^2 \\ <h,t> \end{pmatrix}, \begin{pmatrix} \|h\|^2 & <h,t> \\ <h,t> & \|t\|^2 \end{pmatrix}\right).$$

__Beweis.__

a) Nach Definition der asymptotischen Normalität folgt:

$$P_{n,o}^{(\ell n L_n(h), \ell n L_n(t))} \xrightarrow{\ \mathcal{D}\ } N\left(\begin{pmatrix} -\frac{1}{2}\|h\|^2 \\ -\frac{1}{2}\|t\|^2 \end{pmatrix}, M\right) \quad \text{mit } M = \begin{pmatrix} \|h\|^2 & <h,t> \\ <h,t> & \|t\|^2 \end{pmatrix}.$$

Ist (Z_n) zentral für $(\mathcal{P}_n) \Rightarrow P_{n,o}^{(\ell n L_n(h), <Z_n, t>)} \xrightarrow{\ \mathcal{D}\ } N\left(\begin{pmatrix} -\frac{1}{2}\|h\|^2 \\ o \end{pmatrix}, M\right).$

Umgekehrt folgt nach dem Stetigkeitssatz für Verteilungskonvergenz:

$$\ell n \frac{dP_{n,h}}{dP_{n,o}} - <h, Z_n> \xrightarrow{\ \mathcal{D}\ } \varepsilon_{\{-\frac{1}{2}\|h\|^2\}} \Rightarrow \ell n \frac{dP_{n,h}}{dP_{n,o}} - <h, Z_n> + \frac{1}{2}\|h\|^2 \xrightarrow[P_{n,o}]{} o,$$

d. h. (Z_n) ist zentral für $(\mathcal{P}_n)$.

b) folgt nach dem dritten Le Cam-Lemma 1.8 und 1.10. $\quad\square$

__SATZ__ 2.6. Sei $(\mathcal{P}_n)$ asymptotisch normal, $Z_n \colon (M_{(n)}, A_{(n)}) \to (H, B)$, $n \in \mathbb{N}$.

Dann gilt: (Z_n) ist zentrale Folge von $(\mathcal{P}_n)$

$\Longleftrightarrow P_{n,h}^{Z_n} \xrightarrow{\ \mathcal{D}\ } \overline{P}_h = \varepsilon_h * N_H, \ \forall h \in H.$

__Beweis.__ Die Richtung '$\Rightarrow$' wurde in Bemerkung b) nach Definition 2.2 (vgl. auch Lemma 2.5) gezeigt. Umgekehrt gilt für $h \in H$, $c \in \mathbb{R}$:

$$\varphi_n := (1_{\{\frac{dP_{n,h}}{dP_{n,o}} > e^{c - \frac{1}{2}\|h\|^2}\}} - 1_{\{<h, Z_n> > c\}})\left(\frac{dP_{n,h}}{dP_{n,o}} - e^{c - \frac{1}{2}\|h\|^2}\right) =: \psi_n \cdot \tau_n$$

$\geq o \ [P_{n,o}].$

Da nach Voraussetzung: $P_{n,t}^{<h,Z_n>} \xrightarrow{D} N(<h,t>, ||h||^2) \Rightarrow E_{P_{n,o}} \psi_n \to o$

und daher wegen der Benachbartheit auch $E_{P_{n,h}} \psi_n \to o$

$\Rightarrow E_{P_{n,o}} \varphi_n = E_{P_{n,o}} |\varphi_n| \to o$. Da $|\tau_n| \xrightarrow{D} |e^{<h,Z> - \frac{1}{2}||h||^2} - e^{c - \frac{1}{2}||h||^2}|$

mit $Z \sim N_H$, folgt: $|\psi_n| \xrightarrow[P_{n,o}]{} o$, $\forall c \in \mathbb{R}^1$. Da $(\frac{dP_{n,h}}{dP_{n,o}})$ und $(<h,Z_n>)$

straff sind, folgt mit einem Standardargument, daß:

$$\ell n \frac{dP_{n,h}}{dP_{n,o}} + \frac{1}{2}||h||^2 - <h,Z_n> \xrightarrow[P_{n,o}]{} o; \text{ also die Behauptung. } \square$$

In LAN-Modellen gilt die folgende gleichmäßige Version des schwachen Folgenkompaktheits-Lemmas für Testfunktionen.

<u>SATZ 2.7.</u> (<u>Uniform weak compactness lemma</u>)

Sei P_n LAN in θ und $(\varphi_n) \in \tilde{\phi}$ eine asymptotische Testfolge. Dann existiert eine Teilfolge $(m) \subset \mathbb{N}$ und ein Test ψ für das Limesproblem $\overline{P} = \{\overline{P}_t; t \in H\}$, so daß:

$$(14) \qquad \lim_m E_{\theta_{m,t}} \varphi_m = E_{\overline{P}_t} \psi, \quad \forall t \in H.$$

<u>Beweis.</u> Da $o \leq \varphi_n \leq 1$, folgt, daß $(P_{n,\theta}^{(\varphi_n, Z_n)})$ straff ist. Also existiert eine Teilfolge $(m) \subset \mathbb{N}$, so daß:

$P_{m,\theta}^{(\varphi_m, Z_m)} \xrightarrow{D} \tilde{P}$ und nach Definition der LAN ist $\tilde{P}^{\pi_2} = N_H = \overline{P}_o$,

π_2 = Projektion auf die zweite Komponente. Sei $\tilde{k}(u,B) := \tilde{P}^{\pi_1|\pi_2 = u}(B)$

die bedingte Verteilung von der ersten Komponente π_1 unter π_2, also

$\tilde{P}(B \times A) = \int_A \tilde{k}(u,B) d\overline{P}_o(u)$. Da $(P_{m,\theta_m}) \triangleleft (P_{m,\theta})$, folgt nach dem dritten Le Cam-Lemma 1.8:

$$(15) \qquad P_{m,\theta_m}^{\varphi_m} \xrightarrow{D} \tilde{P}_t \text{ mit } \tilde{P}_t(B) = \int \tilde{k}(u,B) d\overline{P}_t(u).$$

Mit dem Test $\psi(u) := \int s \, \tilde{k}(u, d s)$ gilt:

$$\lim_m E_{\theta_m} \varphi_m = \int s \, d\tilde{P}_t(s) = \int(\int s \, \tilde{k}(u, d s)) d\overline{P}_t(u)$$
$$= \int \psi(u) d\overline{P}_t(u) = E_{\overline{P}_t} \psi, \quad \forall t \in H. \quad \square$$

Man kann also mit 2.7 eine Beziehung zwischen den asymptotischen Test-
problemen für $(\mathbf{P}_n)$ zu dem Limesproblem für $\overline{\mathbf{P}}$ herstellen. Unter der
ULAN-Bedingung an $\mathbf{P}_n$ gilt:

$$(16) \qquad \lim_m E_{\theta_m, t_m} \varphi_m = E_{\overline{P}_t} \psi \quad \text{für } t_m \to t, \ \forall t \in H.$$

Im folgenden soll eine hinreichende Bedingung für (verallgemeinerte)
ULAN angegeben werden. Für $f_n : \Theta \to \mathbb{R}^1$ bezeichne $f_n \to_c o$ die gleich-
mäßige Konvergenz auf beschränkten Mengen, d. h. $\theta_n \to \theta \Rightarrow f_n(\theta_n) \to o$.
Sei $\Theta \subset \mathbb{R}^k$ offen und es gelten die folgenden Bedingungen für
$P_{n,\theta} = f_{n,\theta} \mu_n$

B 1. $\dfrac{\partial^2}{\partial \theta_i \partial \theta_j} f_{n,\theta}$ existiert und $I_n(\theta) := -(E_\theta \dfrac{\partial^2}{\partial \theta_i \partial \theta_j} \ln f_{n,\theta})$ sei

endlich und positiv definit;

B 2. $\det I_n^{-1}(\theta) \to_c o$;

B 3. $\exists$ eine positiv definite $k \times k$-Matrix $G(\theta)$, so daß für

$$G_n(\theta) := -(\underbrace{\dfrac{\partial^2}{\partial \theta_i \partial \theta_j} \ln f_{n,\theta}}_{=: B_n(\theta)}) \ I_n^{-1}(\theta) \text{ gilt:}$$

$$P_{n,\theta}^{G_n(\theta)} \Rightarrow_c G(\theta) \quad (\text{d. h. } \theta_n \to \theta \Rightarrow P_{n,\theta_n}^{G_n(\theta_n)} \xrightarrow{D} G(\theta));$$

B 4. $\forall c > o$ und $N_n := N_n(c) := \{\theta^*; \ |I_n^{1/2}(\theta)(\theta^* - \theta)| \leq c\}$ gilt:

$$\sup_{\theta^* \in N_n(\theta)} \det (I_n(\theta^*) \ I_n^{-1}(\theta) - I_k) \to_c o \quad \text{und}$$

$$\sup_{\theta^* \in N_n(\theta)} \det (I_n^{-1/2}(\theta)(B_n(\theta^*) - B_n(\theta))I_n^{-1/2}(\theta)) \xrightarrow[P_{n,\theta}]{}_c o.$$

SATZ 2.8. Unter den Voraussetzungen B 1 - B 4 ist $\mathbf{P}_n$ ULAN mit Rate
$\delta_n := I_n^{-1/2}(\theta)$ und $Z_n = Z_n(\theta) = G^{-1}(\theta)I_n^{-1/2}(\theta)\nabla_\theta \ln f_{n,\theta}$, d. h.
$\Lambda_n(\theta + \delta_n h_n, \theta) = \langle h_n, Z_n(\theta)\rangle - \frac{1}{2}\|h_n\|^2 + R_n$ mit
$\langle s,t\rangle = s^T G(\theta)t, \ Z_n(\theta) \xrightarrow{D} N_H$ und $R_n \xrightarrow[P_{n,\theta}]{} o$ für $h_n \to h.$

<u>Beweis.</u> Sei $h_n \to h$, $\delta_n = I_n^{-1/2}(\theta)$, $\theta \in \Theta$. Nach Taylorentwicklung folgt:

$$\Lambda_n(\theta + \delta_n h_n, \theta) = h_n^T \delta_n S_n(\theta) - \frac{1}{2} h_n^T \delta_n B_n(\theta + t_n \delta_n h_n) \delta_n h_n, \text{ mit } |t_n| < 1$$

und mit $S_n(\theta) = \nabla_\theta \ln f_{n,\theta}$. Nach B 4 $\Rightarrow \Lambda_n(\theta + \delta_n h_n, \theta) - h_n^T \delta_n S_n(\theta)$

$+ \frac{1}{2} h_n^T \delta_n B_n(\theta) \delta_n h_n \xrightarrow[P_{n,\theta}]{} 0$. Mit $V_n := \delta_n B_n(\theta + t_n \delta_n h_n) \delta_n$ und

$X_n(\theta) := \delta_n S_n(\theta)$ gilt: $\exp(h_n^T X_n(\theta)) f_{n,\theta} = \exp(\frac{1}{2} h_n^T V_n h_n) f_{n,\theta + \delta_n h_n}$.

B 2, B 3 $\Rightarrow V_n \to G(\theta)$ bzgl. $P_{n,\theta}$ und $P_{n,\theta + \delta_n h_n}$. Für $u \in C_K(\mathbb{R}^k)$ gilt:

$$E_\theta \, u(V_n) \exp(h_n^T X_n(\theta)) = E_{\theta + \delta_n h_n} \, u(V_n) \exp(\frac{1}{2} h_n^T V_n h_n) \to u(G(\theta)) \exp(\frac{1}{2} h^T G(\theta) h)$$

$\Rightarrow (X_n(\theta), V_n) \xrightarrow{D} (N(0, G(\theta)), G(\theta))$ bzgl. $P_{n,\theta}$. Mit $\langle s, t \rangle = s^T G(\theta) t$ und

$Z_n(\theta) := G^{-1}(\theta) X_n(\theta)$ gilt also:

$$\Lambda_n(\theta + \delta_n h_n, \theta) = \langle h_n, Z_n(\theta) \rangle - \frac{1}{2} \| h_n \|^2 + R_n \text{ mit } Z_n(\theta) \xrightarrow{D} N(0, G^{-1}(\theta)) = N_H$$

und $R_n \xrightarrow[P_{n,\theta}]{} 0$. $\quad \square$

§ 3   Asymptotisch optimale Tests

Sei $\Theta = \Theta_0 + \Theta_1$, $\mathcal{P}_n = \{P_{n,\theta}; \theta \in \Theta\}$, $n \in \mathbb{N}$, ein asymptotisches Testproblem. Entsprechend der Einleitung zu Kapitel IV lassen sich Testfolgen sinnvoll vergleichen für bestimmte Teilfolgen (θ_n), z. B. $\theta_n = \theta_0 + \dfrac{t}{\sqrt{n}}$ mit θ_0 aus dem 'Rand' der Hypothesen. Seien $\tilde{\Theta}_0 \subset \{(\theta_n); \theta_n \in \Theta_0\}$, $\tilde{\Theta}_1 \subset \{(\theta_n); \theta_n \in \Theta_1\}$ $\underline{\text{asymptotische Hypothesen}}$ und $\tilde{\phi}_\alpha := \{\varphi = (\varphi_n) \in \tilde{\phi}; \ \overline{\lim} \ E_{\theta_n} \varphi_n \leq \alpha, \ \forall (\theta_n) \in \tilde{\Theta}_0\}$.

$\underline{\text{SATZ}}$ 3.1. $(\underline{\text{Einfache asymptotische Hypothesen}})$

Seien $\alpha \in (o,1)$, $\tilde{\Theta}_0 = \{(\theta_n)\}$, $\tilde{\Theta}_1 = \{(\eta_n)\}$ und sei φ_n^* bester Test z. N. α_n für $(\{\theta_n\}, \{\eta_n\})$ für eine Folge $\alpha_n \to \alpha$

$\Rightarrow \varphi^* := (\varphi_n^*)$ ist $\underline{\text{asymptotisch bester Test}}$ für $(\tilde{\Theta}_0, \tilde{\Theta}_1)$ zum Niveau α, d. h. $\forall \psi = (\psi_n) \in \tilde{\phi}_\alpha$ gilt:

$$(1) \qquad \overline{\lim} \ E_{\theta_n} (\psi_n - \varphi_n^*) \leq o.$$

$\underline{\text{Beweis.}}$ Sei o.E. $E_{\theta_n} \varphi_n^* = \alpha_n$, d. h. $\varphi_n^* = \varphi_{n,\alpha_n}^*$ ist der LQ-Test z. N. α_n für $(\{\theta_n\}, \{\eta_n\})$. Nach Definition ist dann $\varphi^* \in \tilde{\phi}_\alpha$. Sei $\tilde{\alpha}_n := E_{\theta_n} \psi_n$, dann gilt: $\alpha_n' := \max(\alpha_n, \tilde{\alpha}_n) \to \alpha$ und $E_{\eta_n} \psi_n \leq E_{\eta_n} \varphi_{n,\tilde{\alpha}_n}^* \leq E_{\eta_n} \varphi_{n,\alpha_n'}^*$. Zum Nachweis von (1) reicht es also zu zeigen:

$$(2) \qquad E_{\eta_n} (\varphi_{n,\alpha_n}^* - \varphi_{n,\alpha_n'}^*) \to o.$$

Mit $L_n := \dfrac{dP_{n,\eta_n}}{dP_{n,\theta_n}}$ ist $\varphi_{n,\alpha}^* = 1_{(c_{n,\alpha},\infty)}(L_n) + \gamma_{n,\alpha}^* 1_{\{c_{n,\alpha}\}}(L_n)$ mit $c_{n,\alpha} \geq o$, $\gamma_{n,\alpha}^* \in [o,1]$. Wegen $E_{\theta_n} L_n = \int L_n dP_{n,\theta_n} \leq 1$ ist

$$\alpha_n \leq P_{n,\theta_n}(L_n \geq c_{n,\alpha_n}) \leq \frac{E_{\theta_n} L_n}{c_{n,\alpha_n}} \leq \frac{1}{c_{n,\alpha_n}} \Rightarrow c_{n,\alpha_n'} \leq c_{n,\alpha_n} \leq \frac{1}{\alpha_n} \to \frac{1}{\alpha} .$$

Aus $\alpha_n' \geq \alpha_n$ folgt: $o \leq \varphi_{n,\alpha_n'}^* - \varphi_{n,\alpha_n}^*$ und

$$\{o < \varphi_{n,\alpha_n'}^* - \varphi_{n,\alpha_n}^*\} \subset \{\varphi_{n,\alpha_n'}^* > o, \ \varphi_{n,\alpha_n}^* < 1\} \subset \{c_{n,\alpha_n'} \leq L_n \leq c_{n,\alpha_n}\} \subset \{L_n \leq \frac{1}{\alpha_n}\}$$

$$\Rightarrow o \leq E_{\eta_n} (\varphi_{n,\alpha_n'}^* - \varphi_{n,\alpha_n}^*) = \int_{\{o < \varphi_{n,\alpha_n'}^* - \varphi_{n,\alpha_n}^*\}} (\varphi_{n,\alpha_n'}^* - \varphi_{n,\alpha_n}^*) L_n \ dP_{n,\theta_n}$$

$$\leq \frac{1}{\alpha_n} E_{\theta_n} (\varphi^*_{n,\alpha'_n} - \varphi^*_{n,\alpha_n}) = \frac{\alpha'_n - \alpha_n}{\alpha_n} \to 0. \quad \square$$

Für größere Klassen von asymptotischen Hypothesen lassen sich häufig Testfolgen finden, die asymptotisch äquivalent zu den LQ-Tests für die jeweiligen einfachen asymptotischen Hypothesen sind.

<u>LEMMA</u> 3.2. Seien $P_n \in M^1(M_{(n)}, A_{(n)})$, $n \in \mathbb{N}$, $\varphi_i = (\varphi_{i,n})$ asymptotische Tests $i = 1,2$ mit $\varphi_{i,n} = 1_{(c_{i,n}, \infty)}(T_{i,n}) + \gamma_{i,n} 1_{\{c_{i,n}\}}(T_{i,n})$, $i = 1,2$ und es gelte:

$$(3) \qquad T_{1,n} - T_{2,n} \xrightarrow[P_n]{} 0, \quad c_{i,n} \to c$$

und

$$\text{a) } \forall \varepsilon > 0, \ \exists \delta = \delta(\varepsilon) > 0: \ \exists n(\varepsilon) \in \mathbb{N}: \ \forall n \geq n(\varepsilon): \ P_n^{T_{1,n}}([c-\delta, c+\delta]) \leq \varepsilon$$

$$(4) \quad \text{oder}$$

$$\text{b) } P_n^{T_{1,n}} \xrightarrow{D} P_0, \quad P_0(\{c\}) = 0$$

$$\Rightarrow E_{P_n} |\varphi_{1,n} - \varphi_{2,n}| \to 0.$$

<u>Beweis.</u> Aus (4) b) folgt (4) a); es gelte also o.E. (4) a).
Die Folge $\tilde{T}_{i,n} := T_{i,n} - (c_{i,n} - c)$ erfüllt (3), (4) a) (mit $\tilde{c}_{i,n} = c$)

und $E_{P_n} |\varphi_{1,n} - \varphi_{2,n}| \leq P_n(|\varphi_{1,n} - \varphi_{2,n}| > 0) \leq P_n(\tilde{T}_{1,n} \leq c \leq \tilde{T}_{2,n})$

$+ P_n(\tilde{T}_{2,n} \leq c \leq \tilde{T}_{1,n})$. Weiter ist: $P_n(\tilde{T}_{1,n} \leq c \leq \tilde{T}_{2,n}) \leq P_n(|\tilde{T}_{1,n} - \tilde{T}_{2,n}| > \delta)$

$+ P_n(\tilde{T}_{1,n} \leq c \leq \tilde{T}_{2,n}, \ \tilde{T}_{2,n} - \delta \leq \tilde{T}_{1,n} \leq \tilde{T}_{2,n} + \delta) \leq P_n(|\tilde{T}_{1,n} - \tilde{T}_{2,n}| > \delta)$

$+ P_n(c - \delta \leq \tilde{T}_{1,n} \leq c) \leq 2\varepsilon$ für $n \geq n(\varepsilon)$. Der zweite Summand ist analog

$\leq 2\varepsilon. \quad \square$

<u>BEISPIEL</u> 3.1. (<u>t-Test - Einstichproben-Gaußtest</u>)

Sei $\sigma_0 > 0$, $\Theta = \mathbb{R}^1$, $\theta_0 \in \mathbb{R}^1$, $\Theta_0 := (-\infty, \theta_0]$, $\Theta_1 = (\theta_0, \infty)$ und

$P_{n,\theta} := N(\theta, \sigma_0^2)^{(n)}$. Dann ist der <u>Einstichproben-Gaußtest</u>

$$(5) \qquad \varphi^*_n := 1_{(u_\alpha, \infty)}(T^*_n) \quad \text{mit} \quad T^*_n(x) := \frac{\sqrt{n}(\bar{x}_n - \theta_0)}{\sigma_0}$$

gleichmäßig bester Test z. N. α für (Θ_0, Θ_1) und

$$E_{\theta_n} \varphi_n^* = P_{n,\theta_n} \left(\sqrt{n}\, \frac{\overline{x}_n - \theta_n}{\sigma_o} > u_\alpha - \frac{\sqrt{n}(\theta_n - \theta_o)}{\sigma_o} \right)$$

(6)
$$= 1 - \phi\left(u_\alpha - \frac{\sqrt{n}(\theta_n - \theta_o)}{\sigma_o}\right) \to \begin{cases} 1 & \infty \\ 1 - \phi(u_\alpha - \frac{t}{\sigma_o}), t_n \longrightarrow t \\ \alpha & 0 \\ 0 & -\infty \end{cases}$$

mit $t_n: = \sqrt{n}(\theta_n - \theta_o)$.

Sei $S_n^2(x): = \frac{1}{n-1} \sum_{i=1}^{n} (x_i - \overline{x}_n)^2$, $T_n(x): = \frac{\sqrt{n}(\overline{x}_n - \theta_o)}{S_n(x)}$ und $t_{n-1,\alpha}$ das

α-Fraktil der t_{n-1}-Verteilung. Der <u>t-Test</u> φ_n ist definiert durch

(7)
$$\varphi_n: = 1_{(t_{n-1,\alpha},\infty)}(T_n).$$

Es ist $P_{n,\theta_n}^{S_n} = P_{n,\theta_o}^{S_n}$ und wegen $S_n \xrightarrow[P_{n,\theta_o}]{} \sigma_o$ gilt: $P_{n,\theta_o}^{T_n} \xrightarrow{D} N(o,1)$,

also auch $t_{n-1,\alpha} \to u_\alpha = u_\alpha(N(o,1))$

(8)
$$\Rightarrow E_{\theta_n} \varphi_n = P_{n,\theta_n} \left(\sqrt{n}\, \frac{\overline{x}_n - \theta_n}{S_n(x)} > t_{n-1,\alpha} - \frac{\sqrt{n}(\theta_n - \theta_o)}{S_n(x)} \right)$$

$$\to \begin{cases} 1 & \to \infty \\ 1 - \phi(u_\alpha - \frac{t}{\sigma_o}), & t_n \to t \\ \alpha & \to 0 \\ 0 & \to -\infty \end{cases}$$

Auf den Folgen $\theta_n = \theta_{n,t_n} = \theta_o + \frac{t}{\sqrt{n}} + o(\frac{1}{\sqrt{n}})$ haben also φ_n^* und φ_n
dasselbe Limes-Verhalten, d. h. bezüglich des lokalen Parameters
$t = \sqrt{n}(\theta - \theta_o)$ dieselbe Limesgüte (vgl. (3) der Einführung in
Kapitel IV). Der t-Test ist aber unabhängig von σ_o definiert, kann
also auch bei unbekanntem σ_o angewendet werden.

Nach 3.1 ist (φ_n^*) asymptotisch bester Test z. N. α für $(\{(\theta_n)\},\{(\eta_n)\})$
für $\theta_n \to \theta_o$ und $(\eta_n) \in \tilde{\Theta}_1$ beliebig mit $\tilde{\Theta}_1 = \{(\theta_n); \theta_n \in \Theta_1\}$. Es gilt nun:

(9)
$$E_{\theta_n}(\varphi_n - \varphi_n^*) \to o, \text{ für alle } (\theta_n) \in \tilde{\Theta}_1 \text{ und}$$

$$(\theta_n) \in \tilde{\Theta}_o = \{(\theta_n); \theta_n \in \Theta_o, \theta_n \to \theta_o\}.$$

<u>Beweis.</u>   <u>1. Fall:</u> $\theta_n \to \theta_0$

Es ist: $t_{n-1,\alpha} \to u_\alpha$ und $T_n - T_n^* = \sqrt{n}(\bar{x}_n - \theta_n)(\frac{1}{S_n(x)} - \frac{1}{\sigma_0})$

$+ (\theta_n - \theta_0)\sqrt{n}(\frac{1}{S_n(x)} - \frac{1}{\sigma_0}) \xrightarrow[P_{n,\theta_n}]{} 0$, denn

$\frac{\sqrt{n}(S_n^2 - \sigma_0^2)}{P_{n,\theta_n}} = \frac{\sqrt{n}(S_n^2 - \sigma_0^2)}{P_{n,\theta_0}} \xrightarrow{D} N(0,\tau^2)$ mit $\tau^2 := E(N(0,\sigma_0^2))^4 - \sigma_0^4 = 2\sigma_0^4$.

Mi<u>t</u> $f(x) := \sqrt{x}$ folgt nach II, 1.3:

$\frac{\sqrt{n}(S_n - \sigma_0)}{P_{n,\theta_n}} \xrightarrow{D} N(0,(f'(\sigma_0^2))^2\tau^2) = N(0,\frac{1}{4}\frac{\tau^2}{\sigma_0^2})$. Nach dem Lemma von

Slutsky folgt also: $T_n - T_n^* \xrightarrow[P_{n,\theta_n}]{} 0$ und damit nach 3.2:

$\varphi_n \underset{as}{\sim} \varphi_n^*$ bzgl. P_{n,θ_n} .

<u>2. Fall:</u>

$t_n = \sqrt{n}(\theta_n - \theta_0) \to \infty$; hier folgt die Behauptung aus der Darstellung der Limesgütefunktion (vgl. (6), (8)).

<u>3. Fall:</u> $\theta_n \not\to \theta_0$, $\sqrt{n}(\theta_n - \theta_0) \not\to \infty$

Wenn $E_{\theta_n}|\varphi_n - \varphi_n| \not\to 0$

$\Rightarrow \exists$ Teilfolge $(n_k) \subset \mathbb{N}$ mit $E_{\theta_{n_k}}|\varphi_{n_k} - \varphi_{n_k}^*| \to c > 0$. Da nach dem ersten

Fall $\theta_{n_k} \not\to \theta_0$, existiert eine weitere Teilfolge $(m_k) \subset (n_k)$ mit

$\theta_{m_k} - \theta_0 \geq \varepsilon$, $\forall k \Rightarrow \sqrt{m_k}(\theta_{m_k} - \theta_0) \to \infty$ und man erhält damit einen Wider-

spruch aus dem zweiten Fall.

$\forall \theta_n \to \theta_0$ gilt also: Der t-Test ist asymptotisch bester Test z. N. α
für $(\{(\theta_n)\}, \{(\eta_n)\})$, $\forall(\eta_n) \in \tilde{\Theta}_1$. $\square$

<u>Bemerkung.</u> Analoge Zusammenhänge gibt es für viele andere Testprobleme,
z. B. für den Zusammenhang zwischen χ^2-Tests und F-Tests zu den optimalen Tests bei teilweise bekannten Parametern. Die Idee dieser Konstruk-
tionen beruht darauf, den unbekannten Parameter hinreichend gut zu
schätzen. Es wurde in dem obigen Beispiel nicht verwendet, daß S_n ein
optimaler Schätzer für σ_0 ist, sondern nur, daß S_n die 'richtige'
Konvergenzrate hat. Diese Idee wurde von Neyman verfolgt. $\square$

Der folgende Satz gibt eine hinreichende Bedingung für die Äquivalenz
eines Tests zum LQ-Test für benachbarte Hypothesenfolgen an.

SATZ 3.3. Seien $P_n, Q_n \subset M^1(M_{(n)}, A_{(n)})$, $L_n = \frac{dQ_n}{dP_n}$, $T_n : (M_{(n)}, A_{(n)}) \to (\mathbb{R}^1, \mathbb{B}^1)$,
$n \in \mathbb{N}$, und es existiere ein $\kappa^2 \in \mathbb{R}_+$, so daß:

1. $\ell n\, L_n - T_n + \frac{\kappa^2}{2} \xrightarrow[P_n]{} 0$, und

2. $P_n \xrightarrow[\ ]{T_n\ D} N(o, \kappa^2)$

$\Rightarrow$ Die Testfolge $\varphi_n := \left\{ \begin{array}{l} 1 \\ \gamma_n, \\ o \end{array} \right.$ $T_n \overset{>}{\underset{<}{=}} c_n$ mit $c_n \to \kappa u_\alpha$ ist asymptotisch

bester Test z. N. α für $\{(P_n)\}, \{(Q_n)\}$ und $E_{Q_n} \varphi_n \to 1 - \phi(u_\alpha - \kappa)$.

Beweis. Nach 1., 2. folgt: $P_n \xrightarrow[\ ]{\ell n L_n\ D} N(-\frac{\kappa^2}{2}, \kappa^2)$

$1.7 \Rightarrow (Q_n) \triangleleft (P_n)$ und $Q_n \xrightarrow[\ ]{\ell n L_n\ D} N(\frac{\kappa^2}{2}, \kappa^2)$. Nach 1. folgt damit:

$\ell n\, L_n - T_n + \frac{\kappa^2}{2} \xrightarrow[Q_n]{} 0$. $\underset{3.2}{\Rightarrow}$ (φ_n) ist asymptotisch äquivalent zum LQ-Test,

also nach 3.1 asymptotisch optimal z. N. α. Da $Q_n \xrightarrow[\ ]{T_n\ D} N(\kappa^2, \kappa^2)$, folgt:

$E_{Q_n} \varphi_n \to 1 - \phi(u_\alpha - \kappa)$. $\qquad \square$

Wir betrachten nun als nächstes <u>einseitige Testprobleme</u> für einen
reellen Parameter. In der finiten Statistik existiert für derartige
Probleme ein gleichmäßig optimaler Test, wenn ein monotoner Dichtequotient zugrunde liegt. Für LAN-Modelle erhält man eine asymptotische
Optimalitätsaussage ohne diese Annahme.

Sei nun $\Theta = [\theta_0, \infty)$, $\theta_0 \in \mathbb{R}^1$, $\Theta_0 = \{\theta_0\}$, $\Theta_1 = (\theta_0, \infty)$ und sei $\tilde{\Theta}_0 = \{(\theta_0)\}$,
$\tilde{\Theta}_1 = \{(\theta_n); \theta_n = \theta_0 + \frac{h}{\sqrt{n}}, h > o\}$. Ist P_n LAN in θ_0 mit zentraler
Folge Z_n, $\langle s, t \rangle = st\, I(\theta_0)$, also $N_H = N(o, I(\theta_0)^{-1})$, dann gilt für
$\theta_n = \theta_{n,h} = \theta_0 + \frac{h}{\sqrt{n}}$, $L_{n, \theta_n} := L_n(\theta_n, \theta_0)$

$$\Lambda_n(\theta_n, \theta_0) = \ell n\, L_{n, \theta_n} = \langle h, Z_n \rangle - \frac{1}{2} \|h\|^2 + o_{\theta_0}(1)$$

(10) $\qquad Z_n \xrightarrow{D} N_H = N(o, I(\theta_0)^{-1})$, also

$$\Lambda_n(\theta_n, \theta_0) \xrightarrow{D} N(-\frac{1}{2} \|h\|^2, \|h\|^2) =: Q_h \ \text{bzgl.} \ P_{n, \theta_0}.$$

<u>SATZ</u> 3.4. Sei $\mathbf{P}_n = \{P_{n,\theta}; \ \theta \in \Theta\}$ LAN in θ_0 mit zentraler Folge Z_n und sei

$$(11) \qquad \varphi_n := \left\{ \begin{matrix} 1 \\ \\ 0 \end{matrix} \right. \quad Z_n \begin{matrix} \geq \\ \\ < \end{matrix} \quad \frac{u_\alpha}{(I(\theta_0))^{1/2}} = u_\alpha(N_H)$$

$\Rightarrow (\varphi_n)$ ist asymptotisch bester Test z. N. α für $(\tilde{\theta}_0, \tilde{\theta}_1)$.

<u>Beweis 1.</u> Sei $\theta_n = \theta_{n,h}$; nach 3.1 folgt: Der LQ-Test

$$\varphi_n^* := \left\{ \begin{matrix} 1 \\ \gamma_n, \\ 0 \end{matrix} \right. \quad \Lambda_n(\theta_n, \theta_0) \begin{matrix} > \\ = c_n \\ < \end{matrix} \quad \text{ist asymptotisch optimal z. N. } \alpha \text{ für}$$

$c_n \to u_\alpha(Q_h)$. Nach 3.3 ist der Test $\tilde{\varphi}_n := \left\{ \begin{matrix} 1 \\ \gamma_n, \\ 0 \end{matrix} \right. \quad \langle h, Z_n \rangle \begin{matrix} > \\ = \tilde{d}_n \\ < \end{matrix}$

$$= \left\{ \begin{matrix} 1 \\ \gamma_n, \\ 0 \end{matrix} \right. \quad Z_n \begin{matrix} > \\ = c_n \\ < \end{matrix} \quad \text{mit } c_n \to u_\alpha(N_H) = u_\alpha(N(o, I(\theta_0)^{-1})) \text{ asymptotisch}$$

äquivalent zu (φ_n^*) und asymptotisch optimal z. N. α. Für $\gamma_n = 1$,

$$c_n = u_\alpha(N_H) = \frac{u_\alpha}{(I(\theta_0))^{1/2}} \quad \text{ist } \varphi_n = \tilde{\varphi}_n.$$

<u>Beweis 2.</u> Der folgende Beweis von 3.4 zeigt an diesem Beispiel die Vorgehensweise der asymptotischen Entscheidungstheorie. Wir erinnern zunächst noch einmal an die Bemerkung b) nach Definition 2.2. Da

$$(P_{n,\theta_n}) \vartriangleleft (P_{n,\theta_0}) \Rightarrow P_{n,\theta_n}^{\Lambda_n(\theta_n,\theta_0)} \xrightarrow{\ \mathcal{D}\ } N(\tfrac{1}{2}\|h\|^2, \|h\|^2)$$

$$(12) \quad \Rightarrow \left\{ \begin{matrix} P_{n,\theta_n}^{Z_n} \xrightarrow{\ \mathcal{D}\ } \varepsilon_h * N_H = N(h, I(\theta_0)^{-1}) =: \overline{P}_h \\ \\ P_{n,\theta_0}^{Z_n} \xrightarrow{\ \mathcal{D}\ } N_H = N(o, I(\theta_0)^{-1}) =: \overline{P}_o \end{matrix} \right.$$

Das Testproblem $(\{\overline{P}_o\}, \{\overline{P}_h; \ h > o\})$ heißt <u>Limesproblem</u>. Das Limesproblem ist also ein Testproblem für den Gauß-Shift und es ist:

$$(13) \qquad \frac{d\overline{P}_h}{d\overline{P}_o}(x) = \exp\left(-\frac{(x-h)^2}{2(I(\theta_0))^{-1}} + \frac{x^2}{2I(\theta_0)^{-1}}\right)$$

$$= \exp\left(h x\, I(\theta_0) - \frac{x^2}{2} I(\theta_0)\right) = \exp(\langle h, x \rangle - \|x\|^2).$$

Bekanntlich existiert für das Limesproblem ein bester Test ψ^* z. N. α, nämlich $\psi^*(z) = \begin{cases} 1 \\ 0 \end{cases}$, $z \begin{matrix} \geq \\ < \end{matrix} u_\alpha(\overline{P}_0)$. Da ψ^* f.s. stetig bzgl. $\overline{P}_0$ ist, folgt:

$$(14) \qquad (\varphi_n): = (\psi^*(Z_n))$$

ist asymptotisch bester Test z. N. α für $(\tilde{\Theta}_0,\tilde{\Theta}_1)$; denn $P_{n,\theta_n}^{\psi^*(Z_n)} \xrightarrow{D} \overline{P}_h^{\psi^*}$,

also $(\varphi_n)\in\tilde{\phi}_\alpha$. Ist (φ_n) nicht asymptotisch optimal, dann folgt:

$\exists h > 0: \exists (\psi_n)\in\tilde{\phi}_\alpha: \overline{\lim} \, E_{\theta_n}(\psi_n - \varphi_n) = \delta > 0$. Sei $(m)\subset \mathbb{N}$ mit

$\lim_m E_{\theta_m}(\psi_m - \varphi_m) = \delta$. Nach dem Satz 2.7 über gleichmäßige Folgenkompakt-

heit folgt: $\exists (r)\subset(m): \exists$ Test $\tilde{\psi}$ im Limesproblem $\overline{P}: E_{\theta_{r,h'}}\psi_r \to E_h\tilde{\psi}$,

$\forall h' \geq 0$; also $\tilde{\psi}\in\phi_\alpha(\overline{P}_0)$. Aus $E_h\tilde{\psi} \leq E_h\psi^* = \lim E_{\theta_n}\varphi_n$ folgt dann ein

Widerspruch. $\square$

Der zweite Zugang ermöglicht also eine direkte Übertragung der Optimalitätseigenschaften im Limesproblem auf das asymptotische Problem. Für eine Verschärfung der Optimalitätsaussage von Satz 3.4 benötigen wir das folgende Lemma.

<u>LEMMA</u> 3.5. Seien $P,Q\in M^1(\Omega,A)$, und $Z: = \ln\dfrac{dQ}{dP}$

$\Rightarrow \forall\varepsilon > 0: D(P,Q) \leq 2(1 - \exp(-\varepsilon)) + 2P(|Z| > \varepsilon)$.

<u>Beweis.</u> Sei $P,Q \ll \mu$, $f: = \dfrac{dP}{d\mu}$, $g: = \dfrac{dQ}{d\mu}$

$\Rightarrow \dfrac{1}{2} D(P,Q) = \dfrac{1}{2}\int|f - g|d\mu = P(B) - Q(B)$ mit $B: = \{f - g > 0\}$.

Mit $C: = \{|Z| > \varepsilon\}$ folgt: $P(B) - Q(B) = P(BC) + P(BC^C) - Q(BC) - Q(BC^C)$

$\leq P(C) + P(BC^C) - Q(BC^C) = P(|Z| > \varepsilon) + P(BC^C) - Q(BC^C)$. Es ist:

$Q(BC^C) = \underset{BC^C}{\int} gd\mu = \underset{BC^C\{f>0\}}{\int} \dfrac{g}{f}\, f\, d\mu + \underbrace{\underset{BC^C\{f=0\}}{\int} g\, d\mu}_{= 0} = \underset{BC^C}{\int} \exp(Z)dP$

$\geq \exp(-\varepsilon)P(BC^C)$.

$\Rightarrow \dfrac{1}{2} D(P,Q) \leq P(|Z| > \varepsilon) + (1 - \exp(-\varepsilon))P(BC^C) \leq 1 - \exp(-\varepsilon) + P(|Z| > \varepsilon)$. $\square$

<u>DEFINITION</u> 3.6. Sei $\Theta = \Theta_0 + \Theta_1$. Eine Testfolge $(\varphi_n)\in\tilde{\phi}$ heißt

<u>asymptotisch gleichmäßig optimal</u> (AUMP) z. N. α für (Θ_0,Θ_1), wenn

mit $\tilde{\Theta}_0 = \{(\theta_n); \theta_n \in \Theta_0\}$ und $\tilde{\Theta}_1 = \{(\theta_n); \theta_n\in\Theta_1\}$ gilt:

1. $(\varphi_n) \in \tilde{\phi}_\alpha(\tilde{\Theta}_0)$,

2. $\forall (\psi_n) \in \tilde{\phi}_\alpha(\tilde{\Theta}_0), \; \forall (\theta_n) \in \tilde{\Theta}_1: \; \overline{\lim} \, E_{\theta_n}(\psi_n - \varphi_n) \leq 0.$ □

__SATZ__ 3.7. Sei $\Theta = [\theta_0, \infty)$, $\Theta_0 = \{\theta_0\}$, $\Theta_1 = (\theta_0, \infty)$ und sei $\mathfrak{P}_n = \{P_{n,\theta}; \theta \in \Theta\}$ ULAN in θ_0 mit zentraler Folge (Z_n) und $\sqrt{n}(\theta_n - \theta_0) \to \infty$ impliziere:

$Z_n \xrightarrow[P_{n,\theta_n}]{} \infty.$ Dann ist der __Scores-Test__

$$(15) \qquad \varphi_n: = \begin{cases} 1 \\ \gamma_n, \\ 0 \end{cases} \quad Z_n \overset{>}{\underset{<}{=}} c_n, \quad c_n \to u_\alpha(N_H),$$

AUMP für (Θ_0, Θ_1).

__Beweis.__ Angenommen, die Aussage ist falsch.

$\Rightarrow \exists (\psi_n) \in \tilde{\phi}_\alpha(\tilde{\Theta}_0), \; \exists \delta > 0$ und $\exists (\theta_n) \in \tilde{\Theta}_1$, so daß für eine Teilfolge $(m) \subset \mathbb{N}$:

$$(16) \qquad \lim_m E_{\theta_m}(\psi_m - \varphi_m) = \delta > 0.$$

__1. Fall.__ $\{\sqrt{m}(\theta_m - \theta_0)\}$ ist nicht beschränkt.

$\Rightarrow \exists$ Teilfolge $(r) \subset (m): \sqrt{r}(\theta_r - \theta_0) \to \infty$, also $Z_r \xrightarrow[P_{r,\theta_r}]{} \infty$ nach Voraussetzung

$\Rightarrow E_{\theta_r} \varphi_r \geq P_{n,\theta_r}(Z_r > c_r) \to 1$, da $c_r \to u_\alpha(N_H)$. Damit ergibt sich ein Widerspruch zu (16).

__2. Fall.__ $\{\sqrt{m}(\theta_m - \theta_0)\}$ ist beschränkt.

$\Rightarrow \exists$ Teilfolge $(s) \subset (m): \sqrt{s}(\theta_s - \theta_0) \to h \geq 0$. Ist $\underline{h > 0}$

$\Rightarrow h_s: = \sqrt{s}(\theta_s - \theta_0) \to h$ und $\theta_s = \theta_0 + \dfrac{h_s}{\sqrt{s}}$. Da $\mathfrak{P}_n$ ULAN in θ_0

$\Rightarrow \Lambda_s(\theta_s, \theta_0) = \ell n \, L_{s,\theta_s} = \langle h, Z_s \rangle - \dfrac{1}{2} \|h\|^2 + o_{P_{s,\theta_0}}(1)$ und

$\langle h, Z_s \rangle \xrightarrow[P_{s,\theta_0}]{\mathfrak{D}} N(0, \|h\|^2)$. Nach 3.3 ist (φ_s) asymptotisch bester Test z. N. α für $(\{(\theta_0)\}, \{(\theta_s)\})$, im Widerspruch zu (16).

Ist $\underline{h = 0}$, d. h. $\sqrt{s}(\theta_s - \theta_0) \to 0$, dann folgt aus der ULAN-Bedingung:

$\Lambda_s(\theta_s, \theta_0) = \ell n \, L_{s,\theta_s} \xrightarrow[P_{s,\theta_0}]{} 0.$

Nach Lemma 3.5 gilt für $\varepsilon > 0$:

$$D(P_{s,\theta_s}, P_{s,\theta_0}) \leqq 2(1 - e^{-\varepsilon}) + 2P_{s,\theta_0}(|\Lambda_s(\theta_s,\theta_0)| > \varepsilon) \Rightarrow D(P_{s,\theta_s}, P_{s,\theta_0}) \to 0.$$

$$\Rightarrow \sup_{\varphi_s'} (\int \varphi_s' \, dP_{s,\theta_s} - \int \varphi_s' \, dP_{s,\theta_0}) \to 0. \text{ Wegen } E_{\theta_0} \varphi_s \to \alpha, \; \overline{\lim} \, E_{\theta_0} \psi_s \leqq \alpha$$

ergibt sich ein Widerspruch zu (16). □

Bemerkung.

a) Ist $\Theta_0 = (-\infty, \theta_0]$, dann folgt unter der zusätzlichen Voraussetzung:

$$(17) \qquad \sqrt{n}(\theta_n - \theta_0) \to -\infty \Rightarrow Z_n \xrightarrow[P_{n,\theta_n}]{} -\infty,$$

daß (φ_n) AUMP ist.

b) Ist speziell $P_{n,\theta} = Q_\theta^{(n)}$ und $\{Q_\theta; \theta \in \mathbb{R}^1\}$ differenzierbar im quadratischen Mittel, $0 < I(\theta_0) < \infty$

$\Rightarrow (P_n)$ ist ULAN mit zentraler Folge (vgl. auch § 2 und § 4, S. 177)

$$Z_n(x) = Z_{n,\theta_0}(x) = \frac{1}{\sqrt{n}I(\theta_0)} \sum_{i=1}^{n} \frac{f'_{\theta_0}(x_i)}{f_{\theta_0}(x_i)} \quad \text{und} \quad \langle s,t\rangle = st \, I(\theta_0).$$

Der zugehörige Scores-Test ist also AUMP unter der Voraussetzung von 3.7. In diesem Beispiel hat Wald unter stärkeren Voraussetzungen gezeigt, daß der LQ-Test

$$\varphi_n := \left\{ \begin{array}{l} 1 \\ \hat{\theta}_n \\ 0 \end{array} \right. \begin{array}{c} \geqq \\ \\ < \end{array} c_n \text{ mit } E_{\theta_0} \varphi_n \to \alpha \text{ und } \hat{\theta}_n \text{ dem ML-Schätzer für } \theta \text{ ein}$$

AUMP-Test ist. □

Wir betrachten als nächstes Beispiel das zweiseitige Testproblem
$\Theta = \mathbb{R}^1$, $\Theta_0 = \{\theta_0\}$, $\Theta_1 = \mathbb{R}^1 \smallsetminus \{\theta_0\}$.

<u>DEFINITION</u> 3.8. Sei $\varphi = (\varphi_n) \in \tilde{\phi}$, $\tilde{\Theta}_1 = \{(\theta_n); \theta_n \in \Theta_1\}$

a) φ heißt <u>asymptotisch unverfälscht</u> z. N. α für (Θ_0, Θ_1)

$\quad \Longleftrightarrow$ 1. $\varphi \in \tilde{\phi}_\alpha(\tilde{\Theta}_0)$,

$\qquad$ 2. $\underset{n}{\underline{\lim}} \, E_{\theta_n} \varphi_n \geqq \alpha, \; \forall(\theta_n) \in \tilde{\Theta}_1.$

b) φ heißt <u>asymptotisch gleichmäßig bester unverfälschter Test</u> (AUMPU) z. N. α

$\quad \Longleftrightarrow$ 1. φ ist asymptotisch unverfälscht z. N. α,

$\qquad$ 2. $\forall \psi \in \tilde{\phi}$ asymptotisch unverfälscht z. N. α gilt:
$\qquad\quad \overline{\lim} \, E_{\theta_n}(\psi_n - \varphi_n) \leqq 0, \; \forall(\theta_n) \in \tilde{\Theta}_1.$ □

$\underline{\text{SATZ}}$ 3.9. Sei $\mathcal{P}_n = \{P_{n,\theta}; \ \theta \in \Theta = \mathbb{R}^1\}$ ULAN in θ_0 mit zentraler Folge (Z_n) und es gelte:

$$
\begin{aligned}
\sqrt{n}(\theta_n - \theta_0) \to \infty &\Rightarrow Z_n \xrightarrow[P_{n,\theta_n}]{} \infty \\[2mm]
\sqrt{n}(\theta_n - \theta_0) \to -\infty &\Rightarrow Z_n \xrightarrow[P_{n,\theta_n}]{} -\infty
\end{aligned}
\tag{18}
$$

Definiere: $\varphi_n := \begin{cases} 1, & Z_n < a_n \ \text{oder} \ Z_n > b_n \\ 0, & a_n \leq Z_n \leq b_n \end{cases}$ $\qquad$ mit $b_n \to u_{\alpha/2}(N_H)$,

$a_n \to u_{1-\frac{\alpha}{2}}(N_H)$

$\Rightarrow (\varphi_n)$ ist AUMPU z. N. α für (Θ_0, Θ_1).

$\underline{\text{Beweis.}}$ Der Beweis wird in drei Schritten geführt:

1. $(\varphi_n) \in \tilde{\phi}_\alpha$;
2. (φ_n) ist asymptotisch unverfälscht, $\qquad$ und
3. (φ_n) ist AUMPU z. N. α.

$\underline{\text{Zu 1.}}$ $b_n \to u_{\alpha/2}(N_H)$, $a_n \to u_{1-\frac{\alpha}{2}}(N_H)$ und $P_{n,\theta_0}^{Z_n} \xrightarrow{D} N_H$

$\Rightarrow E_{\theta_0} \varphi_n \to \frac{\alpha}{2} + (1 - (1 - \frac{\alpha}{2})) = \alpha$, also $(\varphi_n) \in \tilde{\phi}_\alpha$.

$\underline{\text{Zu 2.}}$ Angenommen: $\exists (\theta_n) \in \tilde{\Theta}_1: \ \underline{\lim} \ E_{\theta_n} \varphi_n < \alpha$

$\Rightarrow \exists (m) \subset \mathbb{N}: \ \text{mit} \ E_{\theta_m} \varphi_m \to \delta < \alpha$

a) $\underline{\text{Ist} \ \{\sqrt{m}(\theta_m - \theta_0)\} \ \text{nicht beschränkt}}$

$\quad \Rightarrow \exists \{r\} \subset \{m\}: \ (\theta_r < \theta_0, \ \forall r) \ \text{oder} \ (\theta_r > \theta_0, \ \forall r)$, so daß

$\quad \sqrt{r}(\theta_r - \theta_0) \to -\infty \ \text{oder} \ \sqrt{r}(\theta_r - \theta_0) \to \infty$. Wegen

$\quad E_{\theta_r} \varphi_r = P_{r,\theta_r}(Z_r < a_r) + P_{r,\theta_r}(Z_r > b_r)$ folgt in beiden Fällen:

$\quad E_{\theta_r} \varphi_r \to 1$ im Widerspruch zur Annahme.

b) $\underline{\text{Ist} \ \{\sqrt{m}(\theta_m - \theta_0)\} \ \text{beschränkt}}$

$\quad \Rightarrow \exists (s) \subset (m): \ h_s := \sqrt{s}(\theta_s - \theta_0) \to h$, also $\theta_s = \theta_0 + \frac{h_s}{\sqrt{s}}$.

$\quad$ Nach der ULAN-Annahme folgt: $(P_{s,\theta_s}) \vartriangleleft (P_{s,\theta_0})$ und

$\quad P_{s,\theta_s}^{Z_s} \xrightarrow{D} \varepsilon_h * N_H =: \overline{P}_h$.

Ist $h = o \Rightarrow E_{\theta_s} \varphi_s \to \alpha$ im Widerspruch zur Annahme.

Ist $h \neq o \Rightarrow E_{\theta_s} \varphi_s \to \overline{P}_h(-\infty, u_{1-\frac{\alpha}{2}}(N_H)) + \overline{P}_h(u_{\alpha/2}(N_H), \infty) = :A_h$ mit

$\overline{P}_h = \varepsilon_h * N_H$. Nach dem Lemma von Anderson (vgl. auch § 6 dieses Kapitels) ist $A_h > A_o = \alpha$.

<u>Zu 3.</u> Sei $(\psi_n) \in \tilde{\phi}_\alpha$ asymptotisch unverfälscht und sei

$(\theta_n) \in \tilde{\Theta}_1$, so daß: $\varepsilon = \overline{\lim} \, E_{\theta_n}(\psi_n - \varphi_n) > o$

$$(19) \qquad \Rightarrow \exists (m) \subset \mathbb{N} : E_{\theta_m}(\psi_m - \varphi_m) \to \varepsilon.$$

<u>1. Fall:</u> $\{\sqrt{m}(\theta_m - \theta_o)\}$ ist nicht beschränkt.

$\Rightarrow \exists(r) \subset (m): (\exists \, \theta_r < \theta_o, \, \forall r)$ oder $(\exists \, \theta_r > \theta_o, \, \forall r)$ mit

$\sqrt{r}(\theta_r - \theta_o) \to \begin{cases} -\infty \\ \infty \end{cases}$ oder . Nach Voraussetzung (18) folgt dann jedoch

$E_{\theta_r} \varphi_r \to 1$ im Widerspruch zu (19).

<u>2. Fall:</u> $\{\sqrt{m}(\theta_m - \theta_o)\}$ ist beschränkt.

$\Rightarrow \exists(s) \subset (m): h_s : = \sqrt{s}(\theta_s - \theta_o) \to h$, also $\theta_s = \theta_o + \frac{h_s}{\sqrt{s}}$. Da P_n ULAN

in θ_o, gilt: $\{P_{s,\theta_s}\} \lhd \{P_{s,\theta_o}\}$. Sei $\overline{\psi}_n = \overline{\psi}_n(Z_n) : = E_{\theta_o}(\psi_n | Z_n)$. Nach

Satz 2.4 über die lokale asymptotische Suffizienz von (Z_n) folgt:

$E_{\theta_s} \overline{\psi}_s(Z_s) - E_{\theta_s} \psi_s \to o$ und $E_{\theta_o} \overline{\psi}_s(Z_s) - E_{\theta_o} \psi_s \to o$. Nach (19) folgt:

$$(20) \qquad E_{\theta_s} \overline{\psi}_s(Z_s) - E_{\theta_s} \varphi_s \to \varepsilon > o.$$

Nach der Bemerkung (13) nach 2.4 folgt:

$E_{\theta_s} \overline{\psi}_s(Z_s) - E_{\theta_s} \overline{\psi}_s(Z_s^*) \to o$, $E_{\theta_s} \varphi_s(Z_s) - E_{\theta_s} \varphi_s(Z_s^*) \to o$ (mit

$\varphi_s(Z_s) = \varphi_s = E_{\theta_o}(\varphi_s | Z_s))$ und $E_{\theta_o} \overline{\psi}_s(Z_s^*) = :\alpha_s \to \alpha$, da o.E. $E_{\theta_o} \overline{\psi}_s \to \alpha$.

Da $P_{s,\theta_s}^{Z_s^*} \xrightarrow{D} \overline{P}_h = \varepsilon_h * N_H$, folgt, daß:

$$(21) \qquad E_{\theta_s} \varphi_s(Z_s^*) \to \overline{P}_h((-u_{\alpha/2}(N_H), u_{\alpha/2}(N_H))^C).$$

Sei nun $Q_{s,h_s} := \exp(\langle h_s, Z_s^* \rangle - B_s(h_s))P_{s,\theta_0}$ die Exponentialapproximation

aus Satz 2.3. Für das Testproblem $H_0 := \{h_s = o\}$, $H_1 := \{h_s \neq o\}$ in der

Exponentialfamilie $\mathbb{Q}_s := \{Q_{s,h_s}; h_s \in H\}$ ist der UMPU-Test z. N. α_s:

$$
(22) \qquad \varphi_s^*(Z_s^*) := \begin{cases} 1, & Z_s^* < \overline{a}_s \text{ oder } Z_s^* > \overline{b}_s \\ \gamma_{1,s}, & Z_s^* = \overline{a}_s \\ \gamma_{2,s}, & Z_s^* = \overline{b}_s \\ o, & \text{sonst} \end{cases}
$$

mit $\overline{a}_s$, $\overline{b}_s$, $\gamma_{i,s}$ so, daß $E_{Q_{s,o}} \varphi_s^*(Z_s^*) = \alpha_s$ und $E_{Q_{s,o}} \varphi_s^*(Z_s^*)Z_s^* = \alpha_s E_{Q_{s,o}} Z_s^*$.
Wegen $Q_{s,o} = P_{s,\theta_0}$ und $P_{s,\theta_0}^{Z_s^*} \xrightarrow{D} N_H$ folgt aus der Eindeutigkeit des besten
unverfälschten Tests z. N. α im Limesproblem: $\overline{b}_s \to u_{\alpha/2}(N_H)$,

$\overline{a}_s \to u_{1-\frac{\alpha}{2}}(N_H)$

$$
(23) \qquad \Rightarrow E_{\theta_s} \varphi_s^*(Z_s^*) - \overline{P}_h((-u_{\alpha_s/2}(N_H), u_{\alpha_s/2}(N_H))^c) \to o
$$

$$
\underset{(21)}{\Rightarrow} \quad E_{\theta_s} \varphi_s^*(Z_s^*) - E_{\theta_s} \varphi_s(Z_s^*) \to o.
$$

Da $E_{\theta_0} \varphi_s^*(Z_s^*) = E_{\theta_0} \overline{\psi}_s(Z_s^*) = \alpha_s$ und $\varphi_s^*(Z_s^*)$ UMPU z. N. α_s

$$
(24) \qquad \Rightarrow \overline{\lim} \, E_{Q_{s,h_s}} (\overline{\psi}_s(Z_s^*) - \varphi_s^*(Z_s^*)) \leqq o.
$$

Weiter ist: $|E_{\theta_s} \overline{\psi}_s(Z_s^*) - E_{Q_{s,h_s}} \overline{\psi}_s(Z_s^*)| \leqq \|P_{s,\theta_s} - Q_{s,h_s}\| \xrightarrow[2.3]{} o$

und $E_{Q_{s,h_s}} \varphi_s^*(Z_s^*) - E_{\theta_s} \varphi_s^*(Z_s^*) \to o \Rightarrow \overline{\lim} \, E_{\theta_s} (\overline{\psi}_s(Z_s^*) - \varphi_s^*(Z_s^*)) \leqq o$

$\Rightarrow \overline{\lim} \, E_{\theta_s} (\overline{\psi}_s(Z_s^*) - \varphi_s(Z_s^*)) \leqq o \Rightarrow \overline{\lim} \, E_{\theta_s} (\overline{\psi}_s(Z_s) - \varphi_s) \leqq o$

im Widerspruch zu (20). $\square$

Bemerkung. Die Grundidee des obigen Beweises ist es also, das
korrespondierende Testproblem in der approximierenden Exponentialfamilie zu lösen. Der Übergang zwischen den Testproblemen für $\mathbb{P}_n$
und der approximierenden Exponentialfamilie wird durch die lokale
asymptotische Suffizienz von (Z_n) ermöglicht. Es läßt sich aber

auch wieder wie für Satz 3.4 ein Beweis mit Hilfe des uniform-weak-compactness-Lemmas und der Lösung für das entsprechende Limesproblem (in dem Gauß-Shift Experiment $\{\overline{P}_h,\ h \in H\}$) führen.

Als weiteres Beispiel wird in § 5 die Konstruktion von asymptotischen maximin-Tests behandelt. Eine interessante Klasse von Beispielen sind Modelle der Form $\mathbf{P}_n = \{P_{n,(\theta,\eta)};\ \theta \in \mathbb{R}^1,\ \eta \in \mathbb{R}^k\}$. Bei dem Testproblem $\Theta_0 = \{\theta \leq \theta_0\}$, $\Theta_1 = \{\theta > \theta_0\}$, ist η ein nuisance parameter. Asymptotisch optimale Tests für dieses Beispiel wurden von Neyman konstruiert, die $C(\alpha)$-Tests. Sie können aus dem Limes-Modell, einer $k+1$-parametrigen Exponentialfamilie, und den im Limes-Modell optimalen bedingten Tests gewonnen werden.   □

§ 4   Unabhängige Versuchswiederholungen

Es soll die LAN bzw. ULAN Bedingung im unabhängigen Fall genauer untersucht werden. Seien $P_n: = \bigotimes\limits_{i=1}^{n} P_{ni}$, $Q_n: = \bigotimes\limits_{i=1}^{n} Q_{ni}$, $P_{ni} = f_{ni}\mu_{ni}$, $Q_{ni} = g_{ni}\mu_{ni}$, $f_n: = \prod\limits_{i=1}^{n} f_{ni}$, $g_n = \prod\limits_{i=1}^{n} g_{ni}$ und $\mu_n: = \bigotimes \mu_{ni}$. Mit $W_{ni}: = 2((\frac{g_{ni}}{f_{ni}})^{1/2} - 1)$ und $W_n: = \sum\limits_{i=1}^{n} W_{ni}$ erhält man die Entwicklung

$$(1) \qquad \begin{aligned} \ln L_n &= \ln \frac{g_n}{f_n} = \sum_{i=1}^{n} \ln \frac{g_{ni}}{f_{ni}} = 2 \sum_{i=1}^{n} \ln(\frac{g_{ni}}{f_{ni}})^{1/2} \\ &= 2 \sum_{i=1}^{n} ((\frac{g_{ni}}{f_{ni}})^{1/2} - 1) + R_n = W_n + R_n \quad \text{auf } \{f_n > 0\}. \end{aligned}$$

<u>SATZ</u> 4.1. Wenn $P_n^{W_n} \xrightarrow{D} N(- \frac{\sigma^2}{4}, \sigma^2)$ und $E_{P_n} W_n \to - \frac{\sigma^2}{4}$, $V_{P_n}(W_n) \to \sigma^2$

$\Rightarrow$ a) $\ln L_n - W_n + \frac{\sigma^2}{4} \xrightarrow[P_n]{} 0$,

b) $P_n^{\ln L_n} \xrightarrow{D} N(- \frac{\sigma^2}{2}, \sigma^2)$,

c) $(Q_n) \triangleleft (P_n)$.

<u>Beweis.</u> a) Es ist $\ln L_n - W_n = \sum\limits_{i=1}^{n} (2 \ln(\frac{W_{ni}}{2} + 1) - W_{ni})$. Mit Taylorentwicklung gilt: $x - 2 \ln(\frac{x}{2} + 1) = \frac{x^2}{4} r(x)$, $x > -2$, mit

$$r(x): = \int_0^1 \frac{2(1-s)}{(1 + \frac{sx}{2})^2} \, ds.$$

$$(2) \qquad \Rightarrow \ln L_n - W_n = - \frac{1}{4} \sum W_{ni}^2 \, r(W_{ni}) = - \frac{1}{4} \sum W_{ni}^2 + \frac{1}{4} \sum W_{ni}(1 - r(W_{ni})).$$

Wir zeigen nun:

$$(3) \qquad \sum W_{ni}^2 \xrightarrow[P_n]{} \sigma^2, \quad \max |W_{ni}| \xrightarrow[P_n]{} 0.$$

Mit $a_{ni}: = E_{P_n} W_{ni}$, $\sigma_{ni}^2: = V_{P_n}(W_{ni})$ und $\tau_n^2: = \sum \sigma_{ni}^2$ gilt:

$$a_{ni} = 2 \int\limits_{\{f_{ni} > 0\}} ((\frac{g_{ni}}{f_{ni}})^{1/2} - 1) f_{ni} \, d\mu_{ni} \leq 2 \int g_{ni}^{1/2} f_{ni}^{1/2} \, d\mu_{ni} - 2 \leq 0.$$

Weiter ist:

$$E_{P_n} W_{ni}^2 = 4 \int_{\{f_{ni}>0\}} [\frac{g_{ni}}{f_{ni}} - 1 - 2((\frac{g_{ni}}{f_{ni}})^{1/2} - 1)] f_{ni} d\mu_{ni} \leq -4a_{ni} = 4|a_{ni}|$$

$$\Rightarrow \Sigma a_{ni}^2 = \Sigma E_{P_n} W_{ni}^2 - V_{P_n}(W_n) \leq -4 E_{P_n} W_n - V_{P_n}(W_n) \to o \quad \text{nach Voraussetzung.}$$

$$\Rightarrow \Sigma E_{P_n} W_{ni}^2 = -4 E_{P_n} W_n + o(1) \to \sigma^2.$$

Ist $\underline{\sigma^2 = o} \Rightarrow P_n(\Sigma W_{ni}^2 > \varepsilon) \leq \frac{1}{\varepsilon} \Sigma E_{P_n} W_{ni}^2 \to o$ und $P_n(\max |W_{ni}| > \varepsilon)$

$\leq \Sigma P_n(|W_{ni}| > \varepsilon) \leq \frac{1}{\varepsilon^2} \Sigma E_{P_n} W_{ni}^2 \to o$; also Behauptung (2).

Ist $\underline{\sigma^2 > o}$, dann gilt nach Voraussetzung:

$$P_n^{\Sigma(W_{ni}-a_{ni})/\tau_n} \xrightarrow{D} N(o,1). \text{ Sei } L_n(\eta) := \frac{1}{\tau_n^2} \int_{\{|W_{ni}-a_{ni}|>\eta\tau_n\}} (W_{ni}-a_{ni})^2 dP_n.$$

Wegen $\max |a_{ni}| \to o$ und $\sigma_{ni}^2 = E_{P_n} W_{ni}^2 - (a_{ni})^2$ gilt:

$$\max \frac{\sigma_{ni}^2}{\tau_n^2} \leq \frac{\max 4|a_{ni}| + \max a_{ni}^2}{\sigma^2 + o(1)} \to o \quad \text{und daher nach dem Satz von}$$

Lindeberg/Feller:

$$(4) \qquad L_n(\eta) \xrightarrow[n\to\infty]{} o, \quad \forall \eta > o.$$

$\Rightarrow \exists$ Folge $\eta_n > o$, so daß mit $\delta_n := \eta_n \tau_n + \max |a_{ni}|$ gilt: $\delta_n \to o$ und

$$E_{P_n} \Sigma W_{ni}^2 1_{(\delta_n^2, \infty)}(W_{ni}^2) = \Sigma \int_{\{|t|>\delta_n\}} t^2 dP_n^{W_{ni}}$$

$$\leq 2 \Sigma \int_{\{|t-a_{ni}|>\eta_n\tau_n\}} (t-a_{ni})^2 dP_n^{W_{ni}} + 2\Sigma a_{ni}^2 \to o, \quad \text{denn}$$

$$t^2 = (t - a_{ni} + a_{ni})^2 \leq 2(t - a_{ni})^2 + 2a_{ni}^2 \quad \text{und}$$

$$\{|t| > \delta_n\} \subset \{|t| > \eta_n \tau_n + \max |a_{ni}|\} \subset \{|t - a_{ni}| > \eta_n \tau_n\}.$$

$\Rightarrow P_n(\max |W_{ni}| > \varepsilon) \leq \Sigma P_n(|W_{ni}| > \varepsilon) \leq \Sigma \frac{1}{\varepsilon^2} \int_{\{|t|>\varepsilon\}} t^2 dP_n^{W_{ni}} \quad$ (für $n \geq n_0$)

$\leq \Sigma \frac{1}{\varepsilon^2} E_{P_n} W_{ni}^2 1_{(\delta_n, \infty)}(W_{ni}^2) \xrightarrow[n\to\infty]{} o \quad$ und $E_{P_n} \Sigma W_{ni}^2 1_{[o, \delta_n^2]}(W_{ni}^2) \to \sigma^2$.

Weiter ist: $V_{P_n}(\Sigma W_{ni}^2 1_{[o, \delta_n^2]}(W_{ni}^2)) \leq \Sigma E_{P_n} W_{ni}^4 1_{[o, \delta_n^2]}(W_{ni}^2)$

$\leq \delta_n^2 E_{P_n} \Sigma W_{ni}^2 1_{[o, \delta_n^2]}(W_{ni}^2) \to o$. Daher folgt auch $\Sigma W_{ni}^2 \xrightarrow[P_n]{} \sigma^2$.

Aus (3) folgt aber: $\max_{i} |1 - r(W_{ni})| \xrightarrow{P_n} o$

$\Rightarrow \frac{1}{4} \Sigma W_{ni}(1 - r(W_{ni})) \xrightarrow{P_n} o$. Aus (2) folgt nun a).

b) folgt aus a) und c) folgt nach 1.7. □

Seien nun f_θ, $\theta \in \Theta \subset \mathbb{R}^1$ μ-Dichten, Θ offen, $f_{ni} := f_\theta$, $g_{ni} = f_{\theta_{ni}}$,
$1 \leq i \leq n$ mit

$$(5) \qquad \max(\theta_{ni} - \theta)^2 = o(1), \quad \Sigma(\theta_{ni} - \theta)^2 \to \eta^2,$$

also z. B. $\theta_{ni} = \theta + \dfrac{\eta_n}{\sqrt{n}}$, $\eta_n \to \eta$.

Wir formulieren nochmals die üblichen Regularitätsannahmen:

A 1. $f_\theta > o$ $[\mu]$, $\dfrac{\partial}{\partial\theta} f_\theta$ existiere μ f.s. und $E_\theta \dfrac{\partial}{\partial\theta} \ln f_\theta = o$,

A 2. $o < I(\theta) := E_\theta(\dfrac{\partial}{\partial\theta} \ln f_\theta)^2 < \infty$ und

$$\lim_{\theta' \to \theta} \int \left(\frac{f_{\theta'}^{1/2} - f_\theta^{1/2}}{\theta' - \theta} \right)^2 d\mu = \int (\frac{\partial}{\partial\theta} f_\theta^{1/2})^2 d\mu = \frac{1}{4} I(\theta).$$

<u>SATZ</u> 4.2. Es gelten A 1, A 2 und es sei $T_n := \sum\limits_{i=1}^{n} T_{ni}$, mit
$T_{ni} := (\theta_{ni} - \theta) \dfrac{\partial}{\partial\theta} \ln f_\theta$, dann folgt:

a) $P_n^{T_n} \xrightarrow{D} N(o, \eta^2 I(\theta))$,

b) $\ln L_n - T_n + \eta^2/2\ I(\theta) \xrightarrow{P_n} o$,

c) $P_n^{\ln L_n} \xrightarrow{D} N(-\dfrac{\eta^2}{2} I(\theta), \eta^2 I(\theta))$ und $(Q_n) \triangleleft (P_n)$.

<u>Beweis.</u> Sei $\sigma^2 := \eta^2 I(\theta)$. a), b), c) folgen aus Satz 4.1 und aus den folgenden drei Behauptungen:

$$(6) \qquad W_n - E_{P_n} W_n - T_n \xrightarrow{P_n} o,$$

$$(7) \qquad E_{P_n} W_n \to -\frac{\sigma^2}{4}, \quad V_{P_n}(W_n) \to \sigma^2,$$

$$(8) \qquad P_n^{T_n} \to N(o, \sigma^2).$$

<u>Zu (8)</u>: Nach A 1. ist $E_\theta T_{ni} = o$ und $V_\theta(T_{ni}) = (\theta_{ni} - \theta)^2 I(\theta)$

$\Rightarrow V_\theta(T_n) \to \sigma^2 \quad (E_\theta = E_{P_n})$.

Ist $\sigma^2 = o \Rightarrow T_n \xrightarrow[P_n]{} o \Rightarrow (8)$.

Ist $\sigma^2 > o$, dann folgt nach dem Satz über majorisierte Konvergenz:

$$L_n(\varepsilon) = \frac{1}{\sigma^2 + o(1)} \Sigma (\theta_{ni} - \theta)^2 E_\theta 1_{(\varepsilon^2\sigma^2+o(1),\infty)} \underbrace{((\theta_{ni} - \theta)^2 (\tfrac{\partial}{\partial\theta} \ell n\, f_\theta(x_i))^2)}_{\to\, o}$$

$$\cdot (\tfrac{\partial}{\partial\theta} \ell n\, f_\theta(x_i))^2 \to o.$$

Nach dem Satz von Lindeberg-Feller folgt die Behauptung.

<u>Zu (7)</u>: $E_\theta W_n = \Sigma E_\theta W_{ni} = 2\Sigma \int [(\frac{f_{\theta_{ni}}}{f_\theta})^{1/2} - 1]f_\theta d\mu = -\Sigma \int [f_{\theta_{ni}}^{1/2} - f_\theta^{1/2}]^2\, d\mu$

$$= -\Sigma (\theta_{ni} - \theta)^2 \int \left(\frac{f_{\theta_{ni}}^{1/2} - f_\theta^{1/2}}{\theta_{ni} - \theta}\right)^2 d\mu \to \frac{-\eta^2 I(\theta)}{4} \quad . \text{ Ebenso gilt:}$$

$$\Sigma (E_\theta W_{ni})^2 \le \max(\theta_{ni} - \theta)^2 \Sigma (\theta_{ni} - \theta)^2 [\int \left(\frac{f_{\theta_{ni}}^{1/2} - f_\theta^{1/2}}{\theta_{ni} - \theta}\right)^2 d\mu]^2 = o(1)$$

$$\Rightarrow V_\theta(W_n) = \Sigma E_\theta W_{ni}^2 - \Sigma (E_\theta W_{ni})^2 = \Sigma 4 \int \left[\frac{f_{\theta_{ni}}}{f_\theta} - 2\left(\frac{f_{\theta_{ni}}}{f_\theta}\right)^{1/2} + 1\right] f_\theta\, d\mu + o(1)$$

$$= -4\Sigma E_\theta W_{ni} + o(1) = \sigma^2 + o(1).$$

<u>Zu (6)</u>: $E_\theta(W_n - E_\theta W_n - T_n)^2 = V_\theta(W_n - T_n) = \Sigma V_\theta(W_{ni} - T_{ni}) \le \Sigma E_\theta(W_{ni} - T_{ni})^2$

$$= 4\Sigma E_\theta \left[\left(\frac{f_{\theta_{ni}}}{f_\theta}\right)^{1/2} - 1 - \tfrac{1}{2}(\theta_{ni} - \theta)^2 \tfrac{\partial}{\partial\theta} \ell n\, f_\theta\right]^2$$

$$= 4\Sigma (\theta_{ni} - \theta)^2 \int \left[\frac{f_{\theta_{ni}}^{1/2} - f_\theta^{1/2}}{\theta_{ni} - \theta} - \tfrac{\partial}{\partial\theta} f_\theta^{1/2}\right]^2 d\mu \to o. \qquad \square$$

<u>Bemerkung.</u>

a) Satz 4.2 impliziert für $\theta_{ni} = \theta + \frac{h_n}{\sqrt{n}}$, $h_n \to h$, daß differenzierbare

(reguläre) Verteilungsklassen im unabhängigen Fall ULAN sind mit

$\langle s,t \rangle = st\, I(\theta)$ und zentraler Folge

$$(9) \qquad Z_n(x) = Z_{n,\theta}(x) = \frac{1}{\sqrt{n}\, I(\theta)} \sum_{i=1}^{n} \tfrac{\partial}{\partial\theta} \ell n\, f_\theta(x_i).$$

Die punktweise Differenzierbarkeit der Dichten kann abgescnwächt werden zur Annahme der L^2-Differenzierbarkeit, d. h. $\exists \dot{L}_\theta \in L^2(Q_\theta)$ mit

$$(10) \qquad \left\| 2\left(\left(\frac{f_{\theta'}}{f_\theta}\right)^{1/2} - 1\right) - (\theta' - \theta)\dot{L}_\theta \right\|_{L^2(Q_\theta)} = o(|\theta' - \theta|).$$

Die zentrale Folge ist dann $\dfrac{1}{\sqrt{n}\ I(\theta)} \displaystyle\sum_{i=1}^{n} \dot{L}_\theta(x_i),$

$$I(\theta) = \int (\dot{L}_\theta)^2 dQ_\theta = \|\dot{L}_\theta\|^2.$$

b) Analog zu 4.2 läßt sich auch für eine reguläre Verteilungsklasse $\mathcal{P}$ mit $\Theta \subset \mathbb{R}^k$ die ULAN-Bedingung nachweisen (vgl. (10) aus § 2) mit $\langle s,t\rangle = s^T I(\theta) t$, $I(\theta) = \int (\nabla_\theta \ln f_\theta)(\nabla_\theta \ln f_\theta)^T f_\theta d\mu = -\int \ddot{\Lambda}_\theta\, dQ_\theta$ und $Z_{n,\theta}(x) = I^{-1}(\theta)\, \dfrac{1}{\sqrt{n}} \displaystyle\sum_{i=1}^{n} \nabla_\theta \ln f_\theta(x_i)$. Ist zusätzlich $\theta \to \nabla_\theta \ln f_\theta$, $\theta \to L^2(Q_\theta)$ stetig, dann gilt gleichmäßig auf kompakten Teilmengen $K \subset \Theta$ die ULAN-Bedingung: d. h. für $(\theta_n) \subset K$ und $h_n \to h$ gilt:

$$(11) \qquad \Lambda_n\left(\theta_n + \frac{h_n}{\sqrt{n}}, \theta_n\right) - \langle h, Z_{n,\theta_n}\rangle + \frac{1}{2}\|h\|^2 \xrightarrow[P_{n,\theta_n}]{} 0$$

$$\text{und } Z_{n,\theta_n} \xrightarrow{\ \mathcal{D}\ } N_H.$$

c) Mit der normalisierenden Folge $A_n = A_n(\theta) = (nI(\theta))^{-1/2}$ gilt:

$$\frac{dQ^n_{\theta + A_n h}}{dQ^n_\theta} = \exp\left\{h^T Z_n - \frac{1}{2}|h|^2 + R_{n,h}\right\} \text{ mit}$$

$$Z_n(x) = \frac{1}{\sqrt{n}\ I(\theta)} \sum_{j=1}^{n} \nabla_\theta \ln f_\theta(x_i) \xrightarrow{\ \mathcal{D}\ } N(o,I). \text{ Diese standardisierte}$$

Version von LAN ist in einem Teil der Literatur gebräuchlich. $\square$

BEISPIEL 4.1. (Lokationsfamilien)

Sei $P = f \cdot \lambda^1$ und für $\theta \in \Theta = \mathbb{R}^1$ sei $Q_\theta = \varepsilon_\theta * P$. Sei weiter $f > o$ und $o < I_f = \int \left(\frac{f'}{f}\right)^2 f\, d\lambda^1 < \infty$. Für $P_{n,\theta} = Q^{(n)}_\theta$ gilt dann nach Satz 4.2 unter der Voraussetzung A 1, A 2: $\mathcal{P}_n = \{P_{n,\theta};\ \theta \in \Theta\}$ ist ULAN in θ mit zentraler Folge $Z_n(x) = Z^f_{n,\theta}(x) = \dfrac{1}{\sqrt{n}\ I_f} \displaystyle\sum_{i=1}^{n} \dfrac{f'(x_i-\theta)}{f(x_i-\theta)}$ und $\langle s,t\rangle = st\, I_f$. Für das Testproblem $\Theta_0 = (-\infty, \theta_0]$, $\Theta_1 = (\theta_0, \infty)$ ist nach 3.7 der Test

$$(12) \qquad \varphi_n = \varphi_{n,f} = \begin{cases} 1 \\ 0 \end{cases} \quad \frac{1}{\sqrt{n}} \sum_{i=1}^{n} \frac{f'(x_i-\theta)}{f(x_i-\theta)} \quad \begin{array}{c} \geq \\ < \end{array} \quad \sqrt{I_f}\, u_\alpha ,$$

$u_\alpha = u_\alpha(N(o,1))$ AUMP-Test (unter der Voraussetzung von 3.7).

Sei nun M eine Teilmenge von allen um o symmetrischen λ^1-Dichten, die die obigen Voraussetzungen erfüllen und es sei nur bekannt, daß $f \in M$ ist. Verwendet man den Test $\varphi_{n,g}$ anstelle von $\varphi_{n,f}$ unter $P_{n,\theta}^f$, dann folgt mit $\theta_n = \theta + \dfrac{t}{\sqrt{n}}$

$$(13) \qquad E_{\theta_n} \varphi_{n,g} \to \phi(u_{1-\alpha} \sqrt{\frac{I_g}{b(g,g)}} + t\, \frac{b(f,g)}{\sqrt{b(g,g)}})$$

mit $b(f,g) := \int \dfrac{f'}{f}\, \dfrac{g'}{g}\, dP_f$ ($E_{\theta_n} = E_{P_{n,\theta_n}^f}$ und $b(g,g) < \infty$ vorausgesetzt).

Beweis. Nach dem Cramer-Wold-device gilt:

$$P_{n,\theta}\left(\frac{1}{\sqrt{n}} \sum_{i=1}^{n} \frac{f'(x_i-\theta)}{f(x_i-\theta)} , \frac{1}{\sqrt{n}} \sum_{i=1}^{n} \frac{g'(x_i-\theta)}{g(x_i-\theta)} \right) \xrightarrow{D} N\left(o, \begin{pmatrix} I_f & b(f,g) \\ b(f,g) & b(g,g) \end{pmatrix}\right).$$

Nach dem dritten Le Cam-Lemma folgt dann:

$$P_{n,\theta_n} \frac{1}{\sqrt{n}} \sum_{i=1}^{n} \frac{g'(x_i-\theta)}{g(x_i-\theta)} \xrightarrow{D} N(tb(f,g),b(g,g))$$

$$(14) \qquad \Rightarrow E_{\theta_n} \varphi_{n,g} = P_{n,\theta_n}\left(\frac{1}{\sqrt{n}} \sum_{i=1}^{n} \frac{g'(x_i-\theta)}{g(x_i-\theta)} \geq \sqrt{I_g}\, u_\alpha \right)$$

$$\to 1 - \phi\left(\sqrt{\frac{I_g}{b(g,g)}}\, u_\alpha - tb(f,g) \right) = \phi\left(\sqrt{\frac{I_g}{b(g,g)}}\, u_{1-\alpha} + tb(f,g) \right).$$

Für den optimalen Test $\varphi_{n,f}$ hat man die Limesgüte:

$$(15) \qquad \lim E_{\theta_n} \varphi_{n,f} = \phi(u_{1-\alpha} + tI_f).$$

Im allgemeinen ist $\varphi_{n,g}$ also nicht asymptotisch ein Test z. N. α.
Mit dem Schätzer: $\hat{b}_n(g,g) := \dfrac{1}{n} \sum_{i=1}^{n} \left(\dfrac{g'}{g}(x_i-\theta) \right)^2$ für $b(g,g)$ definieren wir den modifizierten Test

$$(16) \qquad \tilde{\varphi}_{n,g}(x) := \begin{cases} 1 \\ 0 \end{cases} \quad \frac{1}{\sqrt{n}} \sum_{i=1}^{n} \frac{g'}{g}(x_i - \theta) \quad \begin{array}{c} \geq \\ < \end{array} \quad \sqrt{\hat{b}_n(g,g)}\, u_\alpha$$

$$\Rightarrow E_{\theta_n} \tilde{\varphi}_{n,g} \to \phi(u_{1-\alpha} + t\, \frac{b(f,g)}{\sqrt{b(g,g)}}).$$

$\tilde{\varphi}_{n,g}$ hat also das asymptotische Niveau α. Wegen $b(f,g) \leq \sqrt{I_f} \sqrt{b(g,g)}$ hat $\tilde{\varphi}_{n,g}$ aber eine geringere Güte auf der Alternative als der optimale Test $\varphi_{n,f}$.

Ein von Huber vorgeschlagenes Verfahren der Auswahl des Tests $\tilde{\varphi}_{n,g}$ beruht auf dem folgenden Minimax-Kriterium:

$$(17) \qquad \text{Wähle } g \in M \text{ so, daß: } \inf_{f \in M} \frac{b(f,g)}{\sqrt{b(g,g)}} = \max_{g' \in M} ! \; .$$

Für konvexe Teilmenten M von unimodalen symmetrischen Dichten ist (17) äquivalent zu:

$$(18) \qquad \text{Wähle } g \in M \text{ so, daß } I_g = \inf\{I_{g'}; \; g' \in M\}.$$

Die oben geschilderte Vorgehensweise ist ein typisches Beispiel für die robuste Statistik, wo M eine robuste Umgebung von der Dichte f bezeichnet. $\quad \square$

Satz 4.2 über parametrische Verteilungsklassen macht man sich auch bei der Untersuchung von nichtparametrischen Verteilungsklassen zu Nutze. Sei $\mathcal{P} \subset M^1(\Omega, \mathcal{A})$ und $P \in \mathcal{P}$.

DEFINITION 4.3. $h \in L^2(P)$ heißt Tangentenvektor von $\mathcal{P}$ in P, wenn es einen L^2-differenzierbaren, P-stetigen Weg $(-\varepsilon, \varepsilon) \to \mathcal{P}$, $t \to P_t$ mit $P_0 = P$ und L^2-Ableitung h gibt, d. h.

$$(19) \qquad 2\left(\left(\frac{dP_t}{dP}\right)^{1/2} - 1\right) = th + tr_t \text{ mit } \int r_t^2 dP \xrightarrow[t \to o]{} o.$$

$T(P, \mathcal{P}) := \{h \in L^2(P); \; h \text{ Tangentenvektor von } \mathcal{P} \text{ in } P\}$ heißt der Tangentenkegel. $\quad \square$

Bemerkung.

a) Für einen L^2-differenzierbaren Weg (P_t) mit L^2-Ableitung h gilt nach (10):

$$(20) \qquad \begin{aligned} \frac{dP^n_{t/\sqrt{n}}}{dP^n}(x) &= \exp\left(\frac{t}{\sqrt{n}} \sum_{i=1}^{n} h(x_i) - \frac{t^2}{2} \|h\|^2 + o_{pn}(1)\right) \\ &= \exp\left(t\, Z_n(x) - \frac{t^2}{2} \|h\|^2 + o_{pn}(1)\right) \end{aligned}$$

mit $Z_n(x): = \frac{1}{\sqrt{n}} \sum_{i=1}^{n} h(x_i)$. Da $(P^n)^{Z_n} \xrightarrow{D} N(o, \|h\|^2)$ folgt nach Benachbartheit: $(P_{t/\sqrt{n}}^n)^{Z_n} \xrightarrow{D} \varepsilon_t * N(o, \|h\|^2)$. Es ist nun naheliegend, statistische Verfahren für die modifizierte, durch $T(P,\mathbf{P})$ in P parametrisierte Folge von Experimenten

$$(21) \qquad \mathbf{P}_n: = \{P_{1/\sqrt{n},h}; \ h \in T(P,\mathbf{P})\}$$

zu vergleichen, wobei $(P_{t,h})$ ein L^2-differenzierbarer Weg mit L^2-Ableitung h ist.

b) Ist h beschränkt $\int h dP = o$, dann ist

$$(22) \qquad t \to P_{t,h} = P_{t,h} = (1+th)P$$

ein Weg mit Tangentenvektor h. Ist $\int h dP = o$, $\int h^2 dP \leq 4$, dann ist

$$(23) \qquad P_h: = (\tfrac{1}{2} h + \sqrt{1 - \frac{\int h^2 dP}{4}} \ )^2 P$$

ein Wahrscheinlichkeitsmaß und $t \to P_{t,h}$ ist ein Weg mit Tangentenvektor h. $\quad \square$

§ 5 Approximation von Verteilungsklassen und asymptotische Suffizienz

Für LAN-Familien war in Satz 2.4 die lokale asymptotische Suffizienz der zentralen Folge $Z_n = Z_{n,\theta}$ bzgl. der Lokalisierung in θ gezeigt worden. Der Beweis hierzu beruhte auf der Approximation durch eine Exponentialfamilie

(1)
$$\mathcal{Q}_n = \{Q_{n,h}; \ h \in H\} \ \text{mit} \ \frac{dQ_{n,h}}{dP_{n,\theta}} = \exp(<h,Z_n^*> - B_n(h))$$
$$Z_n^* = \tau^{a_n}(Z_n), \ Z_n - Z_n^* \xrightarrow[P_{n,\theta}]{} o.$$

Eine naheliegende Frage ist nun die nach der Existenz einer Folge von Statistiken (T_n), die 'global' asymptotisch suffizient ist. Sei für
$$\theta_0 \in \Theta \subset H \quad T_n(\theta_0) = \{t \in H; \ \theta_0 + \frac{t}{\sqrt{n}} \in \Theta\} \uparrow H.$$

DEFINITION 5.1. (Asymptotische Suffizienz)

Sei $\mathcal{P}_n = \{P_{n,\theta}; \ \theta \in \Theta\}$, $\mathcal{B}_n \subset \mathcal{A}_{(n)}$, $n \in \mathbb{N}$.

a) $(\mathcal{B}_n)$ heißt lokal asymptotisch suffizient für $\mathcal{P}_n$ in $\theta_0 \in \Theta$

$\iff \exists \mathcal{Q}_n = \{Q_{n,t}; \ t \in T_n(\theta_0)\}$, so daß

1. $\mathcal{B}_n$ ist suffizient für $\mathcal{Q}_n$,

2. $\mathcal{P}_n \underset{\theta_0}{\sim} \mathcal{Q}_n$, d. h. $D(P_{n,\theta_0} + t/\sqrt{n}, Q_{n,t}) \to o.$

b) $(\mathcal{B}_n)$ heißt asymptotisch suffizient für $\mathcal{P}_n$
$\iff \forall \theta_0 \in \Theta$ ist $(\mathcal{B}_n)$ lokal asymptotisch suffizient in θ_0.

c) $(\mathcal{B}_n)$ heißt gleichmäßig (lokal) asymptotisch suffizient
$\iff$ In a), b) gilt für beschränke Mengen $B \subset H$:

$$\sup_{t \in B} D(P_{n,\theta_0} + t/\sqrt{n}, Q_{n,t}) \to o. \quad \square$$

Die Konstruktion von asymptotisch suffizienten Statistiken beruht typischerweise auf Schätzern für $g(\theta) = \theta$.

DEFINITION 5.2. (Asymptotische Zentrierungsfolge (ACS))

Sei $(\mathcal{P}_n)$ LAN mit zentraler Folge $(Z_n) = (Z_{n,\theta})$ und $<s,t>_\theta = s^T \Gamma(\theta) t$, $\Gamma(\theta)$ positiv definit, $\theta \in \Theta$. Eine Schätzfolge $T_n : (M_{(n)}, \mathcal{A}_{(n)}) \to (H, \mathcal{B})$

$= (\mathbb{R}^k, \mathbb{B}^k)$ heißt <u>ACS-Folge</u>

$\Longleftrightarrow \sqrt{n}(T_n - \theta) - Z_{n,\theta} \xrightarrow[P_{n,\theta}]{} o, \quad \forall \theta \in \Theta.$ □

<u>Bemerkung.</u>

a) Da $P_{n,\theta}^{Z_{n,\theta}} \xrightarrow{D} N_H = N(o, \Gamma^{-1}(\theta))$ und also auch $P_{n,\theta}^{\sqrt{n}(T_n-\theta)} \xrightarrow{D} N(o, \Gamma^{-1}(\theta))$

folgt im regulären iid-Fall, daß (T_n) eine asymptotisch effiziente Schätzfolge für θ ist.

b) Ist (T_n) eine ACS-Folge, dann ist (T_n) asymptotisch suffizient, da ja für $\theta \in \Theta, \sqrt{n}(T_n - \theta) - Z_{n,\theta} \xrightarrow[P_{n,\theta}]{} o$, also $(\sqrt{n}(T_n - \theta))$ eine zentrale Folge ist und daher $(\sqrt{n}(T_n - \theta))$ lokal asymptotisch suffizient in θ ist.

c) Nach Satz 2.6 gilt: (T_n) ist genau dann eine ACS-Folge, wenn $\forall \theta \in \Theta$ und $\forall h \in H$ mit $\theta_n = \theta + \dfrac{h}{\sqrt{n}}$ gilt:

$$(3) \qquad P_{n,\theta_n}^{\sqrt{n}(T_n-\theta)} \xrightarrow{D} N_H * \varepsilon_h = N(h, \Gamma^{-1}(\theta)).$$

d) Im regulären iid-Fall ist $Z_{n,\theta} = I(\theta)^{-1} X_{n,\theta}$ mit

$$X_{n,\theta}(x) = \frac{1}{\sqrt{n}} \sum_{i=1}^{n} \dot{\Lambda}_\theta(x_i).$$ (T_n) ist dann eine ACS-Folge genau dann, wenn

$$(4) \qquad \sqrt{n} I(\theta)(T_n - \theta) - X_{n,\theta} \xrightarrow[P_{n,\theta}]{} o.$$ □

Es ist leichter, die ACS-Eigenschaft einer Folge (T_n) durch Bedingungen an $X_{n,\theta}$ zu überprüfen.

<u>SATZ 5.3.</u> <u>(Konstruktion einer ACS-Folge)</u>

Sei $(\mathbb{P}_n)$ LAN mit zentraler Folge $(Z_{n,\theta})$ und $\langle s, t \rangle = s^T \Gamma(\theta) t$, $\theta \in \Theta$ und es gelten:

1. $\displaystyle \sup_{\sqrt{n}|\theta'-\theta| \leq c} |X_{n,\theta'} - X_{n,\theta} + \sqrt{n}\Gamma(\theta)(\theta' - \theta)| \xrightarrow[P_{n,\theta}]{} o,$

$\forall c > o, \forall \theta \in \Theta$ mit $X_{n,\theta} := \Gamma(\theta)^{-1} Z_{n,\theta}$.

2. $\exists \hat{\theta}_n : (M_{(n)}, A_{(n)}) \to (\mathbb{R}^k, \mathbb{B}^k) = (H, B)$, so daß $(P_{n,\theta}^{\sqrt{n}(\hat{\theta}_n-\theta)})$ straff ist (also $(\hat{\theta}_n)$ ist $\sqrt{n}$-konsistent).

3. $\theta \to \Gamma(\theta)$ ist stetig.

Sei $T_n: (M_{(n)}, \mathbf{A}_{(n)}) \to (H, \mathbf{B})$, so daß

$$(5) \qquad \sqrt{n}\,\Gamma(\hat{\theta}_n)(T_n - \hat{\theta}_n) - X_{n,\hat{\theta}_n} \to o, \ \forall \theta \in \Theta$$

$\Rightarrow (T_n)$ ist eine ACS-Folge und daher asymptotisch suffizient.

__Beweis.__ Zu $\theta \in \Theta$ und $\varepsilon > o$ existiert ein $c > o$, so daß

$$P_{n,\theta} \underbrace{\{\sqrt{n}|\hat{\theta}_n - \theta| > c\}}_{=: \, U_n^c(\theta)} < \varepsilon, \ \forall n \in \mathbb{N}. \ \text{Nach Voraussetzung 1 folgt:}$$

$$[X_{n,\hat{\theta}_n} - X_{n,\theta} + \sqrt{n}\,\Gamma(\theta)(\hat{\theta}_n - \theta)]1_{\{\sqrt{n}|\hat{\theta}_n-\theta|\le c\}} \xrightarrow[P_{n,\theta}]{} o. \quad \text{Da}$$

$$\sqrt{n}\,\Gamma(\hat{\theta}_n)(T_n - \hat{\theta}_n) - X_{n,\hat{\theta}_n} \xrightarrow[P_{n,\theta}]{} o$$

$$\Rightarrow [\sqrt{n}\,\Gamma(\hat{\theta}_n)(T_n - \hat{\theta}_n) - X_{n,\theta} + \sqrt{n}\,\Gamma(\theta)(\hat{\theta}_n - \theta)]1_{U_n(\theta)} \xrightarrow[P_{n,\theta}]{} o$$

$$\Rightarrow [\sqrt{n}(\Gamma(\theta) - \Gamma(\hat{\theta}_n))(\hat{\theta}_n - \theta) + \sqrt{n}\,\Gamma(\hat{\theta}_n)(T_n - \theta) - X_{n,\theta}]1_{U_n(\theta)} \xrightarrow[P_{n,\theta}]{} o.$$

Da $\theta \to \Gamma(\theta)$ stetig ist, folgt $\sqrt{n}(\Gamma(\theta) - \Gamma(\hat{\theta}_n))(\hat{\theta}_n - \theta)1_{U_n(\theta)} \xrightarrow[P_{n,\theta}]{} o$

$$\Rightarrow [\sqrt{n}\,\Gamma(\hat{\theta}_n)(T_n - \theta) - X_{n,\theta}]1_{U_n(\theta)} \xrightarrow[P_{n,\theta}]{} o. \ \text{Da } \Theta \text{ offen, } \theta \to \Gamma(\theta) \text{ stetig,}$$

$\det\Gamma(\theta) \neq o \Rightarrow \exists$ Umgebung $U = U(\theta)$, so daß $\Gamma: U \to \Gamma(U)$ ein Homöomorphismus ist, also $\Gamma^{-1}/_{\Gamma(U)}$ stetig

$$\Rightarrow [\sqrt{n}\,\Gamma(\theta)\Gamma^{-1}(\hat{\theta}_n)\Gamma(\hat{\theta}_n)(T_n - \theta) - \Gamma(\theta)\Gamma^{-1}(\hat{\theta}_n)Z_{n,\theta}]1_U(\hat{\theta}_n)1_{U_n(\theta)} \xrightarrow[P_{n,\theta}]{} o.$$

Da $\Gamma(\theta)\Gamma^{-1}(\hat{\theta}_n)1_U(\hat{\theta}_n) \xrightarrow[P_{n,\theta}]{} I_k \Rightarrow [\sqrt{n}\,\Gamma(\theta)(T_n - \theta) - X_{n,\theta}]1_U(\hat{\theta}_n)1_{U_n(\theta)} \xrightarrow[P_{n,\theta}]{} o.$

Daraus folgt aber, daß (T_n) eine ACS-Folge ist. $\quad \square$

__Bemerkung.__

a) Insbesondere ist also die Folge

$$(6) \qquad T_n := \frac{1}{\sqrt{n}}\,\Gamma^{-1}(\hat{\theta}_n)X_{n,\hat{\theta}_n} + \hat{\theta}_n$$

eine ACS-Folge. Im regulären iid-Fall ist T_n gerade die Newton-Raphson-Approximation an den ML-Schätzer. In diesem Sinn ist also typischerweise ein ML-Schätzer asymptotisch suffizient. Die Voraussetzung 1 bedeutet dann eine gleichmäßige Stetigkeit

der Matrix der zweiten Ableitungen der logarithmischen Dichten.
Im Buch von Strasser wird auch die asymptotische Suffizienz von
Bayes-Schätzern behandelt.

b) Gelten die Voraussetzungen 1, 2, 3 aus Satz 5.3 gleichmäßig auf
   Kompakta, dann ist (T_n) gleichmäßig asymptotisch suffizient und
   eine <u>glm. ACS-Folge</u>, d. h. die stochastische Konvergenz in der
   Definition von ACS-Folgen, ist gleichmäßig auf Kompakta.

c) Ist $\displaystyle\sup_{\sqrt{n}\,|\theta'-\theta|\leq c} |Z_{n,\theta'} - Z_{n,\theta} + \sqrt{n}(\theta' - \theta)| \xrightarrow[P_{n,\theta}]{} o$ und
   $(P_{n,\theta}^{\sqrt{n}(\hat{\theta}_n-\theta)})$ straff, dann ist jede Schätzfolge

$$(7) \qquad (T_n) \text{ eine ACS-Folge, für die } \sqrt{n}(T_n - \hat{\theta}_n) - Z_{n,\hat{\theta}_n} \xrightarrow[P_{n,\theta}]{} o.$$

Der Beweis ist analog zu dem Beweis von 5.3. □

Von Hajek wurden die folgenden modifizierten Bedingungen zur Konstruktion von asymptotisch suffizienten Statistiken diskutiert:

<u>Bedingung B.</u> Sei $\mathbf{P}_n = \{P_{n,\theta};\ \theta \in \Theta\} \ll \mu_n$, $\Theta \subset \mathbb{R}^k$ offen und sei

$$f_{n,\theta}(x) = \frac{dP_{n,\theta}}{d\mu_n}(x) = c_n(x)\exp(-\tfrac{1}{2}n(T_n(x)-\theta)^T\Gamma(\theta)(T_n(x)-\theta) + R_n(x,\theta))$$

mit $c_n > o$, $T_n: (M_{(n)}, \mathbf{A}_{(n)}) \to (\mathbb{R}^k, \mathbf{B}^k) = (H, \mathbf{B})$ und gleichmäßig auf kompakten Teilmengen $K \subset \Theta$ gelte:

B 1. $\{P_{n,\theta}^{\sqrt{n}(T_n-\theta)}\}$ straff,

B 2. $\theta \to R_n(x,\theta)$ stetig, $\forall x \in M_{(n)}$, und $\forall a > o$:

$$\max\ \{|R_n(x,t)|,\ \sqrt{n}|t - \theta| \leq a\} \xrightarrow[P_{n,\theta}]{} o,$$

B 3. $\theta \to \Gamma(\theta)$ stetig, $\det\Gamma(\theta) \geq \epsilon_K > o$, $\forall \theta \in K$. □

Für $\theta_n = \theta + \dfrac{h}{\sqrt{n}}$ folgt dann die Darstellung der Dichtequotienten

$$(8) \qquad L_n(\theta_n,\theta) = \frac{dP_{n,\theta_n}}{dP_{n,\theta}} = \exp(h^T\sqrt{n}\Gamma(\theta)(T_n - \theta) - \tfrac{1}{2}h^T\Gamma(\theta)h + (R_n(\cdot,\theta_n) - R_n(\cdot,\theta))).$$

Es ist jedoch nicht (explizit) lokale asymptotische Normalität vorausgesetzt für die 'zentrale' Folge $Z_n = Z_{n,\theta} = \sqrt{n}(T_n - \theta)$,

$<s,t> = s^{T}\Gamma(\theta)t$. Unter den obigen Bedingungen erhält man eine Verschärfung der gleichmäßigen asymptotischen Suffizienz.

SATZ 5.4. (Starke asymptotische Suffizienz)

Unter der Bedingung B ist (T_n) stark asymptotisch suffizient für P_n gleichmäßig auf Kompakta, d. h. $\exists\, Q_n: = \{Q_{n,\theta}; \theta \in \Theta\} \subset M^1(M_{(n)}, A_{(n)})$, so daß: T_n suffizient für Q_n und $\sup\limits_{\theta \in K} |Q_{n,\theta} - P_{n,\theta}| \to 0$.

Beweis. Sei $b > 0$, $\varepsilon > 0$, $\theta \in K \subset \Theta$ und

$A_n(b,\varepsilon): = \{x \in M_{(n)}; \max\{|R_n(x,t)|; \sqrt{n}|T_n(x) - t| < 2b\} < \varepsilon\}$,

$B_n(b,\theta): = \{x \in M_{(n)}; \sqrt{n}|T_n(x) - \theta| < b\}$. Nach B 1, B 2 folgt:

$\exists\, b_n \to \infty$, $\varepsilon_n \to 0$, so daß $P_{n,\theta}(B_n(b_n,\theta)) \to 1$ und $P_{n,\theta}(A_n(b_n,\varepsilon_n)) \to 1$ gleichmäßig auf K.

Sei nun $k_n(\theta) > 0$ so, daß

$$(9) \qquad q_{n,\theta}(x): = k_n(\theta)c_n(x)1_{B_n(b_n,\theta) \cap A_n(b_n,\varepsilon_n)}(x)$$
$$\exp(-\tfrac{1}{2} n(T_n - \theta)^{T}\Gamma(\theta)(T_n - \theta))$$

eine Wahrscheinlichkeitsdichte bzgl. μ_n ist und sei $Q_{n,\theta}: = q_{n,\theta}\mu_n$.

Nach Definition ist T_n suffizient für $Q_n: = \{Q_{n,\theta}; \theta \in \Theta\}$ und mit

$C_n(\theta): = A_n(b_n,\varepsilon_n) \cap B_n(b_n,\theta)$, $q'_{n,\theta}: = \dfrac{q_{n,\theta}}{k_n(\theta)}$ gilt:

$$\int |q'_{n,\theta} - f_{n,\theta}|d\mu_n \leq P_{n,\theta}\{(C_n(\theta))^{c}\} + \int\limits_{C_n(\theta)} |e^{\varepsilon_n} - 1|f_{n,\theta}d\mu_n$$

$$\leq P_{n,\theta}\{(C_n(\theta))^{c}\} + e^{\varepsilon_n} - 1 \Rightarrow \sup\limits_{\theta \in K} \int |q'_{n,\theta} - f_{n,\theta}|d\mu_n \to 0$$

$\Rightarrow \sup\limits_{\theta \in K} |k_n(\theta) - 1| \to 0$ und damit folgt die Behauptung. $\quad\square$

Unter der Bedingung B kann man also sogar ohne Lokalisierung eine Approximation durch Exponentialfamilien erhalten. Als Konsequenz der lokalen bzw. globalen asymptotischen Suffizienz von (T_n) kann man sich bei lokalen bzw. globalen asympt. Entscheidungsproblemen auf Entscheidungsverfahren beschränken, die auf (T_n) basieren. Wir demonstrieren diese Reduktion an Hand von zwei Beispielen.

<u>BEISPIEL</u> 5.1. (Asympt. Rao-Blackwell)

Sei $\mathbf{P}_n$ ULAN mit einer ACS-Folge (T_n)

$\Rightarrow \forall \theta \in \Theta: \exists \mathbf{Q}_n = \{Q_{n,h}; h \in T_n(\theta)\}$, so daß T_n suffizient für $\mathbf{Q}_n$ und

$$\sup_{h \in K} \|P_{n,\theta+h/\sqrt{n}} - Q_{n,h}\| \to 0. \text{ Seien } (\Delta_n, \mathcal{D}_n) \text{ Entscheidungsräume,}$$

$\theta + \dfrac{h}{\sqrt{n}} \in \Theta$

$\Delta_n \subset \mathbb{R}^k$, $\mathcal{D}_n = \Delta_n \mathbb{B}^k$ und $L_n: \Theta \times \Delta_n \to \mathbb{R}^1$ beschränkte Verlustfunktionen,

$|L_n| \leq M$. Für randomisierte Entscheidungsfunktionen $\delta_n: M_{(n)} \times \mathcal{D}_n \to \mathbb{R}^1$

bezeichne $R_n(\theta, \delta_n): = \int \int L_n(\theta, a) d\delta_{n,x}(a) dP_{n,\theta}(x)$,

$\delta_{n,x}(\cdot): = \delta_n(x, \cdot)$, das Risiko in $\mathbf{P}_n$.

Sei

$$(10) \qquad \delta_n^*(\cdot, D): = E_{Q_{n,h}}(\delta_n(\cdot, D) | T_n) = E_{Q_{n,o}}(\delta_n(\cdot, D) | T_n), \ D \in \mathcal{D}_n,$$

dann gilt:

$$(11) \qquad \lim_{n \to \infty} \ \sup_{h \in K, \theta + \frac{h}{\sqrt{n}} \in \Theta} |R_n(\theta + \frac{h}{\sqrt{n}}, \delta_n) - R_n(\theta + \frac{h}{\sqrt{n}}, \delta_n^*)| = 0.$$

<u>Beweis.</u> $\qquad \displaystyle\sup_{\substack{h \in K \\ \theta + \frac{h}{\sqrt{n}} \in \Theta}} |R_n(\theta + \frac{h}{\sqrt{n}}, \delta_n) - R_n(\theta + \frac{h}{\sqrt{n}}, \delta_n^*)|$

$$\leq \sup |\int \int L_n(\theta + \frac{h}{\sqrt{n}}, a)(\delta_{n,x}(da) - \delta_{n,x}^*(da)) dQ_{n,h}(x) + 2M\varepsilon_n = 2M\varepsilon_n.$$

Mit $\varepsilon_n: = \displaystyle\sup_{\substack{h \in K \\ \theta + \frac{h}{\sqrt{n}} \in \Theta}} \|P_{n,\theta+h/\sqrt{n}} - Q_{n,h}\| \to 0.$ $\qquad \square$

Unter der Voraussetzung von Satz 5.4 läßt sich eine analoge globale
Version formulieren, so daß

$$(12) \qquad \sup_{\theta \in K} |R_n(\theta, \delta_n) - R_n(\theta, \delta_n^*)| \to 0 \quad \text{für } K \subset \Theta \text{ kompakt.}$$

<u>BEISPIEL</u> 5.2. (Asymptotische Maximin-Tests)

Sei $\mathbf{P}_n$ ULAN in θ_o mit ACS-Folge (T_n), $\Theta \subset \mathbb{R}^k$. Sei $\Gamma(\theta_o) = B^T B$, $L \subset \mathbb{R}^k$

beschränkt und $H_n: = \{\theta_0\}$, $K_n: \theta_0 + \dfrac{1}{\sqrt{n}} B^{-1}L = \{\theta_0 + \dfrac{1}{\sqrt{n}} B^{-1}\lambda; \lambda \in L\}$.

<u>DEFINITION</u> 5.5. $(\varphi_n) \in \tilde{\phi}$ heißt <u>asymptotischer Maximin-Test</u> für (H_n, K_n) z. N. α

$\Longleftrightarrow$ 1. $\overline{\lim}\, E_{\theta_n}\varphi_n \leq \alpha$, $\forall \theta_n \in H_n$, $n \in \mathbb{N}$,

  2. $\underline{\lim}\, (\beta_n(\varphi_n) - \beta_n(\varphi_n')) \geq 0$, mit $\beta_n(\varphi_n): = \inf\limits_{\theta \in K_n} E_\theta \varphi_n$, $\forall(\varphi_n') \in \tilde{\phi}$ mit 1. $\square$

Sei ϕ_0 ein Maximin-Test z. N. α für das transformierte Limesproblem $(\{N(o,I)\}, \{N(\lambda,I); \lambda \in L\}$.

<u>SATZ</u> 5.6. Ist ϕ_0 λ^k f.s. stetig

$$(13) \qquad \Rightarrow \varphi_n^*: = \phi_0(\sqrt{n}\, B(T_n - \theta_0))$$

ist asympt. Maximin-Test z. N. α für (H_n, K_n).

<u>Beweis.</u> Der Beweis basiert auf drei Schritten:

1. $\forall(\varphi_n) \in \tilde{\phi}_\alpha: \exists(\psi_n) \in \tilde{\phi}_\alpha: \psi_n = \psi_n(T_n)$ mit $\beta_n(\varphi_n) - \beta_n(\psi_n) \to 0$.

  <u>Beweis.</u> Mit $\psi_n: = E_{Q_{n,o}}(\varphi_n|T_n)$ gilt für $\theta_n = \theta_0 + \dfrac{h}{\sqrt{n}}$

$$\int(\varphi_n - \psi_n)dP_{n,\theta_n} = \int\varphi_n d(P_{n,\theta_n} - Q_{n,h}) + \underbrace{\int(\varphi_n - \psi_n)dQ_{n,h}}_{= o} + \int\psi_n d(Q_{n,h} - P_{n,\theta_n})$$

$$\Rightarrow \sup_{\theta_n \in K_n} |\int(\varphi_n - \psi_n)dP_{n,\theta_n}| \leq \sup_{h \in BL} D(P_{n,\theta_0 + h/\sqrt{n}}, Q_{n,h}) \to o.$$

2. $(\varphi_n^*) \in \tilde{\phi}_\alpha$ und für $\lambda_n \to \lambda \in L$, $\theta_n = \theta_n + \dfrac{B^{-1}\lambda_n}{\sqrt{n}}$ gilt:

  $E_{\theta_n}\varphi_n^* \to \int\phi_0\, dN(\lambda,I) = : \beta^*(\lambda)$.

  <u>Beweis.</u> Da (T_n) eine ACS-Folge ist, gilt:

$$P_{n,\theta_n} \xrightarrow[\quad]{\sqrt{n}(T_n-\theta_0) \;\; D} N(B^{-1}\lambda, \Gamma^{-1}(\theta)) \Rightarrow P_{n,\theta_n} \xrightarrow[\quad]{\sqrt{n}B(T_n-\theta_0) \;\; D} N(\lambda,I) \text{ und, da}$$

  ϕ_0 f.s. stetig ist, folgt:

$$E_{\theta_n}\varphi_n^* = E_{\theta_n}\phi_0(\sqrt{n}B(T_n - \theta_0)) \to \int\phi_0 dN(\lambda,I) \Rightarrow (\varphi_n^*) \in \tilde{\phi}_\alpha.$$

3. (φ_n^*) ist asympt. Maximin-Test z. N. α.

<u>Beweis.</u> Der Beweis folgt durch Anwendung des uniform weak compact-
ness-Lemmas wie im Beweis zu 3.4.   □

Sei nun speziell: $L: = \{\lambda \in \mathbb{R}^k ; \ |\lambda|^2 = c\}$, $c > 0$

$\Rightarrow K_n : = \{\theta \in \mathbb{R}^k ; \ n(\theta - \theta_0)^T \Gamma(\theta_0)(\theta - \theta_0) = c\}$. Der Maximin-Test für

$(\{N(o,I)\}, \ \{N(\lambda,I); \ \lambda \in L\})$ ist:

$$(14) \qquad \phi_0(t): = \left\{ \begin{matrix} 1 \\ 0 \end{matrix} \right. \quad |t|^2 \begin{matrix} \geq \\ < \end{matrix} u_\alpha(\chi_k^2).$$

Der Beweis von (14) folgt am einfachsten aus dem Hunt-Stein-Theorem.
Alternativ kann man auch die Gleichverteilung auf L als ungünstigste
a-priori-Verteilung nachweisen. Da ϕ_0 f.s. stetig ist, folgt nach 5.6,
daß

$$(15) \qquad \varphi_n^*: = \left\{ \begin{matrix} 1 \\ 0 \end{matrix} \right. \quad n(T_n - \theta_0)^T \Gamma(\theta_0)(T_n - \theta_0) \begin{matrix} \geq \\ < \end{matrix} u_\alpha(\chi_k^2)$$

ein asymptotischer Maximin-Test ist.   □

Die explizite Bestimmung von Maximin-Tests im Limesproblem für
modifizierte Alternativen wie z. B. $L_1: = \{\lambda; |B^{-1}\lambda|^2 = c\}$ oder
$L_2 = \{\lambda; \max |\lambda_i| = c\}$ scheint ein ungelöstes Problem zu sein.   □

Es soll nun im folgenden untersucht werden, wie einschränkend die
LAN-Annahme ist. Wir formulieren dazu zunächst einige von Le Cam
angegebene Bedingungen an die Verteilunsklassen $\mathcal{P}_n = \{P_{n,\theta}; \ \theta \in \Theta\}$
mit $\Theta \subset H = \mathbb{R}^k$ offen.

<u>Bedingung A.</u> Sei $\theta \in \Theta$

A 0. $\forall (h_n) \subset \mathbb{R}^k$ beschränkt und $\theta_n = \theta_{n,h_n} = \theta + \dfrac{h_n}{\sqrt{n}} \in \Theta$ ist (P_{n,θ_n}),
$(P_{n,\theta})$ benachbart;

A 1. $\exists X_n = X_{n,\theta}: (M_{(n)}, A_{(n)}) \rightarrow (\mathbb{R}^k, \mathbb{B}^k)$, $\exists A(h,\theta) \in \mathbb{R}^1: \ \forall h_n \rightarrow h$,

$\theta_n = \theta_{n,h_n} \in \Theta: \ \Lambda(\theta_n,\theta) - h^T X_n + A(h,\theta) \xrightarrow[P_{n,\theta}]{} 0$;

A 2. $P_{n,\theta}^{X_n} \xrightarrow{\ D\ } P_\theta$;

A 3. $P_\theta = N(\mu(\theta),\Gamma(\theta))$ mit

    a) $A(h,\theta) = h^T\mu(\theta) + \frac{1}{2} h^T\Gamma(\theta)h$,

    b) $\mu(\theta),\Gamma(\theta)$ sind stetig in θ,

    c) $\Gamma(\theta)$ positiv definit;

A 4. $\exists \mathcal{Q}_n := \{Q_{n,\theta},\ \theta \in \Theta\} \subset M^1(M_{(n)},A_{(n)})$ mit

    a) $\{Q_{n,\theta}\}$ ist asympt. glm. äquivalent zu $\mathcal{P}_n$ in θ - $\mathcal{P}_n \widetilde{\theta} \mathcal{Q}_n$ -

    d. h. $\forall B \subset \mathbb{R}^k$ beschränkt gilt:

       $\sup \{D(P_{n,\theta'},Q_{n,\theta'});\ \sqrt{n}(\theta' - \theta) \in B\} \to o$,

    b) $\theta \to Q_{n,\theta}(A)$ ist meßbar, $\forall A \in A_{(n)}$, $\forall n \in \mathbb{N}$;

A 5.   a) $h_n \to h \Rightarrow X_{n,\theta_n} - X_{n,\theta} + \Gamma(\theta)h \xrightarrow[P_{n,\theta}]{} o$,

    b) $(x,\theta) \to X_{n,\theta}(x)$ ist $A_{(n)} \otimes \Theta B^k$ meßbar;

A 6. $\exists \hat{\theta}_n: (M_{(n)},A_{(n)}) \to (\Theta,\Theta B^k)$, so daß $\{P_{n,\theta}^{\sqrt{n}(\hat{\theta}_n-\theta)}\}$ straff ist.

Wir sagen: Es gilt <u>A_i global</u> $\Longleftrightarrow$ Bedingung A_i gilt für alle $\theta \in \Theta$.
Es gilt Bedingung A_i^*, falls Bedingung A_i gleichmäßig auf kompakten
Teilmengen von Θ gilt. $\square$

Die Bedingung ULAN ist äquivalent zu A 1, A 2, A 3 a), c) mit $\mu(\theta) = o$
zentraler Folge $Z_n = \Gamma(\theta)^{-1}X_n$ und $\langle s,t\rangle = s^T\Gamma(\theta)t$. Satz 2.3 kann man
nun mit demselben Beweis allgemeiner formulieren.

<u>SATZ</u> 5.7. Es gelten die Bedingungen A 0, A 1, A 2

$\Rightarrow \exists X_n^* = X_{n,\theta}^*: (M_{(n)},A_{(n)}) \to (\mathbb{R}^k,\mathbb{B}^k)$, $n \in \mathbb{N}$ mit

1. $X_n^* = X_n \cdot 1_{\{|X_n| \le a_n\}}$ für eine Folge $a_n \uparrow \infty$.

2. $X_n - X_n^* \xrightarrow[P_{n,\theta}]{} o$,   und

3. für $Q_{n,h}(A): = \exp(-B_n(h)) \int_A \exp(h^T X_n^*)dP_{n,\theta}$, $A \in A_{(n)}$ gilt:

    $\sup_{\substack{|h| \le M \\ \theta_{n,h} \in \Theta}} D(P_{n,\theta_{n,h}},Q_{n,h}) \xrightarrow[n\to\infty]{} o$, $\forall M \in \mathbb{R}^1$. $\square$

Insbesondere sind also X_n und $Z_n = \Gamma(\theta)^{-1}X_n$ lokal asymptotisch suffizient für P_n in θ. Sei $P_n \underset{as}{\sim} Q_n$ definiert durch $P_{n\tilde{\theta}}Q_n$, $\forall \theta \in \Theta$. Man kann im folgenden Sinne immer von einem äquivalenten, gleichmäßig stetig parametrisierten Experiment ausgehen.

PROPOSITION 5.8. P_n erfülle global A 0, A 1, A 2, A 4
$\Rightarrow \exists \overline{P}_n := \{P_{n,\theta};\ \theta \in \Theta\} \underset{as}{\sim} P$, so daß $\theta \to \mathbb{R}^1$, $\theta \to \overline{P}_{n,\theta}(A)$ gleichmäßig stetig, $\forall A \in A_{(n)}$.

<u>Beweis.</u> Sei $E_k := \{x \in \mathbb{R}^k;\ \|x\| \le 1\}$ und $v := \dfrac{1}{\lambda^k(E_k)}\,\lambda^k|E_k$. Nach A 4 ist o.E. $\theta \to P_{n,\theta}(A)$ meßbar. Sei $\theta^* \in \Theta$ und definiere (formal) $P_{n,\theta} := P_{n,\theta^*}$ für $\theta \in \mathbb{R}^k \smallsetminus \Theta$ und

$$(16) \qquad \overline{P}_{n,\theta}(A): = \int_{E_k} P_{n,\theta+t/n}(A)\,dv(t),\ A \in A_{(n)}.$$

Dann ist für $|\theta - \theta'| \le \varepsilon$, $|\overline{P}_{n,\theta}(A) - \overline{P}_{n,\theta'}(A)| \le 2v(K(\theta,\tfrac{1}{n}) \triangle K(\theta',\tfrac{1}{n})) \le \varepsilon$ mit $K(\theta,\tfrac{1}{n})$ die Kugel vom Radius $\tfrac{1}{n}$ um θ. Also ist $\theta \to \overline{P}_{n,\theta}(A)$ gleichmäßig stetig in θ, gleichgradig in $A \in A_{(n)}$.

Es bleibt zu zeigen, daß $P_n \underset{as}{\sim} \overline{P}_n$. Dazu reicht es zu zeigen:
$\forall A_n \in A_{(n)}$, $h_n \to h$ gilt mit $\theta_{n,h_n} = \theta + \dfrac{h_n}{\sqrt{n}} \in \Theta$:

$$(17) \qquad \|P_{n,\theta_{n,h_n}}(A_n) - \overline{P}_{n,\theta_{n,h_n}}(A_n)\| \to o.$$

Nach Definition existiert ein $t_n \in E_k$, so daß:
$$|P_{n,\theta_{n,h_n}}(A_n) - \overline{P}_{n,\theta_{n,h_n}}(A_n)| \le |P_{n,\theta_{n,h_n}}(A_n) - P_{n,\theta+h_n/\sqrt{n}+t_n/n}(A_n)|.$$
Nach Voraussetzung A 1 gilt:
$$\Lambda_{1n} := \Lambda(\theta_{n,h_n},\theta) - \langle h,X_{n,\theta}\rangle + A(h,\theta) \xrightarrow[P_{n,\theta}]{} o,$$
$$\Lambda_{2n} := \Lambda(\theta_{n,h_n}+t_n/\sqrt{n},\theta) - \langle h,X_{n,\theta}\rangle + A(h,\theta) \xrightarrow[P_{n,\theta}]{} o \Rightarrow \Lambda_{1n} - \Lambda_{2n} \xrightarrow[P_{n,\theta}]{} o$$
$$\Rightarrow \Lambda_{1n} - \Lambda_{2n} \xrightarrow[P_{n,\theta_{n,h_n}}]{} o \Rightarrow \Lambda(\theta_{n,h_n}+t_n/\sqrt{n},\theta_{n,h_n}) \xrightarrow[P_{n,\theta_{n,h_n}}]{} o.\ \text{Nach 3.5}$$

folgt: $\|P_{n,\theta_{n,h_n}} - P_{n,\theta_{n,h_n}+t_n/\sqrt{n}}\| \to o$ und damit die Behauptung. $\qquad \square$

Man kann die approximierenden Klassen auch abzählbar wählen. Zum Beweis dieser Aussage wird das folgende Lemma benötigt.

<u>LEMMA</u> 5.9. Seien (P_n), (P_n') benachbart und Q_n, $Q_n' \in M^1(M_{(n)},A_{(n)})$ mit $\|P_n - Q_n\| + \|P_n' - Q_n'\| \to o$
$\Rightarrow \Lambda(P_n',P_n) - \Lambda(Q_n',Q_n) \xrightarrow[\tilde{P}_n]{} o$ für $\tilde{P}_n \in \{P_n,P_n',Q_n,Q_n'\}$.

<u>Beweis.</u> Seien f_n, f'_n, g_n, g'_n Dichten von P_n, P'_n, Q_n, Q'_n bzgl. $\mu_n := \frac{1}{4}(P_n + P'_n + Q_n + Q'_n)$ und sei $A_n := \{f_n f'_n g_n g'_n = o\}$, dann folgt aus den obigen Voraussetzungen: $\tilde{P}_n(A_n) \to o$. Weiterhin sind $\{\tilde{P}_n^{\Lambda(P'_n, P_n)}\}$, $\{\tilde{P}_n^{\Lambda(Q'_n, Q_n)}\}$ straff

$\Rightarrow \forall \varepsilon^* > o: \exists M \in \mathbb{R}^1$, so daß für $B_n := \{|\Lambda(P'_n, P_n)| > M\}$ und

$C_n := \{|\Lambda(Q'_n, Q_n)| > M\}$ gilt: $\tilde{P}_n(B_n) < \varepsilon^*$, $\tilde{P}_n(C_n) < \varepsilon^*$, $\forall n \in \mathbb{N}$.

$\Rightarrow \tilde{P}_n\{|\Lambda(P'_n, P_n) - \Lambda(Q'_n, Q_n)| > \varepsilon\} \leq \tilde{P}_n\{\{|\Lambda(P'_n, Q'_n) - \Lambda(P_n, Q_n)| \geq \varepsilon\} \cap A_n^C \cap B_n^C \cap C_n^C\}$

$+ \tilde{P}_n(A_n) + \tilde{P}_n(B_n) + \tilde{P}_n(C_n) \leq 3\varepsilon^* + \tilde{P}_n(\{|\Lambda(P'_n, Q'_n) - \Lambda(P_n, Q_n)| \geq \varepsilon\} A_n^C B_n^C C_n^C)$. Da

$\|P_n - Q_n\| = \frac{1}{2} \int |f_n - g_n| d\mu_n \to o$ und $\|P'_n - Q'_n\| = \frac{1}{2} \int |f'_n - g'_n| d\mu_n \to o$

$\Rightarrow 1_{A_n^C} \left| \frac{dP_n}{dQ_n} - 1 \right| \xrightarrow[Q_n]{} o$, $1_{A_n^C} \left| \frac{dP'_n}{dQ'_n} - 1 \right| \xrightarrow[Q'_n]{} o$. Wegen der Benachbartheits-

annahme folgt dann: $1_{A_n^C} \Lambda(P_n, Q_n) \xrightarrow[\tilde{P}_n]{} o$, $1_{A_n^C} \Lambda(P'_n, Q'_n) \xrightarrow[\tilde{P}_n]{} o$, also auch

$(\Lambda(P_n, Q_n) - \Lambda(P'_n, Q'_n)) 1_{A_n^C} \xrightarrow[\tilde{P}_n]{} o$. $\square$

<u>PROPOSITION</u> 5.10. P_n erfülle global A 0, A 1, A 2, A 4

$\Rightarrow$ a) $\forall n \in \mathbb{N}: \exists C_{n,j} \in \mathbb{B}^k$, $j \in \mathbb{N}_{m_n}$, $m_n \leq \infty$ mit $\inf_j \lambda^k(C_{n,j}) > o$,

$\quad \Sigma C_{n,j} = \Theta$, so daß mit $R_{n,\theta} := \overline{P}_{n,\theta_{n,j}}$ für $\theta \in C_{n,j}$ und festes

$\quad \theta_{n,j} \in C_{n,j}$ gilt: $R_n := \{R_{n,\theta}; \theta \in \Theta\} \underset{as}{\sim} P_n$.

$\quad$ b) $\quad X'_{n,\theta} = X'_n(x,\theta)$ produktmeßbar, $A'(h, \cdot)$ meßbar, $h \in \mathbb{R}^k$, so daß

$\quad \quad R_n$ mit X'_n, A' die Bedingungen A 0, A 1, A 2, A 4 erfüllt.

<u>Beweis.</u> a) Nach 5.8 folgt: $\forall \varepsilon > o: \exists \delta_n(\varepsilon) > o: |\theta_1 - \theta_2| \leq \delta_n(\varepsilon)$

$\Rightarrow \|\overline{P}_{n,\theta_1} - \overline{P}_{n,\theta_2}\| < \varepsilon$. Für $n \in \mathbb{N}$, $\varepsilon = \frac{1}{2}$ existiert eine disjunkte meßbare

Zerlegung von Θ, $\Theta = \Sigma C_{n,j}$ mit Durchmesser $\delta(C_{n,j}) \leq \delta_n(\frac{1}{n})$ und

$\inf_j \lambda^k(C_{n,j}) > o$ (Für die letzte Bedingung muß eventuell der Parameter-

raum künstlich vergrößert werden.). Sei nun $\theta_{n,j} \in C_{n,j}$ und $R_{n,\theta} = \overline{P}_{n,\theta_{n,j}}$,

$\theta \in C_{n,j}$, dann gilt für $\theta \in \Theta$, $(h_n) \subset \mathbb{R}^k$ beschränkt, so daß

$\theta_{n,h_n} = \theta_n \in \Theta$: $\|P_{n,\theta_n} - R_{n,\theta_n}\| \leq \underbrace{\|P_{n,\theta_n} - \overline{P}_{n,\theta_n}\|}_{\to o \text{ nach } 5.8} + \|\overline{P}_{n,\theta_n} - R_{n,\theta_n}\|$.

Für $t \in \Theta$ definiere $j(t)$ so, daß $t \in C_{n,j(t)}$

$\Rightarrow \theta_n, \theta_{n,j(\theta_n)} \in C_{n,j(\theta_n)} \Rightarrow |\theta_n - \theta_{n,j(\theta_n)}| \leq \delta_n(\frac{1}{n})$

$\Rightarrow \|\overline{P}_{n,\theta_n} - R_{n,\theta_n}\| = \|\overline{P}_{n,\theta_n} - \overline{P}_{n,\theta_{n,j(\theta_n)}}\| \leq \frac{1}{n} \Rightarrow P_n \underset{as}{\sim} R_n$.

b) Sei $e_j = (o, \ldots, 1, o, \ldots, o)^T \in \mathbb{R}^k$ der j-te Einheitsvektor und

$X'_n: M_{(n)} \to \mathbb{R}^k$, $X'_n = ((X'_n)_1, \ldots, (X'_n)_k) = X'_{n,\theta}$ mit

$(X_n')_j := \Lambda(R_{n,\theta+e_j/\sqrt{n}}, R_{n,\theta})$ und $A'(h,\theta) := A(h,\theta) - \sum\limits_{j=1}^{k} h_j A(e_j,\theta)$,

$h = (h_1,\ldots,h_k)^T \Rightarrow X_n'(x,\theta)$ ist produktmeßbar, da $\mathfrak{R}_n$ abzählbar. Da

$\mathbb{P}_n \underset{as}{\sim} \mathfrak{R}_n$, folgt nach A 1: $\Lambda(R_{n,\theta+e_j/\sqrt{n}}, R_{n,\theta}) - e_j^T X_n + A(e_j,\theta) \xrightarrow[R_{n,\theta}]{} o$

$\Rightarrow \sum\limits_{j=1}^{k} h_j \, \Lambda(R_{n,\theta+e_j/\sqrt{n}}, R_{n,\theta}) - h^T X_n + \Sigma h_j A(e_j,\theta) \xrightarrow[R_{n,\theta}]{} o$. Da

$\Lambda(R_{n,\theta_n}, R_{n,\theta}) - h^T X_n + A(h,\theta) \xrightarrow[R_{n,\theta}]{} o$ folgt durch Differenzenbildung:

$$\Lambda(R_{n,\theta_n}, R_{n,\theta}) - \Sigma h_j \, \Lambda(R_{n,\theta+e_j/\sqrt{n}}, R_{n,\theta}) + A(h,\theta) - \sum\limits_{j=1}^{k} h_j A(e_j,\theta) \xrightarrow[R_{n,\theta}]{} o$$

(18)

$$\Rightarrow \Lambda(R_{n,\theta_n}, R_{n,\theta}) - h^T X_n' + A'(h,\theta) \xrightarrow[R_{n,\theta}]{} o \, ,$$

also A 1.

Aus (18) folgen A 0, A 2, A 4. Ist $G_{n,\theta}$ die Verteilungsfunktion von

$\dfrac{\Lambda(R_{n,\theta_n}, R_{n,\theta})}{R_{n,\theta}} - h^T X_n' \underset{(18)}{\Rightarrow} G_{n,\theta}^{-1}(\tfrac{1}{2}) \to -A'(h,\theta) \Rightarrow \theta \to A'(h,\theta)$ ist meßbar. $\quad\square$

<u>Bemerkung.</u>

a) Wählt man eine Folge von Kompakta $K_n \uparrow \mathbb{Q}^k$ und $\{C_{n,j}\}$ eine Zerlegung
   von $K_n\Theta$ wie in dem obigen Beweis, dann erhält man sogar eine
   endliche Klasse von $\mathfrak{R}_n$ mit $\mathfrak{R}_n \underset{as}{\sim} \mathbb{P}_n$; i.a. geht jedoch $|\mathfrak{R}_n| \to \infty$
   (ohne allgemeine Schranken an $|\mathfrak{R}_n|$ angeben zu können).
   Proposition 5.10 impliziert insbesondere, daß man o.E. die
   Dominiertheit von $\mathbb{P}_n$ verlangen kann, falls A 0, A 1, A 2, A 4
   gelten.

b) Mit einer Verschärfung der Bedingung A 5 war in Satz 5.3 im LAN-
   Fall eine ACS-Folge konstruiert worden. Le Cam formulierte eine
   entsprechende Aussage mit der Bedingung A 5. Le Cam's Beweis
   benutzte jedoch die Beschränktheit von $\{|\mathfrak{R}_n|; n \in \mathbb{N}\}$, vgl.
   Bemerkung a). $\quad\square$

Ein überraschendes Ergebnis von Le Cam war die Beobachtung, daß die
asymptotische Normalitätsannahme A 3 im wesentlichen schon aus den
anderen Annahmen hergeleitet werden kann.

<u>SATZ</u> 5.11. $(\mathbb{P}_n)$ erfülle A 0, A 1, A 2 mit

(19) $\qquad \mu(\theta) = \int x \, dP_\theta(x), \; A(h,\theta) = h^T \mu(\theta) + \tfrac{1}{2} h^T \Gamma(\theta) h,$

$\qquad\qquad \Gamma(\theta) \in \mathbb{R}^{k \times k}$ symmetrisch

$\Rightarrow$ a) $P_\theta = N(\mu(\theta),\Gamma(\theta))$.

b) Gilt zusätzlich A 4, dann erfüllt $(\mathbf{P}_n)$ mit X_n',A' aus 5.10 sogar die Bedingungen A 0, A 1, A 2, A 3 a, A 4, A 5 und es gilt:
$$X_n - X_n' \xrightarrow[P_{n,\theta}]{} (A(e_j,\theta)).$$

<u>Beweis.</u> a) A 2 $\Rightarrow P_{n,\theta}^{X_n} \xrightarrow{D} P_\theta \Rightarrow P_{n,\theta}^{\Lambda(\theta_n,\theta)} \xrightarrow{D} \varepsilon_{-A(h,\theta)} * P_\theta^{h^T x} (P_\theta^{h^T x} =$
Bildmaß von P_θ unter der Abbildung $x \to h^T x$). Nach A 0 und dem ersten Le Cam-Lemma 1.4 folgt: $\int e^{h^T x - A(h,\theta)} dP_\theta(x) = 1$, $\forall h \in \mathbb{R}^k$

$$(20) \qquad \Rightarrow \int e^{h^T x} dP_\theta(x) = e^{A(h,\theta)}, \; \forall h \in \mathbb{R}^k .$$

Für P_θ existiert also die Laplace-transformierte und daher bestimmt die Kumulantentransformation $A(\cdot,\theta)$ die Verteilung P_θ eindeutig. (Da $f(h) := \int e^{h^T x} dP_\theta(x)$, $h \in \mathbb{C}^k$ analytisch in den Komponenten von h ist, gibt es eine eindeutige analytische Fortsetzung von $A(\cdot,\theta)$. $e^{A(ih,\theta)} = \int e^{ih^T z} dP_\theta(z)$ ist daher die charakteristische Funktion von P_θ; vgl. die Theorie der Exponentialfamilien.)

Aus (20) folgt: $\int e^{ih^T x} dP_\theta(x) = e^{A(ih,\theta)} = e^{ih^T \mu(\theta) - 1/2 \, h^T \Gamma(\theta) h}$, $\forall \theta \in \Theta$
$\Rightarrow \Gamma(\theta)$ ist positiv semi-definit und $P_\theta = N(\mu(\theta),\Gamma(\theta))$.

b) Sei $\mathbf{R}_n$ wie in 5.10 konstruiert; $\mathbf{R}_n \underset{as}{\sim} \mathbf{P}_n$ und $\mathbf{R}_n$ erfüllt A 0, A 1, A 2, A 3 a, A 4, A 5 b mit $(X_n')_j = \Lambda(R_{n,\theta+e_j/\sqrt{n}}, R_{n,\theta})$,
$A'(h,\theta) = A(h,\theta) - \Sigma h_j A(e_j,\theta)$. Sei $h_n \to h$, $\theta_n = \theta + h_n/\sqrt{n} \in \Theta$
$\underset{A\,1}{\Rightarrow} \Lambda(\theta_n,\theta) - h^T X_{n,\theta} + h^T \mu(\theta) + \frac{1}{2} h^T \Gamma(\theta) h \xrightarrow[P_{n,\theta}]{} o$. Wegen $\|P_{n,\theta} - R_{n,\theta}\| \to o$
folgt nach 5.10: $\Lambda(R_{n,\theta_n}, R_{n,\theta}) - h^T X_{n,\theta}' + h^T \mu(\theta) + \frac{1}{2} h^T \Gamma(\theta) h$
$- \Sigma h_j A(e_j,\theta) \xrightarrow[P_{n,\theta}]{} o$.

Da nach 5.9: $\Lambda(\theta_n,\theta) - \Lambda(R_{n,\theta_n}, R_{n,\theta}) \xrightarrow[P_{n,\theta}]{} o$
$\Rightarrow h^T(X_{n,\theta} - X_{n,\theta}') \xrightarrow[P_{n,\theta}]{} \Sigma h_j A(e_j,\theta)$, $\forall h \in \mathbb{R}^k \Rightarrow X_{n,\theta} - X_{n,\theta}' \xrightarrow[P_{n,\theta}]{} (A(e_j,\theta))$.

Für $u \in \mathbb{R}^k$ gilt:
$$u^T(X_{n,\theta_n}' - X_{n,\theta}') = \sum_j u_j [\Lambda(R_{n,\theta_n+e_j/\sqrt{n}}, R_{n,\theta_n}) - \Lambda(R_{n,\theta+e_j/\sqrt{n}}, R_{n,\theta})]$$

- 194 -

$$= \sum_j u_j [\Lambda(R_{n,\theta_n+e_j/\sqrt{n}}, R_{n,\theta}) - \Lambda(R_{n,\theta_n}, R_{n,\theta}) - \Lambda(R_{n,\theta+e_j/\sqrt{n}}, R_{n,\theta})] + o_\theta(1)$$

$$= \sum_j u_j [(h+e_j)^T X_{n,\theta} - (h+e_j)^T \mu(\theta) - \tfrac{1}{2}(h+e_j)^T \Gamma(\theta)(h+e_j) - h^T X_{n,\theta} + h^T \mu(\theta)$$

$$+ \tfrac{1}{2} h^T \Gamma(\theta)h - e_j^T X_{n,\theta} + e_j^T \mu(\theta) + \tfrac{1}{2} e_j^T \Gamma(\theta)e_j] + o_\theta(1)$$

$$= \sum_j u_j [- \tfrac{1}{2} h^T \Gamma(\theta)e_j - \tfrac{1}{2} e_j^T \Gamma(\theta)h] + o_\theta(1) = - \sum_j e_j^T \Gamma(\theta)h + o_\theta(1)$$

$$= -u^T \Gamma(\theta)h + o_\theta(1) \Rightarrow X'_{n,\theta_n} - X'_{n,\theta} + \Gamma(\theta)h \xrightarrow[P_{n,\theta}]{} o, \text{ also A 5 a.} \qquad \square$$

Auf die in Satz 5.11 entscheidende Annahme (19) über die Form von A kann man fast verzichten.

<u>SATZ</u> 5.12. (P_n) erfülle A 0, A 1, A 2, global und es sei $A(\cdot,\cdot)$ meßbar $\Rightarrow \exists N \in \Theta \mathcal{B}^k$, $\lambda^k(N) = o$, so daß $\forall \theta \in \Theta \smallsetminus N$ gilt: $P_\theta = N(\mu(\theta),\Gamma(\theta))$.

<u>Beweis.</u> Sei zunächst $\lambda^k(\Theta) < \infty$. Nach dem Satz von Luzin existiert dann eine Teilmenge $M_1 \subset \Theta \times \{h \in \mathbb{R}^k; \ |h| \le K\} =: H$, so daß A stetig auf M_1 und $\lambda^k \otimes \lambda^k(H \smallsetminus M_1) < \varepsilon/2$. Sei weiter

$$(20) \qquad f_n(\theta,h) := P_{n,\theta}\{|\Lambda(\theta + \tfrac{h}{\sqrt{n}}, \theta) + \Lambda(\theta - \tfrac{h}{\sqrt{n}}, \theta) + A(-h,\theta) + A(h,\theta)| > \varepsilon'\}$$

für ein $\varepsilon' > o$. Nach A 1 folgt: $f_n(\theta,h) \xrightarrow[n\to\infty]{} o$. Nach dem Satz von Egorov existiert dann eine meßbare Teilmenge M_2 von H mit $\lambda^k \otimes \lambda^k(H \smallsetminus M_2) < \varepsilon/2$ und so, daß $f_n \to o$ gleichmäßig auf M_2. Sei $M := M_1 \cap M_2 =: M_K$, und seien $\theta_n = \theta + \tfrac{\gamma_n}{\sqrt{n}}$, $\gamma_n \to \gamma$, $h_n \to h$, so daß (θ,h), (θ_n,h_n), $(\theta_n,-h_n) \in M$, $n \in \mathbb{N}$. Nach A 0 und A 1 folgt:

$$-[A(\gamma_n + h_n,\theta) - 2A(\gamma_n,\theta) + A(\gamma_n - h_n,\theta)]$$

$$= \Lambda(\theta_n + \tfrac{h_n}{\sqrt{n}}, \theta) - (\gamma + h)^T X_{n,\theta} - 2\Lambda(\theta_n,\theta)$$

$$(21) \qquad + 2\gamma^T X_{n,\theta} + \Lambda(\theta_n - \tfrac{h_n}{\sqrt{n}}, \theta) - (\gamma - h)^T X_{n,\theta} + o_\theta(1)$$

$$= \Lambda(\theta_n + \tfrac{h_n}{\sqrt{n}}, \theta_n) + \Lambda(\theta_n - \tfrac{h_n}{\sqrt{n}}, \theta_n) + o_\theta(1)$$

$$= -[A(h_n,\theta_n) + A(-h_n,\theta_n)] + o_\theta(1) + W_n, \quad |W_n| \le \varepsilon'.$$

In der letzten Zeile wurde dabei benutzt, daß $f_n(\theta_n,h_n) \to o$ und $(P_{n,\theta_n}) \triangleleft (P_{n,\theta})$.

Aus (21) folgt zusammen mit der Stetigkeit von A auf M und der Stetigkeit von $h \to A(h,\theta)$

$$
\begin{aligned}
(22) \quad & A(\gamma + h,\theta) - 2A(\gamma,\theta) + A(\gamma - h,\theta) = A(h,\theta) \\
& + A(-h,\theta) - \underbrace{2A(o,\theta)}_{= o} + W_n', \quad |W_n'| \le \varepsilon'.
\end{aligned}
$$

Da A in der ersten Komponente stetig ist, gilt (22) für <u>alle</u> $\gamma, h \in \mathbb{R}^k$
und alle $\theta \in N^C :\, = \{\theta' \in \Theta; \; \exists |h| \le K, \; (\theta,h) \in M\}$.
Es ist $\lambda^k(\Theta \smallsetminus N^C) \le \lambda^k \otimes \lambda^k(H \smallsetminus M) < \varepsilon$. Für $K \uparrow \infty$, $\varepsilon = \varepsilon_K \to o$ und $\varepsilon' = \varepsilon_K' \to o$,
$\sum\limits_{K=N}^{\infty} \varepsilon_K \le \frac{1}{N}$ und $M = \underline{\lim}\, M_K$ folgt dann, daß für
$\theta \in N^C :\, = \{\theta' \in \Theta: \exists h \in \mathbb{R}^k, \; (\theta,h) \in M\}$, $A(\cdot,\theta)$ eine quadratische Form ist
und daher P_θ eine Normalverteilung ist. Es ist $\lambda^k(\Theta \smallsetminus N^C) = o$, so daß
mit $N = \Theta \smallsetminus N^C$ die Behauptung folgt.   □

<u>Bemerkung.</u> Ist $A(h,\theta)$ stetig in θ, dann gilt die asymptotische
Normalität in 5.12 (ohne Ausnahmemenge N).   □

Es soll nun abschließend gezeigt werden, daß die Hajeksche Bedingung B
die LAN-Bedingung impliziert.

<u>SATZ</u> 5.13. Aus der Hajekschen Bedingung B folgen die Bedingungen
A 0,...,A 6.

<u>Beweis.</u> Mit $X_n = X_{n,\theta} :\, = \sqrt{n}\, \Gamma(\theta)(T_n - \theta)$ und $A(h,\theta) :\, = \frac{1}{2}\, h^T \Gamma(\theta) h$ folgt
nach (6) aus B 2, B 3 die Bedingung A 1 und A 5. A 6 ist erfüllt mit
$\hat{\theta}_n = T_n$. Die Straffheit von $\{P_{n,\theta}^{\sqrt{n}(T_n - \theta)}\}$ gleichmäßig auf Kompakta
impliziert die Straffheit von $P_{n,\theta_n}^{L_n(\theta_n,\theta)}\}$, $\theta_n = \theta + \dfrac{h_n}{\sqrt{n}}$, $h_n \to h$ und
damit nach 1.2 die Benachbartheit A 0.

Für jeden Häufungspunkt P_θ von $P_{n,\theta}^{\sqrt{n}(T_n - \theta)}$ gilt nach (20)
$$
\int e^{h^T x}\, dP_\theta(x) = \exp(A(h,\theta)) = \exp(\tfrac{1}{2}\, h^T \Gamma(\theta) h).
$$
$\Rightarrow P_{n,\theta}^{X_{n,\theta}} \xrightarrow{\;\mathcal{D}\;} N(o,\Gamma(\theta))$, also A 3. A 4 folgt dann nach 5.7.   □

Der obige Beweis zeigt darüberhinaus, daß die Bedingungen A 0,...,A 6
gleichmäßig auf kompakten Mengen gelten.

§ 6   Asymptotische Effizienz von Schätzern

In II, § 2 und § 3 wurde die asymptotische Effizienz von ML-Schätzern und M-Schätzern im iid-Fall für reguläre Verteilungsklassen gezeigt, d. h.

$$(1) \qquad \sqrt{n}(\hat{\theta}_n - \theta) \xrightarrow{D} N(o, I^{-1}(\theta)),$$

$I(\theta)$ = Fisher-Information. Der Begriff der asymptotischen Effizienz war motiviert durch die Cramer-Rao-Ungleichung. Die Idee von Fisher war es, diesen Effizienzbegriff zu begründen durch eine Aussage des folgenden Typs:

$$(2) \qquad \text{Wenn } \sqrt{n}(T_n - \theta) \xrightarrow{D} N(o, \gamma(\theta)) \Rightarrow \gamma(\theta) \geq I^{-1}(\theta).$$

Die Aussage (2) ist jedoch nicht ohne Zusatzannahmen richtig, wie das folgende Beispiel von Hodges zeigt.

BEISPIEL 6.1. (Supereffizienz)

Sei $P_{n,\theta} := \overset{n}{\underset{i=1}{\otimes}} N(\theta, \sigma_o^2)$, $\sigma_o^2 > o$, $\theta \in \Theta = \mathbb{R}^1$

$\Rightarrow I(\theta) = \dfrac{1}{\sigma_o^2}$. Nach der Cramer-Rao-Ungleichung gilt für erwartungstreue Schätzer für $g(\theta) = \theta$

$$(3) \qquad V_\theta(\sqrt{n}(T_n - \theta)) \geq \sigma_o^2 , \quad \forall \theta \in \mathbb{R}^1$$

und daher ist $\overline{x}_n$ ein gleichmäßig bester erwartungstreuer Schätzer für g. Sei nun

$$T_n(x) := \begin{cases} o, & |\overline{x}_n| \leq n^{-1/4} \\ \overline{x}_n, & \text{sonst} \end{cases}$$

$\Rightarrow$ Für $\theta \neq o$ ist: $P_\theta(T_n(x) \neq \overline{x}_n) = P_\theta(|\overline{x}_n| \leq n^{-1/4}) \xrightarrow[n \to \infty]{} o$, also

$T_n(x) = \overline{x}_n + o_\theta(1)$. Für $\theta = o$ gilt:

$$P_o(T_n \neq o) = P_o(|\overline{x}_n| > n^{-1/4}) \leq \frac{\sigma_o^2 \, n^{1/2}}{n} = \frac{\sigma_o^2}{\sqrt{n}} \to o$$

$$\Rightarrow P_\theta \xrightarrow[]{\sqrt{n}(T_n - \theta) \quad D} \begin{cases} N(o, \sigma_o^2), & \theta \neq o \\ \varepsilon_{\{o\}}, & \theta = o \end{cases}$$

(T_n) ist also 'supereffizient' in $\theta = o$.   □

In analoger Weise zu Beispiel 6.1 kann man für abzählbar viele Stellen $\theta_i \in \Theta$, $i \in \mathbb{N}$, 'Verbesserungen' konstruieren. Die verbesserten Schätzer verhalten sich aber in der Umgebung der kritischen Punkte irregulär. Die Menge der Ausnahmepunkte ist im LAN-Fall eine λ^k-Nullmenge.

<u>SATZ 6.1.</u> (Bahadur-Le Cam)

Sei $\Theta \subset \mathbb{R}^k$ offen, $\mathcal{P}_n := \{P_{n,\theta}; \; \theta \in \Theta\}$ LAN mit zentraler Folge $(Z_{n,\theta})$ und $\langle s,t \rangle_\theta = s^T I(\theta) t$, $\theta \in \Theta$, $I(\theta)$ positiv definit. Sei

$T_n: (M_{(n)}, A_{(n)}) \to (\mathbb{R}^k, \mathbb{B}^k)$, $n \in \mathbb{N}$, mit $P_{n,\theta} \xrightarrow[]{\sqrt{n}(T_n - \theta)} \overset{D}{\longrightarrow} N(o, \gamma(\theta))$, $\gamma(\theta)$ positiv definit, $\theta \in \Theta$

$\Rightarrow \exists N \in \mathbb{B}^k: \; \lambda^k(N) = o: \; \forall \theta \in \Theta \cap N^C:$

$$(4) \qquad \gamma(\theta) \geq I^{-1}(\theta)$$

im Sinne der Loewner-Halbordnung.

<u>Beweis.</u> Sei zunächst <u>$k = 1$.</u>

Für $f_n(\theta) := \left| \frac{1}{2} - P_{n,\theta}(\sqrt{n}(T_n - \theta) \geq o) \right|$ gilt:

$f_n(\theta) \leq \frac{1}{2}$ und $f_n(\theta) \to o$, $\forall \theta \in \Theta$. Für $\theta_n = \theta_{n,h} = \theta + \frac{h}{\sqrt{n}}$, $h \neq o$, gilt:

$$\int f_n(\theta_n) \, dN(o,1)(\theta) = \int f_n\left(\theta + \frac{h}{\sqrt{n}}\right) \frac{1}{\sqrt{2\pi}} \, e^{-\theta^2/2} \, d\theta$$

$$= \int f_n(\theta) \frac{1}{\sqrt{2\pi}} \, e^{-\left(\theta - \frac{h}{\sqrt{n}}\right)^2/2} \, d\theta = \int f_n(\theta) \frac{1}{\sqrt{2\pi}} \, e^{-\theta^2/2} \, e^{\left(\frac{\theta h}{\sqrt{n}} - \frac{h^2}{2n}\right)} \, d\theta \xrightarrow[n \to \infty]{} o$$

nach dem Satz über majorisierte Konvergenz. Für $g_n(\theta) := f_n(\theta_n)$ folgt damit: $g_n \xrightarrow[N(o,1)]{} o \Rightarrow \exists N_h \in \mathbb{B}^1: \; \lambda^1(N_h) = o: \; \exists (m) \subset \mathbb{N}:$

$$\forall \theta \in N_h^C \cap \Theta: \; g_m(\theta) = f_m(\theta_m) = \left| \frac{1}{2} - P_{m,\theta_m}(\sqrt{m}(T_m - \theta_m) \geq o \right| \to o$$

$$(5) \qquad \Rightarrow \forall \theta \in N_h^C \Theta: \; \overline{\lim} \, P_{n,\theta_n}(\sqrt{n}(T_n - \theta_n) \geq o) \geq \frac{1}{2} \, .$$

Sei nun <u>$k \geq 1$</u>; dann gilt für $b \in \mathbb{R}^k \smallsetminus \{o\}$:

$\sqrt{n}(b^T T_n - b^T \theta) \xrightarrow{D} N(o, b^T \gamma(\theta) b)$ und $b^T \gamma(\theta) b > o$, da $\gamma(\theta)$ positiv definit.

Nach (5) folgt: $\forall h \in \mathbb{R}^k$, $b \in \mathbb{R}^k \smallsetminus \{o\}: \; \exists N_{b,h} \in \mathbb{B}^1$

$\lambda^1(N_{b,h}) = o: \; \forall \theta \in \Theta$ mit $b^T \theta \in N_{b,h}^C:$

$$(6) \qquad \overline{\lim} \, P_{n,\theta_n}(\sqrt{n}(b^T T_n - b^T \theta_n) \geq o) \geq \frac{1}{2} \, .$$

Mit $\tilde{N}_{b,h} := \{\theta \in \Theta;\ b^T\theta \in N_{bh}\}$ gilt $\lambda^k(\tilde{N}_{b,h}) = o$ und also ist auch

$N := \bigcup_{\substack{b \in Q^k \smallsetminus \{o\} \\ h \in Q^k \smallsetminus \{o\}}} \tilde{N}_{b,h}$ eine λ^k-Nullmenge.

Aus (6) läßt sich nun die Behauptung folgern:

$$(7) \qquad \gamma(\theta) \geq I^{-1}(\theta),\ \forall \theta \in N^c \cap \Theta.$$

<u>Beweis.</u> Sei $b \in Q^k \smallsetminus \{o\}$, $h \in Q^k \smallsetminus \{o\}$, $c > h^T I(\theta)h/2$ und definiere:

$$(8) \qquad \varphi_n := \varphi_{n,b,h} := 1_{\{\sqrt{n}(b^T T_n - b^T\theta) \geq b^T h\}}$$

und $\varphi_{n,c}^* := 1_{\{\Lambda_n(\theta_n,\theta) > c\}}$, den LQ-Test für $(\{P_{n,\theta}\},\ \{P_{n,\theta_n}\})$.

Es ist: $\lim E_\theta \varphi_n = 1 - \phi\left(\dfrac{b^T h}{\sqrt{b^T \gamma(\theta)b}}\right)$ und

$\lim E_\theta \varphi_{n,c}^* = 1 - \phi\left(\dfrac{c + h^T I(\theta)h/2}{\sqrt{h^T I(\theta)h}}\right)$. Nach (6) folgt für $\theta \in N^c \cap \Theta$:

$\overline{\lim}\, E_{\theta_n} \varphi_n = \overline{\lim}\, P_{n,\theta_n}(\sqrt{n}(b^T T_n - b^T\theta_n) \geq o) \leq \dfrac{1}{2}$. Da $c > h^T I(\theta)h/2$,

folgt aus der Benachbartheit: $\overline{\lim}\, E_{\theta_n} \varphi_{n,c}^* = 1 - \phi\left(\dfrac{c - h^T I(\theta)h/2}{h^T I(\theta)h}\right) < \dfrac{1}{2}$.

Als LQ-Test ist $\varphi_{n,c}^*$ asympt. bester Test zu seinem Niveau

$$(9) \qquad \Rightarrow 1 - \phi\left(\frac{c + h^T I(\theta)h/2}{\sqrt{h^T I(\theta)h}}\right) \leq 1 - \phi\left(\frac{b^T h}{\sqrt{b^T \gamma(\theta)b}}\right),\ \forall c > h^T I(\theta)h/2$$

$\Rightarrow$ (9) gilt auch für $c = h^T I(\theta)h/2 \Rightarrow \sqrt{h^T I(\theta)h} \geq \dfrac{b^T h}{\sqrt{b^T \gamma(\theta)b}}$, $\forall\theta \in N^c \cap \Theta$.

Für $\theta \in N^c \cap \Theta$ und $b \in Q^k \smallsetminus \{o\}$ sei $h_n \in Q^k \smallsetminus \{o\}$, $h_n \to I^{-1}(\theta)b$, dann folgt:

$b^T I^{-1}(\theta)b \leq b^T \gamma(\theta)b$, $\forall b \in Q^k \smallsetminus \{o\}$ $\Rightarrow \gamma(\theta) \geq I^{-1}(\theta)$. $\quad\square$

<u>Bemerkung.</u>

a) Die zentrale Idee des obigen Beweises war die Verwendung von $\sqrt{n}(T_n - \theta)$ als Teststatistik für $(\{\theta\},\ \{\theta_n\})$ und damit die Anwendung des NP-Lemmas zum Vergleich der Limes-Gütefunktionen.

b) Sind $\gamma(\theta)$, $I^{-1}(\theta)$ stetig, dann folgt aus 6.1: $\gamma(\theta) \geq I^{-1}(\theta)$, $\forall \theta \in \Theta$.
Für asympt. normale Schätzfolgen mit stetiger Kovarianzmatrix im
Limes ist also die Idee von Fisher korrekt. Wir werden im folgenden
noch sehen, daß die Stetigkeit der Limeskovarianzen auch durch eine
Annahme über die lokal gleichmäßige Konvergenz der Schätzer ersetzt
werden kann.

c) Die Aussage von 6.1 bleibt auch für <u>singuläre</u> Kovarianzmatrizen
$\gamma(\theta)$ gültig.

<u>Beweis.</u> Für $\varepsilon > o$ sei $U_{n,\varepsilon}$ stochastisch unabhängig von T_n mit

$$P_{n,\theta}^{\sqrt{n}U_{n,\varepsilon}} = N(o,\varepsilon I) \Rightarrow P_{n,\theta}^{\sqrt{n}(T_n+U_{n,\varepsilon}-\theta)} \xrightarrow{D} N(o,\gamma(\theta)+\varepsilon I)$$

$$\Rightarrow \exists N = N_\varepsilon \in \mathbb{B}^k, \; \lambda^k(N_\varepsilon) = o: \; \forall \theta \in N_\varepsilon^C \cap \Theta: \; \gamma(\theta)+\varepsilon I \geq I^{-1}(\theta).$$

Mit $\varepsilon_n \downarrow o$ folgt: $\gamma(\theta) \geq I^{-1}(\theta)$ für alle $\theta \in N^C \cap \Theta$, $N := \bigcup_n N_{\varepsilon_n}$.

d) <u>Asymptotisch mediantreue Schätzer</u>

Gilt $P_{n,\theta}^{\sqrt{n}(T_n-\theta)} \xrightarrow{D} N(o,\gamma(\theta))$, $\gamma(\theta)$ pos. definit und gilt für alle b,

$h \in \mathbb{R}^k \smallsetminus \{o\}$: $\overline{\lim}\, P_{n,\theta_n}(b^T\sqrt{n}(T_n - \theta_n) \geq o) \geq \frac{1}{2}$, $\theta_n = \theta + \dfrac{h}{\sqrt{n}}$, dann

folgt aus dem Beweis von 6.1: $\gamma(\theta) \geq I^{-1}(\theta)$, $\forall \theta \in \Theta$. $\square$

Der folgende Satz ist zentral in der asymptotischen Schätztheorie. Es
kann auf die asymptotische Normalität von Schätzfolgen verzichtet werden

<u>SATZ 6.2.</u> (<u>Konvolutionssatz von Hajek und Le Cam</u>)
Sei $\Theta \subset \mathbb{R}^k$ offen, (P_n) LAN in θ mit zentraler Folge $(Z_{n,\theta})$ und
$<s,t>_\theta = s^T I(\theta)t$, $I(\theta)$ positiv definit, $\theta \in \Theta$. Für $h \in \mathbb{R}^k$ und
$\theta_n = \theta + \dfrac{h}{\sqrt{n}}$ gelte:

(10) $\qquad P_{n,\theta_n}^{\sqrt{n}(T_n-\theta_n)} \xrightarrow{D} Q_\theta$, $\theta \in \Theta$ (Q_θ unabhängig von h)

$\Rightarrow$ a) $\forall \theta \in \Theta: \exists R_\theta \in M^1(\mathbb{R}^k,\mathbb{B}^k)$, so daß $Q_\theta = R_\theta * N(o,I^{-1}(\theta))$,

b) Ist $\gamma(\theta) = \mathrm{Cov}(Q_\theta) \Rightarrow \gamma(\theta) \geq I^{-1}(\theta)$.

<u>Beweis.</u> a) Seien $\theta_n = \theta + \dfrac{h}{\sqrt{n}}$, $\varphi_n(u): = E_{\theta_n} e^{i<u,\sqrt{n}(T_n-\theta_n)>}$; φ_n ist die
charakteristische Funktion von $\sqrt{n}(T_n - \theta_n)$ bzgl. P_{n,θ_n}.

$$(11) \quad \underset{(10)}{\Rightarrow} \quad \varphi_n(u) \rightarrow \varphi(u) := \varphi_{Q_\theta}(u), \quad u \in \mathbb{R}^k.$$

Da $(P_{n,\theta_n}) \lhd (P_{n,\theta})$, gilt: $P_{n,\theta_n}(L_{n,\theta_n} = \infty) \rightarrow o$ mit $L_{n,\theta_n} := \dfrac{dP_{n,\theta_n}}{dP_{n,\theta}}$

$$\Rightarrow \varphi_n(u) = \int e^{iu^T\sqrt{n}(T_n-\theta_n)} L_{n,\theta_n} dP_{n,\theta} + o(1)$$

$$= e^{-i\langle u,h\rangle} \int e^{i\langle u,\sqrt{n}(T_n-\theta)\rangle} L_{n,\theta_n} dP_{n,\theta} + o(1). \text{ Sei}$$

$$\tilde{L}_{n,\theta} := \exp(\langle h, Z^*_{n,\theta}\rangle_\theta - \tfrac{1}{2}\|h\|^2_\theta), \quad \|h\|^2_\theta = h^T I(\theta)h \text{ mit}$$

$Z^*_{n,\theta} = \tau^{a_n}(Z_{n,\theta})$ aus dem Satz über die Exponentialapproximation
(Satz 5.7, 2.3 und Bemerkung a) nach 2.3). Nach Lemma 3 und Lemma 2
im Beweis zu Satz 2.3 folgt: $E_\theta|L_{n,\theta_n} - \tilde{L}_{n,\theta_n}| \rightarrow o$

$$\Rightarrow \varphi_n(u) = e^{-i\langle u,h\rangle} \int e^{i\langle u,\sqrt{n}(T_n-\theta)\rangle} \tilde{L}_{n,\theta_n} dP_{n,\theta} + o(1)$$

$$(12) \qquad = e^{-i\langle u,h\rangle - \frac{1}{2}\|h\|^2_\theta} \int e^{i\langle u,\sqrt{n}(T_n-\theta)\rangle + \langle h, Z^*_{n,\theta}\rangle_\theta} dP_{n,\theta} + o(1)$$

$$= e^{-i\langle u,h\rangle - \frac{1}{2}\|h\|^2_\theta} \int e^{i\langle u,t\rangle + \langle h,z\rangle_\theta} dP_n(t,z) + o(1)$$

mit $P_n := P_{n,\theta}^{(\sqrt{n}(T_n-\theta), Z^*_{n,\theta})}$.

Mit der Abschätzung $P_n(K_1 \times K_2) \geq P_n^{\pi_1}(K_1) + K_n^{\pi_2}(K_2) - 1$, $\pi_i = i$-te

Projektion, für K_i kompakt, folgt, daß (P_n) straff ist.
$$\Rightarrow \exists(m) \subset \mathbb{N}: \exists P^* \in M^1(\mathbb{R}^{2k}, \mathbb{B}^{2k}) \text{ mit } P_m \xrightarrow{D} P^* \text{ und}$$
$$(P^*)^{\pi_2} = N_H = N(o, I^{-1}(\theta))$$

$$(13) \qquad \Rightarrow \int e^{i\langle u,t\rangle + \langle h,z\rangle_\theta} dP_m(t,z) \rightarrow \int e^{i\langle u,t\rangle + \langle h,z\rangle_\theta} dP^*(t,z),$$

denn $\left| \displaystyle\int_{\{(t,z), |\langle h,z\rangle_\theta|>r\}} e^{i\langle u,t\rangle + \langle h,z\rangle_\theta} dP^*(t,z) \right|$

$$\leq \int_{\{|\langle h,z\rangle_\theta|>r\}} e^{\langle h,z\rangle_\theta} dP^*(t,z) = \int_{\{|\langle h,z\rangle|>r\}} e^{\langle h,z\rangle} dN(o,I(\theta))(z) \xrightarrow[r\rightarrow\infty]{} o$$

und $\left| \displaystyle\int_{\{|\langle h,z\rangle_\theta|>r\}} e^{i\langle u,t\rangle + \langle h,z\rangle_\theta} dP_m(t,z) \right|$

$$\leq \int_{\{|\langle h,z\rangle_\theta|>r\}} e^{\langle h,z\rangle_\theta} dP^{Z^*_{m,\theta}}_{m,\theta}(z) \rightarrow \int_{\{|\langle h,z\rangle|>r\}} e^{\langle h,z\rangle} dN(o,I(\theta))(z)$$

nach Lemma 2 zu Satz 2.3.

Es gilt damit für jeden Häufungspunkt P^* von (P_n) nach (11) und (12) für $h \in \mathbb{R}^k$:

$$(14) \qquad \varphi_{Q_\theta}(u) = e^{i<u,h> - \frac{1}{2}||h||_\theta^2} \int e^{i<u,t>+<h,z>_\theta} dP^*(t,z).$$

Die rechte Seite von (14) ist konstant in h und besitzt eine eindeutige analytische Fortsetzung. Mit $h \to ih \in \mathbb{C}^h$

$$\Rightarrow \varphi_{Q_\theta}(u) = e^{-<u,h> + \frac{1}{2}||h||_\theta^2} \int e^{iu^T t + ih^T I(\theta)z} dP^*(t,z), \forall h \in \mathbb{R}^k .$$

Mit $h := -I^{-1}(\theta)u$ folgt:

$$(15) \qquad \varphi_{Q_\theta}(u) = e^{-\frac{1}{2}u^T I^{-1}(\theta)u} \underbrace{\int e^{iu^T(t-z)} dP^*(t,z)}_{=: \tilde{\psi}(u)}$$

Mit $R_\theta := (P^*)^T$, $T(t,z) = t - z$ folgt also: $\tilde{\psi}$ ist die charakteristische Funktion von $R_\theta \Rightarrow Q_\theta = N(o,I^{-1}(\theta)) * R_\theta$.

Nach (14) ist der Häufungspunkt P^* von (P_n) eindeutig bestimmt. Also existiert nur ein Häufungspunkt und daher gilt (sogar!):

$$(16) \qquad P_n \xrightarrow{\text{D}} P^* .$$

b) $\gamma(\theta) = \text{Cov}(Q_\theta) = \text{Cov}(N(o,I^{-1}(\theta))) + \text{Cov}(R_\theta) \geq I^{-1}(\theta).$ $\quad\square$

Bemerkung.
a) Eine Schätzfolge, die Bedingung (10) erfüllt, heißt regulär.
   Bedingung (10) ist äquivalent zu

$$(17) \qquad P_{n,\theta_n}^{\sqrt{n}(T_n - \theta)} \xrightarrow{\text{D}} \varepsilon_h * Q_\theta, \quad \forall h \in \mathbb{R}^k .$$

   Nach (16) gilt für reguläre Schätzfolgen (T_n):

$$(18) \qquad P_{n,\theta}^{(\sqrt{n}(T_n - \theta), Z_{n,\theta})} \xrightarrow{\text{D}} P^* .$$

Die Verbesserung aus dem Beispiel von Hodges ist nicht regulär.

b) Nach (12), (15) und (16) folgt, daß $(\sqrt{n}(T_n - \theta) - Z_{n,\theta}, Z_{n,\theta})$
asymptotisch stochastisch unabhängig sind und

$$(19) \qquad P_{n,\theta}^{(\sqrt{n}(T_n-\theta)-Z_{n,\theta},Z_{n,\theta})} \xrightarrow{\ \mathcal{D}\ } R_\theta \otimes N(o,I^{-1}(\theta)).$$

c) Die Voraussetzung der Regularität in (10) kann man abschwächen
zu der Bedingung, daß $\{P_{n,\theta_n}^{\sqrt{n}(T_n-\theta_n)}\}$ straff ist und für alle
Teilfolgen Häufungspunkte unabhängig von h hat: Die Aussage von
Satz 6.2 gilt dann für alle Häufungspunkte.   □

Bemerkung b) ist eine Verschärfung der Aussage von Satz 6.2. Eine
bemerkenswerte Konsequenz hiervon ist

KOROLLAR 6.3. (<u>Stochastische Äquivalenz von effizienten Schätzfolgen</u>)

Sei $\Theta \subset \mathbb{R}^k$ offen, $(\mathbf{P}_n)$ LAN in θ mit zentraler Folge $(Z_{n,\theta})$ und
$\langle s,t\rangle_\theta = s^T I(\theta) t$, $I(\theta)$ positiv definit, $\theta \in \Theta$. Sei (T_n) eine reguläre
Schätzfolge. Dann gilt: (T_n) ist <u>asymptotisch effizient in θ</u>
(d. h. $P_{n,\theta}^{\sqrt{n}(T_n-\theta)} \xrightarrow{\ \mathcal{D}\ } N(o,I^{-1}(\theta)))$

$$(20) \qquad \Longleftrightarrow \sqrt{n}(T_n - \theta) - Z_{n,\theta} \xrightarrow[P_{n,\theta}]{} o.$$

<u>Beweis</u>. "⇒" Nach (19) folgt:
$P_{n,\theta}^{\sqrt{n}(T_n-\theta)-Z_{n,\theta},Z_{n,\theta})} \xrightarrow{\ \mathcal{D}\ } R_\theta \otimes N(o,I^{-1}(\theta))$. Die Beziehung:

$Q_\theta = R_\theta * N(o,I^{-1}(\theta)) = N(o,I^{-1}(\theta))$ ist äquivalent zu $R_\theta = \varepsilon_{\{o\}}$

$\Rightarrow P_{n,\theta}^{\sqrt{n}(T_n-\theta)-Z_{n,\theta}} \xrightarrow{\ \mathcal{D}\ } R_\theta = \varepsilon_{\{o\}}$, also $\sqrt{n}(T_n - \theta) - Z_{n,\theta} \xrightarrow[P_{n,\theta}]{} o$.

Die Umkehrung ist aber offensichtlich.   □

Nach (20) sind also genau die ACS-Folgen asymptotisch effiziente
Schätzfolgen, $\forall \theta \in \Theta$. Jeder reguläre asymptotisch effiziente Schätzer
ist also (global) asymptotisch suffizient und im Sinne von (20)
eindeutig.

Die Regularitätsannahme (10) kann im unabhängigen Fall mit Hilfe des
dritten Le Cam-Lemmas verifiziert werden. Wir betrachten den regulären
iid-Fall.

PROPOSITION 6.4. Sei $P = \{Q_\theta;\ \theta \in \Theta\}$ regulär, $I(\theta)$ nicht singulär und $P_{n,\theta} = Q_\theta^{(n)}$. Die Schätzfolge (T_n) habe eine stochastische Entwicklung der Form $\sqrt{n}(T_n - \theta) = \dfrac{1}{\sqrt{n}} \overset{n}{\underset{i=1}{\Sigma}}\ g_\theta(x_i) + o_\theta(1)$ mit

1. $E_\theta g_\theta = o$, $\mathrm{Cov}_\theta(g_\theta) = \gamma(\theta)$ und

2. $E_\theta g_\theta (\nabla_\theta \ln f_\theta)^T = I_k$

$\Rightarrow (T_n)$ ist regulär und $P_{n,\theta_n}^{\sqrt{n}(T_n - \theta_n)} \xrightarrow{\ \mathcal{D}\ } N(o, \gamma(\theta))$.

Beweis. Mit Hilfe von Cramer-Wold gilt:

$$P_{n,\theta}^{(\sqrt{n}(T_n - \theta), \Lambda(\theta_n, \theta))^T} \xrightarrow{\ \mathcal{D}\ } N\left(\begin{pmatrix} o \\ -\dfrac{1}{2}\|h\|_\theta^2 \end{pmatrix}, \begin{pmatrix} \gamma(\theta) & h \\ h^T & \|h\|_\theta^2 \end{pmatrix} \right)$$

Nach dem dritten Le Cam-Lemma folgt:

$$P_{n,\theta_n}^{\sqrt{n}(T_n - \theta)} \xrightarrow{\ \mathcal{D}\ } N(h, \gamma(\theta)) = \varepsilon_{\{h\}} * N(o, \gamma(\theta)),$$ so daß nach (17) (T_n) regulär ist. □

Aus dem Beweis ergibt sich, daß die Orthogonalitätsbedingung 2 auch notwendig für die Regularität ist. Die Regularitätsannahme (10) läßt sich auch durch eine Stetigkeitseigenschaft begründen.

PROPOSITION 6.5. Sei (T_n) eine Schätzfolge mit $P_{n,\theta_n}^{\sqrt{n}(T_n - \theta_n)} \xrightarrow{\ \mathcal{D}\ } P_{\theta,h}$, $\theta_n = \theta + \dfrac{h}{\sqrt{n}}$, $h \in \mathbb{R}^k$, $\theta \in \Theta$ und sei $h \to P_{\theta,h}(A)$ stetig für alle θ und $A \in \mathcal{B}^k$

$\Rightarrow P_{\theta,h} = P_{\theta,o}$, $\forall h \in \mathbb{R}^k$ und für λ^k fast alle θ.

Beweis. Für $f \in C_K(\mathbb{R}^k)$, $g \in L^1(\lambda^{2k})$ stetig gilt mit der Bezeichnung

$$Q_{n,\theta,h} := P_{n,\theta_n}^{\sqrt{n}(T_n - \theta_n)} : \int f(u) Q_{n,\theta,h+s}(du) g(\theta,h) d\lambda^{2k}(\theta,h)$$

$$= \int f(u) Q_{n,\theta+s/\sqrt{n},h}(du) g(\theta,h) d\lambda^{2k}(\theta,h) = \int f(u) Q_{n,\theta,h}(du) g(\theta - \tfrac{s}{\sqrt{n}}, h) d\lambda^{2k}(\theta,h).$$

Für $n \to \infty$ folgt daraus:

$$\int f(u) P_{\theta,h+s}(du) g(\theta,h) d\lambda^{2k}(\theta,h) = \int f(u) P_{\theta,h}(du) g(\theta,h) d\lambda^{2k}(\theta,h)$$

$\Rightarrow$ Für λ^{2k} fast alle (θ,h) gilt: $P_{\theta,h+s} = P_{\theta,h}$. Da $h \to P_{\theta,h}$ stetig, folgt: Für λ^k fast alle θ gilt $P_{\theta,h+s} = P_{\theta,h}$, $\forall h,s$. □

<u>Bemerkung.</u> Wenn $P_{n,\theta} = Q_\theta^{(n)}$ und $\sigma \to I(Q_\theta, Q_\sigma)$ zweimal stetig differen-
zierbar in θ, $\Theta \subset \mathbb{R}^1$

$\Rightarrow \| Q_{\theta+h_1/\sqrt{n}}^{(n)} - Q_{\theta+h_2/\sqrt{n}}^{(n)} \|^2 \leq 1 - \exp(-C \cdot n(h_2 - h_2)^2)$

$\Rightarrow h \to P_{\theta,h}$ ist stetig, da $h \to Q_{\theta+h/\sqrt{n}}^{(n)}$ gleichgradig stetig. $\quad\square$

Die statistische Interpretation des Konvolutionssatzes ergibt sich
aus dem folgenden Lemma von Anderson.

<u>LEMMA</u> 6.6. (<u>Anderson</u>)
Sei X eine k-dimensionale ZV'e, $P^X = f\lambda^k$, $f(x) = f(-x)$ $[\lambda^k]$ und
f sei quasikonkav, d. h. $\forall c \in \mathbb{R}^1$ sei $K_c : = \{f \geq c\}$ konvex.
$\Rightarrow \forall A \in B^k$ zentralsymmetrisch (d. h. $A = -A$) und $\forall y \in \mathbb{R}^k$ gilt:

$$(21) \qquad P(X + y \in A) \leq P(X \in A).$$

<u>Beweis.</u> Mit $H(u) : = \lambda^k(K_u \cap A)$ und $H^*(u) : = \lambda^k(K_u \cap (A - y))$ gilt:

$$P(X \in A) = \int_A f \, d\lambda^k = - \int_0^\infty u \, dH(u) \text{ und } P(X + y \in A) = \int_{A-y} f \, d\lambda^k$$

$$= - \int_\infty^0 u \, dH^*(u) \Rightarrow P(X \in A) - P(X + y \in A) = \int_0^\infty u(dH^*(u) - dH(u))$$

$$= \int_0^\infty (H(u) - H^*(u))du. \text{ Es reicht daher zu zeigen, daß } H(u) \geq H^*(u),$$

$\forall u \geq o$.

Da $K_u = -K_u$, $A = -A$ folgt: $-(K_u \cap (A + y)) = K_u \cap (A - y)$

$\Rightarrow \lambda^k(K_u \cap (A + y)) = \lambda^k(K_u \cap (A - y))$. Weiter gilt wegen der Konvexität
von K_u, A:

$$(22) \qquad B : = \frac{1}{2}(K_u \cap (A - y)) + \frac{1}{2}(K_u \cap (A + y)) \subset K_u \cap A.$$

Die Brunn-Minkowski-Ungleichung besagt, daß auf der Menge der konvexen
meßbaren Mengen des $\mathbb{R}^k$ die Funktion: $E \to (\lambda^k(E))^{1/k}$ konkav ist, d. h.
für $o < \lambda < 1$, E_1, E_2 konvex gilt:

$$(23) \qquad (\lambda^k((1 - \lambda)E_1 + \lambda E_2))^{1/k} \geq (1 - \lambda)(\lambda^k(E_1))^{1/k} + \lambda(\lambda^k(E_2))^{1/k}.$$

Gleichheit gilt in (23) genau dann, wenn $E_2 = \alpha E_1 + z$ ist. Aus (22), (23)
folgt daher:

$(\lambda^k(K_u \cap A))^{1/k} \geq (\lambda^k(K_u \cap (A-y)))^{1/k}$ und Gleichheit gilt genau dann, wenn für alle u: $\exists z_u$, so daß: $A \cap K_u = (A-y) \cap K_u + z_u$. □

KOROLLAR 6.7. Sei f quasikonkav, zentralsymmetrisch (d. h. $f(x) = f(-x)$) und $w \geq o$, $w(o) = o$, w quasikonvex, zentralsymmetrisch und mit $P^X = f \lambda^k$ sei $E w(X+y) < \infty$ für $y \in \mathbb{R}^k$. Dann gilt:

$$(24) \qquad E w (X + y) \geq E w (X).$$

Beweis. Sei $B_c := \{x \in \mathbb{R}^k ; w(x) < c\}$, $c > o \Rightarrow B_c$ ist konvex und zentralsymmetrisch, $P(X \in B_c) = P(w(X) < c)$ und $P(X + y \in B_c) = P(w(X+y) < c)$

$\Rightarrow E w(X) = \int\limits_o^\infty (1 - P(w(X) < c))dc \underset{6.6}{\leq} \int (1 - P(w(X+y) < c))dc = E w (X+y).$ □

Bemerkung. Existiert ein $u_1 > o$, so daß $B_c \subset K_{u_1}$ und ist $K_u = \{x; f(x) \geq u\}$ strikt konvex für $u \geq u_1$ und $\lambda^k \{x; f(x) = u\} = o$ für $u \geq u_1$

$\Rightarrow E w(X+y) > E w(X)$, $\forall y > o$. (Ein vollständiger Beweis findet sich hierfür im Buch von Ibragimov-Hasminskii und Strasser.) Ist $y \to E w (X+y)$ stetig in einer Umgebung von o, dann existiert zu $\varepsilon > o$ ein $\delta = \delta(\varepsilon) > o$, so daß: $\inf\limits_{|y| > \varepsilon} E w (X+y) \geq E w (X) + \delta$.

Als Konsequenz erhält man nun die Unabhängigkeit des asymptotischen Effizienzbegriffes von quasikonvexen Verlustfunktionen. Damit verschwindet asymptotisch ein Dilemma der finiten Statistik. Darüberhinaus ist die Quasikonvexität eine natürliche Anforderung an Verlustfunktionen, während die Konvexität ihre wesentliche Motivation in der mathematischen Behandelbarkeit hat. Der tiefere Grund für das folgende Korollar ist die asymptotische Äquivarianz einer regulären Schätzfolge. Im Limesmodell, der Gaußschen Shift-Familie, ist aber die Identität nach 6.7 ein optimaler äquivarianter Schätzer unabhängig von der quasikonvexen Verlustfunktion.

KOROLLAR 6.8. Sei (P_n) LAN in θ, $I(\theta)$ positiv definit, (T_n) regulär, $P_{n,\theta}^{\sqrt{n}(T_n - \theta)} \xrightarrow{D} Q_\theta$ und w: $\mathbb{R}^k \to [o, \infty)$ quasikonvex, zentralsymmetrisch und f.s. stetig bzgl. Q_θ

$$(25) \qquad \Rightarrow \lim_{n \to \infty} E_\theta w(\sqrt{n}(T_n - \theta)) \geq \int w \, dN(o, I^{-1}(\theta)).$$

__Beweis.__ Nach 6.2 gilt $Q_\theta = R_\theta * N(o, I^{-1}(\theta))$

$$\Rightarrow P_{n,\theta}^{w(\sqrt{n}(T_n - \theta))} \xrightarrow{\;D\;} Q_\theta^w = P^{w(X+Y)} \text{ mit } P^X = N(o, I^{-1}(\theta)), \; P^Y = R_\theta \text{ und}$$

X, Y stochastisch unabhängig. Nach dem Lemma von Fatou und 6.7 folgt:

$$\underline{\lim} \; E\,w\,(\sqrt{n}(T_n - \theta)) \geq E\,w\,(X+Y) = \int E\,w\,(X+y)\,dP^Y(y) \geq E\,w\,(X). \quad \square$$

__Bemerkung.__

a) 6.8 impliziert, daß asymptotisch effiziente reguläre Schätzer im
   Sinne von Fisher auch asymptotisch effizient im Sinne 'maximaler
   Konzentration' um den richtigen Parameter sind. Dieser Effizienzbegriff, der den Verlustfunktionen $w = 1_A$, $A = -A$, A konvex,
   meßbar aus 6.8 entspricht, stammt von Wolfowitz.

b) Ist (T_n) regulär, $w(x) = \langle h,x\rangle^2 = h^T x x^T h$

$$(26) \qquad \underset{6.8}{\Rightarrow} \; \lim_{n\to\infty} n \, \mathrm{Cov}_\theta(T_n - \theta) \geq I^{-1}(\theta). \quad \square$$

Den Beweis von Satz 6.1 von Bahadur, Le Cam, bzw. der nachfolgenden
Bemerkung d) kann man nun für die Schätzung von linearen Funktionalen
modifizieren. Dabei erweist sich der Begriff der asymptotischen
Mediantreue (oder auch Unverfälschtheit) von zentraler Bedeutung. Die
Bedeutung von asymptotisch mediantreuen Schätzern wurde wesentlich
von Pfanzagl erkannt.

__DEFINITION 6.9.__ Sei $f: \mathbb{R}^k \to \mathbb{R}^1$ linear, $\theta \in \Theta$. Eine Schätzfolge (T_n)
heißt __asymptotisch mediantreu__ für f in θ

$$\Longleftrightarrow \underline{\lim} \; P_{n,\theta_n}(T_n \geq f(\theta_n)) \geq \tfrac{1}{2}, \quad \forall h \in \mathbb{R}^k, \quad \underline{\lim} \; P_{n,\theta_n}(T_n \leq f(\theta_n)) \geq \tfrac{1}{2},$$

$\forall h \in \mathbb{R}^k$ mit $\theta_n = \theta + \dfrac{h}{\sqrt{n}}$. $\quad \square$

__Bemerkung.__ Wegen $P_{n,\theta_n}(T_n \geq f(\theta_n)) = P_{n,\theta_n}(T_n \geq f(\theta) + \dfrac{f(h)}{\sqrt{n}})$

$$= P_{n,\theta_n}(\underbrace{\sqrt{n}(T_n - f(\theta))}_{=: \tilde{T}_n} \geq f(h)) \text{ kann man im lokalen Modell } \tilde{T}_n \text{ auffassen}$$

als Schätzer für $f(h)$. Ist umgekehrt $\tilde{T}_n$ ein Schätzer für $f(h)$, dann
ist $f(\theta) + \dfrac{1}{\sqrt{n}} \, \tilde{T}_n$ ein Schätzer für $f(\theta_n)$. $\quad \square$

<u>SATZ</u> 6.10. Sei (P_n) LAN in θ, $w \geq o$, $w(o) = o$, w halbstetig nach unten, w quasikonvex, (T_n) sei asymptotisch mediantreu für f in θ

$\Rightarrow$ a) $T_n^*: = f(Z_{n,\theta})$ ist asymptotisch mediantreu für $f(h)$ im lokalen Modell.

   b) $\underline{\lim} \int w(\sqrt{n}(T_n - f(\theta_n)))dP_{n,\theta_n} \geq \lim \int w(f(Z_{n,\theta}) - f(h))dP_{n,\theta_n}$

   $= \int w \circ f \, dN(o, I^{-1}(\theta))$, $\theta_n = \theta + \dfrac{h}{\sqrt{n}}$, $h \in \mathbb{R}^k$.

<u>Beweis.</u> a) Da $P_{n,\theta_n}^{Z_{n,\theta}} \xrightarrow{\ D\ } \varepsilon_h * N(o, I^{-1}(\theta))$

$\Rightarrow P_{n,\theta_n}^{f(Z_{n,\theta}) - f(h)} \xrightarrow{\ D\ } (N(o, I^{-1}(\theta)))^f = N(o, \|f\|^2);$

$\|f\|$ ist die Norm bzgl. des Skalarproduktes $\langle s,t \rangle = s^T I(\theta) t$.

$\Rightarrow (T_n^*)$ ist asymptotisch mediantreu für $f(h)$ in θ.

b) Nach Voraussetzung ist $\underline{\lim} P_{n,\theta_n}(\sqrt{n}(T_n - f(\theta_n)) \geq o) \geq \dfrac{1}{2}$. Wir fassen $\varphi_n: = 1_{\{\sqrt{n}(T_n - f(\theta_n)) \geq o\}}$ auf als Test für $(\{P_{n,\theta}\}, \{P_{n,\theta_n}\})$. Für den LQ-Test $\varphi_{n,c}^*: = 1_{\{\Lambda(\theta_n,\theta) > c\}}$ gilt:

$$\lim E_\theta \varphi_{n,c}^* = 1 - \phi\left(\frac{c + h^T I(\theta)h/2}{\sqrt{h^T I(\theta)h}} \right) \quad \text{und}$$

$$\lim E_{\theta_n} \varphi_{n,c}^* = 1 - \phi\left(\frac{c - h^T I(\theta)h/2}{\sqrt{h^T I(\theta)h}} \right) = \frac{1}{2} \text{ für } c = h^T I(\theta)h/2 =: c^*.$$

$\Rightarrow \underline{\lim} P_{n,\theta}(\sqrt{n}(T_n - f(\theta_n)) \geq o) \geq \lim E_\theta \varphi_{n,c}^* = 1 - \phi(\sqrt{h^T I(\theta)h})$

$\Rightarrow \underline{\lim} P_{n,\theta}(T_n \geq f(\theta) + \dfrac{f(h)}{\sqrt{n}}) \geq 1 - \phi(\sqrt{h^T I(\theta)h})$. Mit

$$\frac{t}{\sqrt{n}} = \frac{f(\frac{t}{f(h)} h)}{\sqrt{n}} = \frac{f(h')}{\sqrt{n}}, \ h' = \frac{t}{f(h)} \cdot h \text{ folgt}$$

$$\underline{\lim} P_{n,\theta}(T_n \geq f(\theta) + \frac{t}{\sqrt{n}}) \geq 1 - \phi(\sqrt{h^T I(\theta)h} \left|\frac{t}{f(h)}\right|) = 1 - \phi(\frac{t}{\|f\|}).$$

Ebenso erhält man:

$$\underline{\lim} P_{n,\theta}(T_n \leq f(\theta) - \frac{t'}{\sqrt{n}}) \geq \phi(-|\frac{t'}{f(h)}| \sqrt{h^T I(\theta)h}) = \phi(- \frac{t'}{\|f\|}).$$

$\Rightarrow \underline{\lim} P_{n,\theta}(\sqrt{n}(T_n - f(\theta)) \in (-t',t)^c) \geq N(o, \|f\|^2)((-t',t)^c).$

Jedes w wie in Proposition 6.10 läßt sich isoton durch eine Folge von beschränkten Funktionen $\Sigma\, a_i\, 1_{(-t_i',t_i)}$ approximieren. Daraus folgt dann Behauptung b.   □

Bemerkung.

a) Ist $f: \mathbb{R}^k \rightarrow \mathbb{R}^m$, $m \geq 1$, ein lineares Funktional, dann ergibt sich für asymptotisch mediantreue Schätzer (T_n) für f (d. h., vgl. (6), $\forall b \in \mathbb{R}^m: \underline{\lim}\, P_{n,\theta_n}(b^T \sqrt{n}(T_n - f(\theta_n)) \geq o) \geq \frac{1}{2})$ die untere Schranke:

$$
(28) \quad
\begin{aligned}
&\underline{\lim} \int w(\sqrt{n}(T_n - f(\theta_n)))dP_{n,\theta_n} \\
&\geq \int w \circ f \; dN(o, I^{-1}(\theta)) \text{ und } (f \circ Z_{n,\theta}) = (T_n^*)
\end{aligned}
$$

ist asymptotisch optimal in der Lokalisierung.

Ist $f: \mathbb{R}^k \rightarrow \mathbb{R}^1$ differenzierbar in θ, dann ist $w(\sqrt{n}(T_n - f(\theta_n))) = w(\sqrt{n}(T_n - f(\theta)) + \partial f(\theta)(h) + o(1))$ und es ergibt sich für asymptotisch mediantreue Schätzer:

$$
(29) \quad
\begin{aligned}
&\underline{\lim} \int w(\sqrt{n}(T_n - f(\theta_n)))dP_{n,\theta_n} \\
&\geq \int w(\partial f(\theta))dN(o, I^{-1}(\theta))
\end{aligned}
$$

und die Optimalität von $\partial f(\theta)(Z_{n,\theta})$ in der Lokalisierung.

b) <u>Hauptsatz der asymptotischen Schätztheorie</u>

Mit etwas größerem Aufwand läßt sich ein Analogon zum uniform weak compactness-Lemma auch für das Schätzen beweisen, nämlich der folgende Satz: Sei $(\mathbb{P}_n)$ LAN in $\theta \in \Theta$, (T_n) eine Schätzfolge (im lokalen Modell)

$\Rightarrow \exists\, (m) \subset \mathbb{N}$ und es gibt einen randomisierten Schätzer ρ im Limesmodell $\overline{\mathbb{P}} = \{\overline{P}_t;\ t \in H\}$, so daß

$$
(30) \quad
\begin{aligned}
&\overline{\lim_n} \int w(T_n - t)dP_{n,\theta_n} = \lim_m \int w(T_m - t)dP_{m,\theta_m} \\
&\geq R(\rho, \overline{P}_t) = \int\int w(s - t)\rho(x,ds)\overline{P}_t(dx)
\end{aligned}
$$

mit $\theta_n = \theta + \dfrac{t}{\sqrt{n}}$ und für alle level-kompakten Verlustfunktionen, d. h. $\{w \leq \ell\}$ kompakt, $\forall \ell < \infty$.

Mit Hilfe von (30) lassen sich Optimalitätseigenschaften von einem
Schätzer ψ^* im Limes-Modell (wie auch beim Testen demonstriert) unmittelbar auf das asymptotische Schätzproblem übertragen, nämlich
auf die asymptotische Schätzfolge $T_n^*: = \psi^*(Z_{n,\theta})$ im lokalen Modell.
Diese Idee wird in dem Buch von Strasser ausführlich dargestellt
und auch auf allgemeinere Limesexperimente übertragen.

Ohne Regularitätsannahmen läßt sich noch das Minimax-Theorem beweisen
für Verlustfunktionen in $w_2: = \{w \geq o;\ w(o) = o,\ w$ subkonvex, stetig
in $o,\ \exists \varepsilon > o,\ w(u) \leq \exp(\varepsilon|u|^2)\}$.

<u>SATZ</u> 6.11. (<u>Asymptotischer Minimaxsatz von Hajek</u>)

Sei (P_n) LAN, $w \in W_2$, $\theta \in \Theta \subset \mathbb{R}^k$ offen, $I(\theta)$ pos. definit.

$$(31) \qquad \Rightarrow \lim_{b \to \infty} \ \overline{\lim_{n \to \infty}} \ \sup_{|h| \leq b} E_{\theta_{n,h}} w(\sqrt{n}(T_n - \theta_{n,h})) \geq \int w\ dN(o, I^{-1}(\theta)).$$

<u>Beweis.</u> o.E. sei $I(\theta) = 1$, also $\langle s,t \rangle_\theta = s^T t$; sonst erhält man eine
Reduktion durch den Übergang $w \to w'(y) = w(I^{1/2}(\theta)y)$. Sei $b > o$,

$$K_b = [-b,b]^k \Rightarrow A_n: = \sup_{|h| \leq b} E_{\theta_{n,h}} w(\sqrt{n}(T_n - \theta_{n,h}))$$

$$\geq \frac{1}{(2b)^k} \int_{K_b} E_{\theta+h/\sqrt{n}}\ w(\sqrt{n}(T_n - \theta) - h)\ \lambda^k(dh).$$

Mit $w_a(x): = \min(w(x),a)$ folgt mit der Exponentialapproximation

$$A_n \geq \frac{1}{(2b)^k} \int_{K_b} E_\theta\ w_a(\sqrt{n}(T_n - \theta) - h)\exp(\langle h, Z_{n,\theta}^* \rangle - \tfrac{1}{2}\|h\|^2)\ d\lambda^k(h) + o(1).$$

Mit $y: = h - Z_n^*$, $\tilde{K}_b: = K_b - Z_n^*$, $Y_n: = \sqrt{n}(T_n - \theta) - Z_n^*$ und $X_n: = \exp(\tfrac{1}{2}\|Z_n^*\|^2)$

folgt weiter:

$$A_n \geq \frac{1}{(2b)^k} E_\theta\ \{X_n \int_{\tilde{K}_b} w_a(Y_n - y)e^{-\tfrac{1}{2}\|y\|^2}\ d\lambda^k(y)\} + o(1).$$

Sei $C: = \bigcap_{j=1}^k \{|Z_{n,j}^*| < b - \sqrt{b}\}$ mit $Z_{n,j}^*$ als j-te Komponente von Z_n^*

$$\Rightarrow A_n \geq \frac{1}{(2b)^k} \int_C [X_n \int_{\tilde{K}_b} w_a(Y_n - y)e^{-\tfrac{1}{2}\|y\|^2}\ d\lambda^k(y)]dP_{n,\theta} + o(1)$$

$$\geq \frac{1}{(2b)^k} \int_C [X_n \int_{K_{\sqrt{b}}} w_a(Y_n - y)\exp(-\tfrac{1}{2}\|y\|^2)d\lambda^k(y)]dP_{n,\theta} + o(1)$$

$$(\text{da } \tilde{K}_b \supset K_{\sqrt{b}} \text{ auf } C)$$

$$6.6 \quad \geq \; \underbrace{(\int_{K_{\sqrt{b}}} w_a(y)\exp(-\tfrac{1}{2}\|y\|^2)\, d\lambda^k(y))}_{=:\, J(a,b)} \; \frac{1}{(2b)^k} \int_C X_n \, dP_{n,\theta} + o(1)$$

$$= \frac{J(a,b)}{(2b)^k} \, E_\theta(X_n \prod_{j=1}^{k} 1_{\{|Z^*_{n,j}| < b - \sqrt{b}\}}) + o(1). \quad \text{Da}$$

$$X_n \prod_{j=1}^{k} 1_{\{|Z^*_{n,j}| < b - \sqrt{b}\}} \xrightarrow{\;D\;} \exp(\tfrac{1}{2}\|Z\|^2) \prod_{j=1}^{k} 1_{\{|Z_j| < b - \sqrt{b}\}} \quad \text{mit}$$

$Z \sim N_H = N(o, I^{-1}(\theta)) = N(o,I)$ folgt nach dem Lemma von Fatou:

$$\lim_{n\to\infty} E_\theta(X_n \prod_{j=1}^{k} 1_{\{|Z^*_{n,j}| < b - \sqrt{b}\}})$$

$$\geq \frac{1}{(2\pi)^{k/2}} \int_{K_{b-\sqrt{b}}} \exp(\tfrac{1}{2}\|x\|^2)\exp(-\tfrac{1}{2}\|x\|^2)\, d\lambda^k(x) \geq \frac{[2(b-\sqrt{b})]^k}{(2\pi)^{k/2}} \, .$$

Für $A_n = A_n(b) \Rightarrow \lim_{n\to\infty} A_n(b) \geq \frac{J(a,b)}{(2\pi)^{k/2}} (1 - \tfrac{1}{\sqrt{b}})^k, \; \forall a$

$$\Rightarrow \lim_{b\to\infty} \lim_{n\to\infty} A_n(b) \geq \lim_{a,b\to\infty} J(a,b)(1 - \tfrac{1}{\sqrt{b}})^k (2\pi)^{-k/2} = \int w \, dN(o, I^{-1}(\theta)). \quad \square$$

<u>Bemerkung.</u>

a) Für eine ACS-Folge T_n ist $w(\sqrt{n}(T_n - \theta_{n,h})) = w(\sqrt{n}(T_n - \theta) - h)$

  $\underset{as}{\overset{D}{\sim}} w(Z_{n,\theta} - h)$, ($\underset{as}{\overset{D}{\sim}}$ heißt 'asymptotisch äquivalent in Verteilung

  bzgl. $P_{n,\theta_{n,h}}$'). Mit $P_{n,\theta_{n,h}}^{Z_{n,\theta}} \xrightarrow{\;D\;} \overline{P}_h = \varepsilon_h * N_H$, erhält man für

  gleichgradig stetige Folgen (T_n), daß die asymptotische minimax-
  Schranke angenommen wird, falls $(w(\sqrt{n}(T_n - \theta_{n,h})))$ gleichgradig
  integrierbar ist (z. B. w beschränkt).

b) In der Literatur findet man auch Versionen der Minimax-Schranke
   der Form:

$$(32) \qquad \underline{\lim}_{h} \; \sup_{\theta_{n,h}} \; E_{\theta_{n,h}} w(\sqrt{n}(T_n - \theta_{n,h})) \geq \int w \, dN(o, I^{-1}(\theta)).$$

  Es ist dann jedoch in der Regel keine Schätzfolge zu finden, die
  diese untere Schranke annimmt.

c) Für level-kompakte Elemente aus W_2 erhält man mit Hilfe des
   Satzes (30) einen einfachen Beweis für einen asymptotischen

Minimaxsatz (vgl. Strasser): Sei $(m) \subset \mathbb{N}$: $\varliminf\limits_{n\to\infty} \sup\limits_{t\in H} \int w(T_n - t)dP_{n,t}$

$= \lim\limits_{m} \sup\limits_{t\in H} \int w(T_n - t)dP_{n,t}$. Nach (30) folgt:

$\exists$ randomisierter Schätzer ρ für $\overline{P}$, so daß:

$$(33) \quad \varliminf\limits_{n\to\infty} \sup\limits_{t\in H} \int w(T_n - t)dP_{n,t} = \lim\limits_{m} \sup\limits_{t\in H} \int w(T_m - t)dP_{m,t}$$

$$\geq \sup\limits_{t\in H} \varlimsup\limits_{m} \int w(T_m - t)dP_{m,t} \geq \sup\limits_{t\in H} R(\rho,\overline{P}_t).$$

Für das Gaußsche Shiftexperiment $\overline{P}$ läßt sich zeigen:

$$(34) \quad \sup\limits_{t\in H} R(\rho,\overline{P}_t) = \int w \, dN_H$$

und ein optimaler minimax-Schätzer in $\overline{P}$ ist (unabhängig von w)
$\psi^*(x) = x.$ □

Wir betrachten abschließend den <u>nichtparametrischen</u> Fall $P \subset M^1(\Omega,A)$,
$P_n = P^{(n)} = \{P^{(n)}; P \in P\}$. Geschätzt werden soll ein reelles Funktional
$g: P \to \mathbb{R}^1$.

<u>DEFINITION</u> 6.12. $g: P \to \mathbb{R}^1$ heißt <u>differenzierbar</u> in $P \in P$

$\Longleftrightarrow \exists g_P \in L^2(P): \forall h \in T(P,P)$ existiert ein L^2-differenzierbarer,
P-stetiger Weg $(P_{t,h})$ mit Tangentenvektor h, so daß:

$$(35) \quad g(P_{t,h}) = g(P) + t \int g_P h \, dP + o(t),$$

g_P heißt <u>Gradient</u> von g in P. Ein Gradient $\dot{g}_P$ von g mit $\dot{g}_P \in T(P,P)$
heißt <u>kanonischer Gradient</u> von g. □

Zur Definition von $T(P,P)$ vgl. Definition 4.3. Ist $T(P,P)$ ein abge-
schlossener, linearer Teilraum von $L^2(P)$, dann existiert genau ein
<u>kanonischer Gradient</u> $\dot{g}_P$, nämlich die (eindeutige) Projektion eines
Gradienten auf $T(P,P)$. Sind g_P, $\tilde{g}_P$ Gradienten von g, dann ist
$g_P - \tilde{g}_P \in T(P,P)^\perp$ (Orthogonalität bezüglich des $L^2(P)$). Insbesondere
für 'volle' Modelle mit $T(P,P) = L^2(P)$ ist also der Gradient eindeutig bestimmt.

Sei nun $P_n = P^{(n)}$, $P \in P$ und $g: P \to \mathbb{R}^1$ ein in P differenzierbares
Funktional.

<u>DEFINITION</u> 6.13.

a) Eine Schätzfolge (T_n) für g hat eine <u>stochastische Entwicklung</u> in P

$\Longleftrightarrow \exists\, L_P \in L^2(P),\ \int L_P dP = 0,\ 0 < \sigma_P^2 := \int L_P^2 dP < \infty$ und

$$(36) \qquad \sqrt{n}(T_n - g(P)) = \frac{1}{\sqrt{n}} \sum_{i=1}^{n} L_P(x_i) + o_{P^n}(1)\ .$$

b) (T_n) ist <u>asymptotisch unverfälscht (mediantreu)</u> für g in P

$\Longleftrightarrow \forall\, h \in T(P,\mathcal{P})$ existiert ein L^2-differenzierbarer Weg $(P_{t,h})$ mit
Tangentenvektor h, so daß mit $P_{n,h/\sqrt{n}} := P^n_{1/\sqrt{n},h}$ und
$P_{h/\sqrt{n}} := P_{1/\sqrt{n},h}$ gilt:

$$(37) \qquad \varliminf P_{n,h/\sqrt{n}}(T_n \leq g(P_{h/\sqrt{n}})) \geq \frac{1}{2} \text{ und } \varliminf P_{n,h/\sqrt{n}}(T_n \geq g(P_{h/\sqrt{n}})) \geq \frac{1}{2}. \quad \square$$

<u>PROPOSITION</u> 6.14. Sei $\mathcal{P}_n = \mathcal{P}^{(n)}$, $P \in \mathcal{P}$, $g: \mathcal{P} \to \mathbb{R}^1$ in P differenzierbar und $T(P,\mathcal{P})$ ein abgeschlossener linearer Teilraum. Sei (T_n) eine asymptotisch unverfälschte Schätzfolge für g mit stochastischer Entwicklung (36) in P
$\Rightarrow L_P$ ist ein Gradient von g.

<u>Beweis.</u> Nach der Bemerkung nach Definition 4.3 gilt für $h \in T(P,\mathcal{P})$:

$$\Lambda_n := \ell n \frac{dP_{n,h/\sqrt{n}}}{dP^n}\ (x) = \frac{1}{\sqrt{n}} \sum_{i=1}^{n} h(x_i) - \frac{1}{2}\|h\|^2 + o_{P^n}(1) \text{ mit } \|h\|^2 = \int h^2 dP.$$

Also ist $(P_{n,h/\sqrt{n}})$, (P^n) benachbart und es gilt:

$$(P^n)^{(\sqrt{n}(T_n - g(P)),\Lambda_n)} \xrightarrow{\ \mathcal{D}\ } N\left(\begin{pmatrix} 0 \\ -\frac{1}{2}\|h\|^2 \end{pmatrix}, \begin{pmatrix} \sigma_P^2 & \int h L_P dP \\ \int L_P h dP & \|h\|^2 \end{pmatrix} \right).$$

Nach dem dritten Le Cam-Lemma folgt daher:

$$(38) \qquad P_{n,h/\sqrt{n}}^{\sqrt{n}(T_n - g(P))} \xrightarrow{\ \mathcal{D}\ } N(\int L_P h dP, \sigma_P^2)\ .$$

$$\Rightarrow P_{n,h/\sqrt{n}}^{\sqrt{n}(T_n - g(P_{h/\sqrt{n}}))} = P_{n,h/\sqrt{n}}^{\sqrt{n}(T_n - g(P)) - \int g_P h dP + o(1))} \xrightarrow{\ \mathcal{D}\ } N(\int(L_P - g_P)h dP, \sigma_P^2),$$

$\forall h \in T(P,\mathcal{P})$. Die asymptotische Unverfälschtheit von (T_n) impliziert daher

$\int(L_P - g_P)h dP = 0$, $\forall h \in T(P,\mathcal{P}) \Rightarrow L_P - g_P \in T(P,\mathcal{P})^\perp$; also ist L_P ein Gradient von g. $\quad \square$

Als Korollar erhält man nun, daß optimale asymptotisch unverfälschte Schätzfolgen mit stochastischer Entwicklung von der Form sind:

$$(39) \qquad \sqrt{n}(T_n - g(P)) = \frac{1}{\sqrt{n}} \sum_{i=1}^{n} \dot{g}_P(x_i) + o_P(n)(1).$$

<u>KOROLLAR</u> 6.15. Unter den Voraussetzungen von 6.14 gilt:

$$(40) \qquad \sigma_P^2 \geq \int (\dot{g}_P)^2 dP.$$

<u>Beweis.</u> Nach 6.14 gilt für jede asymptotisch unverfälsche Schätzfolge mit stochastischer Entwicklung: L_P ist ein Gradient von g.

$\Rightarrow \sigma_P^2 = \int L_P^2 dP \geq \int (\dot{g}_P)^2 dP$, da $\dot{g}_P$ die Projektion von L_P auf $T(P,\mathbb{P})$ ist. □

<u>Bemerkung.</u>

a) Die Annahme der asymptotischen Unverfälschtheit (Mediantreue)
   entspricht der Regularitätsannahme im Konvolutionssatz. Die Annahme
   der Existenz einer stochastischen Entwicklung ist für die meisten
   der bekannten Schätzverfahren erfüllt. Die Einschränkung auf solche
   Schätzer kann durch ein wichtiges Theorem aus der asymptotischen
   Entscheidungstheorie gerechtfertigt werden (vgl. Strasser). Unter
   stärkeren Regularitätsannahmen wurde 6.14, 6.15 in dem Buch von
   Pfanzagl bewiesen. Die Annahme, daß $T(P,\mathbb{P})$ linear und abgeschlossen
   ist, wird nur benötigt für die Existenz des kanonischen Gradienten.

b) <u>'o-∞ Gesetz'</u>. Ist $T(P,\mathbb{P}) = L^2(P)$, dann ist ein Gradient g_P von g
   eindeutig bestimmt und $g_P = \dot{g}_P$. Nach 6.14 folgt, daß es <u>nur eine</u>
   asymptotisch unverfälschte Schätzfolge mit stochastischer Entwick-
   lung gibt, nämlich $\sqrt{n}(T_n(x) - g(P)) = \frac{1}{\sqrt{n}} \sum_{i=1}^{n} \dot{g}_P(x_i) + o_{P^n}(1)$. Die
   asymptotische Unverfälschtheit impliziert also die asymptotische
   Optimalität in der Klasse der Schätzer mit stochastischer Entwicklung. Diese Eigenschaft entspricht der Eindeutigkeit von erwartungstreuen Schätzern in vollständigen Verteilungsklassen. Die Minimaxeigenschaft einer Schätzfolge bedeutet also nicht eine asymptotische
   Robustheitsaussage im lokalen Modell, sondern nur die asymptotische
   Unverfälschtheit. Deshalb sprechen manche Autoren auch von einem
   o-∞ Gesetz. In diesem Fall ist der asymptotische Minimaxsatz für
   Schätzer mit stochastischer Entwicklung trivial. □

<u>KOROLLAR</u> 6.16. (Asymptotischer Minimaxsatz)
Sei $\mathbb{P}_n = P^{(n)}$, $P \in \mathbb{P}$, $g: \mathbb{P} \to \mathbb{R}^1$ differenzierbar in P und $T(P,\mathbb{P})$ abgeschlossen linear. Dann gilt für jede Schätzfolge mit stochastischer

Entwicklung in P:
$$\sup_{h\in T(P,\mathbf{P})} \overline{\lim} \int w(\sqrt{n}(T_n - g(P_{h/\sqrt{n}})))dP_{n,h/\sqrt{n}}$$

$\geq \int w\,dN(o, \int(\dot{g}_p)^2 dP)$, $\forall$ level-kompakten, subkonvexen, in o stetigen Verlustfunktionen mit $w(o) = o$.

__Beweis.__ Ist $\underline{(T_n)\ \text{asymptotisch unverfälscht}}$, dann folgt nach (38)
$$P_{n,h/\sqrt{n}}^{\sqrt{n}(T_n - g(P_{h/\sqrt{n}}))} \xrightarrow{\ D\ } N(o, \sigma_P^2), \quad h\in T(P,\mathbf{P}), \text{ mit } \sigma_P^2 = \int L_P^2 dP, \ L_P \text{ ein}$$
Gradient von g. Wegen $\int w\,dN(o, \sigma_P^2) \geq \int w\,dN(o, \int(\dot{g}_p)^2 dP)$ folgt die Behauptung.

$\underline{\text{Ist } (T_n) \text{ nicht asymptotisch unverfälscht}}$
$$\Rightarrow P_{n,h/\sqrt{n}}^{\sqrt{n}(T_n - g(P_{h/\sqrt{n}}))} \xrightarrow{\ D\ } N(\int(L_P - g_P)h\,dP, \sigma_P^2). \text{ Da aber für ein}$$

$h\in T(P,\mathbf{P})$: $\int(L_P - g_P)h\,dP \neq o$ ist, existiert $(h_n)\subset T(P,\mathbf{P})$:

$\int(L_P - g_P)h_n dP \to \infty$. Aus der level-Kompaktheit von w folgt dann:
$$\sup_{h\in T(P,\mathbf{P})} \overline{\lim} \int w(\sqrt{n}(T_n - g(P_{n/\sqrt{n}})))dP_{n,h/\sqrt{n}}$$

$\geq \sup_{h\in T(P,\mathbf{P})} \int w\,dN(\int(L_P - g_P)h\,dP, \sigma_P^2) = \infty$. Die nicht asymptotisch unver-

fälschten Schätzer haben also unendliches Risiko. $\quad\square$

__Bemerkung.__ Mit Hilfe von (29) läßt sich die Aussage von 6.16 auch auf allgemeine Schätzfolgen (ohne stochastische Entwicklung), die asymptotisch mediantreu sind, übertragen. $\quad\square$

__BEISPIEL__ 6.2. (von Mises-Funktionale)
Sei $\mathbf{P}\subset M^1(\Omega,\mathbf{A})$, $g(Q) := \int\varphi\,dQ^k$, $Q\in\mathbf{P}$ mit $\varphi:(\Omega,\mathbf{A})^{(k)} \to (\mathbb{R}^1, \mathbf{B}^1)$, $\varphi\in L^2(\mathbf{P})$.

Sei $P\in\mathbf{P}$ und für $h\in T(P,\mathbf{P})$ existiere ein Weg $(P_{t,h})\subset\mathbf{P}$ mit

$\overline{\lim} \int \varphi^2 dP_{t,h} < \infty$, dann ist g differenzierbar in P (vgl. Witting, Pfanzagl) und es gilt: $g_P(t) = k(\int\varphi(t,x_2,\ldots,x_k) \prod_{i=2}^k P(dx_i) - g(P))$ ist ein Gradient von g, falls φ symmetrisch in den Komponenten ist.

Eine asymptotisch optimale Schätzfolge im Fall $T(P,\mathbf{P}) = L^2(P)$ ist dann:
$$T_n(x_1,\ldots,x_n) = \frac{1}{\binom{n}{k}} \sum_{\substack{v_1,\ldots,v_k=1 \\ v_1\neq\ldots\neq v_k}}^{n} \varphi(x_{v_1},\ldots,x_{v_k}). \text{ Ist } k = 2,$$

$$\varphi(x_1, x_2) = \frac{1}{2}(x_1 - x_2)^2$$

$$\Rightarrow g_P(t) = (t - EP)^2 - g(P) \text{ und eine optimale Schätzfolge ist}$$

$$T_n(x_1, \ldots, x_n) = \frac{1}{n} \sum_{i=1}^{n} (x_i - \overline{x})^2. \qquad \square$$

Bemerkung.

a) Proposition 6.14 entspricht im parametrischen iid-Fall der
   Proposition 6.4. Akzeptiert man die Einschränkung auf Schätzfolgen
   mit stochastischer Entwicklung (in der Literatur auch 'asymptotically linear (AL)' genannt), dann erhält man auch im parametrischen
   Fall mit der Charakterisierung der regulären AL-Folgen durch die
   Orthogonalitätsbedingung einfache Beweise für den Konvolutionssatz
   und den asymptotischen Minimaxsatz.

b) Für das Schätzen allgemeiner Funktionale, z. B. der zugrundeliegen-
   den Verteilungsfunktion, wird eine Verallgemeinerung der lokalen
   asymptotischen Normalität auf Experimente, die durch allgemeinere
   Hilberträume (nämlich $T(P, \mathbb{P})$) parametrisiert sind, erforderlich
   (vgl. das Buch von Strasser). Es scheint hierfür keine einfache
   Version der Optimalitätsaussagen bei Beschränkungen auf 'vernünfti-
   ge' Teilklassen von Schätzern (in Analogie zu den AL-Schätzern)
   bekannt zu sein. $\quad\square$

- 216 -

<u>Hinweise zur Literatur</u>

Die in diesem Text dargestellten Lemmata, Propositionen und Sätze sind
bis auf kleinere Modifikationen in der Regel aus der Literatur entnommen. An vielen Stellen folgt der Text weitgehend anderen Büchern
oder Originalarbeiten. Die benutzten Quellen sind in dem Literatur-
verzeichnis zusammengestellt. Im einzelnen wurde im wesentlichen die
folgende Literatur verwendet:

Kapitel I § 2 stützt sich auf das Buch von Lehmann über Point
Estimation, hier findet sich auch eine Einführung in die Begriffe der
Effizienz und Defizienz. Die Dichteschätzung in § 3 basiert auf den
Arbeiten von Rosenblatt und Parzen. Eine zusammenfassende Darstellung
der L^1-Theorie hierzu gibt das Buch von Devroye/Györfi. Der Martingalkonvergenzsatz und seine Anwendung auf Konsistenzaussagen für Dichten
ist entnommen aus Neveu; Chow, Robbins, Siegmund und aus der Arbeit
von Kraft.

Kapitel II Zur Konsistenz wurden Arbeiten von Le Cam, Kraft, Bahadur
und Aussagen aus dem Buch von Lehmann verwendet. § 4 folgt weitgehend
einer Darstellung von Groeneboom.

Kapitel III § 1 stützt sich wesentlich auf die Darstellungen von
Bahadur und Varadhan. § 2 verwendet wesentlich Bahadur, eine Arbeit von
Bahadur, Gupta, Zabel, die Dissertation von Kester, die zugehörige
Arbeit von Kester, Kallenberg und eine Arbeit von Jurecková. § 3 ver-
wendet Bahadur, eine Arbeit von Tusnady und Hoeffding. Der Beweis des
Minimaxsatzes für finite Hypothesen wurde mir von Herrn Dipl.-Math.
W. Niehoff mitgeteilt.

Kapitel IV Die schöne Motivation für die approximative Bestimmung des
Stichprobenumfangs stammt aus dem Skript von Strasser. Hier ist auch
die Leitidee der asymptotischen Entscheidungstheorie entwickelt.
Zur Benachbartheit in § 1 vgl. Hall, Loyness, Roussas und das Buch
von Witting, Nölle. Zur Definition von LAN und einigen Aussagen über
Gaußsche Shiftexperimente vgl. das Buch von Strasser. Die Exponentialapproximation und asymptotische Suffizienz stammt aus den Arbeiten von
Le Cam. Zu § 3, 4 vgl. Roussas, Witting, Nölle und Strasser. Der Begriff
des Tangentenvektors und seine Anwendung auf nichtparametrische Probleme
stammt von Pfanzagl. Die Diskussion der asymptotischen Suffizienz stützt
sich auf Le Cam und Hajek. § 6 benutzt wesentlich Le Cam und das

Buch von Ibragimov, Hasminskii; darüber hinaus Strasser für das Schätzen von Funktionalen. Die Behandlung von Schätzern mit stochastischer Entwicklung ist eine Modifikation und Verallgemeinerung der entsprechenden Darstellung in Pfanzagl.

Literaturverzeichnis

Andrews, D. F., Bickel, P. J., Hampel, F. R., Huber, P. J., Rogers, W. H., Tukey, J. W. (1972). Robust Estimates of Location. Princeton University Press

Bahadur, R. (1960). On the asymptotic efficiency of tests and estimators. Sankhya 22, 229 - 256

Bahadur, R. (1971). Some limit theorems in statistics. SIAM, Philadelphia

Bahadur, R., Gupta, J. C., Zabell, S. Z. (1979). Large deviations, tests and estimates. In: Asymptotic Theory of Statistical Tests and Estimation. Ed.: I. M. Chakravarti. Academic Press

Basawa, I. V., Scott, D. J. (1983). Asymptotic Optimal Inference for Non-Ergodic Models. Lecture Notes in Statistics 17. Springer

Bickel, P. J., Yahaw, J. A. (1969). Some contributions to the asymptotic theory of Bayes solutions. ZWT 11, 257 - 276

Birgé, L. (1981). Vitesses maximales de décroissance des erreurs et tests optimaux associes. ZWT 55, 261 - 273

Birgé, L. (1983). Approximation dans les espaces metriques et théorie de l'estimation. ZWT 65, 181 - 237

Cencov, N. N. (1972). Statistical Decision Rule and Optimal Inference. Nauka

Chernoff, H. (1952). A measure on the asymptotic efficiency for tests of a hypothesis based on sums of observations. Ann. Math. Statist. 23, 493 - 507

Chow, Y. S., Robbins, H., Siegmund, D. (1971). Great Expectations: The Theory of Optimal Stopping. Houghton Mifflin

Devroye, L., Györfi, L. (1985). Nonparametric Density Estimation. The L_1-View. Wiley

Dvoretzky, A., Kiefer, J., Wolfowitz, J. (1956). Asymptotic minimax character of the sample distribution function and of the classical multinomial estimator. Ann. Math. Statist. 27, 642 - 669

Farrell, R. (1972). On the best obtainable asymptotic rates of convergence in estimation of a density function of a point. Ann. Math. Statist. 43, 170 - 180

Feller, W. (1971). An Introduction to Probability Theory and Its Applications II. Wiley

Fu, J. C. (1975). The rate of convergence of consistent point estimators. Ann. Statist. 3, 234 - 240

Ghosh, J. K., Subramanyam, K. (1974). Second order efficiency of maximum likelihood estimators. Sankhya (A) 36, 325 - 359

Grenander, U. (1981). Abstract Inference. Wiley

Groeneboom, P., Oosterhoff, J., Ruymgaart, F. H. (1969). Large deviation theorems for empirical probability measures. Ann. Prob. 7, 533 - 586

Groeneboom, P. (1986). Some current developments in density estimation. Report MS-R 8503, Centre for Mathematics and Computer Science

Hajek, J. (1972). Local asymptotic minimax and admissibility in estimation. Proc. Sixth Berkeley Simp. 1, 175 - 194

Hajek, J. (1971). Limiting properties of likelihood and inference. In: Foundations of Statistical Inference. Eds.: V. P. Godambe and D. A. Sprott. 142 - 162

Hall, W. J., Loyness, R. M. (1977). On the concept of contiguity. Ann. Prob. 5, 278 - 282

Hoeffding, W. (1965). Asymptotically optimal tests for multinomial distributions. Ann. Math. Statist. 36, 369 - 401

Huber, P. J. (1967). The behavior of maximum likelihood estimates under nonstandard conditions. Proc. 5th Berkeley Symp. 1, 221 - 233

Huber, P. J. (1981). Robust Statistics. Wiley

Ibragimov, I. A., Hasminskii, R. Z. (1981). Statistical Estimation. Springer

Jureckova, J. (1981). Tail behavior of location estimators. Ann. Statist. 9, 578 - 585

Kester, A. (1983). Some Large Deviation Results in Statistics. Mathematisch Centrum, Amsterdam

Kester, A., Kallenberg, W. (1986). Large deviations of estimators. Ann. Statist. 14, 648 - 664

Kolmogorov, A. N., Tikhomirov, V. M. (1961). ε-Entropy and ε-capacity of sets in function spaces. Amer. Math. Soc. Transl. 17, 277 - 364

Kraft, C. (1955). Some conditions for consistency and uniform consistency of statistical procedures. Univ. Calif. Publ. 1, 125 - 142

Le Cam, L. (1956). On the asymptotic theory of estimation and testing hypotheses. Proc. Third Berkeley Symp. 1, 129 - 156

Le Cam, L. (1960). Locally asymptotically normal families of distributions. Univ. Calif. Publ. 3, 37 - 98

Le Cam, L. (1970). On the assumptions used to prove asymptotic normality of maximum likelihood estimators. Ann. Math. Statist. 41, 802 - 828

Le Cam, L. (1972). Limits of experiments. Proc. Sixth Berkeley Symp. 1,
    245 - 261

Lehmann, E. L. (1983). Theory of Point Estimation. Wiley

Loeve, M. (1963). Probability Theory. Third Edition. Van Nostrand

Lorentz, G. G. (1966). Metric entropy and approximation. Bull. Amer.
    Math. Soc. 72, 903 - 937

Millar, P. W. (1983). The minimax principle in asymptotic statistical
    theory. Lecture Notes in Mathematics 976, 75 - 265, Springer

Neveu, J. (1972). Martingales a' temps discret. Masson, Paris

Parthasaraty, K. R. (1967). Probability Measures on Metric Spaces.
    Academic Press

Parzen, E. (1962). On estimation of a probability density function
    and mode. Ann. Math. Statist. 33, 1065 - 1073

Pfanzagl, J. (1982). Contributions to a General Asymptotic Statistical
    Theory. Lecture Notes in Statistics 13, Springer

Rosenblatt, M. (1956). Remarks on some non-parametric estimates of a
    density function. Ann. Math. Statist. 27, 832 - 837

Rosenblatt, M. (1971). Curve estimates. Ann. Math. Statist. 42,
    1815 - 1842

Roussas, G. G. (1972). Contiguity of Probability Measures. Cambridge
    Univ. Press

Serfling, R. J. (1980). Approximation Theorems of Mathematical
    Statistics. Wiley

Sievers, G. L. (1978). Estimates of location: a large deviation com-
    parison. Ann. Statist. 6, 610 - 618

Strasser, H. (1985). Mathematical Theory of Experiments. de Gruyter

Strasser, H. (1985). Einführung in die lokale asymptotische Theorie
    der Statistik. Bayreuther Mathematische Schriften 19

Tusnady, G. (1977). On asymptotically optimal tests. Ann. Statist. 5,
    385 - 393

Varadhan, S. R. S. (1984). Large Deviations and Applications. Soc.
    Industrial and Appl. Mathem.

Wald, A. (1939). Contributions to the theory of statistical estimation
    and testing hypotheses. Ann. Math. Statist. 10, 299 - 326

Witting, H. (1985). Mathematische Statistik I. Teubner

Witting, H., Nölle, G. (1970). Angewandte Mathematische Statistik.
    Teubner

SYMBOLVERZEICHNIS

1. Allgemeine Symbole/Abkürzungen

$\Leftrightarrow$	Äquivalenz
$[\mu]$	μ-fast sicher
P f.s.	P fast sicher
$\xrightarrow{D}$	Verteilungskonvergenz
$\xrightarrow[\mu]{}$	stochastische Konvergenz
$\xrightarrow[L^1(\mu)]{}$	L^1-Konvergenz
$f_n \xrightarrow{c} f$	stetige Konvergenz
P^X	induzierte Verteilung
EX	Erwartungswert von X
V(X)	Varianz von X
$f\mu$	Maß mit Dichte f bzgl. μ
$X \sim P$	X hat Verteilung P
$X \sim Y$	X, Y haben dieselbe Verteilung
$a_n \sim b_n$	$\frac{a_n}{b_n} \to 1$ für reelle a_n, b_n
$\frac{2}{\pi} \approx 0,637$	approximativ gleich
$N(a,\sigma^2)$	Normalverteilung
$R(a,b)$	Rechteckverteilung
$B(1,\theta)$	Binomialverteilung
ZV	Zufallsvariable
Vf bzw. Vfkt.	Verteilungsfunktion
$P^{(n)}$	n-fache Produktmaße
$\otimes P_i$	Produktmaß
$[x]$	Gaußklammer

A △ B	symmetrische Differenz
*	Faltung
LAN	lokale asymptotische Normalität
UMVU	uniformly minimum variance unbiased estimator
con $\mathcal{P}$	konvexe Hülle von $\mathcal{P}$
iid	independent identically distributed
ARE	asymptotic relative efficiency
$(Q_n) \, \Delta \, (P_n)$	(Q_n) ist zu (P_n) benachbart
$(Q_n) \, \Diamond \, (P_n)$	wechselseitige Benachbartheit
$Q \ll P$	Q ist P-stetig
$M^1(\Omega, A)$	Wahrscheinlichkeitsmaße auf (Ω, A)

2. Definierte Symbole

		Seitenzahl
SLLN	strong law of large numbers	2
CLT	central limit theorem	2
$\overline{X}_n$	Mittelwert	2
M_n	Median	8
$X_{(m)}$	Ordnungsstatistik	8
ARE	asympt. relative Effizienz	11, 41
$e(T_n, S_n)$	ARE von (T_n) zu (S_n)	11
$\rho(P, Q)$	Affinität	33
$H(P, Q)$	Hellingerabstand	33
$I(P, Q)$	Kullback-Leibler-Abstand	35
LRE	Limes Risiko Effizienz	43
$I(\theta)$	Fisher Information	47
$\tilde{\Theta}$	Wahrscheinlichkeitsmaße auf Θ	51
$D(P, Q)$	Totalvariationsabstand	52

Teubner Studienbücher

Mathematik

Afflerbach: **Statistik-Praktikum mit dem PC.** DM 24,80

Ahlswede/Wegener: **Suchprobleme.** DM 34,–

Aigner: **Graphentheorie.** DM 32,–

Ansorge: **Differenzenapproximationen partieller Anfangswertaufgaben.** DM 32,– (LAMM)

Behnen/Neuhaus: **Grundkurs Stochastik.** 2. Aufl. DM 38,–

Bohl: **Finite Modelle gewöhnlicher Randwertaufgaben.** DM 34,– (LAMM)

Böhmer: **Spline-Funktionen.** DM 32,–

Bröcker: **Analysis in mehreren Variablen.** DM 36,–

Bunse/Bunse-Gerstner: **Numerische Lineare Algebra.** 314 Seiten. DM 36,–

Clegg: **Variationsrechnung.** DM 21,80

v. Collani: **Optimale Wareneingangskontrolle.** DM 29,80

Collatz: **Differentialgleichungen.** 6. Aufl. DM 34,– (LAMM)

Collatz/Krabs: **Approximationstheorie.** DM 29,80

Constantinescu: **Distributionen und ihre Anwendung in der Physik.** DM 22,80

Dinges/Rost: **Prinzipien der Stochastik.** DM 36,–

Fischer/Kaul: **Mathematik für Physiker**
Band 1: Grundkurs. DM 48,–

Fischer/Sacher: **Einführung in die Algebra.** 3. Aufl. DM 26,80

Floret: **Maß- und Integrationstheorie.** DM 38,–

Grigorieff: **Numerik gewöhnlicher Differentialgleichungen**
Band 2: DM 38,–

Hackbusch: **Theorie und Numerik elliptischer Differentialgleichungen.** DM 38,–

Hackenbroch: **Integrationstheorie.** DM 22,80

Hainzl: **Mathematik für Naturwissenschaftler.** 4. Aufl. DM 38,– (LAMM)

Hässig: **Graphentheoretische Methoden des Operations Research.** DM 26,80 (LAMM)

Hettich/Zenke: **Numerische Methoden der Approximation und semi-infiniten Optimierung.** DM 28,80

Hilbert: **Grundlagen der Geometrie.** 13. Aufl. DM 32,–

Jeggle: **Nichtlineare Funktionalanalysis.** DM 32,–

Kall: **Analysis für Ökonomen.** DM 28,80 (LAMM)

Kall: **Lineare Algebra für Ökonomen.** DM 26,80 (LAMM)

Kall: **Mathematische Methoden des Operations Research.** DM 26,80 (LAMM)

Kohlas: **Stochastische Methoden des Operations Research.** DM 26,80 (LAMM)

Kohlas: **Zuverlässigkeit und Verfügbarkeit.** DM 38,– (LAMM)

Krabs: **Optimierung und Approximation.** DM 28,80

Lehn/Wegmann: **Einführung in die Statistik.** DM 24,80

Metzler: **Dynamische Systeme in der Ökologie.** DM 26,80

Müller: **Darstellungstheorie von endlichen Gruppen.** DM 26,80

Teubner Studienbücher   Fortsetzung

Mathematik   Fortsetzung

Rauhut/Schmitz/Zachow: **Spieltheorie.** DM 38,– (LAMM)

Schwarz: **FORTRAN-Programme zur Methode der finiten Elemente.** 2. Aufl. DM 25,80

Schwarz: **Methode der finiten Elemente.** 2. Aufl. DM 39,– (LAMM)

Stiefel: **Einführung in die numerische Mathematik.** 5. Aufl. DM 36,– (LAMM)

Stiefel/Fässler: **Gruppentheoretische Methoden und ihre Anwendung.** DM 34,– (LAMM)

Stummel/Hainer: **Praktische Mathematik.** 2. Aufl. DM 38,–

Topsøe: **Informationstheorie.** DM 18,80

Uhlmann: **Statistische Qualitätskontrolle.** 2. Aufl. DM 39,– (LAMM)

Velte: **Direkte Methoden der Variationsrechnung.** DM 26,80 (LAMM)

Vogt: **Grundkurs Mathematik für Biologen.** DM 23,80

Walter: **Biomathematik für Mediziner.** 3. Aufl. DM 26,80

Witting: **Mathematische Statistik.** 3. Aufl. DM 28,80 (LAMM)

Wolfsdorf: **Versicherungsmathematik.**
Teil 1: Personenversicherung. DM 42,–
Teil 2: Theoretische Grundlagen, Risikotheorie, Sachversicherung. DM 38,–

Preisänderungen vorbehalten